国家出版基金项目
NATIONAL PUBLICATION FOUNDATION

国之重器出版工程
网络强国建设

物联网在中国

物联网网络安全及应用

Internet of Things Network Security and Application

饶志宏 编著

U0281379

電子工業出版社
Publishing House of Electronics Industry
北京 · BEIJING

内 容 简 介

本书介绍物联网的基本概念和主要特征，分析物联网所面临的安全挑战，提出物联网安全的体系结构，同时阐述物联网安全主要的关键技术；分别从感知层安全、网络层安全、应用层安全及物联网安全态势感知与监测预警等方面进行介绍，包括传感器网络安全、RFID 安全、智能终端安全、无线接入安全、核心网安全、数据安全与隐私保护等，特别详细分析了新发展的物联网安全态势感知与监测预警技术，以及人工智能、区块链等新技术在物联网安全中的应用。同时深入分析物联网安全技术在车联网、智能家居和智慧城市等典型行业的应用，最后对物联网安全技术的发展趋势进行了总结。

本书可作为院校师生和广大对物联网安全技术感兴趣的工程技术人员的参考书。

图书在版编目（CIP）数据

物联网网络安全及应用 / 饶志宏编著.—北京：电子工业出版社，2020.8(2021.11 重印)
（物联网在中国）

ISBN 978-7-121-38416-5

Ⅰ.①物… Ⅱ.①饶… Ⅲ.①互联网络－应用－安全技术－研究 ②智能技术－应用－安全技术－研究 Ⅳ.①TP393.408 ②TP18

中国版本图书馆 CIP 数据核字（2020）第 022223 号

责任编辑：刘小琳
印　　刷：固安县铭成印刷有限公司
装　　订：固安县铭成印刷有限公司
出版发行：电子工业出版社
　　　　　北京市海淀区万寿路 173 信箱　邮编 100036
开　　本：720×1 000　1/16　印张：24.5　字数：467 千字
版　　次：2020 年 8 月第 1 版
印　　次：2021 年 11 月第 3 次印刷
定　　价：128.00 元

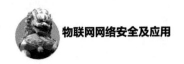

专家委员会委员（按姓氏笔画排列）：

郑纬民　中国工程院院士

郑建华　中国科学院院士

屈贤明　国家制造强国建设战略咨询委员会委员、工业
　　　　和信息化部智能制造专家咨询委员会副主任

项昌乐　中国工程院院士

赵沁平　中国工程院院士

郝　跃　中国科学院院士

柳百成　中国工程院院士

段海滨　"长江学者奖励计划"特聘教授

侯增广　国家杰出青年科学基金获得者

闻雪友　中国工程院院士

姜会林　中国工程院院士

徐德民　中国工程院院士

唐长红　中国工程院院士

黄　维　中国科学院院士

黄卫东　"长江学者奖励计划"特聘教授

黄先祥　中国工程院院士

康　锐　"长江学者奖励计划"特聘教授

董景辰　工业和信息化部智能制造专家咨询委员会委员

焦宗夏　"长江学者奖励计划"特聘教授

谭春林　航天系统开发总师

前　言

物联网，顾名思义，就是将所有物体连接在一起的网络。物体通过二维码、RFID、传感器等信息感知设备与网络连接起来，进行信息交换和通信，实现智能化识别、定位、跟踪、监控和管理。物联网时代，现实的"万物"与虚拟的"网络"将融合为"物联网"，现实的任何物体（包括人）在网络中都有与之对应的"标志"，最终的物联网就是虚拟的、数字化的现实物理空间。

物联网不是对现有技术的颠覆性革命，而是对现有技术的聚合应用。物联网的核心和基础是网络，是在现有网络基础上延伸和扩展的网络。物联网是互联网发展的延伸。

物联网除了面对传统互联网安全问题，还存在着一些与已有互联网安全不同的特殊安全问题。物联网中的"物"信息量比"互联网"时代大很多；物联网的感知设备的计算能力、通信能力、存储能力及能量等都受限，不能应用传统互联网的复杂安全技术；现实世界的"物"都连网，通过网络可感知及控制交通、能源、家居等，与人们的日常生活密切相关，安全呈现泛在化特征，安全事故的危害和影响巨大；物联网安全与成本的矛盾十分突出。

互联网中，先系统后安全的思路使安全问题层出不穷，因而物联网应用之初，就必须同时考虑应用和安全，将两者从一开始就紧密结合，系统地考虑感知、网络和应用的安全；物联网时代的安全与信息将不再是分离的，物联网安全不再是"打补丁"，而是要给用户提供"安全的信息"。

本书系统地介绍物联网安全技术，首先简单介绍物联网安全的基本概念，然后从物联网安全体系结构及基础技术开始，分别从物联网感知层安全、网络层安全、应用层安全及物联网安全态势感知与监测预警等方面分析物联网安全技术，

并举例说明了物联网安全技术在车联网、智能家居和智慧城市中的典型应用，最后归纳了物联网安全新技术和新观念。

值得指出的是，本书根据当前物联网安全技术的最新发展情况，在《物联网安全技术》的基础上，进行了重大改进和全面修订，系统地梳理了全书章节结构，并补充完善了很多重要内容。在此特别感谢《物联网安全技术》的作者——中国电子科技集团有限公司第三十研究所雷吉成先生。

本书由中国电子科技集团有限公司第三十研究所饶志宏研究员编著，兰昆、罗仙负责具体组织和统稿工作。参与编写的人员有：中国电子科技集团有限公司第三十研究所兰昆、王宏、韦涛，中国电子科技网络信息安全有限公司陈剑锋、白翔、许从方、谢烨，四川长虹电子控股集团有限公司彭凝多等。

感谢中国电子科技网络信息安全有限公司、成都卫士通信息产业股份有限公司、成都三零凯天通信实业有限公司等在本书编写过程中提供了很多有价值的资料；同时感谢《物联网安全技术》相关章节的作者。

由于作者水平有限，书中难免存在疏漏和不妥之处，恳请读者给予指正。

目 录

第1章

物联网安全概述

内容摘要

本章概述物联网的体系结构，物联网与互联网的区别、联系等基本概念，在此基础上分析物联网安全的内涵，探讨物联网安全与互联网安全的区别与联系，并总结物联网安全的特点。

1.1 物联网简介

物联网的产生起源于互联网技术的广泛应用和发展，但物联网将海量的设备互联，使得网络更加开放复杂，业务更加丰富多彩，与人类的关系更加触手可及。物联网与互联网既紧密联系又区别明显。

1.1.1 物联网的基本概念

物联网（Internet of Things，IoT），顾名思义，就是"物物相连的网络"。物联网的最终目标是要将自然空间中的所有物体通过网络连接起来。物联网的核心和基础是网络，是在现有各种网络基础上延伸和扩展的网络，同时现实生活中的所有物体在物联网上都有对应的实体。可以说，最终的物联网就是虚拟的、数字化的现实物理空间（可参考电影《黑客帝国》想象）。国际电信联盟（International Telecommunication Union，ITU）2005 年的一份报告曾描绘了"物联网"时代的场景：当司机出现操作失误时汽车会自动报警；公文包会提醒主人忘带了什么东西；衣服会"告诉"洗衣机对颜色和水温的要求等。物联网的概念是麻省理工学院 Auto-ID 实验室的 Ashton 教授于 1999 年提出的。物联网本

身是一个容易理解的概念，但由于其涉及现实世界的方方面面，各行各业都有自己对物联网的理解，又由于出发点和视角的差异，因此这些理解难免不一致，目前物联网的定义还没有完全统一，其普遍采用的定义是：利用二维码、无线射频识别（Radio Frequency Identification Devices，RFID）、红外感应器、全球定位系统（Global Position System，GPS）、激光扫描器等各种感知技术和设备，使物体与网络相连，获取现实世界的各种信息，完成物与物、人与物的信息交互，以实现对物体的智能化识别、定位、跟踪、管理和控制。从物联网本质上看，物联网是现代信息技术发展到一定阶段后出现的一种聚合性应用与技术提升，将各种感知技术、现代网络技术和人工智能与自动化技术聚合与集成应用，使人与物智慧对话，创造一个智慧的世界。

"物联网"被称为继计算机、互联网之后，世界信息产业的第三次革命性创新。物联网一方面可以提高经济效益，大大降低成本；另一方面可以为经济的发展提供技术推动力。物联网将把新一代信息技术充分运用到各行各业中，具体来说，就是给现实世界的各种物体，包括建筑、家居、公路、铁路、桥梁、隧道、水利、农业、油气管道、供水及各种生产设备装上传感器，并且将这些传感器通过有线/无线通信手段与核心网络连接起来，实现人类社会与物理世界的融合，同时网络上还将连接各种执行器。也就是说，物联网不仅能感知世界，也能够控制世界。

物联网的基础是要实现网络融合，现有的互联网、电信网（包括移动通信系统）、广播电视网络首先要融合成一个统一的"大网络"，即三网融合。物联网在融合大网络的基础上，能够对网络上的人员、机器设备和基础设施实施实时的感知管理和控制。物联网时代，人类的日常生活将发生翻天覆地的巨大变化。

物联网具备3个特点：一是感知，即利用RFID、传感器、二维码等随时随地获取物体的信息；二是可靠传递，通过各种电信网络与互联网的融合，将物体的信息实时、准确地传递出去；三是智能应用，利用云计算、模糊识别等各种智能计算技术，对数据和信息进行分析和处理，对物体实施智能化的控制。

首先，它是各种感知技术的广泛应用。物联网上安置了海量的多种类型传感器，每个传感器都是一个信息源，不同类型的传感器所采集的信息内容和信息格式不同。传感器采集的数据具有实时性，按一定的频率周期性地采集环境信息，不断更新数据。

其次，它是一种建立在融合网络之上的泛在网络。物联网技术的重要基础和核心仍是网络，也就是融合了现有互联网、电信网、广播电视网等新型网络，通过各种有线和无线接入手段与网络融合，将物体的信息实时、准确地传递出去。物联网上的传感器定时采集的信息需要通过网络传输，由于其数量极其庞大，因此形成了海量信息，在传输过程中，为了保障数据的正确性和传输的及时性，必须适应各种异构网络和协议。

最后，物联网不仅提供了传感器的连接，其本身也具有智能处理的能力和执行器件，能够对物体实施智能控制。物联网将传感器和智能处理相结合，利用云计算、模式识别等各种智能技术，扩充其应用领域。从传感器采集的信息中分析、加工和处理出有意义的数据，以适应不同用户的不同需求，发现新的应用领域和应用模式。

物联网相关的基本概念如下。

1．传感网

目前，一般传感网是指无线传感器网络（Wireless Sensor Network，WSN）。无线传感器网络是指"随机分布的集成有传感器、数据处理单元和通信单元的微小节点，通过自组织方式构成的无线网络"。无线传感器网络由大量无线传感器节点组成，每个节点由数据采集模块、数据处理模块、通信模块和能量模块构成。其中，数据采集模块主要是各种传感器和相应的 A/D 转换器；数据处理模块包括微处理器和存储器；通信模块主要是无线收发器，无线传感器网络节点一般采用电池供电。无线传感器网络技术是物联网最重要的技术之一，也是物联网与现有互联网区别所在的主要因素之一，可广泛应用于军事、国家安全、环境科学、交通管理、灾害预测、医疗卫生、制造业、城市信息化建设等领域。

2．泛在网

泛在网（Ubiquitous Network）也称为无所不在的网络。泛在网概念的提出比物联网更早一些，国际上对它的研究已有相当长的时间。这个概念得到了美国、欧洲在内的世界各个国家和地区的广泛关注。泛在网将 4A 作为它的主要特征，即可以实现在任何时间（Anytime）、任何地点（Anywhere）、任何人（Anyone）、任何物（Anything）都能方便地通信。泛在网的内涵更多地以人为核心，关注可以随时随地获取各种信息，几乎包含了目前所有的网络概念和研究范畴。

3．信息物理系统

信息物理系统（Cyber Physical Systems，CPS）是美国自然基金会 2005 年提出的研究计划。CPS 是"人、机、物"深度融合的系统，CPS 在物与物互联的基础上，强调对物实时、动态的信息控制和信息服务。CPS 试图克服已有传感网各个系统自成一体、计算设备单一、缺乏开放性等缺点，更注重多个系统间的互联互通，并采用标准的互联互通协议和解决方案，同时强调充分运用互联网，真正实现开发的、动态的、可控的、闭环的计算和服务支持。CPS 概念和物联网的概念类似，只是目前的物联网更侧重于感知世界。

4．M2M

M2M（Machine to Machine）是指机器到机器的通信，也包括人对机器和机器对人的通信。M2M 是从通信对象的角度出发表述的一种信息交流方式。M2M 通过综合运用自动控制、信息通信、智能处理等技术，实现设备的自动化数据采集、数据传输、数据处理和设备自动控制，是不同类型通信技术的综合运用。M2M 让机器、设备、应用处理过程与后台信息系统共享信息，并与操作者共享信息。M2M 是物联网的雏形，是现阶段物联网应用的主要表现。

传感网可以看成是"传感模块"加上"组网模块"而构成的一个网络，更像一个简单的信息采集网络，仅能感知到信号，并不强调对物体的标志，最重要的是传感网不涉及执行器件。物联网的概念比传感网大，它主要是人感知物、标示物的手段，除了传感网，还可以通过二维码、一维码、RFID 等随时随地获取信息；物联网除了感知世界，还要控制物体执行某些操作。从泛在网的内涵来看，它首先关注的是人与周边的和谐交互，各种感知设备与无线网络不过是手段；从概念上来看，泛在网与最终的物联网是一致的。M2M 是机器对机器的通信，M2M 是物联网的前期阶段，是物联网的组成部分。物联网则侧重于工程技术。物联网、泛在网、M2M、传感网、互联网、移动网的相互关系如图 1-1 所示。

1.1.2　物联网与互联网

目前，物联网被炒得火热，各行各业的人将其说得十分"玄乎"，要认识到物联网并不是凭空提出的概念。物联网本身是互联网的延伸和发展。目前，互联网已发展到空前高度，人们通过互联网了解世界十分便利。但随着人们认识的提高，人们对生活品质的要求越来越高，不再满足现有互联网这种人与人交互的模式，人们追求能够通过网络实现人与物的交互，甚至物与物的自动交互，不再需要人的参与。基于这些背景及技术的发展，物联网概念的提出水到渠成。

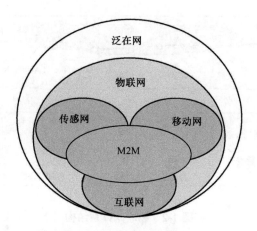

图 1-1　物联网、泛在网、M2M、传感网、互联网、移动网的相互关系

1.1.3　物联网体系结构

物联网是一个基于感知技术，融合了各类应用的服务型网络系统，可以利用现有各类网络，通过自组网能力无缝连接、融合形成物联网，实现物与物、人与物之间的识别与感知，以及信息的交互。在业界，物联网被分为 3 个层次：底层是感知世界的感知层；中间是数据传输的网络层；最上面则是应用层，如图 1-2 所示。

1. 感知层

物联网的感知层，主要完成信息的采集、转换，以及执行某些命令。感知层包含传感器和控制器两部分，用于数据采集及最终控制；短距离传输网络，将手机的数据发送到传感器网关或将应用平台控制命令发送到控制器。感知层包括 RFID 读/写器、RFID 标签、摄像头、手机、M2M 终端、传感器网络等。

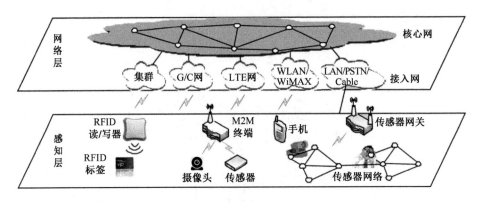

图 1-2　物联网体系结构

感知层要形成泛在化的末端感知网络。各种传感器、RFID 标签与其他感知器件应泛在化布设，无处不在。末端感知网络泛在化说明：①信息感知是实现物联网的基础；②解决低功耗、小型化与低成本是推动物联网普及的关键。末端感知网络是相对于网络层来说的，它位于物联网的末端，自身不承担转发其他网络的作用。此外，除上述传统意义上的感知器件，现在世界各国大力研究的智能机器人在未来也将是物联网的一部分。

2．网络层

物联网的网络层包括核心网和各种接入网，网络层将感知层获取的信息传输给处理中心和用户。物联网的核心网络是在现有互联网基础上，融合电信网、广播电视网等形成的面向服务、即插即用的栅格化网络；而接入网则包括移动的通信网、集群、无线城域网等，通过接入网络，感知层能够将信息传输给用户，同时用户的指令也可以传输给感知层。

目前，物联网的核心网基本与互联网的核心网一致，但随着时间的推移及人们认知的提高，由于物联网广泛增长的信息量及信息安全要求的提高，因此物联网的核心网将在现有核心网上扩展而成或是有技术体制差别的新型网络。目前业界针对 IP 网络安全性差的先天缺陷提出了多种改进方案，如名址分离、集中控制、源地址认证等，这些改进方案会在今后的物联网核心网发展过程中得以体现。

物联网的接入网也在发展，未来的 5G 网络、各种宽带接入系统都将是接入网的组成部分，随着感知节点的增多，大量信息的接入将给接入网带来全新的挑战。

3. 应用层

物联网的应用层主要是通过分析、处理与决策，完成从信息到知识，再到指挥控制的智能演化，实现处理和解决问题的能力，完成特定的智能化应用和服务任务。应用层包括数据处理、中间件、云计算、业务支撑系统、管理系统、安全服务等应用支撑系统（公共平台），以及利用这些公共平台建立的应用系统。

物联网的应用层将是普适化的应用服务。物联网应用服务将具备智能化的特征。物联网的智能化体现在协同处理、决策支持及算法库和样本库的支持上。实现物联网的智能化应用服务涉及海量数据的存储、计算与数据挖掘等技术。

物联网中，云计算将起到十分重要的作用，云计算适合于物联网应用，云计算由于规模化带来的经济效应将对实现物联网应用服务的普适化起到重要的推动作用。

除感知层、网络层和应用层外，物联网的管理也是一项重要的内容。物联网中涉及的大量节点、网络和应用，需要高效、稳定、可靠的管理系统维护系统的运行。

值得注意的是，物联网的概念非常广泛，其体系结构包括了各个方面，但是这并不意味着今后全世界只有一个物联网。正如目前国际互联网将全世界连通之后，还存在很多的私有网络，这些网络按照互联网的技术建立，但是并不与国际互联网连接。同样，今后除全球的大物联网外，还存在很多独立的小物联网。

1.1.4　物联网的主要特点

物联网是庞大的信息采集、传输、智能计算与处理网络，它从各感知终端采集信息并及时通过有线或无线的方式将采集到的信息传输给互联网，大数据信息经过云计算、大数据等智能技术的处理与分类后，以适应不同用户的不同需求。可见，物联网涉及多种异构网络，信息的传输必须能够适应多种异构网

络和协议。

结合物联网感知层、网络层、应用层的层次体系结构研究，物联网的主要特点概括为全域感知、密集传输与智能处理。

（1）全域感知是利用 RFID、二维码、传感器、GPS、北斗导航定位系统、自组织传感器网络等对物体的各种信息进行及时、全面的感知与识别。提供了物理世界和信息世界融合的数据基础。

（2）密集传输是利用有线/无线网络、广电网、通信网、基于 IPv6 的下一代互联网等可靠、安全地在感知层与应用层之间双向传输信息与指令。并且使用的通信网络技术在不断发展变化。

（3）智能处理是运用数据挖掘、云计算等各种智能计算技术对接收到的信息按照不同的需求目标进行处理，实现智能化决策与控制。信息处理技术与设备正向智能化的方向发展。

早期物联网研究认为物联网就是 M2M 的连接，实际上无论是人到人（Man to Man）、人到机器（Man to Machine），还是机器到机器（Machine to Machine），现有的互联网就能实现。互联网通过搜索和连接为人与人之间异步进行信息交互提供了快捷的方式。物联网要实现的是人与物、物与物等的连接，它强调连接的物体可以寻址并且物理实体之间可以通信。因此，物联网的特点还应该包括泛在性、开放性、可靠性、安全性。泛在性表明物联网感知的广泛性和应用的广泛性，是一定意义上的泛在网络，它提供的是一种无处不在、无时不在的广域连接；开放性是依据物联网的共性及应用平台来说的，它要具备拓展新的业务领域、容纳及整合不同标准及协议、动态识别随机接入网络的感知节点的能力；可靠性表明物联网能够可靠地传输信息与提供服务，即使某一节点出现问题仍能通过路由自主选择恰当路径将信息传输出去；安全性表明物联网应该具有良好的保护隐私与防止非法入侵的属性，既能在开放的网络环境中感知，又能防止个人隐私的泄露和可用性的破坏。

1.1.5　物联网主流技术

在技术的发展和演进过程中，标准起到了至关重要的作用，产品和解决方案均需依赖或遵从其适用的标准。在物联网中，标准扮演着越发重要的作用，因为物联网是多类技术的结合，覆盖从底层接入技术到上层跨垂直行业应用。

1. 主流标准

物联网的标准化机构主要有国际标准化机构 oneM2M、高通主导的 Allseen Alliance、以英特尔为主的开放互联联盟（Open Interconnect Consor-tium，OIC）及谷歌阵营的 Thread Group 等。

由亚洲、北美、欧洲等地区的标准团体联合设立的 oneM2M 是物联网领域的国际标准化机构，该机构的目标是使智能家居、智能汽车等不受应用领域的局限性，可建立相互兼容的平台。目前有三星电子、LG 电子、思科（Cisco）、IBM 等 220 多家企业和各国的研究机构参与，是全球最大规模的物联网标准团体。

2013 年由高通、Lin-ux Foundation、思科、微软等发起的 Allseen Alliance 联盟迄今已有 180 多家企业加入，使用该联盟制定的 AllJoyn 标准技术，可以使不同操作系统和不同品牌终端之间相互兼容，商用化程度比较高。

2014 年由英特尔、三星电子、Broadcom 等公司联合成立的 OIC 组织拥有思科、惠普等 90 多家成员企业。OIC 提供无偿使用的开源代码 IoTivity 及标准，积极拓展物联网市场。谷歌以 32 亿美元收购的 Nest 主导的 Thread 组织包括三星电子、ARM、飞思卡尔等 160 多家企业，这些企业使用新的 IP 无线通信网络，可以降低安全风险和能耗，有利于扩大其在智能家庭领域的份额。

2. 主流操作系统

不同于传统的 PC 和移动设备领域，目前是一系列广泛的商用和开源操作系统在驱动物联网，它们各自有其优缺点。物联网主流的操作系统主要有如下几种。

（1）RIOT OS。开源社区项目，拥有易于使用的 API，用电量和资源需求方面可实现高效（三星支持）。

（2）Windows 10 for IoT。微软的最新款嵌入式操作系统名为 Windows 10 for IoT，在这个品牌下还有若干个子操作系统：① Windows 10 for IoT Mobile，支持 ARM 架构；② Windows 10 for IoT Core，支持 Raspberry Pi 和英特尔凌动；③ Windows 10 for IoT Enterprise 等。

（3）谷歌 Brillo。面向基于安卓的嵌入式操作系统的开发平台，Brillo 使用 Weave 通信协议，使得智能设备不一定采用安卓作为其操作系统，只要能够使用 Weave 进行通信即可。

（4）华为 LiteOS。LiteOS 可以作为只有几十千字节的内核来部署。LiteOS

应用广泛，从基于 MCU 的设备到与安卓兼容的应用程序方面都有广泛应用。该操作系统可以定制并具有很多功能，如零配置、自动发现、自动联网、快速启动和实时操作，可以提供广泛的无线支持。

（5）Raspbian。Raspbian 是面向在最广泛使用的物联网平台上的 DIY 项目的最流行的发行版，开发人员可以向众多项目和教程寻求帮助。

（6）ARM MbedOS。ARM 开发自己的开源嵌入式操作系统，名为 Mbed OS，ARM 是唯一支持的架构。该操作系统是单线程，在智能家居和可穿戴式设备这两个物联网细分市场中发展较好。

（7）Embedded Apple iOS 和 OS X。苹果公司已采用了其操作系统平台的变种，开发了多款物联网设备，如 Apple TV、CarPlay（借助 BlackBerry QNX）和 Apple Watch。

3. 低功耗广域网络

LPWAN（Low Power Wide Area Network，低功耗广域网络）专为低带宽、低功耗、远距离、大量连接的物联网应用而设计。LPWAN 可分为两类：一类是工作于未授权频谱的 LoRa、Sigfox 等技术；另一类是工作于授权频谱下，3GPP 支持的 2G/3G/4G 蜂窝通信技术，如 EC-GSM、LTE Cat-m、NB-IoT 等。NB-IoT 技术具有覆盖广、连接多、速率低、成本低、功耗小、架构优等特点。NB-IoT 技术在现有电信网络基础上进行平滑升级，便可大面积适用于物联网应用，大幅提升物联网覆盖广度、深度。主流的低功耗广域网络如下。

（1）LoRa。未授权频谱，传输距离为 1~20km；节点数为万级，甚至百万级；电池寿命为 3~10 年；数据速率为 0.3~50 kbps。同类技术有 Sigfox。

（2）NB-IoT。NB-IoT 是可提升室内覆盖性能、支持大规模设备连接、减小设备复杂性、减小功耗和时延的蜂窝物联网技术，且其通信模块成本低于 GSM 模块和 NB-LTE 模块。

4. 物联网通信协议

物联网通信协议分为两大类，即接入协议和通信协议。物联网比较常用的无线短距离通信协议及技术有 Wi-Fi（IEEE 802.11 协议）、Mesh、蓝牙、ZigBee、Thread、Z-Wave、NFC、UWB、Li-Fi 等十多种。

（1）蓝牙。蓝牙由 1.0 版本发展到最新的 4.2 版本，功能越来越强大。在 4.2 版本中，蓝牙加强了物联网应用特性，可实现 IP 连接及网关设置等诸多新特性。与 Wi-Fi 相比，蓝牙的优势主要体现在功耗及安全性上，相对 Wi-Fi 最大

50 mA 的功耗，蓝牙最大 20 mA 的功耗要小得多，但在传输速率与距离上的劣势也比较明显，其最大传输速率与最远传输距离分别为 1 Mbps 及 100 m。

（2）Wi-Fi。Wi-Fi 是一种高频无线电信号，它拥有最为广泛的用户，其最大传输距离可达 300 m，最大传输速度可达 300 Mbps，弱电功耗一般在 50 mA 以下。

（3）ZigBee。ZigBee 应用在智能家居领域，其优势体现在低复杂度、自组织、高安全性、低功耗，具备组网和路由特性，可以方便地嵌入各种设备中。

（4）NFC。NFC 由 RFID 及互联互通技术整合演变而来，通过卡、读卡器及点对点 3 种业务模式进行数据读取与交换，其传输速率没有蓝牙快，传输距离也没有蓝牙远，但功耗和成本都较低、保密性好，已应用于华为钱包、Apple Pay、Samsung Pay 等移动支付领域及蓝牙音箱。

1.1.6　物联网技术应用领域

物联网可以广泛地应用于很多领域，包括物流、医疗、家居、城管、环保、交通、公共安全、农业、校园及军事等。

1．现代物流

在现代物流中，物联网技术可应用于车辆定位、车辆监控、航标遥测管理、货物调度追踪等。现代物流中"虚拟仓库"的概念需要由物联网技术来支持，从神经末梢到整个运行过程的实时监控和实时决策也必须由物联网来支持。

现代物流打造了集信息展现、电子商务、物流配载、仓储管理、金融质押、园区安保、海关保税等功能为一体的物流园区综合信息服务平台。信息服务平台以功能集成、效能综合为主要开发理念，以电子商务、网上交易为主要交易形式，建设了高标准、高品位的综合信息服务平台。并为金融质押、园区安保、海关保税等功能预留了接口，可以为园区客户及管理人员提供一站式综合信息服务。

2．智能医疗

物联网在智能医疗中的主要应用包括查房、重症监护、人员定位及无线上网等医疗信息化服务。通过物联网，医生可以通过随身携带的具有无线网络功能的个人终端，更加准确、及时、全面地了解患者的详细信息，使患者也能够得到及时、准确的诊治。

智能医疗系统借助简易实用的家庭医疗传感设备，对家中患者或老人的生理指标进行自测，并将生成的生理指标数据通过电信的固定网络或移动无线网络传输到护理人或有关医疗单位。根据客户需求，电信还提供相关增值业务，如紧急呼叫救助服务、专家咨询服务、终生健康档案管理服务等。智能医疗系统真正解决了现代社会子女们因工作忙碌无暇照顾家中老人的无奈，可以随时表达孝子情怀。

3．智能家居

智能家居通过在家庭环境中配置各类传感器和感应器，可以通过远程方式实现对家庭中的冰箱、空调、微波炉、电视、电话、电灯等家居用品进行控制。

智能家居系统融合自动化控制系统、计算机网络系统和网络通信技术于一体，将各种家庭设备（如音/视频设备、照明系统、窗帘控制、空调控制、安防系统、数字影院系统、网络家电等）通过智能家庭网络联网实现自动化，通过电信的宽带、固话和移动无线网络可以实现对家庭设备的远程操控。

与普通家居相比，智能家居不仅提供舒适宜人且高品位的家庭生活空间，实现更智能的家庭安防系统，还将家居环境由原来的被动静止结构转变为具有能动且智慧的工具，提供全方位的信息交互功能。

4．数字城市

数字城市包括对城市的数字化管理和城市安全的统一监控。前者利用"数字城市"理论，基于 3S（GIS、GPS、RS）等关键技术，深入开发和应用空间信息资源，建设服务于城市规划、城市建设和管理，服务于政府、企业、公众，以及服务于人口、资源环境、经济社会的可持续发展的信息基础设施和信息系统。

后者基于宽带互联网的实时远程监控、传输、存储、管理业务，利用电信无处不到的宽带和移动网络，将分散、独立的图像采集点进行联网，实现对城市安全的统一监控、存储和管理，为城市管理和建设者提供一种全新、直观、视/听觉范围延伸的管理工具。

5．数字环保

数字环保是以环境保护为核心，由基础应用、延伸应用、高级应用与战略应用等多个层面的环境保护管理平台集成的系统。数字环保包括环境测控跟踪系统、环境预测预报系统、污染源显示系统、污染源异动跟踪报警系统、环境状态速查系统等。

物联网数字环保应用的典型案例是太湖环境监控项目，它是通过安装在环太湖地区的各个监控的环保和监控传感器，将太湖的水文、水质等环境状态提供给环保部门，实时监控太湖流域水质等情况，并通过互联网将监测点的数据报送至相关管理部门。

6．智能交通

智能交通系统包括公交行业无线视频监控平台、智能公交站台、电子票务、车管专家和公交手机一卡通 5 种业务。

公交行业无线视频监控平台利用车载设备的无线视频监控和 GPS 定位功能，对公交运行状态进行实时监控。

智能公交站台通过媒体发布中心与电子站牌的数据交互，实现公交调度信息数据的发布和多媒体数据的发布功能，同时还可以利用电子站牌实现广告发布等功能。

电子票务是二维码应用于手机凭证业务的典型应用，从技术实现的角度来看，手机凭证业务就是"手机+凭证"，是以手机为平台、以移动网络为媒介，通过特定的技术实现凭证功能。

车管专家利用全球卫星定位技术、无线通信技术、地理信息系统技术等高新技术，将车辆的位置与速度，以及车内外的图像、视频等各类媒体信息及其他车辆参数等进行实时管理，有效满足用户对车辆管理的各类需求。

公交手机一卡通将手机终端作为城市公交一卡通的介质，除完成公交刷卡功能外，还可以实现小额支付、空中充值等功能。

7．公共安全

物联网在社会公共安全中将起到十分重要的作用。物联网可用于危险区域、危险物品、危险人物的监控、管理，便于管理部门随时掌握相关情况。"电子镣铐"监狱管理系统、智能司法系统等就是其中的典型代表。

智能司法系统是一个集监控、管理、定位、矫正于一体的管理系统，能够帮助各级司法机构降低刑罚成本、提高刑罚效率。目前，中国电信已实现通过CDMA独具优势的GPSONE手机定位技术对矫正对象进行位置监管，同时具备

完善的矫正对象电子档案、查询统计功能，并包含对矫正对象的管理考核，给矫正工作人员的日常工作提供了一个信息化、智能化的高效管理平台。

重要区域和场所的围界防入侵技术应用，涉及社会的方方面面，应用范围广阔。仅以机场为例，目前全国机场约为 477 个，其中，大、中型机场约为 100 个，按照每个机场建设 10～20km 围界计算，市场容量将在 50 亿元以上。

8. 智能农业

智能农业产品通过实时采集温室内温度、湿度信号及光照、土壤温度、CO_2 浓度、叶面湿度、露点温度等环境参数，自动开启或关闭指定设备。

智能农业可以根据用户需求随时进行处理，为设施农业综合生态信息自动监测及对环境进行自动控制和智能化管理提供科学依据。

通过温度采集模块实时采集温度传感器的信号，经由无线信号收发模块传输数据，实现对大棚温、湿度的远程控制。智能农业产品还包括智能粮库系统，该系统通过将粮库内温、湿度变化的感知与计算机或手机的连接进行实时观察，记录现场情况以保证粮库内的温、湿度平衡。

物联网技术还可应用于农产品溯源。目前国内频繁发生食品质量与安全问题，将物联网技术应用于农产品溯源中，建立完整的产业链全程信息追踪与溯源体系，实现信息汇聚，进而能够对食品安全事件进行快速、准确的溯源和快速处理。

9. 智能校园

物联网技术可应用于校园中，与校园卡结合实现各类智能功能，促进校园的信息化和智能化。

中国电信的校园手机一卡通和金色校园业务，促进了校园信息化和智能化的发展。

校园手机一卡通主要实现的功能包括电子钱包、身份识别和银行圈存。电子钱包即通过手机刷卡实现校内主要消费；身份识别包括门禁、考勤、图书借阅、会议签到等；银行圈存即实现银行卡到手机的转账充值、余额查询。目前校园手机一卡通的建设，除具有普通一卡通功能外，还借助手机终端实现了空中圈存、短信互动等功能。

中国电信实施的"金色校园"方案，帮助中小学用户实现学生管理电子化、教师上课办公无纸化和学校管理的系统化，使学生、家长、学校三方可以时刻保持沟通，方便家长及时了解学生学习和生活情况，通过一张薄薄的"学籍卡"，真正达到了对未成年人日常行为的精细管理，最终达到学生开心、家长放心、学校省心的效果。

10．军事应用

信息技术在战争中的作用越来越重要，近年来美军强调"网络中心战"与"传感器到射手"的扁平作战模式，突显无线传感器网络、信息栅格等物联网技术在感知战场态势及将目标信息传输给武器装备方面的作用。

目前，世界各国都非常重视战场感知体系的研究。建立战场感知体系的目的是及时发现、准确识别、精确定位、快速处置。微型传感器节点可以通过飞机抛投的方式，在战场上形成密集型、随机分布与低成本的无线传感器网络，可以将能够收集震动、压力、声音、速度、湿度、磁场、辐射等信息的各种微型传感器结合起来，隐藏在战场的各个角落，全面感知战场态势。

物联网技术在反恐装备研究中也将发挥巨大的作用。2003 年，第一套基于声传感器与无线传感器网络的反狙击系统研制成功，此系统通过在敏感区域事先布置大量低成本声传感器节点的方法，自组网形成无线传感器网络，与基站配合，通过计算枪响的时间、强度、方位等确定狙击手的位置。此套系统在伊拉克战争中得到了初步应用。

物联网技术还可应用于军事物流中。最早将 RFID 技术应用于军事物流中的是美国国防部军需供应局。2002 年，美军中央战区要求所有进入该战区的物资都必须贴有 RFID 标签。2004 年，美国国防部公布了最终的 RFID 政策，同时宣布 2007 年 1 月 1 日起，除散装物资之外，所有国防部采购的物资在单品、包装盒及托盘化装载单元上都必须粘贴 RFID 标签。

从本质上看，军事信息化中的从"传感器到射手"的信息无缝交互流程与物联网的目的是一致的，因而物联网技术将在军事应用中大放异彩。

1.2　物联网安全的概念

物联网安全是信息安全理论与技术在物联网行业的延伸，传统互联网信息安全概念与技术需要依据物联网的专有属性进行扩展，形成物联网信息安全的体系。

1.2.1　物联网安全的内涵

物联网是一种虚拟网络与现实世界实时交互的新型系统，其特点是无处不在的信息感知、以无线为主的信息传输、智能化的信息处理。由于物联网在很多场合都需要无线传输，这种暴露在公开场所中的信号很容易被窃取，也很容易被干扰，因此这将直接影响到物联网体系的安全。物联网规模很大，与人类社会的联系十分紧密，一旦遭受攻击，安全和隐私将面临巨大威胁，甚至可能引发世界范围内的工厂停产、商店停业、电网瘫痪、交通失控、工厂停产等恶性后果。从物联网的本质或基本结构，以及威胁问题导向分析，物联网安全主要体现在两个维度：一是网络分层结构的安全，即物联网网络安全，以及物联网多组件、多成分的安全；二是物联网实体（系统、网络、终端）本身的物理安全。

本书所探讨的物联网安全范围仅限定在物联网网络安全和多组件、多成分的安全。

1.　分层结构的安全

（1）感知层安全。

感知层主要是全面感知物联世界的信息，典型设备包括 RFID 装置、各类传感器（如红外、超声、温度、湿度、速度等）、图像捕捉装置（摄像头）、全球定位系统（GPS）、激光扫描仪、工业自动控制执行器等，可能出现的网络安全问题包括以下几个方面。

① 感知节点容易遭受入侵攻击。感知节点的作用是监测网络的不同内容、提供各种不同格式的事件数据来表征网络系统当前的状态。

② 标签信息易被截获和破解。标签信息可以通过无线网络平台传输，信息的安全将受影响。

③ 传感器网络的 DDoS 攻击。传感网通常要接入其他外在网络（包括互联网），难免受到来自外部网络的攻击，主要攻击除非法访问外，拒绝服务攻击也较为常见。传感网节点的计算和通信能力有限，对抗 DDoS 攻击的能力比较脆弱，在互联网环境中并不严重的 DDoS 攻击行为，但在物联网中就可能造成传感网瘫痪。

（2）网络层安全。

物联网的网络层是在现有的通信网和互联网的基础上建立起来的，既包括现有的通信技术又包括终端技术，通过有线与无线的结合、移动通信技术和各种网络技术的协同，为用户提供智能选择接入网络的模式。互联网的安全问题有可能传导到物联网的网络层，甚至产生更严重的问题。物联网网络层的安全问题包括以下几个方面。

① 海量异构物联网终端广泛分布于网络连接的各个角落，无处不在、随时在线是物联网终端的基本特点，而目前物联网所涉及的网络包括无线通信网络 WLAN、WPAN 及移动通信网络和下一代网络等，容易出现跨异构网络的网络攻击。

② 物联网网络开放性架构、系统的接入和互联方式，以及各类功能繁多的网络设备和终端设备的安全防护能力欠缺，容易出现假冒攻击、中间人攻击等。

③ 构建和实现物联网网络层功能的相关技术的安全弱点和协议缺陷，如云计算、网络存储、异构网络技术等。

（3）应用层安全。

应用层主要用来对接收的信息加以分析、计算和加工处理，实现用户根据不同的感知数据做出不同的反应。应用层工作的技术过程是对感知层信息和数据进行融合处理和利用，安全问题具体包括以下几个方面。

① 超大量终端提供了海量的数据，但识别和处理能力跟不上，导致大量有效数据未经处理。

② 智能设备的智能失效，导致处理效率严重下降。

③ 自动处理能力失控，下发大量错误指令。

④ 无法实现容灾备份与恢复。

⑤ 远程终端失去与邻近节点和中心的交互，从网络结构中逻辑丢失。

2．多组件、多成分的安全

物联网安全多组件、多成分的特点体现在物联网设备的芯片、终端及其操作系统安全、网络安全、管理平台、应用和企业运营的安全，因此，可以从这几个层面来看每层的安全防护技术和措施。保证每个层面安全的同时，还需要基于端（终端）、管（传输网络）、云（数据中心，包含应用）的相互依赖和支撑关系来构建端到端的安全防御体系，其中基于物联网整网的安全态势感知尤为重要。

（1）芯片和轻量化操作系统安全。

为保证设备的安全，安全芯片是各类高安全物联网设备的首选，芯片厂商

通过可信赖平台模块（Trusted Platform Module，TPM）、可信执行环境（Trusted Execution Environment，TEE）等技术实现硬件级的高强度加密和隔离，提供可信环境和安全存储，将重要密钥在可信芯片中存储，防止数据泄露；同时支持设备安全启动，对软件和固件的启动、升级进行签名，保护数据完整性。未来物联网需要低成本、低能耗且标准统一的芯片级安全技术。

安全物联网操作系统必不可少，通常在轻量化的物联网操作系统内存资源调度机制中，不区分用户态和内核态，使用统一的内存空间，所有应用和内核均运行在特权模式中。系统服务将会面临众多不确定的安全隐患。如果使用轻量级安全操作系统的隔离机制，使得用户态与内核态隔离、应用与应用隔离，并支持内核内存保护机制及内核隔离调度机制，那么业务系统的可靠性与安全性都会得到极大提高。

安全操作系统通过内存管理重新进行合理布局，使得内核空间和应用空间分离；采用 Syscall 机制实现内核态和用户态权限分离，通过 VM 实现不同应用之间的权限保护；基于 MPU 或 MMU 来提供给用户可配置的内存保护接口。

具体安全保护措施包括：设计合理的内存布局；区分内核态和用户态；应用进程之间进行隔离；提供内存保护接口。

通过轻量级隔离机制实现的安全区是操作系统的安全保障。应用可借助内存保护单元创建基于安全区独立的应用安全域。安全操作系统建立的轻量级隔离机制主要特性体现在以下两个方面。

① 安全访问控制：沙盒与沙盒之间的相互隔离，安全访问通道的建立使用，恶意代码非法访问的有效管控。

② 安全核：为固件更新（FOTA）、安全存储、密钥管理、加解密、设备 ID 等提供安全保护基础。

由此，安全操作系统能够提供可信的身份认证、安全的固件更新、Internet 服务访问权限管控和加解密及密钥管理等功能。

（2）终端安全。

物联网终端包括接入传感器和设备，能够采集相关的数据，并通过网络进行设备连接和数据上报，具备低功耗、低成本、低计算存储能力、易接触、运行周期长、接口及协议复杂等特征。以上特征导致传统的安全防御架构不再适用，需要一种能适应物联网终端特点的新安全防护措施。

① 物理安全：物联网复杂环境下的防水、防尘、防震、防电磁干扰。

② 接入安全：防仿冒的非法终端接入网络，防止物联网设备沦为 DDoS "肉鸡"。通过轻量级易集成的安全应用插件进行终端异常分析和加密通信等，实现终端入侵防护，从而防止终端成为跳板、攻击关键网络节点；同时需要轻量化的强制认证机制和分布式认证、区块链等新型技术。

③ 运行环境安全：通过轻量级实时嵌入式操作系统内核级安全机制进行防护；业务代码安全启动支持软件签名，保证只有合法没有被篡改的软件包才能加载；同时通过安全访问白名单防止恶意代码非法访问。

④ 业务数据安全：本地数据安全，如数据隔离、防止复制和泄露等。

⑤ 统一管理：提供全生命周期的安全管理，包括设备激活、身份认证、安全存储、安全启动、完整性检查、软件升级和设备退役在内的完整的生命周期管理。

物联网终端的安全需要从硬件到软件综合考虑，包括硬件芯片级的安全、操作系统安全和操作系统层以上的终端安全加固。终端的可信和可管是最基本的安全要求，物联网难以在不可信的基础上大规模扩展。因此，各厂商需要依据数据的敏感程度、终端的智能程度和不同的网络架构特点，甄选各种终端安全技术来适配复杂的海量物联网终端，如为平衡引入安全机制所带来的资源消耗和成本，选择使用轻量化安全加密和分布式认证等新型安全技术。

（3）设备接入网络安全。

万物互联意味着网络要支撑多样的业务和庞大的流量，需要用到各类通信技术，包括以太网、RS232、RS485、PLC（Power Line Communication，电力线载波）等有线技术及 GPRS、LTE、ZigBee、Z-Wave、Bluetooth、Wi-Fi 等无线技术。基于这些通信技术的传统网络层安全机制大部分依然适用于物联网，包括网络安全域隔离、设备接入网络的认证、防火墙自动防御网络攻击、DDoS 攻击防护、应用和 Web 攻击防护，以及控制面、用户面提供 IPSec 安全传输等。物联网的设备接入网络安全需要重点关注的主要有两点：一是新的物联网通信技术，如 NB-IoT 及未来 5G 的安全；二是大量专有协议及工控网络的安全机制。

NB-IoT 及未来 5G 时代对安全的要求主要包括：海量 IoT 终端的高并发、去中心化、分布式统一认证；部署形态上适配 NFV 环境的软化、自动化部署、动态可编程；开放环境下的端到端加密，新型轻量级加密算法；安全检测上对跨层、跨厂商的攻击检测，多安全功能协同。

物联网需要充分利用无线移动通信的物理层传输特性，通过认证、加密和

安全传输等技术的应用，在保证用户通信传输质量的同时，防止未知位置的窃听和增加中间人攻击的难度。空口层面，终端和网络基于无线标准进行双向认证，确保经过验证的合法的终端接入合法的网络。同时，终端和网络之间建立安全通道，对终端数据提供加密和完整性保护，防止信息泄露、通信内容被篡改和窃听。

另外，物联网终端采用了大量的专有接口，如 KNX、ModBus、CANBus 等，然后被接入到工控网络中，而这些终端和网络大多都是设计在孤立环境中运行的，安全机制相对薄弱。随着物联网的逐步发展，这些终端和网络将被逐步接入到互联网中，这会引入新的安全问题。为解决这些问题，需要物联网防火墙或安全网关等设备支持对工业协议和各行业应用的深度识别和自动过滤；支持海量接入的加密能力；实现白名单过滤技术，包括自定义协议能力；需要对终端资源消耗攻击和基于多行业应用流量攻击特征的 DDoS 自动防护；网络安全产品还需要提供基于物联网特征的病毒和高级威胁的防护功能。

（4）物联网平台和应用安全。

物联网平台是开发者中心，供个人/企业开发者、芯片/模块厂商、产品厂商、开放服务厂商使用，通过开发者中心，厂商可以快速地创建产品和应用，完成开发测试，快速上线销售，同时可以通过平台提供数据分析业务，优化迭代产品。

物联网平台主要提供海量物联网终端管理、数据管理、运营管理和安全管理。各类管理中最关键的安全因素是个人数据保护，大量的个人数据可能会从分散端传输到某个物联网云平台或处理平台，因此个人数据需要得到充分的保护，符合相关国家和地区的隐私保护法律的要求。

另外，物联网平台需要支持接入不同的垂直应用，如智慧家庭、车联网、智能抄表等，考虑到不同应用之间数据的安全性要求差异，在数据存储层面应提供安全隔离机制。同时数据在传输过程中需要保证机密性、完整性。敏感的信息（如视频数据）等，需要实现云端的加密存储，超过必要存留期的个人数据需要及时删除。

物联网应用本身的安全也需要考虑，保证云端访问时进行强制认证和业务权限控制，应用数据传输过程不能因应用本身漏洞而被窃取或攻击，PC 和移动等端点存储时需进行有效加密和隔离。

物联网安全的显著特点是与其应用行业关系紧密。由于各行各业在自身业务属性、服务对象、管理主体、工作方式等方面的差异性，物联网安全在不同行业中的体现形式及相应需求也千差万别。在工业和能源行业，工业控制系统和智能电网的安全，如 ICS/SCADA 的安全，一旦工业控制系统遭到攻击，将可能导致整个系统停运，带来停产、停电等严重后果。在医疗行业，对连接互联网的医疗设备的保护，医学和药物研究数据的加密，医疗数据的安全。试想，如果安装在人身体里的无线心脏除颤器遭受黑客控制，患者的生命安全如何得到保障？在智慧城市行业，海量传感器所收集的治安、卫生、交通等信息传输和存储的安全，关系到政府治理、公共安全和社会隐定。在金融行业，多种多样的移动支付带来了新的金融欺诈风险，一旦有漏洞被黑客利用，个人和企业的财产将遭受不可避免的损失等。因此，物联网安全不仅仅事关商业利益，更影响到了国计民生的方方面面。

1.2.2 物联网安全面临的挑战

物联网是互联网的延伸，分为感知层、网络层和应用层三大部分。从结构层次看，物联网相比互联网，新增加的环节为感知部分。感知包括传感器和标签两大方面。传感器和标签的最大区别在于：传感器是一种主动的感知工作方式，标签是一种被动的感知工作方式。除感知部分之外，物联网具有互联网的全部信息安全特征，加之物联网传输的数据内容涉及国家经济社会安全及人们日常生活的方方面面，所以物联网安全已成为关乎国家政治稳定、社会安全、经济有序运行、人们安居乐业的全局性问题，物联网产业要健康发展，必须解决安全问题。

与传统网络相比，物联网发展带来的信息安全、网络安全、数据安全乃至国家安全问题将更为突出，要强化安全意识，把安全放在首位，超前研究物联网产业发展可能带来的安全问题。物联网安全除了要解决传统信息安全的问题，还需要克服成本、复杂性等新的挑战，具体介绍如下。

1. 需求与成本的矛盾

物联网安全的最大挑战来自安全需求与成本的矛盾。从上述描述可以看出，物联网安全将是物联网的基本属性，为了确保物联网应用的高效、正确、有序，安全显得特别重要。但是安全是需要代价的，与互联网安全相比，"平民化"的物联网安全将面临巨大的成本压力，一个小小的 RFID 标签，为了保证其安全性，就可能会增加相对较高的成本，而成本增加将影响到其应用。成本将是物联网安全不可回避的挑战。

2．安全复杂性加大

物联网安全的复杂性将是另一个巨大的挑战。物联网中存在的复杂安全问题包括以下几个方面。

（1）终端节点的问题。终端节点有限的存储、运行空间和计算能力，以及有限的能量，终端节点用来存储、运行代码的空间十分有限。因此节点中的软件必须做得非常小，而节点的 CPU 运算能力也不能与一般的计算机相提并论。

（2）能量问题。能量问题是终端节点性能的最大约束，一旦节点部署到网络中，由于成本太高，是无法随意更换和充电的，如果在节点上增加保密功能，则必须要考虑这些安全功能对能量的消耗。终端物理安全问题无法保证物联网终端数量巨大，类型多样，而且有些终端节点会分布在环境恶劣地区，节点的安全易受天气影响，以及存在无人看守、缺乏完善的安全监控和维护等问题，容易导致节点的损坏和丢失。

（3）不可靠问题。网络的安全性在很大程度上依赖于一个界定的协议或算法，进而依赖于通信方式，但在物联网中通信传输是不可靠的，无线传输信道的不稳定性和节点的并发通信冲突可能导致数据包的丢失或损坏，迫使开发者需要投入额外的资源进行错误处理。更重要的是，如果没有合适的错误处理机制，则可能导致通信过程中丢失十分关键的安全数据包，如密钥等。

（4）数据真实性问题。节点的身份认证在物联网系统的许多应用中是非常重要的，攻击者可以通过窃听底层节点在无线网络中的通信数据获取敏感信息，从而重构节点，达到伪造物联网终端节点的目的，攻击者可以利用伪造的节点假冒合法用户，骗取系统的重要信息。因此，在通信过程中，只有通过身份认证才能确信消息是从正确的节点处发送过来的。

（5）隐私泄露问题。隐私泄露常常发生在无线访问过程中，泄露的信息通常包括位置信息、身份信息和交易信息等。这些数据关系到使用者的隐私和其他敏感数据，一旦被攻击者获取，使用者的隐私权将无法得到保障。因此，物联网的安全机制应当能够保护用户的隐私和个人信息，同时也能够维护经营者的商业利益，将节点导致的安全隐患扩散限制在最小范围内。例如，在 RFID（Radio Frequency Identification Devices）系统中，同物品商标可能泄露物品的信息一样，个人携带的 RFID 标签也会泄露个人的隐私信息，对于安全机制相对薄弱的 RFID 标签，攻击者可直接通过阅读器提取标签信息，并将信息进行综合性分析，获得个人位置和身份等重要信息。

（6）数据完整性问题。在数据传输过程中，节点与信息管理平台之间若使用无线网络进行通信数据的交换，则面临着被攻击者篡改或拦截的危险，攻击者可以通过监听通信信道，破译通信密钥来获取信息内容，从而达到自行处理数据的目的，严重影响通信质量，在物联网系统中，通常会通过消息认证码检验数据的完整性，消息认证码的值会因数据的细微改变而产生较大变化，有助于确认数据的可靠性。

（7）数据隐匿性问题。一个终端节点不应当向非法用户泄露任何敏感信息，一个完备的安全方案必须能够保证节点中所包含的信息仅能被合法组件识别，目前节点与组件之间的无线通信在多数情况下是不受保护的，因而未采用安全机制的节点会泄露其中的内容和一些敏感信息。

物联网中将获取、传输、处理和存储大量的信息，信息源和信息目的的相互关系将十分复杂；解决同样的问题，已有的技术虽然能用，但可能不再高效，这种复杂性肯定会催生新的解决方法出现。例如，海量信息将导致现有包过滤防火墙的性能达不到要求，今后可能出现分布式防火墙或其他全新的防火墙技术。

3．信息技术发展本身带来的问题

物联网是信息技术发展的趋势，信息技术在给人们带来方便和信息共享的同时，也带来了安全问题，如密码分析者大量利用信息技术提供的计算和决策方法实施破解，网络攻击者利用网络技术设计大量的攻击工具、病毒和垃圾邮件；信息技术带来的信息共享、复制和传播能力，使人们难以对数字版权进行管理。因此，无所不在的安全网络需求是对信息安全的巨大挑战。

4．物联网系统攻击的复杂性和动态性仍较难把握

信息安全发展到今天，对物联网系统攻击防护的理论研究仍然处于相对困难的状态，这些理论仍然较难完全刻画网络与系统攻击行为的复杂性和动态性，致使防护方法还主要依靠经验，"道高一尺，魔高一丈"的情况时常发生。目前，对于很多安全攻击，都不具备主动防护的能力，往往在攻击发生之后，才能获取到相关信息，然后才能避免这类攻击，这不能从根本上防护各种攻击。

5．物联网安全理论、技术与需求的差异性

随着物联网中计算环境、技术条件、应用场合和性能要求变得复杂化，需

要研究、考虑的情况会更多，这在一定程度上加大了物联网安全研究的难度。在应用中，当前对物联网中的高速安全处理还存在诸多困难，处理速度还很难达到带宽的增长。此外，政府和军事部门的高安全要求与技术能够解决的安全问题之间尚存在差距。

6．密码学方面的挑战

密码技术是信息安全的核心，在物联网中，随着物联网应用的扩展，实现物联网安全，也对密码学提出了新的挑战，具体主要表现在以下两个方面。

（1）通用计算设备的计算能力越来越强与感知设备计算能力弱带来的挑战。当前的信息安全技术特别是密码技术与计算技术密切相关，其安全性本质上是计算安全性，一方面，由于当前通用计算设备的计算能力不断增强，对很多方面的安全性带来了巨大挑战；另一方面，同样位于物联网中感知层的感知节点，由于体积和功耗等物理原因，导致计算能力、存储能力远远弱于网络层和应用层的设备，这些限制导致了其不可能采用复杂的密码算法，同时增大了信息被窃的风险。因此，如何有效地利用密码技术防止感知层设备出现安全短板效应，是值得认真研究的课题。为了应对物联网安全的需求，很有可能产生一批运算复杂度不高，但防护强度相对较高的轻量级密码算法。

（2）物联网环境复杂多样带来的挑战。随着网络高速化、无线化、移动化的发展，信息安全的计算环境可能附加越来越多的制约，往往约束了常用方法的实施，而实用化的新方法又受到质疑。例如，传感器网络由于其潜在的军事用途，常常需要比较高的安全性，但由于节点的计算能力、功耗和尺寸均受到制约，因此难以实施通用的安全方法。当前，所谓轻量级密码的研究正试图寻找安全和计算环境之间合理的平衡手段，然而尚有待于发展。同样，物联网感知层可能面临不同的应用需求，其环境变化剧烈，这就要求密码算法能够适应多种环境，传统的、单一的不可变密码算法很可能不再适用，而需要全新的、具备灵活性的可编程、可重构的密码算法。

1.2.3　物联网安全与互联网安全的关系

物联网是互联网的延伸，因此物联网的安全也是互联网安全的延伸，物联网和互联网的关系是密不可分、相辅相成的。但是物联网和互联网在网络的组织形态、网络功能及性能上的要求都是不同的。物联网对于实时性、安全可信性、资源保证性等方面有很高的要求。物联网的安全构建在互联网安全上，而因其业务环境又具有自身的特点。从总体上说，物联网安全和互联网安全的关系体现在以下几点。

（1）物联网安全不是全新的概念。

（2）物联网安全比互联网安全多了感知层。

（3）传统互联网的安全机制可以应用到物联网。

（4）物联网安全比互联网安全更广泛。

（5）物联网安全比互联网安全更复杂。

与已有的互联网安全相比，物联网安全大部分都采用相同的技术或是相同原理的技术，对信息进行保护的方式也不会有太多的变化。但是物联网安全的重点在于：广泛部署的感知层相关信息的防护，以及大量新型应用的安全保护。

互联网时代，人们对信息安全进行了各种各样的诠释，出现了多种信息安全产品，但是，互联网安全不具备"平民化"特征，普通用户在使用计算机上网时，其实是不太关心信息安全的，或者说是信息安全事故造成的危害对其生活而言，并不是十分显著。例如，某个用户的计算机中毒了，或者是某个账号密码被窃取了，对其而言，最多就是格式化计算机、重装操作系统或重新申请一个账号的问题。在这种情况下，互联网安全基本上是企业用户的专利，普通用户不太可能为信息安全付出很大代价。

在物联网时代，所有的"物"都将互联，这些"物"包括普通人生活中的所有东西，如银行卡、身份证、家电、汽车等，当物联网与普通大众的生活紧密联系在一起时，物联网中的安全就显得特别重要了，这时的信息安全也具备了"平民化"的特征。物联网安全比互联网安全更重要、影响更大。互联网出现安全问题时损失的是信息，而且还可以通过信息的加密和备份来降低甚至避免信息损失；物联网是与物理世界打交道的，无论是智能交通、智能电网、智能医疗还是桥梁检测、灾害监测，一旦出现问题就会涉及生命财产的损失，对普通人来说至关重要。从另一个角度看，在物联网安全问题得到高效、低成本解决之前，大规模的物联网应用将不可能展开，人们所描绘的物联网美好蓝图只会在安全问题解决之后才会出现。

物联网中的信息量将远大于互联网，因而物联网安全的复杂性更高，大量的信息需要管理和保护，这对物联网安全设备的性能要求提出了更高的要求。同样的技术，可能会采用不同的原理实现，或者是为了应对大量信息安全防护，可能会出现新的安全技术。

物联网安全中，隐私保护将是一个十分重要的内容。人们的身份信息将上网，怎样保证身份信息不被非法获得将是物联网安全的一大挑战。

1.2.4 物联网安全与人们日常生活的关系

物联网安全与互联网安全相比，最大的区别就是"平民化"，与人们的日常生活密切相关，而不是看不见摸不着的海市蜃楼。

（1）银行卡（信用卡）信息和密码保护。只有具备十分安全的保护手段，风险十分小之后，人们才会广泛地进行大额度的电子支付（网上银行、移动支付），不然人们永远只会在网上买些便宜物品。

（2）移动用户既需要知道（或被合法知道）其位置信息，又不愿意让非法用户获取该信息。如果这些信息被恶意用户获取，就可能从中挖掘出人们的生活习惯，带来隐私泄露等问题。

（3）智能家居、智能汽车等将给人们带来方便。但如果相关信息被别人恶意获取和使用之后，将给个人的生活带来严重不便，轻则损坏设备，重则带来生命危险。

（4）用户既需要证明自己合法使用某种业务，又不想让他人知道自己在使用某种业务，如在线游戏。

（5）患者急救时需要及时获得该患者的电子病历信息，但又要保护该病历信息不被他人非法获取，包括病历数据管理员；事实上，电子病历数据库的管理员可能有机会获得电子病历的内容，但隐私保护采用某种管理和技术手段使病历内容与患者身份信息在电子病历数据库中无关联。

（6）许多业务需要匿名，如网络投票。很多情况下，用户信息是认证过程的必需信息，如何对这些信息提供隐私保护，是一个具有挑战性的问题，但又是必须要解决的问题。例如，医疗病历的管理系统既需要患者的相关信息来获取正确的病历数据，又要避免该病历数据与患者的身份信息相关联。在应用过程中，主治医生知道患者的病历数据，这种情况下对隐私信息的保护具有一定困难性，但可以通过密码技术手段防止医生泄露患者病历信息。

（7）移动 RFID 系统利用植入 RFID 读/写芯片的智能移动终端获取标签中的信息，并通过移动网络访问后台数据库获取相关信息；在移动 RFID 网络中存在的安全问题主要是假冒与非授权服务。首先，在移动 RFID 网络中，读/写器与后台数据之间不存在任何固定物理连接，通过射频信道传输其身份信息，攻击者截获一个身份信息时，就可以用这个身份信息来假冒该合法读/写器的身份；其次，通过复制他人读/写器的信息，可以多次顶替他人消费。另外，由于复制他人信息的代价不高，且没有任何其他条件限制，因此成为攻击者常用的手段。

从上面的例子可以看出，物联网时代，人们日常生活的各个方面都涉及安全问题，不解决安全问题，物联网就不会与人们的日常生活紧密联系起来，物联网的目标就不会达到。

1.2.5　物联网安全的特点

物联网应当从国家战略高度上重视安全问题，保证网络信息的可控可管，保证在信息安全和隐私权不被侵犯的前提下建设物联网。由于物联网将各类感知设备通过传感网络与现有互联网相互连接，其核心和基础仍然是互联网，因此，当前互联网所面临的病毒攻击、数据窃取、身份假冒等安全风险在物联网中依然存在。此外，根据物联网自身具有的由大量设备构成、缺少人员对设备的有效监控、大量采用无线网络技术等特点，除了面对传统网络安全问题，还存在着一些特殊安全问题。相对于互联网安全、综合技术、成本及社会等方面的因素而言，物联网安全的主要特点体现在 4 个方面：平民化、轻量级、非对称和复杂性。从纯技术角度而言，物联网安全与互联网安全是紧密联系的，并不存在超越互联网安全的全新技术，其主要区别在于物联网安全的 4 个特点对各种技术的性能和成本等提出了新的要求。

1. 平民化

所谓平民化，是指物联网安全与普通大众的生活密切程度十分"高"。互联网时代，信息安全已经显得非常重要，但是我们可以看到，普通大众其实不是很关心信息安全，家中的计算机中病毒了，就想办法杀毒，实在不能解决，就把机器格式化之后重装系统；信箱的密码丢失，重新申请一个即可。也就是说，互联网时代，信息安全虽然重要，但是还达不到影响人们生活的程度。但是，在物联网时代，当每个人都习惯于使用网络处理生活中的所有事情时，当人们习惯于网上购物、网上办公时，信息安全就与人们的日常生活紧密地结合在一起了，不再是可有可无的。物联网时代如果出现了安全问题，那么每个人都将面临重大损失。只有当安全与人们的利益相关时，人们才会重视安全。

2. 轻量级

物联网需要面对的安全威胁数量庞大，并且与人们的日常生活密切相关。前面已经提到，安全与需求的矛盾十分突出，如果采用现阶段的安全思路，那么物联网安全将面临很大的成本压力，因而物联网安全必须是轻量级、低成本

的安全解决方案。只有这种轻量级的解决方案，普通大众才可能接受。轻量级解决方案正是物联网安全的一大难点，安全措施的效果必须好，同时成本要低，这样的需求可能会催生一系列安全新技术。

3. 非对称

物联网中，各个网络边缘的感知节点能力较弱，但是其数量庞大，而网络中心的信息处理系统的计算处理能力非常强，整个网络呈现出非对称的特点。物联网安全在面向这种非对称网络时，需要将感知节点较弱的安全处理能力与网络中心较强的安全处理能力结合起来，采用高效的安全管理措施，使其形成综合能力，进而能够从整体上发挥出安全设备的效能。

4. 复杂性

物联网安全十分复杂，由目前可认知的观点可知，物联网安全所面临的威胁、要解决的问题及所采用的技术，不管在数量上比互联网多多少，都可能出现互联网安全所没有的新问题和新技术。物联网安全涉及信息感知、信息传输和信息处理等多方面，并且更加强调用户隐私。物联网安全各个层面的安全技术都需要综合考虑，系统的复杂性将是一大挑战，同时也将呈现出大量的商机。

## 本章小结

本章首先简要介绍了物联网的基本概念及其提出的背景，分析了物联网相关概念和相关关系，提出了物联网的体系结构并列举了物联网的应用范围；然后描述了物联网安全的内涵，包括与互联网安全的关系、与人们日常生活的关系；最后分析了物联网安全的新挑战和特点。

## 问题思考

物联网是计算机、互联网及移动通信网之后的又一次信息产业浪潮。请读者思考，物联网的典型结构是什么？物联网和互联网的关系是什么？物联网仅是现有互联网的延续还是与互联网有根本差别？物联网安全与互联网安全的不同之处是什么？两者的根本区别是什么？

第 2 章

物联网安全体系结构及基础技术

内容摘要

本章主要讨论物联网安全的基本问题，包括物联网安全需求及目标，从感知层、网络层和应用层讨论安全威胁，典型的物联网安全事件，物联网安全体系结构及物联网安全涉及的基础技术。

2.1 物联网安全需求及目标

当定义物联网的安全防护区域、部署信息安全防护技术时，首先必须评估明确安全需求（安全目标）；然后确定具体的物联网资产是在安全防护区域内考虑还是在外部区域考虑。

物联网的安全需求可以划分为以下几种类型。

1. 接入与访问

对于信息安全边界内可以提供价值的、一个机构/组织内的资产而言，必然有来自信息安全边界外部的资产与其相连。这些资产可以有多种形式存在，包括可流动性物理资产（产品）和人（员工和供应商）或与信息安全区域以外的实体进行电子信息通信。

远程接入与访问是指与那些安全区域保护边界之外的资产进行通信。本地接入与访问通常是指一个独立的安全区域内的各种资产之间的通信。

2. 物理访问与接入

物理安全区域通常用来限制对一些特定区域的接入，因为该区域内的所有系统需要对其操作人员、维护人员和开发人员拥有相同级别的信任。这并不排除具有更高级别的物理安全区域嵌入到一个较低级别的物理安全区域内；或者一个更高级别的通信接入区域内一个较低级别的物理安全区域。对于物理区域而言，可以使用给门上锁或其他物理方法防止未经授权的访问，这些边界可以是用于限制访问的墙或机架等。物理区域必须有与所需的安全水平相称的物理边界，并与其他资产的安全计划保持一致。

物联网系统信息安全边界内的资产是那些必须受到给定的安全级别或策略保护的资产。信息安全边界内的所有设备必须共享相同的、最低级别的安全性要求。另外，信息安全边界内的所有设备必须受到严格的保护，并满足相同的安全策略要求。不同的资产需要不同的保护机制进行保护。

物联网系统信息安全区域之外的资产，理论上需要更低级别或不同的安全防护水平。这些资产并不需要与区域内的资产相同的安全保护机制，而且根据定义不能被相同的信息安全水平或策略信任。

从企业管理、工程建设、物联网建设项目角度来看，物联网系统信息安全需求包括：开展重点企业内部物联网系统信息安全风险评估，建设全面的信息安全管理机制；实现安全域的划分与隔离，网络接口遵从清晰的安全规范；部署集成安全措施的保护基于 PC 的控制系统；保护物联网系统控制级，防御安全攻击；实现对物联网系统通信的可感知与可控制。

2.2 物联网安全威胁分析

互联网信息安全所面临的威胁主要包括：利用网络的开放性，采取病毒和黑客入侵等手段，渗透计算机系统，进行干扰、篡改、窃取或破坏；利用在计算机 CPU（中央处理器）芯片或在操作系统、数据库管理系统、应用程序中预先安置从事情报收集、受控激发破坏的程序，来破坏系统或收集和发送敏感信息；利用计算机及其外围设备电磁窃取侦截各种情报资料等。

信息系统和网络是颇具诱惑力的受攻击目标。它们抵抗着来自黑客的全方位威胁实体的攻击。因此，它们必须具备限制受破坏程度的能力并在遭受攻击后得以快速恢复。信息保障技术框架认为有以下 5 类攻击类型，如表 2-1 所示。

表 2-1　攻击类型

攻击类型	描述
被动攻击	被动攻击包括流量分析、监视未受保护的通信、解密弱加密的数据流、获得鉴别信息（如口令）
主动攻击	主动攻击包括企图破坏或攻击系统的保护功能、引入恶意代码及偷窃或修改信息。其实现方式包括攻击骨干网、利用传输中的信息渗透某个区域或攻击某个正在设法连接到一个区域上的合法的远程用户。主动攻击所造成的结果包括泄露或传播数据文件、拒绝服务及更改数据
临近攻击	临近攻击是指未授权个人以更改、收集或拒绝访问信息为目的而在物理上接近网络、系统或设备。实现临近攻击的方式是秘密进入或开放访问，或者两种方式同时使用
内部人员攻击	内部人员攻击可以是恶意的或非恶意的。恶意攻击可以有计划地窃听、偷窃或损坏信息；以欺骗方式使用信息，或者拒绝其他授权用户的访问。非恶意攻击则通常由粗心、缺乏技术知识或为了"完成工作"等无意间绕过安全策略的行为造成的
供应链攻击	供应链攻击是指在工厂内或在产品分发过程中恶意修改硬件或软件。这种攻击可能给一个产品引入后门程序等恶意代码，以便日后在未获授权的情况下访问信息或系统

1．被动攻击

被动攻击包括被动监视公共媒体（如无线电、卫星、微波和公共交换网）上的信息传输。抵抗这类攻击的对策包括使用虚拟专用网（VPN）、加密保护网络及使用加保护的分布式网络（如物理上受保护的网络/安全的在线分布式网络）。典型被动攻击实例如表 2-2 所示。

表 2-2　典型被动攻击实例

攻击类型	描述
监视明文	监视网络的攻击者获取无法防止被泄露的用户信息或区域数据
解密弱加密的数据	加密分析能力在公共域内有效
口令嗅探	包括使用协议分析工具捕获用于未授权使用的口令
通信量分析	即使不解密下层信息，外部通信模式的观察也能给对手提供关键信息。例如，通信模式的改变可以暗示从而除去意外因素

2．主动攻击

主动攻击包括企图避开或打破安全防护、引入恶意代码（如计算机病毒）

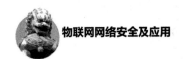

及转换数据或系统的完整性。典型对策包括增强的区域边界保护（如防火墙和边界护卫）、基于网络管理交互身份认证的访问控制、受保护远程访问、质量安全管理、自动病毒检测工具、审计和入侵检测。典型主动攻击实例如表 2-3 所示。

表 2-3　典型主动攻击实例

攻击类型	描述
修改数据	在金融领域，如果电子交易被修改，从而改变交易的数量或将交易转移到其他账户，则其后果将是灾难性的
替换	以前消息的重新插入将耽搁及时的行动。Bellovin 显示了将消息结合在一起的能力如何改变传输中的信息，并且得到想要的结果
会话劫持	包括未授权使用一个已经建立的会话
伪装	包括攻击者将自己伪装成他人，因而就可以在未授权的情况下访问资源及获取信息。一个攻击者通过实施嗅探或其他手段获得用户/管理员信息，然后使用该信息作为一个授权用户登录。这类攻击也包括用于获取敏感数据的欺骗服务器，通过同未产生怀疑的用户建立信任服务关系来实施该攻击
获取系统软件	攻击者探求运行系统权限软件的脆弱性
攫取主机或网络信任	攻击者通过操纵文件使虚拟/远方主机提供服务从而攫取传递信任
获得数据执行	攻击者将恶意代码植入看起来无害的供下载的软件或电子邮件中，从而使用户去执行该恶意代码。恶意代码可用于破坏或修改文件，特别是包含权限参数或值的文件。典型的攻击有 PostScript、ActiveX 和微软 Word 宏病毒
植入并刺探恶意代码	攻击者通过先前发现的漏洞并使用该访问来达到其攻击目的，包括基于某些未来事件植入软件来执行
开拓协议或基础设施的漏洞	攻击者利用协议中的缺陷来欺骗用户或改变路由通信量。这类典型的攻击有哄骗域名服务器以进行未授权远程登录、使用 ICMP 炸弹使某个机器离线。其他有名的攻击有源路由伪装成信任主机源、TCP 序列号猜测获得访问权、为截获合法连接而进行 TCP 组合等
拒绝服务	攻击者有很多其他的攻击方法,如有效地将一个路由器从网络中脱离的 ICMP 炸弹、在网络中扩散垃圾包及向邮件中心扩散垃圾邮件等

3．临近攻击

临近攻击中未授权者物理上接近网络、系统或设备，目的是修改、收集或拒绝访问信息。这种接近可以是秘密进入或公开接近，也可以是两者都有。典型临近攻击实例如表 2-4 所示。

表 2-4 典型临近攻击实例

攻击类型	描述
修改数据或收集信息	临近的攻击者由于获得了对系统的物理访问权限，因此可以修改或窃取信息，如获取 IP 地址、登录用户名和口令等
系统干预	来自临近的攻击者访问并干预系统（如窃听、降级等）
物理破坏	来自获得对系统的物理访问临近者，导致对本地系统的物理破坏

4. 内部人员攻击

内部人员攻击由内部的人员实施，他们要么被授权在信息安全处理系统的物理范围内，要么对信息安全处理系统具有直接访问权。有恶意的和非恶意的（不小心或无知的用户）两种内部人员攻击。根据非恶意攻击中用户的安全结果，非恶意情况也被认为是一种攻击。

（1）恶意内部人员攻击。例如，美国联邦调查局的评估显示 80% 的攻击和入侵来自组织内部，因为内部人员知道系统的布局、有价值的数据在哪里及哪种安全防范系统在工作。内部人员攻击来自区域内部，是最难以检测和防范的。

通常，阻止系统合法访问者越界进入他们未被授权的更秘密的区域是比较困难的。内部人员攻击可以集中在破坏数据或访问方面，包括修改系统保护措施。恶意内部人员攻击者可以使用隐秘通道将机密数据发送到其他受保护的网络中。然而，一个内部人员攻击者还可以通过其他很多途径来破坏信息系统。

（2）非恶意内部人员攻击。这类攻击由授权的人们引起，他们并非故意破坏信息或信息处理系统，而是由于其特殊行为对系统无意地产生了破坏。这些破坏可能由于缺乏知识或不小心所致。

典型对策包括：安全意识和训练，审计和入侵检测；安全策略和增强安全性；关键数据服务和局域网的特殊访问控制等；在计算机和网络元素中的信任技术，或者一个较强的身份识别与认证能力。典型内部人员攻击实例如表 2-5 所示。

物联网网络安全及应用

表 2-5　典型内部人员攻击实例

攻击类型	描述
恶意	
修改数据或安全机制	内部人员由于是共享网络的使用者，因此常常对信息具有访问权。这种访问使内部人员攻击者可以未授权操作或破坏数据
建立未授权网络连接	对机密网络具有物理访问能力的用户未授权连接到一个低机密级别或敏感网络中
秘密通道	秘密通道是未授权的通信路径，用于从本地区域向远程传输盗用信息
物理损坏或破坏	一种对本地系统的故意破坏或损坏，源于对攻击者赋予的物理访问权
非恶意	
修改数据	内部人员攻击者由于缺乏训练，因此不关心或不专注而修改或破坏本地系统的信息
物理损坏或破坏	也可列入恶意攻击范畴。作为非恶意攻击，它是由内部人员不小心所致的。例如，由于未遵守公布的指导和规则而导致系统意外损坏或破坏

5．供应链攻击

供应链攻击是指在软件与硬件开发出来之后到安装之前这段时间，或者当它从一个地方传输到另一个地方时，攻击者恶意修改软/硬件。在工厂，可以通过加强处理配置控制将这类威胁降低到最低。通过使用受控分发或使用由最终用户检验的签名软件和存取控制可以解除分发威胁。典型供应链攻击实例如表 2-6 所示。

表 2-6　典型供应链攻击实例

攻击类型	描述
在制造商的设备上修改软/硬件	当软件和硬件在生产线上流通时，可以通过修改软/硬件配置来实施这类攻击。防范这一阶段威胁的对策包括严格的完整性控制和在测试软件产品中的加密签名，前者又包括高可靠配置控制
在产品分发时修改软/硬件	这些攻击可以通过在产品分发期内（如在装船时安装窃听设备）修改软件和硬件配置来实施。防范这一阶段威胁的对策包括：在包装阶段使用篡改检测技术；使用授权和批准传递或使用盲买（Blind-Buy）技术

物联网中存在着大量低成本的传感器节点和 RFID 标签等远端控制节点，这些节点具有数量多、分布广、功能和性能受限、生命周期长、所处环境也可能无法保障必要的物理安全等特点，给节点的管理和密钥分发等问题都带来了

新的挑战。由于物联网中多种异构网络的接入，因此使攻击者更容易在基于不同协议网络间的连接过程中找到系统弱点，实施攻击。总而言之，在物联网系统中使用多种通信技术的同时，也使其包含了更多的新型安全问题。物联网安全除了面临传统互联网的安全威胁，还面临物联网的感知层、网络层、应用层所独有的威胁。

2.2.1　感知层安全威胁分析

感知层的任务是全面感知外界信息，或者说是收集原始信息。该层的典型设备包括 RFID 装置、各类传感器（如红外、超声、温度、湿度、速度等）、图像捕捉装置（摄像头）、位置感知器（GPS）、激光扫描仪等。这些设备收集的信息通常具有明确的应用目的，因此传统上这些信息直接被处理并应用，如公路摄像头捕捉的图像信息直接用于交通监控。但是在物联网应用中，多种类型的感知信息可能会同时处理、综合利用，甚至不同感应信息的结果将影响其他控制调节行为，如湿度的感应结果可能会影响到温度或光照控制的调节。同时，物联网应用强调的是信息共享，这是物联网区别于传感网的最大特点之一。例如，交通监控录像信息可能还同时被用于公安侦破、城市改造规划设计、城市环境监测等。于是，如何处理这些感知信息将直接影响到信息的有效应用。为了使同样的信息被不同应用领域有效使用，应该有综合处理平台，这就是物联网的应用层，因此这些感知信息需要传输到一个处理平台。

感知层可能遇到的安全挑战包括下列情况。

（1）感知节点所感知的信息被非法获取（泄密）。

（2）感知层的关键节点被非法控制——安全性全部丢失。

（3）感知层的普通节点被非法控制（攻击者掌握节点密钥）。

（4）感知层的普通节点被非法捕获（由于没有得到节点密钥，因此没有被控制）。

（5）感知层的节点（普通节点或关键节点）受来自网络的 DOS（拒绝服务）攻击。

（6）接入到物联网的超大量感知节点的标志、识别、认证和控制问题。

如果感知节点所感知的信息不采取安全防护措施或安全防护的强度不够，则这些信息很可能被第三方非法获取，某些时候这些信息泄露可能会造成很大的危害。由于安全防护措施的成本因素或使用便利性等因素的存在，很可能使某些感知节点不会采取安全防护措施或采取很简单的安全防护措施，因此将导

致大量的信息被公开传输，很可能在意想不到时引起严重后果。

攻击者捕获关键节点不等于控制该节点，一个感知层的关键节点实际被非法控制的可能性很小，因为需要掌握该节点的密钥（与感知层内部节点通信的密钥或与远程信息处理平台共享的密钥）是很困难的。如果攻击者掌握了一个关键节点与其他节点的共享密钥，那么他就可以控制此关键节点，并由此获得通过该关键节点传出的所有信息。但如果攻击者不知道该关键节点与远程信息处理平台的共享密钥，那么他不能篡改发送的信息，只能阻止部分或全部信息的发送，这样就容易被远程信息处理平台觉察到。

感知层遇到比较普遍的情况是：某些普通节点被攻击者控制而发起攻击，关键节点与这些普通节点交互的所有信息都被攻击者获取。攻击者的目的可能不仅是被动窃听，还通过所控制的感知节点传输一些错误数据。因此，感知层的安全需求应包括对恶意节点行为的判断和对这些节点的阻断，以及在阻断一些恶意节点（假定这些被阻断的节点分布是随机的）后，感知层的连通性如何保障。

对感知层的分析（很难说是否为攻击行为，因为有别于主动攻击网络的行为）更为常见的情况是：攻击者捕获一些感知节点，不需要解析它们的预置密钥或通信密钥（这种解析需要代价和时间），只需要鉴别节点种类，如检查节点是用于检测温度、湿度还是噪声等。有时这种分析对攻击者是很有用的。因此，安全的感知层应该有保护其工作类型的安全机制。

既然感知层最终要接入其他外部网络（包括互联网），那么就难免受到来自外部网络的攻击。目前能预期到的主要攻击除非法访问外，应该是拒绝服务（DoS）攻击了。因为感知节点通常资源（计算和通信能力）有限，所以对抗 DoS攻击的能力比较弱，在互联网环境中不被识别为 DoS 攻击的访问就可能使感知网络瘫痪，因此，感知层的安全应包括节点对抗 DoS 攻击的能力。考虑到外部访问可能直接针对感知层内部的某个节点（如远程控制启动或关闭红外装置），而感知层内部普通节点的资源一般比网关节点要小，因此，网络对抗 DoS 攻击的能力应包括关键节点和普通节点两种情况。

感知层接入互联网或其他类型网络所带来的问题不仅仅是感知层如何对抗外来攻击的问题，更重要的是如何与外部设备相互认证的问题，而认证过程又需要特别注意感知层资源的有限性，因此认证机制付出的计算和通信代价都必须尽可能小。此外，对外部互联网来说，其所连接的不同感知系统或网络的数量可能是一个庞大的数字，如何区分这些系统或网络及其内部节点，并有效地识别它们，是安全机制能够建立的前提。

2.2.2　网络层安全威胁分析

物联网的网络层主要用于把感知层收集到的信息安全可靠地传输到应用层，然后根据不同的应用需求进行信息处理，即网络层主要是网络基础设施，包括互联网、移动网和一些专业网（如国家电力专用网、广播电视网）等。在信息传输过程中，可能经过一个或多个不同架构的网络进行信息交接。例如，普通电话座机与手机之间的通话就是一个典型的跨网络架构的信息传输实例。在信息传输过程中跨网络传输是很正常的，在物联网环境中这一现象更突出，而且很可能在正常而普通的事件中产生信息安全隐患。

网络环境目前遇到前所未有的安全挑战，而物联网网络层所处的网络环境也存在安全挑战，甚至是更大的挑战。同时，由于不同架构的网络需要相互连通，因此在跨网络架构的安全认证等方面会面临更大挑战。初步分析认为，物联网网络层将会遇到下列安全挑战。

（1）非法接入。

（2）DoS 攻击、DDoS 攻击。

（3）假冒攻击、中间人攻击等。

（4）跨异构网络的网络攻击。

（5）信息窃取、篡改。

网络层很可能面临非授权节点非法接入的问题，如果网络层不采取网络接入控制措施，就很可能被非法接入，其结果可能是网络层负担加重或传输错误信息。

在物联网发展过程中，目前的互联网或下一代互联网将是物联网网络层的核心载体，多数信息要经过互联网传输。互联网遇到的 DoS 攻击和分布式拒绝服务攻击（DDoS）仍然存在，因此需要有更好的防范措施和灾难恢复机制。考虑到物联网所连接的终端设备性能和对网络需求的巨大差异，对网络攻击的防护能力也会有很大差别，因此很难设计通用的安全方案，应针对不同网络性能和网络需求有不同的防范措施。

在网络层，异构网络的信息交换将成为安全性的脆弱点，特别是在网络认证方面，难免存在中间人攻击和其他类型的攻击（如异步攻击、合谋攻击等）。这些攻击都需要有更好的安全防护措施。

信息在网络中传输时，很可能被攻击者非法获取到相关信息，甚至篡改信息。因此，必须采取保密措施进行加密保护。

2.2.3 应用层安全威胁分析

物联网应用层的重要特征是智能，智能的技术实现少不了自动处理技术，其目的是使处理过程方便、迅速，而非智能的处理手段可能无法应对海量数据。但自动过程对恶意数据，特别是恶意指令信息的判断能力是有限的，而智能也仅限于按照一定规则进行过滤和判断，攻击者很容易避开这些规则，正如垃圾邮件过滤一样，这么多年来一直是一个棘手的问题。因此应用层的安全挑战包括如下几方面。

（1）来自超大量终端的海量数据的识别和处理。

（2）智能变为低能。

（3）自动变为失控（可控性是信息安全的重要指标之一）。

（4）灾难控制和恢复。

（5）非法人为干预（内部攻击）。

（6）设备（特别是移动设备）的丢失。

物联网时代需要处理的信息是非常庞杂的，需要处理的平台也是分布式的。当不同性质的数据通过一个处理平台处理时，该平台需要多个功能各异的其他处理平台协同处理。但首先应该知道将哪些数据分配到哪个处理平台，因此数据类别分类是必需的。同时，安全的要求使得许多信息都是以加密形式存在的，因此如何快速有效地处理海量加密数据是智能处理阶段遇到的一个重大挑战。

应用层设计的是综合的或有个体特性的具体应用业务，它所涉及的某些安全问题通过前面几个逻辑层的安全解决方案可能仍然无法解决。在这些问题中，隐私保护就是典型的一种。无论感知层、网络层还是应用层，都不涉及隐私保护的问题，但它却是一些特殊应用场景的实际需求，即应用层的特殊安全需求。物联网的数据共享有多种情况，涉及不同权限的数据访问。此外，在应用层还将涉及知识产权保护、计算机取证、计算机数据销毁等安全需求和相应技术。

应用层的安全挑战和安全需求主要来自下述几个方面。

（1）如何根据不同访问权限对同一数据库内容进行筛选。

（2）如何提供用户隐私信息保护，同时又能正确认证。

（3）如何解决信息泄露追踪问题。

（4）如何进行计算机取证。

（5）如何销毁计算机数据。

（6）如何保护电子产品和软件的知识产权。

由于物联网需要根据不同应用需求对共享数据分配不同的访问权限，因此不同权限访问同一数据可能会得到不同的结果。例如，道路交通监控视频数据在用于城市规划时只需要很低的分辨率即可，因为城市规划需要的是交通堵塞的大概情况；当用于交通管制时就需要清晰一些，因为需要知道交通实际情况，以便能够及时发现哪里发生了交通事故，以及交通事故的基本情况等；当用于公安侦查时可能需要更清晰的图像，以便能够准确识别汽车牌照等信息。因此如何以安全方式处理信息是应用中的一项挑战。随着个人和商业信息的网络化，越来越多的信息被认为是用户隐私信息，这也是应用层需要考虑的安全。

在物联网环境的商业活动中，无论采取什么技术措施，都难以避免恶意行为的发生。如果能根据恶意行为所造成后果的严重程度给予相应的惩罚，那么就可以减少恶意行为的发生。这从技术上需要收集相关证据。因此，计算机取证就显得非常重要，当然这有一定的技术难度，主要是因为计算机平台种类多，包括多种计算机操作系统、虚拟操作系统、移动设备操作系统等。与计算机取证相对应的是数据销毁。数据销毁的目的是销毁那些在密码算法或密码协议实施过程中所产生的临时中间变量，一旦密码算法或密码协议实施完毕，这些中间变量将不再有用。但这些中间变量如果落入攻击者手中，则可能为攻击者提供重要的参数，从而增大攻击成功的可能性。因此，这些临时中间变量需要及时安全地从计算机内存和存储单元中删除。计算机数据销毁技术不可避免地会被计算机犯罪提供证据销毁工具，从而增大计算机取证的难度。因此如何处理好计算机取证和计算机数据销毁这对矛盾是一项具有挑战性的技术难题，也是物联网应用中需要解决的问题。

物联网的主要市场将是商业应用，在商业应用中存在大量需要保护的知识产权产品，包括电子产品和软件等。在物联网的应用中，对电子产品的知识产权保护将会提高到一个新的高度，对应的技术要求也是一项新的挑战。

2.3　物联网安全事件分析

随着物联网的飞速发展，物联网已经能够将物理设备、车辆、建筑物、智能家居、医疗设备及智慧农业等装置与网络连接起来，使这些对象能够收集和交换数据。物联网允许远程终端通过现有的网络基础设施感知和控制事物，可以将物理世界集成到计算机系统，从而提高效率，保障准确性和经济利益。但

随着物联网应用的普及，其面临的安全问题也越来越凸显出来，物联网安全事件正处于高发时期。最近几年典型的物联网安全事件如下。

（1）在 2014 年中国互联网安全大会上，来自国内外的黑客进行各种攻防演示，技术人员在现场演示黑客不用车钥匙，而是用笔记本电脑和智能手表打开奔驰 C180 轿车的车门，他们先用一个无线电设备将车钥匙中的射频信号截取下来；然后把这个信号输送成实际的数据；最后将分析出来的数据用一些其他设备（如手机或一些能发出同样射频信号的设备）发射出来，这样就可以用这个设备而不用车钥匙把车门打开。此外，国内相关专业团队研究了 Tesla Model S 型汽车，发现特斯拉汽车应用程序流程存在设计缺陷。攻击者利用这个漏洞可远程控制车辆，实现开锁、鸣笛、闪灯、开启天窗等操作，并且能够在车辆行驶中开启天窗。

（2）2014 年 5 月，美国网络安全公司发布了一份最新的研究报告，指出网络黑客已经能够轻松入侵并操控城市交通信号系统及其他道路系统，涉及范围涵盖纽约、洛杉矶、华盛顿等大城市。黑客能够通过改变交通灯信号、延迟信号改变时间、改变数字限速标记，从而导致交通拥堵甚至车祸。研究者 Cesar Cerrudo 表示，目前根本没有任何方法能够防止交通控制设备被入侵。

（3）2014 年 5 月，美国 McAfee 公司的资深信息安全专家巴纳比·杰克模拟了黑客入侵医疗设备的全过程，操控设备按照他的意志行凶，整个过程让现场观摩的医生和设备供应商大为震惊。巴纳比·杰克和团队利用强大的无线电设备成功干扰了一台胰岛素泵的正常工作，再利用高超的计算机技术篡改胰岛素泵原本的工作流程，实现逆向通信。至此，这台胰岛素泵就处于黑客的控制中，黑客可随意加快胰岛素泵的注射频率，短时间内把 300 个单位的胰岛素注入患者体内，这样患者就会血糖急降，抢救不及时就会死亡。巴纳比·杰克说，只要让他在距离胰岛素泵 91m 以内的范围就可实现无线干扰，把胰岛素泵玩弄于股掌中，又不被患者本人和医护人员识破。

（4）2014 年 10 月，研究人员发现西班牙所使用的智能电表存在安全漏洞，发现该漏洞的研究人员 Javier Vazquez Vidal 表示，该漏洞影响范围非常广，西班牙提高国家能源效率的公共事业公司所安装的智能电表就在影响范围内。研究人员将会公布逆向智能电表的过程，包括他们是如何发现这个极其危险的安全问题，以及该漏洞将如何使得入侵者成功进行电费欺诈，甚至关闭电路系统的。该漏洞存在于智能电表中，而智能电表是可编程的，并且同时包含了可能用来远程关闭电源的缺陷代码，影响范围极广。

（5）2015 年年初，McAfee 的安全研究人员就发现了全球首例物联网攻击事件。在此事件中，黑客通过智能电视、冰箱及无线扬声器发起攻击，10 余万台互联网"智能"家电在黑客的操控下构成了一个恶意网络，并在两周时间内向那些毫无防备的受害者发送了约 75 万封网络钓鱼邮件。因此，物联网节点接入互联网后，互联网的安全问题延伸至感知节点。

（6）2015 年 7 月，两位著名白帽黑客（查理·米勒和克里斯·瓦拉塞克）入侵了一辆 Jeep 自由光汽车，两位黑客侵入克莱斯勒公司出品的 Uconnect 车载系统，远程通过软件向该系统发送指令，可以启动车上的各种功能，包括减速、关闭发动机、制动或让制动失灵。而后，克莱斯勒美国公司宣布召回约 140 万辆存在软件漏洞的汽车。

（7）据《金融时报》报道，2015 年 12 月 23 日，乌克兰伊万诺-弗兰科夫斯克地区超过一半区域断电几小时，大量用户受到影响。黑客以 Black Energy 病毒为攻击工具，通过远程控制电力控制系统节点下达断电指令，并通过对系统数据擦除覆盖、关机等系列操作阻碍系统恢复。

（8）2016 年 6 月，网站安全供应商 Sucuri 公司发现一起针对其客户的 DDoS 攻击，传输速度峰值达到 400Gbps，这起攻击是由约 25513 个独立网络摄像头组成的物联网僵尸网络所发起的。

（9）2016 年 9 月，法国托管和云计算提供商 OVH 公司的技术总监在其 Twitter 上称他们遭受了一起由 145607 个网络视频监控设备发起的传输速度峰值最高达 800Gbps 的 DDoS 攻击，预计该僵尸网络有能力发动传输速度峰值超过 1.5Tbps 的 DDoS 攻击。

（10）2016 年 9 月，专门从事曝光网络犯罪的网站 Krebson Security 遭受了传输速度峰值达 620Gbps 的 DDoS 攻击，最终连 CDN 服务商 Akamai 也无防护之计可施，只能选择将 Krebs 网站下线，据调查此次攻击可能是由众多物联网智能终端组成的 Mirai 僵尸网络所造成的。

（11）2016 年 10 月，美国域名服务器管理服务供应商 Dyn 公司服务器遭遇 DDoS 攻击，导致美国东海岸地区大面积断网。本次攻击共分三波次发起，攻击设备来自全球上千万个 IP 地址，其中有数百万恶意攻击源头来自网络摄像头、数字录像机等物联网智能终端，据统计本次攻击总流量超过 1Tbps，而攻击者仅是通过猜测默认密码的方式即获取了这些设备的控制权。

（12）2017 年 2 月，美国一个大学校园遭到 DDoS 攻击，大批学生表示网速非常慢。经校方人员调查后发现，发起 DDoS 攻击的正是校园内外 5000 多台

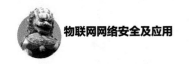
物联网设备构成的僵尸网络。在这些受感染物联网设备中，大多是校园内的自动售货机。

（13）2017 年 3 月，互联网填充智能玩具 CloudPets（泰迪熊）暴露了 200 多万条儿童与父母的录音，以及超过 80 万个账户的电子邮件地址和密码。

（14）2017 年 4 月 26 日，新型物联网僵尸网络 Persirai 一举攻陷了 12 万台 IP 摄像机。僵尸网络 Persirai 利用恶意软件 ELF_PERSIRAI.A 不断进行传播感染，一个月内多家原始设备制造商（OEM）的 1000 多种型号网络摄像头产品受到此恶意网络感染。

（15）2017 年 6 月，数百万德国网民遭遇一系列的网络中断，究其原因是一次失败的消费路由器劫持。德国电信（Deutsche Telekom）的 2000 万用户中 90 万用户受到本次网络中断影响，德国电信发布的声明中表明本轮攻击主要是为了进一步扩大感染。

（16）2017 年 9 月，Kromtech 安全中心发现 SVR Tracking 超过 50 万的记录直接暴露在互联网上，SVR Tracking 是提供车辆跟踪找回服务的一家美国公司，旨在提供服务帮助客户监控车辆以防被拖走或被盗。为了持续实时更新车辆位置，该公司会在车辆的隐蔽位置安装追踪设备，只是未经授权的司机不太容易注意到追踪设备。

一系列的物联网攻击事件反映出物联网攻击有以下特点。

（1）攻击重点转向应用层。

（2）"突发性攻击"的复杂性、频率及持续时间增加。

（3）反射放大攻击增多，攻击的影响面更广泛。

（4）僵尸网络攻击呈高发态势，且同源跨平台恶意软件及其变种反复发作，难以遏制。

美国国土安全部 2016 年 11 月发布的《保障物联网安全的战略原则》中明确指出，"保障物联网安全已演变为国土安全问题"，表明美国将在未来要对物联网安全技术进行深度的创新和发展。

2.4 物联网安全体系结构

物联网安全体系结构如图 2-1 所示。从图 2-1 中可以看出，物联网安全需要对物联网的各个层次进行有效的安全保障，并且还要能够对各个层次的安全防护手段进行统一的管理和控制。

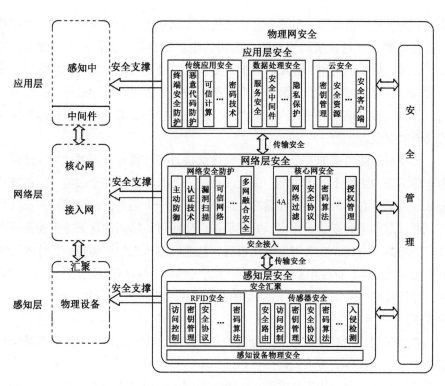

图 2-1　物联网安全体系结构

感知层、网络层、应用层的防护机制既有区别又相互联系，应该形成协同防护的机制。

2.4.1　感知层安全

感知层安全主要分为设备物理安全和信息安全两类。由于物理安全的特殊性，因此本书将重点讨论感知层的信息安全。

在感知层，成千上万的传感器节点、RFID 读卡器部署在目标区域收集环境信息。由于传感器节点受到自身能量、计算能力和通信能力的限制，因此需要相互协作来完成任务，如组内传感器节点相互协作收集、处理数据，同时通过多跳方式传递信息给基站或基站发送控制信息给传感器节点。在很多情况下，传感器节点之间传递信息是敏感的，不应该被未授权的第三方获得。因此，传感器网络应用需要安全的通信机制。

任何安全通信机制都需要密码机制提供点对点的安全通信服务，而在传感器网络中应用对称密钥体制必须有相应的密钥管理方案作为支撑。密钥管理是

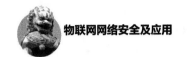

传递数据信息加密技术的重要一环，它处理密钥从生成到销毁的整个生命周期的有关问题，涉及系统的初始化、密钥的生成、存储、备份恢复、装入、验证、传递、保管、使用、分配、保护、更新、控制、丢失、吊销和销毁等多方面的内容，它涵盖了密钥的整个生命周期，是整个加密系统中最薄弱的环节，密钥的泄密将直接导致明文内容的泄密。因此感知层需要通过密钥管理来保障传感器的安全。

传感器网络内部的安全路由、连通性解决方案等都可以相对独立地使用。由于传感器网络类型的多样性，因此很难统一要求有哪些安全服务，但机密性和认证性都是必要的。机密性需要在通信时建立一个临时会话密钥；而认证性可以通过对称密码或非对称密码方案解决。使用对称密码的认证方案需要预置节点间的共享密钥，在效率上也比较高，消耗网络节点的资源较少，许多传感网都选用此方案；而使用非对称密码技术的传感网一般具有较好的计算和通信能力，并且对安全性要求更高。在认证的基础上完成密钥协商是建立会话密钥的必要步骤。

在感知层中主要通过各种安全服务和各类安全模块为传感层提供各种安全机制，对某个具体的传感器网络可以选择不同的安全机制来满足其安全需求。因为传感器网络的应用领域非常广，所以不同的应用对安全的需求也不相同。在金融和民用系统中，对于信息的窃听和篡改比较敏感；而对于军事或商业应用领域，除信息可靠性之外，还需要对被俘节点、异构节点入侵的抵抗力进行充分考虑。所以不同的应用，其安全性标准是不同的。在普通网络中，安全目标往往包括数据的保密性、完整性及认证性三方面，但是由于无线传感器网络节点的特殊性及其应用环境的特殊性，其安全目标及重要程度略有不同，感知层安全可以提供以下安全服务。

1. 保密性

保密性是无线传感器网络军事应用中的重要目标。在民用系统中，除了部分隐私信息（如屋内是否有人居住、人员居住在哪些房间等信息需要保密），很多探测（温度探测）或警报信息（火警警报）并不需要保密。

2. 完整性

完整性是无线传感器网络安全最基本的需求和目标。虽然很多信息不需要保密，但是这些信息必须保证没有被篡改。完整性目标能杜绝虚假警报的发生。

3．鉴别和认证

对于无线传感器网络，组通信是经常使用的通信模式，如基站与传感器节点间的通信使用的就是组通信。对于组通信，源端认证是非常重要的安全需求和目标。

4．可用性

可用性也是无线传感器网络安全的基本需求和目标。可用性是指安全协议高效可靠，不会给节点带来过多的负载导致节点过早消耗完有限的电能。

5．容错性

容错与安全相关，也可以称为是可用性的一个方面。当一部分节点失效或出现安全问题时，必须保证整个无线传感器网络的正确和安全运行。

6．不可否认性

在某些应用中，不可否认也是无线传感器网络安全的重要安全目标。利用不可否认性，节点发送过的信息可以作为证据，证明节点是否具有恶意或进行了不符合协议的操作。但是，由于传感器的计算能力很弱，因此该不可否认性不能通过传统的非对称密钥的方式来完成。

7．扩展性

传感器网络中节点数量多，分布范围广，实际情况的变化可能会影响传感器网络的部署。同时，节点经常加入或失效也会使网络的拓扑结构不断发生变化。传感器网络的可扩展性表现在传感器节点数量、网络覆盖区域、生命周期、感知精度等方面的可扩展性级别。因此，给定传感器网络的可扩展性级别，安全保障机制必须提供支持该可扩展性级别的安全机制和算法，从而使传感器网络保持正常运行。

在传感器网络基站和节点之间通过加/解密及认证技术保护信息安全，密码学技术可以保持整个网络信息的真实性、保密性和完整性。然而，当网络中一个节点或更多节点被妥协时，许多基于密码学技术的算法的安全性将会降低。由于这些妥协的节点此时拥有一些密钥，其他节点不知道它们被妥协，把它们作为合法的节点，因此，之前的安全防护措施很可能不起作用。在此情况下，感知层也需要入侵检测机制。

2.4.2　网络层安全

在网络出现以后，网络的安全问题逐渐成为大家关注的焦点，加/解密技术、防火墙技术、安全路由器技术都很快发展起来。因为网络环境变得越来越复杂，攻击者的知识越来越丰富，他们采用的攻击手法也越来越高明、隐蔽，所以对于入侵和攻击的检测防范难度在不断加大。网络层的安全机制可分为端到端机密性和节点到节点机密性。对于端到端机密性，需要建立的安全机制有端到端认证机制、端到端密钥协商机制、密钥管理机制和机密性算法选取机制等。在这些安全机制中，根据需要可以增加数据完整性服务。对于节点到节点机密性，需要节点间的认证和密钥协商协议，这类协议要重点考虑效率因素。机密性算法的选取和数据完整性服务则可以根据需求选取或省略。考虑到跨网络架构的安全需求，需要建立不同网络环境的认证衔接机制。

综合来说，网络层安全防护主要涉及如下安全机制。

（1）加密机制。加密机制用于保证通信过程中信息的机密性，采用加密算法对数据或通信业务流进行加密。它可以单独使用，也可以与其他机制结合起来使用。加密算法可分为对称密钥系统和非对称密钥系统。

（2）数字签名机制。数字签名机制用于保证通信过程中操作的不可否认性，发送者在报文中附加使用自己私钥加密的签名信息，接收者使用签名者的公钥对签名信息进行验证。

（3）数据完整性机制。数据完整性机制用于保证通信过程中信息的完整性，发送者在报文中附加使用单向散列算法加密的认证信息，接收者对认证信息进行验证。使用单向散列算法加密的认证信息具有不可逆向恢复的单向性。

（4）实体认证机制。实体认证机制用于保证实体身份的真实性，通信双方相互交换实体的特征信息来声明实体的身份，如口令、证书及生物特征等。

（5）访问控制机制。访问控制机制用于控制实体对系统资源的访问，根据实体的身份及有关属性信息确定该实体对系统资源的访问权，访问控制机制一般分为自主访问控制和强制访问控制。

（6）信息过滤机制。信息过滤机制用于控制有害信息流入网络，根据安全规则允许或禁止某些信息流入网络，防止有害信息对网络系统的入侵和破坏。

（7）路由控制机制。路由控制机制用于控制报文的转发路由，根据报文中的安全标签来确定报文的转发路由，防止将敏感报文转发到某些网段或子网，被攻击者窃听和获取。

（8）公证机制。公证机制是由第三方参与的数字签名机制，通过双方都信任的第三方的公证来保证双方操作的不可否认性。

（9）主动防御。主动式动态网络安全防御是指在动态网络中，直接对网络信息进行监控，并能够完成吸引网络攻击蜜罐网络，牵制和转移黑客对真正业务往来的攻击，并对数据传输进行控制，对捕获的网络流数据进行分析，获取黑客入侵手段，依据一定的规则或方法对网络入侵进行取证，对攻击源进行跟踪回溯。

（10）节点认证、数据机密性、完整性、数据流机密性、DDoS 攻击的检测与预防。

（11）移动网中 AKA 机制的一致性或兼容性、跨域认证和跨网络认证（基于 IMSI）。

（12）相应密码技术。相应密码技术有密钥管理（密钥基础设施 PKI 和密钥协商）、端对端加密和节点对节点加密、密码算法和协议等。

（13）组播和广播通信的认证性、机密性和完整性安全机制。

2.4.3　应用层安全

物联网的应用层是物联网核心价值所在，物联网的应用层目前可见的典型应用包括 3G 视频监控、手机支付、智能交通（ITS）、汽车信息服务、GIS 位置业务、智能电网等。由于数据量大，因此需要云计算、云存储等为应用层提供支撑。多样化的物联网应用面临各种各样的安全问题，除了传统的信息安全问题，云计算安全问题也是物联网的应用层所需要面对的。因此应用层需要一个强大而统一的安全管理平台，否则每个应用系统各自建立各自的应用安全平台会割裂网络与应用平台之间的信任关系，导致新一轮安全问题的产生。

除了传统的访问控制、授权管理等安全防护手段，物联网的应用层还需要新的安全机制，如对个人隐私保护的安全需求等。

信息处理需要的安全机制如下。

（1）可靠的认证机制和密钥管理。

（2）高强度数据机密性和完整性服务。

（3）可靠的密钥管理机制，包括 PKI 和对称密钥的有机结合机制。

（4）可靠的高智能处理手段。

（5）入侵检测和病毒检测。

（6）恶意指令分析和预防，访问控制及灾难恢复机制。

（7）保密日志跟踪和行为分析，恶意行为模型的建立。

（8）密文查询、秘密数据挖掘、安全多方计算、安全云计算技术等。

（9）移动设备文件（包括秘密文件）的可备份和恢复。

（10）移动设备识别、定位和追踪机制。

信息应用需要的安全机制如下。

（1）有效的数据库访问控制和内容筛选机制。

（2）不同场景的隐私信息保护技术。

（3）叛逆追踪和其他信息泄露追踪机制。

（4）有效的计算机取证技术。

（5）安全的计算机数据销毁技术。

（6）安全的电子产品和软件的知识产权保护技术。

2.5　物联网安全基础技术

回顾互联网发展的历程，物联网的安全必须引起重视，互联网的今天将是物联网的明天。作为一种多网络融合的网络，物联网安全涉及网络的不同层次，在这些独立的网络中已实际应用了多种安全技术。特别是移动通信网和互联网的安全研究已经历了较长的时间，但对多网融合背景下的物联网来说，由于网络的复杂性、资源的局限性，因此对物联网安全产生了新的威胁，也提出了新的研究内容。

在不久的未来，解决物联网安全问题将可能比现在解决互联网安全问题显得更为迫切和困难。在物联网发展之初，就需要对物联网总体安全需求和安全体系结构进行深入研究，建立基于普适、异构环境下的可信物联网的安全机制，以保证基于物联网应用业务的整体安全性、便捷性和可靠性。

目前，物联网安全技术的发展还处于起步阶段。物联网虽然不是全新的概念，其中的感知层、网络层、应用层的相关技术和应用已经起步多年，但是物联网作为一个整体概念还是新兴事物。其中，虽然有众多的安全威胁，但是目前很多的物联网应用中，较少考虑安全问题，因此物联网安全作为一个整体概念，基本还处于起步阶段。

2.5.1　多业务、多层次数据安全传输技术

从信息安全的机密性、完整性和可靠性来分析物联网的网络层安全需求，数据安全传输是其核心内容。物联网是一个多网融合应用的网络，将来的物联

网应用必然是一个支持多业务、多通道的宽带传输应用，其数据安全传输技术是一个多业务、多层次数据加密传输技术，需要加密传输的数据内容可能包括感知层采集的语音、数据、图像等业务数据，通过专用的数据安全传输技术保证数据在空中无线信道和有线信道中的传输安全。

物联网承载网络支撑的业务将是多业务并存状态，不同业务、不同设备之间流量差别很大，对安全性的要求也不尽相同，需要针对此特点研究适宜的数据安全传输技术，既满足安全性能要求，又不能破坏负荷平衡，实现多业务并行加密处理。数据安全传输技术需要重点研究终端和网络的数据安全传输体系结构，通过可编程加密技术和密码算法引擎设计的研究，满足物联网多业务、多层次加密并发处理需求。数据安全传输体系结构可以支持不同加密算法建立独立的高速加密信道，同时对不同业务和数据传输速率的通信信息执行网络层安全服务。为提高数据安全传输体系结构的通用性和优化体系系列化设计思路，数据加密技术可深入研究将密码功能模块和通信模块整合设计的技术，研究标准化中间件接口设计、封装、复用技术。

2.5.2 身份认证技术

目前身份认证技术主要分为 3 类：一是判定声称者知道口令等秘密；二是判定声称者拥有智能卡、USBKey 等设备；三是判定声称者固有的指纹、声音等特征，前两类属于密码技术范畴。物联网中常见的身份认证技术如下。

1. RFID 身份认证

当前关于 RFID 的认证协议主要有基于哈希函数的 RFID 认证协议、基于状态的 RFID 认证协议、基于密钥加密的 RFID 认证协议等，具体如下。

（1）基于哈希函数的 RFID 认证协议。协议的私密性、安全性借助了单向哈希函数的安全性。设有一个单向哈希函数 $h()$，令 $z=h(ID)$，可以知道，从 ID 计算出 z 很容易，但不可能从 z 推导出 ID，这样的不可逆性就可以在很大程度上抵抗窃听攻击。另外，阅读器在每次通信时都有一个随机数 r 生成，一般用 CRC（Cyclic Redundancy Check，循环冗余校验）算法设计哈希函数 $h()$，并结合更新后的标签 ID，可以有效地抵抗重放攻击和位置检测。但这种认证协议一旦攻击者非法终止了一个会话，就很容易导致 ID 更新非同步攻击或标签的位置检测攻击，且不能有效抵抗假冒攻击。有研究人员提出了一种基于哈希函数的 RFID 认证协议，用标签 ID 的哈希函数值作为虚拟 ID 来应答阅读器的查询，并在每次通信时服务器都更新标签的虚拟 ID，通过变化标签虚拟 ID 来保证 RFID 的私密性，而把真实的标签 ID 存储在后台数据库，以此来有效防止位置追踪。该协议可以有效防止重放攻击、窃听和位置追踪攻击，但当第三方恶意阻断阅读器与标签之间的最后一次会话时，标签的虚拟 ID 就不能更新了，那么标签在下一次会话时就会发出与上一次相同的信息 $h(\text{ID})$，这样就会引起位置追踪攻击，进而威胁到标签的私密性。

（2）基于状态的 RFID 认证协议。为了保证 RFID 系统在会话被非法结束时仍然是安全的，有安全企业提出了一种基于状态的 RFID 认证协议。该协议中设置了一个有标记的标签，其中标记 flag 的值只能是 0 或 1，flag=0 表示上一次结束的会话是安全的；flag=1 则表示不安全。标签可以借助其上 flag 的值，判断上一次会话的结束是否是正常的，进一步判断是否受到了 ID 更新非同步攻击。该协议仍然利用单向哈希函数的安全性来抵抗窃听攻击，设 $h()$ 是一个单向哈希函数，令 $z=h(\text{ID})$，由 z 推导计算出 ID 是不可能的。这样就可以借助每次通信时产生新的随机数及更新的标签 ID 来防止重放攻击与位置追踪攻击。然而，如果在某次通信时，有攻击者恶意阻断了最后一次会话，这时就有可能出现标记 flag=0 的情况，标签 ID 没有被更新，而后台数据库中的标签 ID 被服务器更新了，从而导致了非同步问题。

（3）基于密钥加密的 RFID 认证协议。为了提高 RFID 系统的私密性和安全性，人们开始把密钥系统引入到 RFID 认证协议中。为了优化一种基于对称密钥体系的请求应答认证协议，使其不会出现一个标签的密钥被泄露，整个系统随之破坏的情况，提出了一种 RFID 认证协议，该协议中阅读器与每个标签共享的密钥都不同，但该协议又存在缺点，即在拥有大量标签的 RFID 系统中，会导致认证的计算非常困难，每次认证系统都要查找到某个标签自身的密钥。有研究机构已经证明基于公钥加密系统的认证协议可以提供 RFID 系统更好的安全性和私密性，但是由于 RFID 标签，特别是低成本的 RFID 标签，其存储空间和计算能力都有限，而一般的公钥加密算法对设备存储空间大小及计算能力的强弱又有较高的要求，因此设计 RFID 认证协议时要考虑选择哪种公钥加密算法最合适。

2. 无线传感器网络的身份认证

当前在无线传感器网络上的身份认证协议主要有 TinyPk 认证协议、强用户认证协议和基于密钥共享的认证协议等。WSN TinyPk 认证协议方案需要有一个可信任中心（CA），一般由基站充当这个角色。该认证协议中任何外部组织（EP）要与传感器节点建立联系就必须有公/私密钥对，同时它的公钥用可信任中心的私钥签名，以此来建立其合法身份。WSN TinyPk 认证协议采用请求应答机制。首先 EP 发出请求信息。请求信息包含两部分的内容：第一，自己的公钥，并用 CA 的私钥进行签名；第二，由一个信息校验值和一个时间标记组成，用 EP 自己的私钥进行签名。这里信息的完整性由信息校验值来保证，而用时间标记来对抗重播。请求信息包到达节点后，该信息包的第一部分会被节点预置的 CA 公钥进行验证以确认 EP 身份，并与此同时获得 EP 的公钥；然后再借助此公钥去验证信息包的第二部分，并取得信息校验值和时间标记；最后再根据该信息去验证第三方的合法身份。

基于密钥共享的 WSN 认证协议。基于密钥共享的 WSN 认证协议的提出基于两个密码学的概念，即密钥共享和组群同意。该协议中网络由多个进行通信的子群构成，每个子组群通过为其配备的基站进行通信。协议认证的流程为：目标节点 t 试图在无线传感器网络中完成认证并取得合法的身份，首先它和它所属子群的基站共享着一个其他节点所不知道的密钥；然后与其共享这一密钥的基站会把这一密钥分割成 $n-1$ 份。这 $n-1$ 份共享密钥会被基站分发给 t 以外的 $n-1$ 个节点，接收到其共享密钥的节点 a，会选取其后续节点 b 作为验证节点，之后所有收到这 $n-1$ 份共享密钥的节点都会把收到的密钥发送给 b，b 收到这些共享密钥后，用它们恢复出原密钥 S'。这时 t 也把原密钥 S 发送给 b，b 将恢复出的 S' 与 t 发送来的 S 进行比较，相同就发送一个表示确认的判定包；否则就发送一个表示拒绝的判定包。

上面的这一过程会在每一个收到共享密钥的节点上进行，当任一节点收到 $n-2$ 个判定包后，若发现表示确认的判定包超过了半数，则代表节点 t 通过了该节点对它的认证。该协议在认证过程中采用了密钥共享和子组群同意的方式，而没有采用任何消耗高的加、解密方案，因此它具有容错性好、计算效率和认证强度高的优点。不过在认证过程中，一个节点的认证需要子组群内其余所有节点的协同通信，这就带来了在广播判定包时容易造成信息碰撞的缺点。

基于 WSN 的强用户认证协议。与 TinyPk 认证协议相比，基于 WSN 的强用户认证协议在两个方面有所完善。一方面，认证协议没有采用传统的单一认证，而是采用了 n 认证的认证方式。传统的单一认证是指外部组织（EP）只要通过了任意一台主机或节点上的认证，就能够获得合法身份进入网络；而 n 认证是指外部组织（EP）想要获得合法身份进入网络，就必须至少通过通信范围

内 n 个节点中 $n-t$ 个节点的认证。其中，n 为在外部组织（EP）通信范围内节点的平均个数，t 为该协议能够承受的最大被捕获节点数，即在外部组织（EP）通信范围内的 n 个节点中，当被捕获节点数超过 t 时，这个协议就无效了。另一方面，此协议的公钥算法采用的是基于椭圆曲线的公钥加密算法（ECC），而不是 RSA，因此其密钥的长度更短。借助 ECC 算法，该协议中的节点不仅能够进行加密和验证签名操作，还能够进行解密和签名操作。

3. 基于 PKI/WPKI 的轻量级认证技术

提供丰富的 M2M 数据业务是物联网应用的一个重要特点，这些 M2M 数据业务的应用具有一定的安全需求，部分特殊业务具有较高的安全保密要求。充分利用现有互联网和移动通信技术和设施，是物联网应用快速发展和建设的重要方向。随着多网融合下物联网应用的不断发展，对于未来物联网承载网络层、提供安全可靠的终端设备轻量级鉴别认证和访问控制应用提出了迫切需求。

PKI（公钥基础设施）是一个用公钥技术来实施和提供安全服务的、具有普适性的安全基础设施。PKI 技术采用证书管理公钥，通过第三方的可信任机构（认证中心）把用户的其他标志信息（设备编号、身份证号、名称等）捆绑在一起，来验证用户的身份。WPKI（Wireless PKI）就是为满足无线通信安全需求而发展起来的。它可应用于移动终端等无线终端，为用户提供身份认证、访问控制和授权、传输保密、资料完整性、不可否认性等安全服务。基于 PKI/WPKI 的轻量级认证技术的研究目标是以 PKI/WPKI 为基础，开展物联网应用系统轻量级鉴别认证、访问控制的体系研究，提出物联网应用系统的轻量级鉴别认证和访问控制架构及解决方案，实现对终端设备接入认证、异构网络互连的身份认证及对应用的细粒度访问控制。

基于 PKI/WPKI 的轻量级认证技术研究内容包括以下几个方面。

（1）物联网安全认证体系。

重点研究在物联网应用系统中，如何基于 PKI/WPKI 系统实现终端设备和网络之间的双向认证，研究保证 PKI/WPKI 能够向终端设备安全发放设备证书的方式。

（2）终端身份安全存储。

重点研究终端身份信息在终端设备中的安全存储方式及终端身份信息的保护。重点关注在终端设备遗失的情况下，终端设备的身份信息、密钥、安全参数等关键信息不能被读取和破解，从而保证整个网络系统的安全。

（3）身份认证协议。

研究并设计终端设备与物联网承载网络之间的双向认证协议。终端设备与互联网和移动通信网络核心网之间的认证分别采用 PKI 或 WPKI 颁发的证书进行认证，对于异构网络之间在进行通信之前也需要进行双向认证。从而保证只有持有信任的 CA 机构颁发的合法证书的终端设备才能接入持有合法证书的物联网系统。

（4）分布式身份认证技术。

物联网应用业务的特点是：接入设备多，分布地域广。在网络系统上建立身份认证时，如果采用集中式的方式在响应速度方面不能达到要求，就会给网络的建设带来一定的影响，因此需要建立分布式的轻量级鉴别认证系统。并且对分布式终端身份认证技术、系统部署方式、身份信息在分布式轻量级鉴别认证系统中的安全、可靠传输进行研究。

4．新型身份认证技术

身份认证用于确认对应用进行访问的用户身份。身份认证的方法一般基于以下一个或几个因素：静态口令；用户所拥有的东西，如令牌、智能卡等；用户所具有的生物特征，如指纹、虹膜、动态签名等。在对身份认证安全性要求较高的情形下，通常会选择以上因素中的两个，从而构成"双因素认证"。目前最常见的身份认证方式是用户名/静态口令，还有基于智能卡、动态令牌、USB Key、短信密码和生物识别技术等。在物联网中也将综合运用这些身份认证技术，特别是生物识别技术及零知识身份认证技术。

（1）生物识别技术。

生物识别技术通过计算机与光学、声学、生物传感器和生物统计学原理等高科技手段密切结合，利用人体固有的生理特性（如指纹、掌形、虹膜、人脸等）和行为特征（如动态签名、声纹、步态等）来进行个人身份的鉴定。目前指纹识别技术已经得到了广泛的应用，而面部识别、声音识别、步态识别、基因识别、静脉等其他高科技的生物识别技术也处于实验研究之中。基于生物识别技术的身份认证被认为是最安全的身份认证技术，将来能够被广泛地应用于物联网环境。

（2）零知识身份认证技术。

通常的身份认证都要求传输口令或其他能够识别用户身份的信息，而零知识身份认证技术不用传输这些信息，也能够识别用户的身份。

被认证方 P 掌握某些密钥信息，P 设法想让认证方 V 相信他确实掌握那些信息，但又不想让 V 也知道那些信息。被认证方 P 掌握的密钥信息可以是某些长期没有解决的猜想问题的证明（如费马最后的定理、图的三色问题），也可以是缺乏有效算法的难题解法（如大数因式分解等），信息的本质是可以验证的，即可通过具体的步骤来检验它的正确性。

2.5.3 用户身份和权限管理技术

1. 统一身份管理及访问控制系统

统一身份管理及访问控制系统是通过构建企业级用户目录管理，实现不同用户群体之间统一认证，将大量分散的信息和系统进行整合和互连，形成整体企业的信息中心和应用中心。该系统使企业员工通过单一的入口安全地访问企业内部全部信息与应用，为员工集中获取企业内部信息提供渠道，为处理企业内部 IT 系统应用提供统一窗口。

（1）系统架构。

系统采用先进的面向服务的体系架构，基于 PKI 理论体系，提供身份认证、单点登录、访问授权、策略管理等相关产品，这些产品以服务的形式展现，用户能方便地使用这些服务，形成企业一站式信息服务平台。

在各功能模块的实现和划分上，充分考虑各功能之间的最小耦合性，在对外提供的服务接口设计中，严格按照面向服务思想进行设计，在内部具体实现中，采用 CORBA、DCOM、J2EE 体系结构，确保各模块的跨平台特性，面向服务的体系架构如图 2-2 所示。

应用程序使用服务时，通过统一身份管理及访问控制系统提供的服务定位器，配置相关服务接口，各服务之间通过服务代理可以组合成新的服务供服务定位器调用。各服务之间相对独立，任何一个安全功能的调整和增减，不会造成应用程序调用的修改和重复开发，应用程序使用服务的关系如图 2-3 所示。

CA 安全基础设施可以采用自建方式，也可以选择第三方 CA，具体包括以下几个主要功能模块。

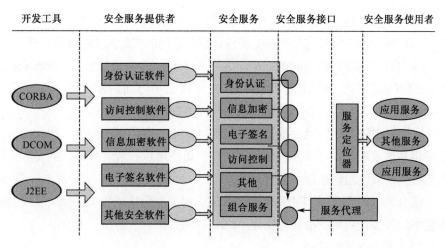

图 2-2　面向服务的体系架构

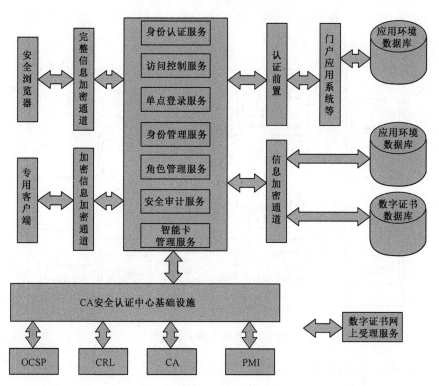

图 2-3　应用程序使用服务的关系

① 认证中心（AuthDB）。存储企业用户目录，完成对用户身份、角色等信息的统一管理。

② 授权和访问管理系统（AAMS）。用户的授权、角色分配；访问策略的定制和管理；用户授权信息的自动同步；用户访问的实时监控、安全审计。

③ 身份认证服务（AuthService、AuthAgent）。身份认证前置（AuthAgent）为应用系统提供安全认证服务接口、中转认证和访问请求；身份认证服务（AuthService）完成对用户身份的认证和角色的转换。

④ 访问控制服务（AccsService、UIDPlugIn）。应用系统插件（UIDPlugIn）从应用系统获取单点登录所需的用户信息；用户单点登录过程中，生成访问业务系统的请求，对敏感信息加密签名。

⑤ CA 中心及数字证书网上受理系统。用户身份认证和单点登录过程中所需证书的签发；用户身份认证凭证（USB 智能密钥）的制作。

（2）身份管理和认证。

为了实现门户及相关系统的统一认证，建设统一的身份管理中心，身份管理中心集中对用户身份进行管理，如图 2-4 所示。目前存在以下几种身份管理情况。

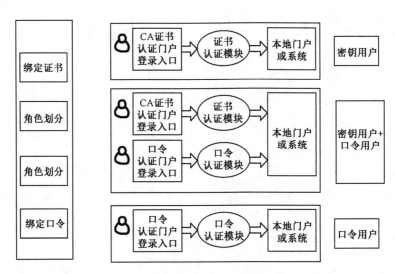

图 2-4　身份管理认证过程

① 统一采用密钥棒（CA 证书）进行身份管理。

② 完全采用"用户名+口令"进行身份管理。

③ 部分用户采用密钥，部分用户采用"用户名+口令"。

第一种情况，有统一的身份标志，只要授权就能实现各自门户和系统的统一认证。

第二种情况，在本地系统依然采用"用户名+口令"认证，在互访其他系统时，将所有用户绑定到一个或几个特定权限的证书角色上，实现系统之间互访。

　　第三种情况，可以采用两个登录入口，即"用户名+口令"登录入口和证书登录入口，两个入口不能同时被一个用户使用，即有证书的不能用"用户名+口令"登录认证。在进行统一认证时，有证书的用户在授权后，可以直接进行系统间的访问，没有证书的用户，在通过"用户名+口令"认证后，绑定到特定的角色证书上实现统一认证。

　　（3）统一身份凭证管理。

　　统一身份凭证是 UID 实现 SSO 的基础，在结构上统一存储，分散管理。身份凭证在 UID 系统中主要选用"数字证书+用户信息"，"用户名+口令+用户信息"作为身份凭证的补充。当用户业务系统众多时，无论访问哪个系统，都采用统一的认证凭证，用户不需要记住各系统对应的用户名和口令，身份管理逻辑如图 2-5 所示。

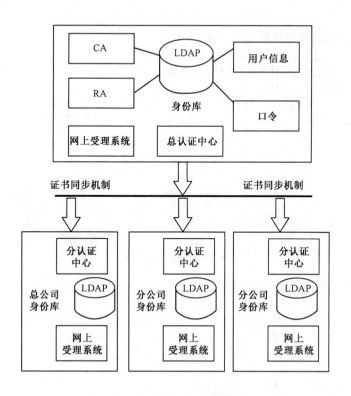

图 2-5　身份凭证管理逻辑

身份管理流程如下。

① 证书受理采用集中受理模式，所有员工的数字证书通过网上受理中心统一提交到 CA 中心签发。

② 所有员工证书统一存放在 CA 中心 LDAP 数据库中。

③ 建立企业认证体系，由总认证中心和分认证中心组成。

④ 总认证中心的证书库直接采用网上受理系统的证书库，总认证中心可负责所有员工的统一认证。

⑤ 分认证中心的证书库采用同步定时分发机制，从总 LDAP 数据库中获取证书信息。

⑥ 各业务系统或门户需要认证时，采用就近原则，到离业务系统最近的认证中心进行认证；若认证失败，则可以直接到总认证中心进行认证。

⑦ 所有认证中心采用负载均衡技术，保证认证效率和速度。

信息资源接入整合各种信息资源，通过标准 XML 语言将信息资源进行接入和使用。

信息资源接入逻辑如图 2-6 所示。

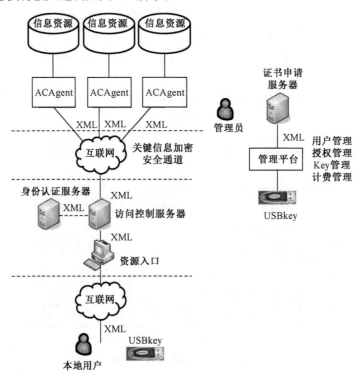

图 2-6　信息资源接入逻辑

（4）技术原理。

① 身份认证。数字证书身份认证系统采用 CA 数字证书和数字签名等技术进行身份识别，将代表用户身份的数字证书和相应的私钥存储在密码钥匙（USB 接口的智能卡）中，私钥不出卡，保证了唯一性和安全性。身份认证技术原理如图 2-7 所示。认证时，由密码钥匙完成数字签名和加密，敏感信息以密文形式在网络中传输，具有更高的安全性，从而解决了网络环境中的用户身份认证问题。

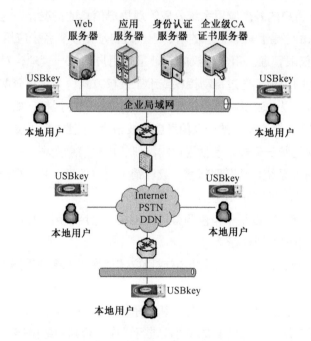

图 2-7　身份认证技术原理

系统简单易用，将数字证书这一"复杂"的工具隐藏在系统后台，使用者不需要了解安全知识就能方便使用；同时，系统支持第三方 CA（如 CTCA），可为政府、军队和企业提供集成的安全认证解决方案。

② 统一用户管理。统一用户管理平台的统一用户管理功能主要分为两部分：一部分是用户信息的导入；另一部分是用户信息的同步。

平台用户信息可以采用手动或自动方式获取，对于少量用户信息的获取，可以采用手工输入的方式，对于大批量的用户信息获取则采用自动方式。批量用户信息导入采用预先定义的接口，从预先选定好的用户信息最全的应用系统或人力资源系统中，或者 AD、LDAP 中导入用户信息。根据预先定义好的接

口，可以实现用户信息字段的自动匹配、用户信息自动分类、用户角色信息匹配、用户权限信息自动分配等功能，便于对用户单点登录的授权和应用系统操作权限授权。

用户信息同步方式可分为两种：以外部信息为主由系统自动同步到各个应用系统的模式和以平台为主自动同步到各个应用系统的模式。以外部信息为主的模式适用于用户已经建立了人力资源或类似系统的情况，用户仍然使用人力资源系统统一管理所有用户信息，但信息的同步由平台自动完成；以平台为主的模式适用于用户的各个应用系统分散管理用户信息的情况，在这种模式下所有的用户信息由平台管理，信息的增、删、改自动同步到各个应用系统中。

③ 统一权限管理。用户授权的基础是对用户的统一管理，对于在用户信息库中新注册的用户，通过自动授权或手工授权方式，为用户分配角色、对应用系统的访问权限、应用系统操作权限，完成对用户的授权。如果用户在用户信息库中被删除，则其相应的授权信息也将被删除。完整的用户授权流程如下。

a. 用户信息统一管理，包括用户的注册、用户信息变更、用户注销。

b. 权限管理系统自动获取新增（或注销）用户信息，并根据设置自动分配（或删除）默认权限和用户角色。

c. 用户管理员可以基于角色调整用户授权（适用于用户权限批量处理）或直接调整单个用户的授权。

d. 授权信息记录到用户属性证书或用户信息库（关系型数据库、LDAP 目录服务）中。

e. 用户登录到应用系统，由身份认证系统检验用户的权限信息并返回给应用系统，满足应用系统的权限要求可以进行操作，否则拒绝操作。

f. 用户的授权信息和操作信息均被记录到日志中，可以形成完整的用户授权表、用户访问统计表。

典型授权管理模型如图 2-8 所示。

④ 单点登录。基于数字证书的单点登录技术，使各信息资源和防护系统成为一个有机的整体。通过在各信息资源端安装访问控制代理中间件，与防护系统的认证服务器通信，利用系统提供的安全保障和信息服务共享安全优势。其原理如下。

a. 每个信息资源配置一个访问代理，并为不同的代理分配不同的数字证书，用来保证和系统服务之间的安全通信。

b. 用户登录中心后，根据用户提供的数字证书确认用户的身份。

c. 访问一个具体的信息资源时，系统服务用访问代理对应的数字证书，把用户的身份信息加密后以数字信封的形式传递给相应的信息资源服务器。

d. 信息资源服务器在接收到数字信封后，通过访问代理进行解密验证，得到用户身份；根据用户身份进行内部权限的认证。

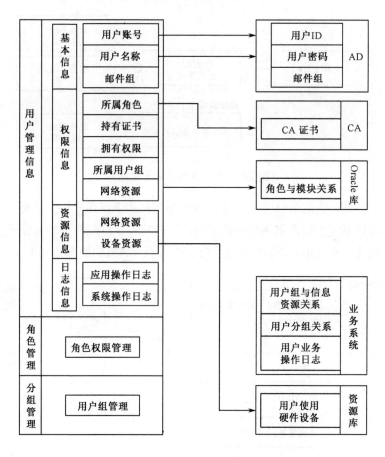

图 2-8　典型授权管理模型

第一，唯一身份凭证。统一身份管理及访问控制系统用户数据独立于各应用系统，对于数字证书的用户来说，用户证书的序列号在平台是唯一的。对于非证书用户来说，平台用户 ID（Passport）是唯一的，由其作为平台用户的统一标志，唯一身份凭证示意图如图 2-9 所示。

在通过平台统一认证后，可以从登录认证结果中获取平台用户证书的序列号或平台用户 ID，再由其映射不同应用系统的用户账户，最后用映射后的账户访问相应的应用系统。

当增加一个应用系统时，只需要增加平台用户证书序列号或平台用户 ID 与该应用系统账户的一个映射关系即可，不会对其他应用系统产生任何影响，从而解决登录认证时不同应用系统之间用户交叉和用户账户不同的问题。单点登录过程均通过安全通道来保证数据传输的安全。

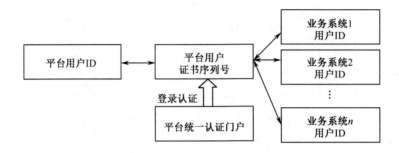

图 2-9　唯一身份凭证示意图

第二，B/S 应用系统接入。由于 B/S 结构应用系统用户均采用浏览器登录和访问应用系统，因此采用统一认证门户。在统一认证门户登录认证成功后，再访问具体 B/S 应用系统。B/S 应用系统接入平台的架构如图 2-10 所示。

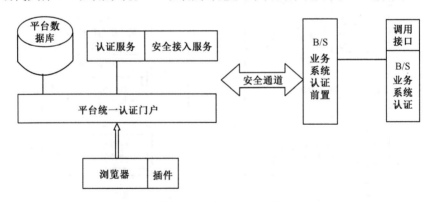

图 2-10　B/S 应用系统接入平台的架构

系统提供两种应用系统接入方式，以快速实现单点登录。一是反向代理方式：实现方式为松耦合。应用系统无须开发、改动。对于不能改动或没有原厂商配合的应用系统，可以使用该方式接入统一用户管理平台。采用反向代理模块和 UID 的单点登录（SSO）认证服务进行交互验证用户信息，完成应用系统单点登录。二是 Plug-in 方式：实现方式为紧耦合，采用集成插件的方式与 UID 的单点登录（SSO）认证服务进行交互验证用户信息，完成应用系统单点登录。

紧耦合方式提供多种 API，通过简单调用即可实现单点登录。

第三，C/S 应用系统接入。对于 C/S 应用系统的接入，实现方式是用户在登录系统门户后，单击相应的 C/S 应用系统图标，然后启用 Windows 的消息机制，将认证的请求发送到 C/S 应用服务器进行认证。认证通过后，在用户端启用相应的客户端程序。

第四，安全通道。UID 提供的安全通道是利用数字签名进行身份认证的，采用数字信封进行信息加密的基于 SSL 协议的安全通道产品，实现了服务器端和客户端嵌入式的数据安全隔离机制。安全通道示意图如图 2-11 所示。

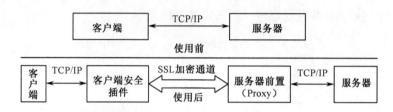

图 2-11　安全通道

安全通道的主要作用是在两个通信应用程序之间提供私密性和可靠性，这个过程通过 3 个元素来完成。

一是握手协议：负责协商用于客户机和服务器之间会话的加密参数。当一个 SSL 客户机和服务器第一次开始通信时，它们在一个协议版本上达成一致，选择加密算法和认证方式，并使用公钥技术来生成共享密钥。

二是记录协议：用于交换应用数据。应用程序消息被分割成可管理的数据块，同时还可以压缩并产生一个 MAC（消息认证代码），然后结果被加密并传输。接收方接收数据并对它解密，校验 MAC，解压并重新组合，把结果提供给应用程序协议。

三是警告协议：用于标示在什么时候发生了错误或两个主机之间的会话在什么时候终止。

第五，业务系统访问权限的控制。UID 用户是一个大的用户集合，通过系统认证的用户并不一定能访问所有接入 UID 中心的业务系统。系统用户对业务系统的访问权限通过用户分组和访问控制策略进行控制。例如，按照用户所属企业或部门分组，该组可访问相应企业部门的业务系统；按照用户角色分组，如财务人员分组，可以访问财务相关的业务系统；同时，中心用户与业务系统映射表中设置的用户访问权限标志，可针对单个用户访问某个业务的权限进行停用/启用。

2．OpenID 和 OAuth

（1）OpenID。

OpenID 是一套身份验证系统。与目前流行的网站账号系统（Passport）相比，OpenID 具有开放性及分散式的特点。它不基于某一应用网站的注册程序，而且不限于单一网站的登录使用。OpenID 账号可以在任何 OpenID 应用网站使用，从而避免了多次注册、填写身份资料的烦琐过程。简而言之，OpenID 就是一套以用户为中心的分散式身份验证系统，用户只需要注册、获取 OpenID 之后，就可以凭借此 OpenID 账号在多个网站之间自由登录，而不用每打开一个网站都需要注册账号，原理如图 2-12 所示。

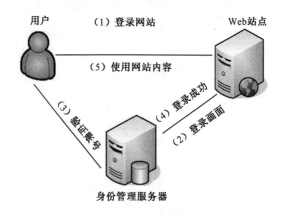

图 2-12　OpenID 的使用原理

目前互联网上的账号管理方式有两种：单一账号系统和通行证。一些只提供单一服务的网站采用用户账号管理模式，用户注册后使用此账号可以在其网站上实现所有功能操作。Google、163、微软等提供多套服务的网站采用通行证的账号管理程序。用户在注册一次之后，使用该账号可以在这些网站所属群中自由使用。

OpenID 比普通的通行证更扩大化。OpenID 不局限于某一个网站或网站群，它可以在任意 OpenID 应用网站中自由穿梭。假设已经拥有一个在 A 网站注册获得的 OpenID 账号，B 网站支持 OpenID 账号登录使用，而且从未登录过。此时，在 B 网站的相应登录界面输入 OpenID 账号进行登录，浏览器会自动转向 A 网站的某个页面进行身份验证。这时只要输入在 A 网站注册时提供的密码登录 A 网站，对 B 网站进行验证管理（永久允许、只允许一次或不允许）后，页面又会自动转到 B 网站。如果选择允许，就会登录进入 B 网站。这时用户就可以以 OpenID 账户身份使用 B 网站的所有功能操作。

实际的多个 OpenID 应用网站与 OpenID 账号的操作会更简单，A 操作中实现了身份验证及相应个人资料的选择。也就是说，使用 A 网站提供的一个 OpenID 账号实现了 B、C、D、E、F 网站的登录操作。

在 OpenID 简易流程中可以看到是多个网站围绕一个网站提供的账号进行活动，在上面的例子中 B~F 等网站称为 OpenID 应用网站，是指支持 OpenID 账号登录使用全部网站功能的网站。而例子中的 A 网站就是 OpenID 服务网站，是指提供 OpenID 账号注册服务的。

OpenID 应用网站和服务网站是可以相同的，也就是说，一个网站既可以提供 OpenID 账号注册，也可以提供 OpenID 账号使用。

目前 OpenID 服务网站的增长速度远远超过了应用网站，可以在 OpenID Providers 页面查看服务网站列表，或者到 OpenID 服务商和支援网站列表查看挑选出来的 OpenID 服务网站和应用网站。

（2）OAuth。

OAuth 是 OpenID 的一个补充，但是完全不同的服务。OAuth 是一种开放的协议，为桌面程序或基于 BS 的 Web 应用提供一种简单的、标准的方式去访问需要用户授权的 API 服务。OAuth 类似于 Flickr Auth、Google's AuthSub、Yahoo's BBAuth、Facebook Auth 等。OAuth 认证授权具有以下特点。

① 简单：不管是 OAuth 服务提供者，还是应用开发者，都很容易理解与使用。

② 安全：没有涉及用户密钥等信息，更安全、更灵活。

③ 开放：任何服务提供商都可以实现 OAuth，任何软件开发商都可以使用 OAuth。

OAuth 协议为用户资源的授权提供了一个安全的、开放的、简易的标准。与以往的授权方式不同的是，OAuth 的授权不会使第三方触及用户的账号信息（如用户名与密码），即第三方无须使用用户的用户名与密码就可以申请获得该用户资源的授权，因此 OAuth 是安全的。同时，任何第三方都可以使用 OAuth 认证服务，任何服务提供商都可以实现自身的 OAuth 认证服务，因此 OAuth 是开放的。业界提供了 OAuth 的多种实现，如 PHP、JavaScript、Java、Ruby 等各种语言开发包，大大节约了程序员的时间，因此 OAuth 是简易的。目前互联网很多服务（如 Open API）、很多大公司（如 Google、Yahoo、Microsoft 等）都提供了 OAuth 认证服务，这些都足以说明 OAuth 标准逐渐成为开放资源授权

的标准。

典型案例：如果一个用户拥有两项服务，一项是图片在线存储服务 A，另一项是图片在线打印服务 B，那么 Oauth 的典型需求如图 2-13 所示。由于服务 A 与服务 B 是由两家不同的服务提供商提供的，因此用户在这两家服务提供商的网站上各自注册了两个账号，假设这两个用户名各不相同，密码也各不相同。当用户要使用服务 B 打印存储在服务 A 上的图片时，用户该如何处理？方法一：用户可以先将待打印的图片从服务 A 上下载下来并上传到服务 B 上打印，这种方法安全但处理比较烦琐，且效率低；方法二：用户将在服务 A 上注册的用户名与密码提供给服务 B，服务 B 使用用户的账号再去服务 A 处下载待打印的图片，这种方法效率是提高了，但是安全性大大降低了，服务 B 可以使用用户的用户名与密码去服务 A 上查看甚至篡改用户的资源。

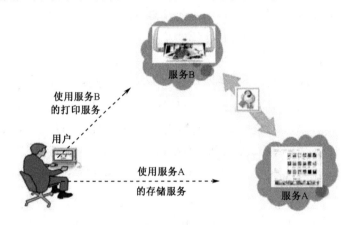

图 2-13　Oauth 的典型需求

很多公司和个人都尝试解决这类问题，包括 Google、Yahoo、Microsoft 等，这也促使 OAuth 项目组的产生。OAuth 是由 Blaine Cook、Chris Messina、Larry Halff 及 David Recordon 共同发起的，目的在于为 API 访问授权提供一个开放的标准。OAuth 规范的 1.0 版于 2007 年 12 月 4 日发布。

OAuth 认证授权仅 3 个步骤：获取未授权的 Request Token、获取用户授权的 Request Token、用授权的 Request Token 换取 Access Token。

当应用得到 Access Token 后，就可以有权访问用户授权的资源了。由此可以看出，这 3 个步骤就是对应 OAuth 的 3 个 URL 服务地址。上面的 3 个步骤中，每个步骤分别请求一个 URL，在得到上一步的相关信息后再去请求接下来的 URL，直到拥有 Access Token 为止。

用 OAuth 实现上述典型案例：当服务 B（打印服务）要访问用户的服务 A（图片服务）时，通过 OAuth 机制，服务 B 向服务 A 请求未经用户授权的 Request Token 后，服务 A 将引导用户在服务 A 的网站上登录，并询问用户是否将图片服务授权给服务 B。用户同意后，服务 B 就可以访问用户在服务 A 上的图片服务。整个过程服务 B 没有触及用户在服务 A 中的账号信息，如图 2-14 所示。

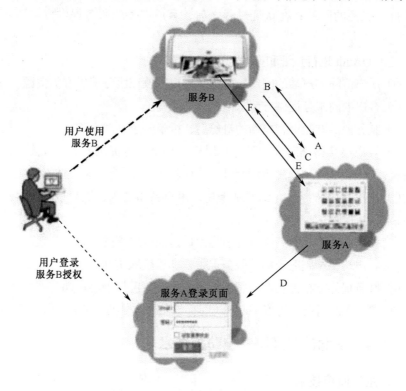

图 2-14　OAuth 典型应用

　　OAuth（开放授权）是一个开放标准，允许用户让第三方应用访问该用户在某一网站上存储的私密的资源（如照片、视频、联系人列表等），而无须将用户名和密码提供给第三方应用。

　　OAuth 给用户提供一个令牌，而不是使用用户名和密码来访问存放在特定网站中服务提供方的数据。每一个令牌授权一个特定的网站（如视频编辑网站）在特定的时段（如接下来的两小时）内访问特定的资源（如仅仅是某一相册中的视频）。这样，OAuth 允许用户授权第三方网站访问存储在其他服务提供方上的信息，而不需要共享访问许可或服务提供方的所有内容。

在认证和授权的过程中涉及的三方内容如下。

① 服务提供方：用户使用服务提供方来存储受保护的资源，如照片、视频、联系人列表等。

② 用户：存放在服务提供方的受保护的资源的拥有者。

③ 客户端：要访问服务提供方资源的第三方应用，通常是网站，如提供照片打印服务的网站；在认证过程之前，客户端要向服务提供方申请客户端标志。

使用 OAuth 进行认证和授权的过程如下。

① 用户访问客户端的网站，想操作用户存放在服务提供方的资源。

② 客户端向服务提供方请求一个临时令牌。

③ 服务提供方验证客户端的身份后，授予一个临时令牌。

④ 客户端获得临时令牌后，将用户引导至服务提供方的授权页面请求用户授权，在这个过程中将临时令牌和客户端的回调连接发送给服务提供方。

⑤ 用户在服务提供方的网站上输入用户名和密码，然后授权该客户端访问所请求的资源。

⑥ 授权成功后，服务提供方引导用户返回客户端的网站。

⑦ 客户端根据临时令牌从服务提供方那里获取访问令牌。

⑧ 服务提供方根据临时令牌和用户的授权情况授予客户端访问令牌。

⑨ 客户端使用获取的访问令牌访问存放在服务提供方上的受保护的资源。

2.5.4 本地计算环境安全防护技术

1. 主机监控技术

主机监控技术包括集成登录控制、外设控制、主机防火墙、安全审计等多种安全防护机制和自身安全保护机制。

（1）登录控制机制在操作系统安全登录认证机制上加入了自定义的登录认证功能，以实现更高性能的登录认证功能。同时，采用基于 USBKey 的硬件令牌存储用户身份证书，USBKey 有物理上的防篡改机制，可以有效地保护用户身份证书，防止恶意代码盗取用户身份。

（2）外设控制部分可以对计算机外设接口进行访问控制，提供禁用和可用两种可控制状态，能够防止违规使用外部设备或外挂式存储设备。

（3）主机防火墙既可以基于 IP 进行网络访问控制，也可以基于接口进行网络访问控制，能够抵御多种网络攻击，为主机接入网络访问网络资源提供了主机侧的安全防护能力。

（4）安全审计能够审计移动存储介质在终端的使用情况、用户登录情况、外设操作使用情况、网络访问行为情况、打印操作情况、操作系统文件共享情况。

2. 安全操作系统

操作系统的安全在计算机系统的整体安全中起着至关重要的作用。1985年，美国国防部颁布的可信计算机系统评测标准，提出了安全操作系统设计在安全策略、客体标志、主体标志、审计、保证、连续保护 6 个方面的安全要求。TCSEC 标准（Trusted Computer System Evaluation Criteria）把计算机系统的安全分为 A、B、C、D 4 个等级，从 D 开始，等级逐渐提高，系统可信度也随之增加。安全操作系统的设计主要以 TCSEC 为蓝本来进行研究。

3. 恶意代码防治技术

恶意代码防治技术主要包括基于特征的扫描技术、校验和技术、恶意代码分析技术和基于沙箱的防治技术。

（1）基于特征的扫描技术源于模式匹配的思想。扫描程序工作之前，必须先建立恶意代码的特征文件，根据特征文件中的特征串，在扫描文件中进行匹配查找。用户通过更新特征文件更新执行扫描的恶意代码防治软件，查找最新版本的恶意代码。

（2）校验和技术主要使用 Hash 和循环冗余码等检查文件的完整性。未有恶意代码的系统首先会生成检测数据，然后周期性地使用校验和法检测文件的改变情况。校验和法可以检测未知恶意代码对文件的修改。

（3）恶意代码分析技术可以分为静态分析方法和动态分析方法。其中，静态分析方法有反恶意代码软件的检查、字符串分析、脚本分析、静态反汇编分析和反编译分析；动态分析包括文件检测、进程检测、注册表检测、网络活动检测和动态反汇编分析等。静态分析和动态分析是互补的，对恶意代码分析先执行静态分析后再进行动态分析比单独执行任一种更为有效。

（4）基于沙箱（Sandbox）的防治技术是指根据系统中每一个可执行程序的访问资源，以及系统赋予的权限建立应用程序的沙箱，从而限制恶意代码的运行。每个应用程序都运行在自己的且受保护的"沙箱"中，不能影响其他程序的运行。虚拟机就可以看成一种"沙箱"，后文对此还将进行探讨。

4.可信计算技术

为了从网络终端的体系结构入手解决网络安全问题，业界产生了构建可信计算平台的设想。主要思路是在终端的通用计算平台（如 PC、服务器和移动设备等）中嵌入一块物理防篡改芯片 TPM（Trusted Platform Module，可信平台模块），作为信任根和安全防护的基础，实施信任链、封装存储和远程证明等安全机制，目前已形成了大量的标准规范。可信计算主要包括信任根与信任链、封装存储及远程证明等技术。

信任根是计算平台中加入的可信第三方，是可信计算平台可信的基础。可信计算平台启动时，以一种受保护的方式进行，要求所有的执行代码和配置信息在其被使用或执行前要进行完整性度量。这样一级度量一级，并存储度量结果的信任传递过程，就构成了信任链。

封装存储是指被 TPM 加密的敏感数据（如密钥）只能被 TPM 解密，同时在加密时可将平台的配置状态信息"封装"起来，规定解密时必须具备相符的平台配置状态（PCR 值）时才能解密。

远程证明是指可信计算平台向质询的一方证明平台的真实可信，包括身份认证和报告平台完整性状态两方面的内容。

2.5.5 网络安全管理技术

网络安全管理技术的安全事件关联分析包括基于规则的安全事件关联分析技术和统计关联分析技术。基于规则的关联是指将攻击的特征（一系列按一定顺序发生的安全事件）预定义在规则库中，当检测到的一系列安全事件与规则匹配时，触发规则。基于规则的关联主要用于发现已知的攻击，具体包括限定关联、顺序关联和阈值关联。

统计关联使用某种算法对发生的安全事件进行计算，获得定义某些统计量（如网络安全态势或事件威胁等级）的数值。通过一段时间的学习得出这些数值的正常范围。然后计算正在发生的安全事件对这些数值的影响，一旦偏离了正常范围，则判定发生了异常行为。

简单的安全联动过程包括事件检测、联动双方通信和联动响应 3 个步骤。首先事件检测设备（如 IDS）与联动响应设备（如防火墙）通过联动协议建立起通信信道。当事件检测设备检测到安全事件时，联动双方首先要建立起稳定而可靠的连接，通过认证确认对方身份后，事件检测设备将安全事件消息通过联动协议加密发送给联动响应设备，后者发送一个消息应答，并通过解析安全事件消息进行联动响应。联动结束后，联动响应设备与事件检测设备断开连接。因此，一次简单联动的过程除了检测安全事件和联动响应，还包括联动的双方通过联动协议进行通信的过程，包括建立连接、数据传输、断开连接 3 个阶段。

1．物联网安全管理面临的问题

物联网规模庞大、系统复杂，其中包括各种网络设备、服务器、工作站、业务系统等。安全领域也逐步发展成复杂和多样的子领域，如访问控制、入侵检测、身份认证等。这些安全子领域通常在各个业务系统中独立建立，随着大规模安全设施的部署，安全管理成本不断上升，同时这些安全基础设施产品及其产生的信息管理成为日益突出的问题。物联网安全管理的问题主要有以下几个方面。

（1）海量事件。企业中存在的各种 IT 设备提供大量的安全信息，特别是安全系统，如安全事件管理系统和漏洞扫描系统等。这些数量庞大的信息致使管理员疲于应付，容易忽略一些重要但是数量较少的告警。海量事件是现代企业安全管理和审计面临的主要挑战之一。

（2）孤立的安全信息。相对独立的 IT 设备产生相对孤立的安全信息。企业缺乏智能的关联分析方法来分析多个安全信息之间的联系，从而揭示安全信息的本质。例如，什么样的安全事件是真正的安全事件，它是否真正影响到业务系统的运行等。

（3）响应缺乏保障。安全问题和隐患被挖掘出来，但是缺少一个良好的机制去保证相应的安全措施得到良好执行。至今困扰许多企业的安全问题之一的弱口令就是响应缺乏保障的结果。

（4）知识"孤岛"。许多前沿的安全技术往往只有企业内部少数人员了解，他们缺少将这些知识共享以提高企业整体的安全水平的途径。目前安全领域越来越庞大，分支也越来越多，各方面的专家缺少一个沟通的平台来保证这些知识的不断积累和发布。

（5）安全策略缺乏管理。随着安全知识水平的提高，企业在自身发展过程中往往制定了大量的安全制度和规定，但是数量的庞大并不能代表安全策略的完善，反而安全策略版本混乱、内容重复和片面、关键制度缺失等问题依然不同程度地在企业中存在。

（6）习惯冲突。以往的运维工作都是基于"资产+网络"的运维，但是安全

却是基于安全事件的运维。企业每出现一个安全问题就需要进行一次大范围的维护，如出现病毒问题就会使安全运维工作不同于以往的运维工作习惯。

随着物联网技术的飞速发展，网络安全逐渐成为影响网络进一步发展的关键问题。为提升用户业务平台系统的安全性及网络安全管理水平，增强竞争力，物联网安全管理从单一的安全产品管理发展到安全事件管理，最后发展到安全管理系统，即作为一个系统工程需要进行周密的规划设计。

2．物联网安全管理需求

安全管理系统的建设需求主要表现在以下几个方面。

（1）通过安全管理系统的建设，可以完善物联网的安全管理组织机构、安全管理规章制度，指导安全建设和安全维护工作，建立一套有效的物联网的安全预警和响应机制。

（2）能够提供有效的安全管理手段，能充分提高以前安全系统功能组件（如入侵检测、反病毒等）投资的效率，降低相应的人工成本，改善安全体系的效果。

（3）通过对网络上不同安全基础设施产品的统一管理，解决安全产品的"孤岛"问题，建立统一的安全策略，集中管理，有效地降低复杂性，提高工作效率，进一步降低系统建设维护成本，降低经济成本和人工成本。

（4）优化工作流程促进规程的执行，减轻管理人员的工作负担，增强管理人员的控制力度。

（5）实时动态监控网络能够有效地保障业务系统安全、稳定运行，及时发现隐患，缩短响应时间和处理时间，有效地降低安全灾害所带来的损失，保障骨干网络的可用性及可控性，同时也可以提高客户服务水平，间接地提高客户满意度。

（6）通过对安全信息的深度挖掘和信息关联，提取出真正有价值的信息，一方面便于快速分析原因，及时采取措施；另一方面为管理人员提供分析决策的数据支持，提高管理水平。

（7）通过信息化手段对资源进行有效的信息管理，有助于提高企业的资产管理水平，从而提高企业的经济效益和企业的市场竞争力等。

3．物联网安全管理系统建设目标

安全管理系统的建设是一项长期的工作，综合考虑实际工作的需求、当前的技术条件及相关产品的成熟度，安全管理系统的建设工作应按照分阶段、有重点建设的方式来规划。根据各阶段具体的安全需求，确定各阶段工作的重点，集中力量攻克重点建设目标，以保证阶段性目标的实现。建设的同时需要注意完善相关的管理制度和流程，保证安全管理系统与企业业务的有机融合和有效使用。对于 IP 网安全管理系统的建设，建议分近期目标、中期目标和长期目标 3 个阶段来实现。

（1）近期目标。以较为成熟的相关技术为基础，根据当前最迫切的安全管理工作需求制定，包括安全风险管理、安全策略管理、安全响应管理的基本需求。

（2）中期目标。在近期目标基础上提高内部各系统之间的集成度和可用度，扩大管理范围，增强各功能模块，初步实现与其他信息系统的交互和安全管理的自动化流程。

（3）长期目标。实现安全管理系统的集成化、自动化、智能化，保证信息、知识充分的挖掘和共享，为高水平管理工作和高效率的安全响应工作提供良好的技术平台。

4. 物联网安全管理框架

根据物联网网络结构与安全威胁分层分析，得出物联网安全管理框架如图 2-15 所示。它分为应用安全、网络安全、感知安全和安全管理 4 个层次。前 3 个层次为具体的安全措施，安全管理则覆盖以上 3 个层次，对所有安全设备进行统一管理和控制。

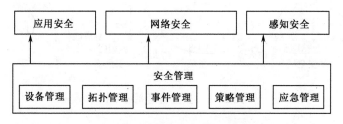

图 2-15　物联网安全管理框架

具体来说，安全管理包括设备管理、拓扑管理、事件管理、策略管理和应急管理。设备管理是指对安全设备的统一在线或离线管理，并实现设备间的联动联防。拓扑管理是指对安全设备的拓扑结构、工作状态和连接关系进行管理。事件管理是指对安全设备上报的安全事件进行统一格式处理、过滤和排序等操作。策略管理是指灵活设置安全设备的策略。应急管理是指发生重大安全

事件时安全设备和管理人员之间的应急联动。

安全管理能够对全网安全态势进行统一监控，在统一的界面下完成对所有安全设备统一管理，实时反映全网的安全状况，能够对产生的安全态势数据进行汇聚、过滤、标准化、优先级排序和关联分析处理，提高安全事件的应急响应处置能力，同时还能实现各类安全设备的联防联动，有效防范复杂攻击行为。

安全管理系统是实现试验信息系统整体安全防护的核心，促使各种安全机制和设备间的联动和优势互补，避免出现安全设备各自独立、无法协同防御问题，通过建立"保护—检测—响应—恢复"的动态安全防御体系，可实现对全网安全态势进行统一监控，实时反映全网的安全状况，对安全设备进行统一的管理，实现全网安全事件的上报、归并，帮助安全运维人员准确判断安全事件，制定全局安全策略，实现对安全事件应急响应处理、各类安全设备的联防联动。

安全管理系统架构如图 2-16 所示。

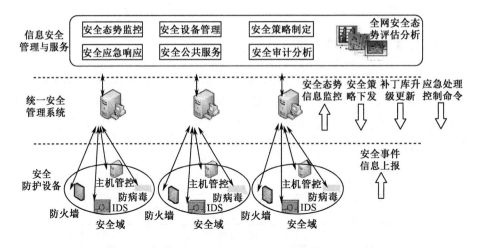

图 2-16　安全管理系统架构

综合网络安全管理技术在有线及无线通信环境下，对各种安全防护设备进行有效管理和配置，并在攻击等情况下协同各安全防护设备采取相应的措施，同时向用户展示全网安全态势。综合网络安全管理技术体制如图 2-17 所示。

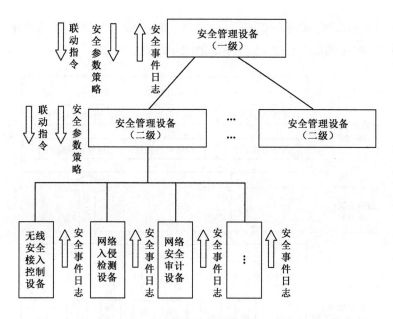

图 2-17　综合网络安全管理技术体制

安全管理技术采用两级管理体制。一级安全管理设备主要负责制定全网的安全防护管理规划，集中管理用户的安全参数，可为全网安全防护设备规划安全域和相应的安全策略。同时，直接管理二级安全管理设备，并通过二级安全管理在线监控全网安全防护设备、收集安全状态。

二级安全管理设备主要用途是针对子网的安全设备进行配置和管理，负责分配子网安全设备的参数，并负责子网内用户漫游、动态重组时的安全管理；汇集该子网内用户安全信息；接受上级管理并支持对下级的管理。

5. 基于 SOA 的安全管理系统设计

物联网的网络结构是一个有线和无线结合、多网融合的网络，为了满足物联网互联互通的要求，并结合物联网物物相连的特点，采用基于 SOA 的架构来实现安全管理系统。面向服务的架构（Service-Oriented Architecture，SOA）是一个组件模型，它将应用程序的不同功能单元（称为服务）通过这些服务之间定义良好的接口和契约联系起来。接口是采用中立的方式进行定义的，它独立于实现服务的硬件平台、操作系统和编程语言。这使得构建在各种这样的系统中的服务可以以一种统一和通用的方式进行交互。Web 服务（Web Services）是一套开放的技术标准，也是一套被设计用来实现网络上的计算机能够彼此互操

作的软件体系。这套体系标准需要很多技术(如 SOAP 和 WSDL 等)来协同工作。

基于 SOA 的安全管理系统架构如图 2-18 所示。

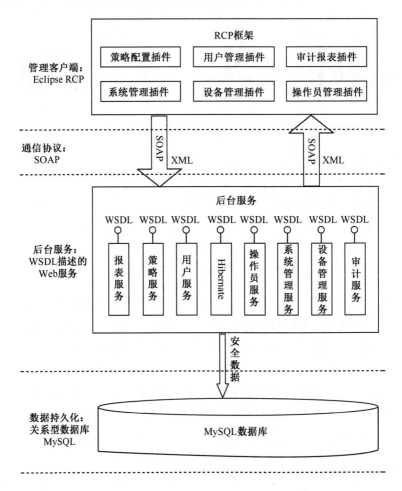

图 2-18 基于 SOA 的安全管理系统架构

管理平台分为管理客户端、后台服务两大部分，管理客户端和后台服务通过 SOAP 描述的 XML 文件进行通信。其中,管理客户端采用前述的 Eclipse RCP 结构的应用程序框架实现，由部署在 RCP 框架中的 6 个插件构成。后台服务由 Web 服务实现，通过 WSDL 描述的接口进行发布。其中, Hibernate 作为一个服务负责程序中的持久层，读/写 MySQL 数据库，供其他服务调用。服务之间保持了标准的调用接口，实现了极其松散的耦合性。例如, 本数据库的 Hibernate 和报表服务，在其他应用中也可以调用。

管理客户端采用 Eclipse 开发 RCP 应用,按照需求分为 7 个模块:设备管理、操作员、策略中心、模块管理中心、系统设置、用户、审计。各个模块都采用插件式独立开发,每个模块都有对应的 plugin.xml 来部署该插件。

SOAP 负责通信和多项附加协议所保证的安全等各个方面。SOAP 是一个基于 XML 的用于应用程序之间通信数据编码的传输协议。SOAP 是一种轻量级协议,用于在分散型、分布式环境中交换结构化信息。SOAP 利用 XML 技术定义一种可扩展的消息处理框架,它提供了一种可通过多种底层协议进行交换的消息结构。这种框架的设计思想是要独立于任何一种特定的编程模型和其他特定实现的语义。

SOAP 确立了 Web 服务中的通信框架,确立了服务提供方和服务请求者的物理交互方式,则 WSDL 就起到了 SOAP 中关键的服务契约作用。WSDL(Web Services Description Language)是一种用来描述 Web 服务和说明如何与 Web 服务通信的 XML 语言。Web 服务描述语言(WSDL)基于 XML 语言,用于描述 Web 服务及其函数、参数和返回值。因为是基于 XML 的,所以 WSDL 既是机器可阅读的,又是人可阅读的。开发工具既能根据 Web 服务生成 WSDL 文档,又能导入 WSDL 文档,生成调用相应 Web 服务的代码。采用 Power Designer 作为数据库建模工具,通过建模工具创建数据库代码。

2.5.6 基于多网络融合的网络安全接入技术

由于物联网的应用越来越广泛,人们对接入网络技术的需求也越来越强烈,对于物联网产业来说,接入网络技术有着广阔的发展前景,因此它已经成为当前物联网的核心研究技术,也是物联网应用和物联网产业发展的热点问题。接入网络技术最终要解决的是如何将成千上万的物联网终端快捷、高效、安全地融入物联网应用业务体系,这关系到物联网终端用户所能得到的物联网服务的类型、服务质量、资费等切身利益问题,因此也是物联网未来建设中需要解决的一个重要问题。

物联网以终端感知网络为触角,以运行在大型服务器上的程序为大脑,实现对客观世界的有效感知及有力控制。其中,连接终端感知网络与服务器的桥梁便是各类网络接入技术,包括 GSM、TD-SCDMA 等蜂窝网络与 WLAN、WPAN 等专用无线网络,以及 Internet 等各种 IP 网络。物联网接入技术主要用于实现物联网信息的双向传递和控制,重点在于适应物物通信需求的无线接入网和核心网的网络改造和优化,以及满足低功耗、低速率等物物通信特点的网

络层通信和组网技术。

基于多网融合的网络安全接入技术研究内容包括以下几方面。

1. IPv6 安全接入与应用

构成现今互联网技术基石的 IPv4，在面临地址资源枯竭的困境下，显然已无法为地球上存在的万事万物都分配一个 IP 地址，而这又恰恰是物联网实现的关键。作为下一代网络协议，IPv6 凭借着丰富的地址资源及支持动态路由机制等优势，能够满足物联网对通信网络在地址、网络自组织及扩展性等诸多方面的要求。在 IP 基础协议栈的设计方面，IPv6 将 IPSec 协议嵌入基础的协议栈中，通信的两端可以启用 IPSec 加密通信的信息和通信的过程。网络中的黑客将不能采用中间人攻击的方法对通信过程进行破坏或劫持。同时，黑客即使截取了节点的通信数据包，也会因为无法解码而不能窃取通信节点的信息。从整体来看，使用 IPv6 不仅能满足物联网的地址需求，还能满足物联网对节点移动性、节点冗余、基于流的服务质量保障的需求，很有希望成为物联网应用的基础网络安全技术。

然而，在物联网中应用 IPv6，并不能简单地"拿来就用"，而是需要进行一次适配，对 IPv6 协议栈和路由机制进行相应的精简，以满足对网络低功耗、低存储容量和低传输速率的要求。由于 IPv6 协议栈过于庞大复杂，并不匹配物联网中互连对象，因此，虽然IPv6可为每个终端设备分配一个独立的IP地址，但承载网络需要和外网之间进行一次转换，起到 IP 地址压缩和简化翻译的功能。目前，相关标准化组织已开始积极推动精简 IPv6 协议栈的工作。例如，IETF 已成立了LowPAN 和 RoLL 两个工作组进行相关技术标准的研究工作。与传统方式相比，IPv6 能支持更多的节点组网，但对传感器节点功耗、存储、处理器能力要求更高，因此成本也更高。另外，IPv6 协议的流标签位于 IPv6 包头，容易被伪造，易产生服务盗用的安全问题。因此，在IPv6中流标签的应用需要开发相应的认证加密机制。同时，为了避免流标签使用过程中发生冲突，还要增加源节点的流标签使用控制的机制，保证在流标签使用过程中不会被误用。

2. 满足多网融合的安全接入网关

多网融合环境下的物联网安全接入需要一套比较完整的系统架构，这种架构可以是一种泛在网多层组织架构。底层是传感器网络，通过终端安全接入设备或物联网网关接入承载网络。物联网的接入方式是多种多样的，通过网关设备将多种接入手段整合起来，统一接入到电信网络的关键设备，网关可满足局部区域短距离通信的接入需求，实现与公共网络的连接，同时完成转发、控制、信令交换和编解码等功能，而终端管理、安全认证等功能保证了物联网业务的质量和安全。物联网网关的安全接入设计有以下三大功能。

（1）网关可以把协议转换，同时可以实现移动通信网和互联网之间的信息转换。

（2）接入网关可以提供基础的管理服务，对终端设备提供身份认证、访问控制等安全管控服务。

（3）通过统一的安全接入网关，将各种网络进行互连整合，可以借助安全接入网关平台迅速开展物联网业务的安全应用。

总而言之，安全接入网关设计技术需要研究统一建设标准、规范的物联网接入、融合的管理平台，充分利用新一代宽带无线网络，建立全面的物联网网络安全接入平台，提供覆盖广泛、接入安全、高速便捷、统一协议栈的分布网络接入设备，满足大规模物联网终端快捷、高效、安全的融入物联网应用的业务体系。

2.5.7 通信网络环境安全防护技术

物联网的安全特征体现了感知信息的多样性、网络环境的多样性和应用需求的多样性，呈现出网络的规模和数据的处理量大，决策控制复杂，给安全研究提出了新的挑战。依靠互联网和移动通信网络为主要承载网络的物联网具有相对完整的安全保护能力，但是由于物联网中节点数量庞大，而且以集群方式存在，因此当感染蠕虫病毒或遭遇僵尸网络攻击时，由于大量中毒机器同时发送数据造成网络拥塞，因此容易爆发拒绝服务攻击。此外，现有通信网络的安全架构都是从人的通信角度设计的，并不适用于物联网终端的通信。使用现有安全机制会割裂物联网机器间的逻辑关系。

物联网通信网络环境安全防护技术体系结构如图 2-19 所示，需要从 3 个层次考虑。其中，在应用环境层次需要考虑的安全防护技术主要有可信机制、身份认证、访问控制、安全审计等；在网络环境层次需要考虑的安全防护技术有无线网安全、虚拟专网、传输安全、防火墙、入侵检测、安全审计等；信息安全基础核心技术主要是物联网通信网络环境的支撑性技术，包括密码技术、高速密码芯片、PKI/WPKI 基础设施、网络安全管控平台等。

应用环境安全防护技术
可信机制、身份认证、访问控制、安全审计、攻击监测、内容分析/过滤
网络环境安全防护技术
无线网安全、虚拟专网、传输安全、防火墙、入侵检测、安全审计等
信息安全基础核心技术
密码技术、高速密码芯片、PKI/WPKI基础设施、网络安全管控平台等

图 2-19 物联网通信网络环境安全防护技术体系结构

2.5.8 密码技术

1. 密码学基础

密码技术是以研究数据保密为目的，对存储或传输的信息采取秘密保护措施以防止信息被第三者窃取的技术。密码技术是信息安全的核心技术，已经渗透到大部分安全产品中，并正向芯片化方向发展。

密码技术是一门古老而深奥的学科，对一般人来说是陌生的，因为长期以来，它只在很小的范围内，如军事、外交、情报等部门使用。信息的秘密性要求被存储或传输的数据信息是经过伪装的，即使数据被非法的第三方窃取或窃听都无法破译其中的内容。要达到这样的目的，必须采用密码技术。

密码技术的基本原理及基本思想是在加密密钥 K_e 的控制下，采用加密函数（加密算法）E 将要保护的数据（明文 M）加密成密文 C，以便使第三方无法理解它的真实含义。此加密过程通常记为 $C=E(M, K_e)$。而解密则是在解密密钥 K_d 的控制下，通过解密函数（解密算法）D 对密文 C 进行反变换后，将其还原成明文 M，此过程记为 $M=D(C, K_d)$，密码原理框图如图 2-20 所示。

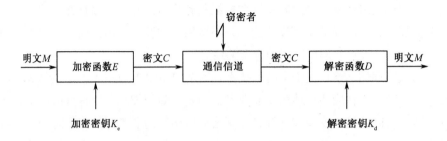

图 2-20 密码原理框图

密码学研究包含两部分内容：加密算法的设计和研究及密码分析和破译。

窃密者与报文接收方的区别在于：不知道解密密钥，无法轻易将密文还原为明文。

加密技术的密码体制分为对称密钥体制和非对称密钥体制两种。相应地，对数据加密的技术也分为两类，即对称加密（私人密钥加密）和非对称加密（公开密钥加密）。密钥保护也是防止攻击的重点。

密码技术仍然是物联网安全的核心技术，能够解决物联网中数据产生、存储、传输等安全问题。物联网安全问题的解决措施都需要以如下所述的密码技术为支撑来解决。

（1）低功耗、低成本的安全 RFID 标签。以密码算法为基础，研究对抗物理攻击、能量分析和暴力破解的安全 RFID 标签，同时选用或设计全新密码算法，降低运算复杂度，采用异步电路和绝热电路等芯片设计手段严格控制芯片功耗和成本。

（2）无线传感器网络安全。基于密码算法，研究针对无线传感器节点带宽和能量有限、无人值守、应用耦合紧密等特点的节点自身安全和路由协议安全技术。利用节点入网身份和健康状态认证及路由协议的自组织等手段，确保整个无线传感器网络安全、可靠地运行。

（3）安全管理。研究适合 RFID 标签和传感器节点数量大、分散性高、可控性差等特点的密钥管理技术，研究降低密钥管理复杂度的新算法、新手段，降低物联网安全系统的安装和运维成本。

（4）智能处理安全。分析物联网智能处理中间件安全漏洞和应对措施，利用基于密码算法的安全协议，提出物联网智能处理平台中间件的安全解决方案。

（5）安全芯片。研究适合物联网 RFID、传感器和网络传输、智能分析的安全芯片技术，结合新的密码算法，解决传统密码算法在 RFID 和传感器中功耗较高的问题。

2. 物联网应用的密码技术体制

在物联网中将会运用到基于对称密钥和非对称密钥的两种密码体制下的所有相关安全技术，如 SSL VPN、PKI 等。但由于物联网自身的特点，如在物联网中的部分终端不具备与计算机同样强大的计算处理能力，因此在选择密码算法时，必须考虑选择占用系统资源少或轻型的密码算法，如基于椭圆曲线的密码算法。由于应用有保护用户隐私的需求，因此必须采用一些新的加密技术

（如全同态加密等）来实现对数据的加密。

（1）轻量级密码算法。轻量级密码算法是随着物联网和普适计算的迅速发展，RFID 标签、智能卡、无线传感器等资源受限的嵌入式设备的广泛应用，而被提出的一类软硬件实现所需资源少、功耗低的密码算法。"轻量级"并不意味着密码算法安全性的缺失，而是表明密码算法是在安全、成本和性能之间进行权衡的设计。尽管 AES 算法等传统分组密码算法已在众多领域得到了成功应用，但在资源受限的环境中，这些算法并不是最佳选择。解决安全强度与资源消耗矛盾的一般方法是使用轻量级密码技术。例如，智能卡，其芯片面积不能太大，必须考虑密码算法硬件实现时所需的门电路数目（GE 数），甚至为了进一步缩小芯片面积，要将算法设计成（近似）对称结构，保证加解密流程一致或相似；某些应用对信息处理的时效性要求非常高，需要密码算法的加解密速度非常快，能够在同一时钟周期内完成的指令越多越好。近几年，国内外提出的轻量级密码算法可以分为轻量级分组密码、轻量级流密码、轻量级公钥密码和轻量级 Hash 函数，其中以轻量级分组密码算法居多。密码研究相关领域的学者已经开始对轻量级密码算法进行大量研究，这些研究主要集中在轻量级密码算法的设计、安全性分析及实现性能评估等方面。

国际标准化组织正在制定轻量级密码的相关标准，而 CLEFIA 密码算法和 PRESENT 密码算法已经在 2012 年成为轻量级密码算法的 ISO 标准。KLEIN 和 ITUbee 是近两年提出的轻量级分组密码算法，它们与大多数面向硬件实现而设计的轻量级密码不同的一点是采用了面向软件实现的设计思想，这使得它们不仅适用于资源受限设备，而且很适合在无线传感器上采用灵活且便于维护的软件实现方式。KLEIN 是基于 SPN 结构设计的面向软件实现的一个轻量级分组密码算法族。KLEIN 的分组长度为固定的 64 位，算法密钥有 64 位、80 位、96 位 3 种长度可选，依据密钥长度记为 KLEIN-64/80/96，对应的迭代轮数分别为 12/16/20 轮。在分组密码的设计中，分组长度和密钥长度是影响密码算法安全性和性能的两个重要因素。考虑到在资源受限环境下数据流的吞吐率不会很高，而密钥寄存器和中间结果对内存空间有很大影响，这意味着数据加密和认证不需要太大的分组长度和密钥长度。从安全性角度考虑，64 位的密钥可能无法提供足够的安全强度。设计者建议可将 KLEIN-64 用于构建单向散列函数或消息认证码，KLEIN-80 和 KLEIN-96 用于数据加密。由于在资源受限环境应用中 80 位的密钥长度是比较合适的选择，因此本书主要研究 80 位密钥长度的 KLEIN 算法，即 KLEIN-80。

ITUbee 是基于 Feistel 结构设计且面向软件实现的轻量级分组密码算法，ITUbee 的分组长度和密钥长度均为 80 位。为了减少算法运行时的功耗，ITUbee 没有密钥扩展。一般情况下，没有密钥扩展的密码算法大多是基于 SPN 结构的，如 LED 和 PRINCE。就目前所知，唯一基于 Feistel 结构且有简单的密钥扩展的密码算法是 GOST。然而，基于 Feistel 结构且没有密钥扩展或只有简单的密钥扩展的密码算法容易像 GOST 一样遭受相关密钥攻击。为了避免此缺陷，ITUbee 的轮函数在设计时采用了新的方法，轮密钥在每轮的两个非线性操作之间被注入。ITUbee 的轮函数共迭代执行 20 轮，且在顶层和底层都有密钥白话层。

　　近几年出现的典型轻量级密码算法通常具有以下典型特征。

　　① Feistel 结构和 SPN 结构是轻量级密码算法中较为常用的结构。由于学术界对 Feistel 结构和 SPN 结构的安全性已经研究很久了，因此在设计密码算法时，一般优先考虑这两种结构，但考虑到硬件实现原因具体应用时会有所不同。例如，LBlock 算法整体采用了 Feistel 结构，但采用了与 Twofish 算法类似的变换，即把 Feistel 结构中直接输出的那一支数据进行循环移位后再输出。其原因是：尽管 LBlock 算法的轮函数为 SP 结构，但 P 置换为字节，因此，循环移位和 P 置换一起可以起到更好的扩散作用。虽然加入这个循环移位后解密算法与加密算法不一致，但仍十分相似，且额外的硬件代价很小。TWIS 算法整体采用了四分支的广义 Feistel 结构，但在轮函数的设计上与 LBlock 算法采用的策略类似，其扩散性仍由循环移位和字节置换的复合来实现；PRINCE 算法整体采用了 SPN 结构，但为了使算法加解密类似，设计者精心设计了算法的轮函数，引进了 α 反射特性的概念，只要将加密密钥 k 换成 $k \oplus \alpha$ 即可保证加解密流程一致；PRINTCIPHER 算法整体也是 SPN 结构，但算法在采用动态 S 盒技术的同时，引进了动态 P 置换技术，其目的是增加算法的安全强度。另外，为了硬件实现时能够节约资源，很多算法整体上被设计成具有一定的对称性，而为了提高安全性，设计者通常会引进加常数的方法来打破这种对称性，这一步或放在轮函数的设计中，或放在密钥扩展算法的设计中。例如，每一轮 PRINTCIPHER 算法低位字节都会异或上不同的常数，在 PRESENT 算法和 LBlock 算法的密钥扩展算法中，密钥字节的某些位置会与相应轮的计数进行异或。

　　② 轻量级密码算法的非线性组件采用小规模的 S 盒。轻量级分组密码算法的 S 盒不再是 8×8，比较流行的规模是 4×4，如 PRESENT 算法和 LBlock 算

法，也有的算法采用 3×3 的 S 盒，如 PRINTCIPHER 算法，这主要是因为小规模 S 盒的实现代价相对要小得多。在传统密码算法 S 盒的选取标准中，往往会避免 S 盒不动点的存在，但在轻量级分组密码的设计中，这条标准已被弱化，如 PRESENT 算法的 S 盒没有不动点，但 PRINTCIPHER 算法的 S 盒具有两个不动点。另外，SIMON 算法没有采用 S 盒，其非线性变换通过模加、异或和循环移位的混合运算来实现。从单轮上讲，采用新的非线性设计理念较传统算法（如 AES）的非线性略有下降，但是同时在很大程度上也降低了实现代价。

③ 算法的线性组件通常采用比特置换、字节置换和异或等简单运算。例如，PRESENT 算法和 PRINTCIPHER 算法均采用了位层面上的置换来实现算法的扩散效果。LBlock 算法的扩散效果是通过改进 Feistel 结构，由字节置换和循环移位来实现；PRINCE 算法采用了和 AES 算法类似的 SP 网络结构，但扩散层引进了二元矩阵使其达到较好的扩散效果和实现性能。部分算法，如 LED 算法和 KLEIN 算法的扩散层采用了有限域上的矩阵乘法，但是具体参数的选取都考虑了算法的实现性能。例如，LED 算法的线性扩散层，可通过迭代类似线性反馈移位寄存器的方式来实现。

④ 算法的密钥扩展方案相对简单，部分算法甚至直接采用种子密钥作为轮密钥。例如，PRESENT 算法和 LBlock 算法，连续两轮甚至更多轮的轮密钥之间有很多位是相同的。Piccolo 算法的轮密钥则通过置换种子密钥后再异或常数得到；PRINCE 算法的种子密钥分两部分，其中，一部分经过一个线性扩展后用于白化明文和密文，另一部分密钥直接用作轮密钥。又如，PRINTCIPHER 算法和 LED 算法没有密钥扩展算法，直接将种子密钥用作轮密钥。尽管相关密钥攻击可能会从理论上对算法构成安全威胁，但在实际使用时，密钥一般通过硬件方式固定，从而否定了这些攻击的实施可能。

（2）全同态加密技术。全同态加密也称为隐私同态，是一项全新的加密技术，它能够使系统在无须读取敏感数据的情况下处理这些数据，从而可以保护用户的隐私信息不被泄露。

记加密操作作为 E，明文为 m，加密得 e，即 $e = E(m)$，$m = E'(e)$。已知针对明文有操作 f，针对 E 可构造 F，使得 $F(e) = E[f(m)]$，这样 E 就是一个针对 f 的同态加密算法。在使用同态加密技术的情况下，可以把本地加密得到的 e 交给应用系统，在应用系统进行操作 F，拿回 $F(e)$ 后，在本地系统进行解密，就得到了 $f(m)$。这样敏感信息 m 不会在本地系统以外的其他网络和系统中出现，从而确保其不会被第三方知道。例如，远程服务提供商收到客户发来的加密医疗记录数据，借助全同态加密技术，提供商可以像以往一样处理数据却不必破解密码。处理结果以加密的方式发回给客户，客户在自己的系统上进行解密读取。

但是由于全同态加密算法非常难以构造，因此至今还没有出现成熟的应用，但在这方面的研究一直没有中断过，在 2009 年 9 月，IBM 研究员 Craig Gentry 声明找到了一种全同态加密算法，从而在全同态加密技术的应用方面迈出了一大步。但目前该技术还处于研究的初级阶段，需要不断的实验和优化。

（3）轻型加密技术。轻型加密（也称为选择加密或部分加密），是一种应用于多媒体数据的加密技术。它将加密与多媒体编/解码过程融合一体，不加密全部的多媒体数据，而是加密一定比例的、对多媒体解码影响大的、带有丰富信息的数据，从而减小了系统的处理负荷。目前轻型加密技术涵盖视频和音频数据的加密，如基于视频压缩模型的加密、MPGE4 IPMP 和 JPEG2000 等国际标准所采纳的轻型加密技术。轻型加密技术降低了加密对系统的软/硬件资源的要求，特别适合于物联网环境中终端计算处理能力较弱的情况，但该项技术要投入使用，还需要在保密强度、密钥管理等方面进行进一步的研究。

（4）安全多方计算。对于安全多方计算问题，如果存在安全可信第三方（Trusted Third Party，TTP），则安全多方计算协议要解决的问题就可以迎刃而解：每个参与者把自己的输入 $x_1, x_2, \cdots, x_n$ 通过安全信道交给可信第三方，由可信第三方来计算 $Z = f(x_1, x_2, \cdots, x_n)$，再将 Z 公布给所有参与者。但是现实中很难找到这样的可信第三方。安全多方计算理论最早出现于 19 世纪 80 年代，Yao 为了解决两个百万富翁在不泄露自己财富的情况下判断出谁最富有的问题，提出了安全两方计算模型。随后被扩展为安全多方计算的模型。

物联网中终端设备的身份认证和网络数据完整性是不可忽视的安全问题，物联网中的每个实体只有认证了身份的真实性，才能证明是合法的用户，数据消息才能传送给实体，才能进行进一步的通信。同时认证方案还必须考虑物联网的低计算能力、低存储能力的特点。互联网中的传统认证方法通常需要消耗较大的计算成本和计算能量，所以不适用于资源受限的物联网。目前关于物联网中的认证协议可以分为两个类别：一种是有证书的认证；另一种是无证书的认证。在有证书的认证协议中，物联网中的每个实体都必须有自己的数字签名。

Kothmayr 等在 2013 年根据数据包传输层安全性协议（Datagram Transport Layer Security，DTLS）提出了物联网中的端到端的认证握手协议。由于 DTLS 协议使用基于 RSA 的非对称加密方案，因此会消耗较高的计算成本和计算能量，同时，由于该方案是基于公钥基础设施（Public Key Infrastructure，PKI）

的，因此还存在公钥证书的分发、撤销、管理和维护的开销。所以，为了避免上述问题，也有一些人提出了基于椭圆曲线的认证协议。相比基于 RSA 的协议，基于椭圆曲线的算法更能吸引人们的研究，成为更有意义的研究方向，因为基于椭圆曲线的算法可以减少计算成本，并且在相同的安全水平下具有更少的密钥长度。

2014 年，Porambage 等提出了物联网中基于证书的认证协议，在物联网中，有一个中心实体即基站，负责处理和分析传感器节点所收集到的信息，而分布式的传感器节点负责感知、收集信息、交换信息、传递信息。所以，对于端到端的通信需要合适的认证来确保可靠的连接。有国外学者提出的两个阶段的认证协议可以允许传感器节点和终端用户进行身份的互相认证，并且可以对通信的连接进行初始化操作。另外，该协议具有较低的计算成本和较高的安全性能，所以适用于物联网中的认证。对基于无证书的认证协议是基于密码学操作的，如异或运算、哈希函数、对称加密等。2014 年，Turkanovi 等提出了一个用户认证和异构无线传感器网络中的密钥分配的方案。该方案设计了一个轻量级的密钥协商协议，可以允许一个终端用户和一个传感器节点进行会话密钥的协商。该方案可以提供用户、传感器节点、基站之间的互相认证。另外，该方案仅使用了简单的哈希函数和异或运算，所以对于资源受限的物联网环境比较适合。

2015 年，Khemissa 和 Tandjaoui 提出了一个轻量级的关于物联网在电子医疗的应用中认证的协议。他们首先指出了安全问题是物联网应用发展的主要障碍，在这些障碍中，对于通信连接的不同实体的身份认证和交换信息的机密性是主要需要考虑的问题。为了让基站能够安全得到传感器节点收集的有关医疗健康的数据，他们提出的方案可以做到传感器节点和基站之间的互相认证。另外，该方案有较低的计算成本和计算能量的消耗。

物联网传感器节点负责收集、传输、处理通过感知物理世界所得到的消息，但是由于传感器节点通常布置在无人值守的环境中，因此信息非常容易被窃取或篡改。另外，传感器节点还具有资源受限的特点，所以不能采用计算成本高、能量消耗大的算法来保护数据信息，但是收集的数据对用户通常都是敏感的、重要的，所以有必要保证数据的安全。认证的方法可以防止非法的用户对数据进行访问，而访问控制可以确保用户只能得到与自己有关的信息，其他用户的信息不能被访问。

2014 年，国外学者提出了一个适用于无线传感器网络的访问控制方案，他们首先集中于简单而高效的互相认证方法的研究及基于椭圆曲线的密钥分配问题的实现，利用椭圆曲线可以降低存储和计算成本。同时，他们采用基于属性的访问控制方法来实现对数据信息的访问控制，基于属性的访问控制方法是一个更灵活、扩展性更高的方法，可以用抽象的身份、角色、信息资源作为实体的属性。另外，该基于属性的访问控制方法既可以支持在复杂系统中的非常精细的访问控制，又可以支持大规模用户的动态访问。

2013 年，Gusmeroli 等提出了采用基于性能的方法来实现物联网中的访问控制，该方法可以允许企业团体甚至个人管理他们自己的访问控制过程。该方法具有权利转让、性能撤销等特点，权利转让支持一个实体将权利转让给另一个实体，这个转让可以在每个阶段都能被控制。合法的实体也可以进行性能的撤销。对于物联网中数据的机密性、完整性、认证性、不可否认性等的实现就需要加密和签名等密码工具，加密能够实现消息的机密性和完整性，而签名能够实现消息的不可否认性和认证性。为了实现加密同时又降低计算成本，有的方案采用协商会话密钥的方法，然后利用会话密钥采用对称加密的方法来实现消息的机密性；有的研究则使用签密体制来同时实现对消息的加密和签名。签密体制是一个高性能的密码体制，只需在一个逻辑步骤内就能同时实现公钥加密和签名，所以比对消息先签名再加密的方法会明显降低计算成本。由于签密体制能够以低成本同时实现消息的机密性、完整性、认证性、不可否认性，因此签密体制非常适用于资源受限的环境。

2001 年，Zhou 等提出了一种基于椭圆曲线的短签密体制来解决物联网中有关数据的机密性、完整性、认证性等问题，相比于其他典型的基于离散对数的 RSA 和基于椭圆曲线的签密体制，该体制更能适应于物联网中资源受限的环境，并且由于计算和通信的成本较低，因此该体制能够更好地满足物联网中有关安全协议的要求。但是，有的签密方案不一定能够在物联网中进行应用。为了减少无线传感器网络的负担，一个比较好的解决方案就是使用基于身份的密码体制（Identity-Based Cryptography，IBC）。一些使用基于身份的密码体制去解决无线传感器网络中的安全问题的方案相继出现，相比于传统的 PKI 环境，IBC 主要的优点为不存在公钥证书的管理和维护问题。基于身份的签密体制中发送方和接收方均使用相同的环境。为了设计一个安全的方案来保证数据从传感器节点到服务器的安全传输，一个可能的方案是无线传感器部分使用基于身份的环境，而服务器部分使用基于公钥基础设施的环境。

如果还希望保护传感器节点的隐私，则可以把签密和环签名结合起来组成一个环签密体制。环签密体制可以允许一个发送者以一组用户的名义匿名地对一个消息进行签密，接收者知道密文来自发送组中的其中一个成员，但是不能确定发送者具体是谁，所以可以保护发送者的隐私。2003 年，Huang 等提出了基于公钥密码学的密钥生成协议，在传感器节点和用户之间生成会话密钥，该协议主要是利用传感器节点和用户的性能不同的特点，双方交换被认证机构认证的证书，再从证书中互相提取对方的公钥，但是私钥只有在双方完成协议之后才能产生，这样敌手就能重放一个合法的证书，再和传感器节点重复执行协议，就会导致对用户的拒绝服务，并且在传感器节点发现重放的证书之前会浪费大量的资源进行计算和通信。之后，Tian 等又发现了该协议存在的另一个安全问题，一个用户在和传感器节点运行协议之后，就会知道这个节点的长期的私钥。2007 年，Kim 等提出了用双线性对设计的基于身份的密钥生成的协议，由于提出的协议是基于身份的，因此比 Huang 提出的协议能减少通信成本，但是由于存在双线性对的运算，便增加了计算的成本，同时存在用户认证延迟的问题，也会同样引起拒绝服务的问题。之后，国内学者提出了另一种基于对运算的密码体制，相比于 Kim 的协议，相同的通信成本下，缩小了基于对的点乘运算，降低了运算成本，但是也没有提供对用户的认证。在 2011 年，Yasmin 等提出了一种高效的和安全的基于身份的会话密钥生成协议，并且可以对用户的身份进行认证，该协议使用用户的身份标识符作为公钥，私钥由一个可信的第三方私钥生成中心产生，所以取消了公钥证书，降低了公钥证书的存储和对证书进行合法性验证的成本，并且该协议中没有涉及双线性对的运算，因此，效率更高，更能适应于传感器节点资源受限的环境。2012 年，Philip 等提出了在物联网中的一种认证协议和访问控制方法。该文章采用了基于椭圆曲线密码体制的认证协议，注册机构可以产生密钥对。访问控制算法根据当前的带宽情况来决定一个新的连接请求是否被接受，通过安全性分析，这种方法能抵抗窃听攻击、中间人攻击、密钥控制攻击和重放攻击。2013 年，Shim 等提出了一种有效基于身份的广播签名认证方案，该方案能产生较短的广播认证消息，从而降低了通信的成本。

2.5.9　密钥管理技术

1．对称与非对称密钥管理

对于是否产生公私密钥，密钥管理方案可分为对称与非对称密钥管理两类。对称密钥管理是在一个加密网络中通信双方都相同的密钥及算法来对要加密的信息进行加密，其特点是：加密简单，密钥的长度很短，系统的开销非常小，通常被人们认为是非常适合物联网这种网络资源受限的情形，所以它在物联网中的应用非常成熟和广泛。非对称密钥管理是指传感器的节点拥有公钥和私钥。公钥与私钥是不同的两种密钥，公钥是一个大家都知道的参数，用来加密；私钥是只有用户知道的参数，用于解密。这种密钥管理方法在计算上是安全的，但是对网络资源的开销非常大，在计算、存储、通信等能力缺乏的物联网感知层中，开始被认为不适用，但随着研究的深入，一些特殊的非对称加密算法可以得到很好的应用。安全性方面，非对称密码远远高于对称密码。

2．分布式密钥管理

物联网的多源异构性，使密钥管理显得更为困难，特别是基于大规模网络应用为主的物联网业务系统，密钥管理是制约物联网信息机密性的主要瓶颈。密码应用系统是物联网安全的基础，是实现感知信息隐私保护的手段之一。

对于互联网，由于不存在计算资源的限制，因此非对称和对称密钥系统都适用。互联网面临的安全问题主要来源于其最初的开放式管理模式的设计，是一种没有严格管理中心的网络。移动通信网是一种相对集中式管理的网络，而物联网节点由于计算资源的限制，对密钥管理提出了更多的要求，因此，物联网的密钥管理面临两个主要问题：一是如何构建一个贯穿多个网络的统一密钥管理系统，并与物联网的网络安全体系结构相适应；二是如何解决物联网网络传输业务的密钥管理，如密钥的产生、分发、存储、更新和销毁等。

物联网的密钥管理可以采用集中式管理方式和分布式管理方式两种模式。集中式管理方式通过在核心网络侧构建统一的密钥管理中心来负责整个物联网的密钥管理，物联网应用节点接入核心承载网络时，通过与密钥管理中心进行交互，实现对网络中各节点的密钥管理；分布式管理方式通过在物联网承载网络中构建不同层次、不同区域、不同网络的区域密钥管理中心，形成层次式密钥管理网络结构，由区域密钥管理中心负责接入设备的密钥管理，顶层管理密钥中心负责区域密钥管理中心的密钥管理。

物联网的多源异构性使得分布式密钥管理方式将是未来密钥管理技术的研究重点。物联网的密钥管理中心的设计在很大程度上受到物联网终端自身特征的限制，因此在物联网的分布式密钥管理设计需求上与互联网和移动通信网络及其他传统 IP 网络有所不同，特别要充分考虑物联网设备的限制和网络组网与

路由的特征。物联网分布式密钥管理技术的研究内容主要包括：分布式密钥管理系统网络架构；高安全性的密钥产生、分发、更新和销毁机制；密码应用安全防护机制；物联网传输监控机制等。

3. 静态与动态密钥管理

在静态密钥管理中，网络中的每个节点被预分配了一些密钥，然后在后续的过程中节点间通过一种协商机制来生成静态密钥，密钥在网络运行期间不予更新和撤销，这样密钥无须频繁更新，然而带来的问题也是严峻的：节点容易被捕获而且会导致整个网络安全性极大地降低。在动态密钥管理中，网络会周期性地实行密钥的分配、协商和撤销，这样的好处是可以使节点密钥处于动态更新状态，敌手即使截获了节点也无法获取实时密钥，动态与静态相比较，其复杂度会加大，一定程度上加大了网络的负担。

4. 随机与确定密钥管理

随机密钥管理方式是通过随机获取的，使得节点能够灵活部署，并且密钥分配简单，但是带来的问题是存储需求加大，密钥分配具有盲目性，这种方式的密钥连通概率在 0 和 1 之间。在确定密钥管理方式中，密钥是确定获得的，其密钥以 1 的概率成功确定。确定密钥管理方式相对来说实现比较简单，可以快速实现网络中相关密钥对的生成，成功的概率高，网络的存储需求小，但是部署的灵活性不如随机密钥管理，密钥协商的计算及通信开销较大。

5. 物联网中典型的密钥管理技术

（1）E-G 方案。

首个随机密钥预分配方案是由 Eschenauer 和 Gligor 提出的，通常被称为 E-G 方案。这个方案在初始阶段会生成一个密钥池及相应的记录，节点会在这个密钥池中选择一些密钥出来，这样会随机地出现两个节点拿到了相同的密钥对。而在密钥对发现过程中，节点先进行相邻节点的发现，如果在相邻节点找到了密钥对就直接建立关系；如果没有找到，则可以通过选择密钥路径，间接地建立节点间的密钥对。这种方案的优点是：与单一共享密钥方案相比，安全性更高，与每对节点都存在共享密钥的方案相比，存储开销降低了。相关研究资料表明，在 10000 个节点的物联网无线传感器网络中，为了保证所有节点全部连通，每个节点只需在 100000 的密钥池中随机选择 250 个密钥即可。

缺点在于这种方案是一个概率模型，只具有一定的连通概率，如果某一个节点或一组节点，与它们临近的节点之间没有共享密钥，则不能保证网络一定是安全连通的，还存在密钥环中密钥利用率低下及不同节点间建立了同样的共享密钥的问题。同时，这种方案比较适合节点众多、密度很大的网络。

（2）q-composite 随机密钥预分配方案。

E-G 方案因相邻节点间只存在一个共用的密钥而产生了一系列的隐患，为了完善这个问题，chan 提出了 q-composite 方案。这个方案的改进之处是在节点间需达到 q 个共用的密钥才能够建立密钥对。在这种情况下，随着密钥对的增加，敌手的攻击难度也会提高，付出的代价就是对存储的要求也会不断提高。这种方案的关键点在于 q 值的确定。

这种方案的优点是：敌手破坏通信链路的难度会随着共享密钥数的增大而不断增大，与普通的随机密钥预分配方案相比，这种方案安全性较高。同时，如果网络中的受损节点数比较少，这种方案的抗毁性会比普通的随机密钥预分配方案要好。但如果受损节点数比较多，那么该方案整体效果将不明显。

这种方案的缺点在于：由于复杂度提高了，因此网络的连通性降低了，同时由于节点数没有受到限制，因此比较容易受到节点复制攻击。如果受损节点数比较多，那么该方案整体效果将不明显。

（3）密钥矩阵密钥预分配方案。

密钥矩阵密钥预分配方案是 Blom 等提出来的。这种方案在节点部署前，首先由网络中的部署服务器生成 $(\lambda+1)\times N$ 的线性无关矩阵 $\boldsymbol{G}$，以及 $(\lambda+1)\times(\lambda+1)$ 的对称矩阵 $\boldsymbol{D}$，其中矩阵 $\boldsymbol{G}$ 是对外公开的，矩阵 $\boldsymbol{D}$ 是保密的。计算可以得出 $N\times(\lambda+1)$ 矩阵 $\boldsymbol{A}=(\boldsymbol{D}\cdot\boldsymbol{G})^{\mathrm{T}}$，如果 $K=\boldsymbol{A}\cdot\boldsymbol{G}$，则拥有一对密钥 $K_{ij}=K_{ji}$。这种方案的优点是：让随机两个节点都可以共用密钥；缺点是对于计算资源的消耗是非常大的，并且，其私有矩阵一旦被破解，整个网络都会被破解，将会造成严重的后果。

对于上述缺点，Du 提出了基于图论的预分配思想。图论的使用方案具有了层次化。在存储空间相同的前提下，这种方案比随机密钥预分配方案要更好，因为此方案增强了节点抵抗捕获攻击的能力。实验结果表明，当选择合适时，密钥矩阵被破解的概率会相应减小，同时也使网络连通抗毁性提高。但带来的问题就是网络中的连通性有所降低，存在着许多孤立的节点，而且对于资源受限的网络来说，计算资源消耗过多。

（4）多项式密钥预分配方案。

Blundo 等提出使用多项式来解决一对秘密信息分配问题的方案。这种方案使用的是一种特殊的多项式，定义为对称二元多项式 $Q(x,y)$，节点 K_i 拥有 $Q(x,y)$ 和 $Q(i,y)$，其他节点的计算方法是 $S_{i,j}=Q(x,y)=S_{j,i}$。这种方案其实是 Blom 方案中基于多项式的特例，所以也具有 Blom 方案的安全性质。

在此基础上，Liu 提出了相关改进的密钥预分配方案。

① 使用随机的子集合的密钥预分配方案。该方案中，在网络节点部署前先生成一个多项式池，它在有限域中具有随机的特征，而且其中具有多个对应的多项式。节点首先会在中间选取一些多项式出来，存储在节点内部。一对节点通过对多项式及节点的识别获得双方之间的共用密钥从而建立通信密钥。这种方案使网络的延展更加方便，但网络中节点的识别率会减小。

② 使用网格结构的密钥预分配方案。在这种方案中，网格中的点可以得出一个坐标，可以根据这个坐标得出一个编号，每一个不同的编号对应一个多项式。网络部署后，相邻节点之间可以交换它们的坐标点，从而可以知道对方的密钥，形成一对。

（5）层次密钥生成方案。

有人认为不同的消息类型应具有不同的安全需求，单一的密钥无法满足不同消息的多种需求，所以需要多种密钥机制并存。以这种思想为起点，Zhu 提出了一种多层次的密钥建立方案。在这种方案中提出了多种层次的密钥管理，是具有多重类型的策略设计方案。其中，私钥是由网络中事先设置的最主要的用来加密的密钥和一个方程函数最终产生的，这样生成的方式主要是为了加强网络中各个节点之间的数据交流，对传输过程中的数据进行加密处理，保护数据的安全性。在这个策略中不同的密钥生成的方式也不一样，其中对密钥是由实现生成的主要密钥和哈希通过一定的算法生成的，而簇密钥是由网络点通过不同的方式随意生成的，其作用是为了对需要本地传送的数据进行加密处理。

这种方案的优点是：对多种通信方式都支持，同时单个节点的损毁对其他节点的安全性不造成影响；不足之处是：对网络资源的开销太大，对节点的存储空间和计算能力要求较高，如果主密钥被破解，那么整个网络将会存在重大的安全隐患。

（6）动态密钥管理方案。

国外的一些学者首先提出了一种利用组合原理的密钥管理方案 EBS。在这种方案中，首先会设置一个独特的集合，称为 EBS。它是由不同的小类型集合构成的，这个集合与节点数、密钥数及密钥更新的信息数有关。这种方案保证任意两个节点之间能存在共享密钥，让节点通信效率比较高，同时对硬件设备的需求比价低，不需要很大的消费。但是容易被破解，只需要得到比较少的数据就能够将密钥破解。Younis 等以上述方案为基础提出了一种改进的基于地理位置信息的 SHELL 方案。在这种方案中，网络中不同的节点根据所处的区域不同，以及网络中分配的空间区域的不同创建出许多的簇。在这些簇中都会分配那些通信能力比较强、数据处理速度快的作为簇头节点，而簇头就会安排下面的子节点根据所处的不同区域，为其他节点生成不同的密钥。生成了密钥之后，这些节点就会在网络中找寻具有一样的密钥对。这种方法导致如果簇头被攻击，整个簇的安全都会受到威胁。Eltoweissy 等又在上述方案的基础上重新设计了一种针对小区间的组合密钥管理方案，这种方案主要分为 3 个层次，包括控制节点、簇头和普通节点。在这个方案中使用了比第一种方案多一级的对密钥进行处理的方式，这样就能够保证在簇头被破坏之后，重要信息也不会更多地被敌方获取。

2.5.10　分布式安全管控技术

物联网业务的网络安全支撑平台有着不同的安全策略，如分布式密钥管理、安全防护、防火墙、应用访问控制、授权管理等，这些安全支撑平台要为上层服务管理和大规模行业应用建立起一个高效、可信、可管、可控的物联网应用系统，而大规模、多平台、多业务、多通道的网络特性，对物联网的网络安全管控提出了新的挑战。

从目前的物联网应用来看，都是各个行业自己建设系统，多数情况下将运营商网络视为单纯的数据管道。这样做的缺点是：缺乏对平台的管理和维护，缺乏对业务数据的监控和管理，缺少对终端维护服务的监管，以及对网络流量、业务优先级等缺少一个控制手段。由于缺乏对终端设备的有效管控手段，因此缺乏对终端设备工作状态、安全态势的有效管理机制。因此，如何建立有效的多网融合的分布式安全管控架构，建立一个跨越多网的统一网络安全管控模型，形成有效的分布式安全管控系统是物联网安全的重要研究方向之一。

分布式网络管理技术是近几年发展起来的以面向对象为基础的支持分布式应用的软件技术，它实现了异构环境下对象的可互操作性，有效地实现了系统集成。分布式对象技术采用面向对象设计思想来实现网络通信，支持面向对象

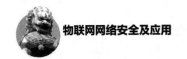

的多层多级结构模型，可以在不同区域、不同机器的管理节点或管理对象之间相互传递信息，共同协作实现系统功能。从发展前景来看，采用分布式网络管理技术来对物联网终端设备及网络进行安全管控的发展趋势已经非常明显。

在分布式网络管理体系架构中会有多个平等的管理节点，系统按照一定的区域和管理业务功能定义每个管理节点。这种体系架构可以是一种能够反映网络连接关系的结构，也可以是一种反映等级管理关系的结构，甚至可以是一种反映分布应用的结构。分布式网络管理体系架构中各个区域管理节点之间通过专用的安全通信中间件进行数据传输。分布式网络管理体系架构易于规模的扩展，由于它使用了管理域的概念对全网进行分割，因此，只要通过增加管理节点的数目和重新定义管理域便可以很方便地适应网络规模的动态变化，弥补传统网络管理系统的不足，充分体现分布式环境下的区域自治、区域间协作等特点，对于大规模物联网应用下的终端设备及网络进行全面管理有明显的优势。物联网分布式安全管控技术的主要内容包括分布式终端设备安全管控的组织体系结构、分布式网络管控系统数据同步与数据共享机制、分布式网络管控系统终端访问响应与服务器集群技术、适应于分布式网络环境下的安全管控业务设计技术、分布式网络环境下基于数字证书的终端鉴权认证技术和分布式网络管控系统的网络与信息安全技术等关键技术。

2.5.11　信息完整性保护技术

在传统网络中采用数字签名和数字水印等技术对信息进行完整性保护，在物联网环境中，仍然会运用到这些技术。

1. 数字签名技术

数字签名是附加在一段信息上的一组数据，这组数据基于对信息进行的密码变换，能够被接收者用来确认信息的来源及其完整性，从而防止数据被篡改和伪造。公钥密码体制和私钥密码体制都可以获得数字签名，目前主要的数字签名技术都是基于公钥密码体制（PKI）的，常用的数字签名算法包括 RSA、ElGamal、Guillou-Quisquarter、ECC 等。基于对特殊应用的需求，研究人员又提出了盲签名、代理签名、群签名、门限签名、多重签名等多种数字签名方案，其中的盲签名、群签名等方案都可以用于物联网中的用户隐私保护。

在盲签名中，签名者不能获取所签署消息的具体内容，消息拥有者先将消息盲化，然后让签名者对盲化后的消息进行签名，最后消息拥有者对签字除去盲因子，得到签名者关于原消息的签名。在这个过程中，签名者不知道他所签署消息的具体内容，也无法知道这是他哪次签署的。盲签名技术能够广泛地应用于电子商务、电子投票等活动中，具有良好的应用前景，但目前大多数盲签名方案研究尚处于起步阶段，如群盲签名、利用广义 ElGamal 型签名等。如何设计高效的盲签名方案，从而构建安全、实用的盲签名的应用将是一个重要的研究方向。

2．数字水印技术

数字水印技术将与多媒体内容相关或不相关的一些标志信息嵌入到图像、音频、视频等多媒体载体中，在不影响原内容使用价值的前提下，可以通过这些隐藏信息确认内容的创建者、购买者或鉴别多媒体内容是否真实完整。数字水印具有不可感知性、鲁棒性、盲检测性、确定性等特点。典型的算法包括空域算法、变换域算法、压缩域算法、生理模型算法等，其中变换域数字水印技术是当前数字水印技术的主流。目前，主要的数字水印研究还是在图像水印方面，而且大都是理论上的研究，研究重点包括水印检测差错率估计与快速检测算法，以及包含人眼视觉系统、人耳听觉系统特性利用在内的水印系统模型、水印算法安全性论证等方面。近年来，我国在数字水印领域的研究也从跟踪国外技术逐步转向自主研究，许多大学和研究所纷纷致力于水印技术的研究，但该技术还处于起步阶段，还有很多不完善的地方，特别是在该技术的产业化发展方面。随着我国物联网的大力建设，会涉及大量多媒体完整性保护和知识产权保护等方面的需求，相反，也会进一步推动水印技术的不断发展。

2.5.12　访问控制技术

访问控制可以限制用户对应用中关键资源的访问，防止非法用户进入系统及合法用户对系统资源的非法使用。在传统的访问控制中，一般采用自主访问控制（DAC）、强制访问控制（MAC）和基于角色的访问控制（RBAC）技术，随着分布式应用环境的出现，又发展出了基于属性的访问控制（ABBC）、基于任务的访问控制（TBAC）、基于对象的访问控制（OBAC）等多种访问控制技术。

1．基于角色的访问控制

基于角色访问控制模型（RBAC）中，权限和角色相关，角色是实现访问控制策略的基本语义实体。用户（User）被当作相应角色（Role）的成员而获得角

色的权限（Permission）。

基于角色的访问控制的核心思想是将权限同角色关联起来，而用户的授权则通过赋予相应的角色来完成，用户所能访问的权限就由该用户所拥有的所有角色的权限集合的并集决定。角色之间可以有继承、限制等逻辑关系，并通过这些关系影响用户和权限的实际对应。

整个访问控制过程分为两个部分，即访问权限与角色相关联，角色再与用户关联，从而实现了用户与访问权限的逻辑分离，角色可以看成是一个表达访问控制策略的语义结构，它可以表示承担特定工作的资格。

2．基于属性的访问控制

面向服务的体系结构（Service-Oriented Architecture，SOA）和网格环境的出现打破了传统的封闭式的信息系统，使得平台独立的系统之间以松耦合的接口实现互连。在这种环境下，要求能够基于访问的上下文建立访问控制策略，处理主体和客体的异构性和变化性。传统的基于用户角色的访问控制模型已不适用于这样的环境。基于属性的访问控制不直接在主体与客体之间定义授权，而是利用它们关联的属性作为授权决策的基础，利用属性表达式描述访问策略。它能够根据相关实体属性的动态变化，适时更新访问控制决策，从而提供一种更细粒度、更加灵活的访问控制方法。

3．基于任务的访问控制

基于任务的访问控制（TBAC）是一种以任务为中心的，并采用动态授权的主动安全模型。在授予用户访问权限时，不仅依赖于主体、客体，还依赖于主体当前执行的任务、任务的状态。当任务处于活动状态时，主体就拥有访问权限；一旦任务被挂起，主体拥有的访问权限就被冻结；如果任务恢复执行，那么主体将重新拥有访问权限；如果任务处于终止状态，那么主体拥有的权限就会被撤销。TBAC 从任务的角度，对权限进行动态管理，适合分布式计算环境和多点访问控制的信息处理控制，但这种技术的模型比较复杂。

4．基于对象的访问控制

基于对象的访问控制将访问控制列表与受控对象相关联，并将访问控制选项设计成为用户、组或角色及其对应权限的集合；同时允许策略和规则进行重用、继承和派生操作。这对于信息量大、信息更新变化频繁的应用系统非常有用，可以减轻由于信息资源的派生、演化和重组带来的分配、设定角色权限等的工作量。

5. 物联网防火墙

（1）包过滤技术。包过滤技术又分为静态包过滤和动态包过滤。

静态包过滤运行在网络层，根据 IP 包的源地址、目的地址、应用协议、源接口号、目的接口号来决定是否放行一个包。其优点是：对网络性能基本上没有影响，成本很低，路由器与一般的操作系统都支持。缺点是：工作在网络层，只检查 IP 和 TCP 的包头；不检查包的数据，提供的安全性不高；缺乏状态信息，IP 易被假冒和欺骗；规则很好写，但很难写正确，规则测试困难，以及保护的等级低。

动态包过滤是静态包过滤技术的发展和演化，它与静态包过滤技术的不同点在于：动态包过滤防火墙知道一个新的连接和一个已经建立的连接的不同点，而静态包过滤技术对此一无所知。对于已经建立的连接，动态包过滤防火墙将状态信息写进常驻内存的状态表，后来的包的信息与状态表中的信息进行比较，该动作是在操作系统的内核中完成的。因此，动态包过滤增加了很多的安全性，其速度和效率都较高，成本低，但仍具有与静态包过滤技术相同的缺点。

（2）电路网关。电路网关工作在会话层。电路网关在执行包过滤功能的基础上，增加一个握手再证实及建立连接的序列号的合法性检查的过程。同时，电路网关还要对客户端进行认证，使其安全性有所提高。认证程序决定用户是否是可信的，一旦认证通过，客户端便发起 TCP 握手标志，并确保相关的序列号是正确的、连贯的，这样该会话才是合法的。一旦会话有效，便开始执行包过滤规则的检查。电路网关对网络性能的影响不是很大，中断了网络连接，其安全性要比包过滤高。

（3）应用网关。应用网关截获所有进和出的包，运行代理机制，通过网关来复制和转发信息，其功能像一个代理服务器，防止任何直接连接出现。应用网关的代理是与具体应用相关的，每一种应用需要一个具体的代理，代理检查包的所有数据，包括包头和数据，以及工作在 OSI 的第七层。由于应用协议规定了所有的规程，因此较为容易设计过滤规则。应用代理要比包过滤更容易配置和管理。通过检查完整的包，应用网关是目前最安全的防火墙。

然而，应用网关由于与具体应用相关，因此支持的应用总是有限的，而且性能低下也是妨碍应用网关推广的一个重要因素。

（4）状态检测包过滤。状态检测综合了很多动态包过滤、电路网关和应用网关的功能。状态检测包过滤有一个最基本的功能，即检查所有开放系统互联（Open System Interconnect，OSI）七层的信息，但主要工作在网络层，而且主要采用动态包过滤的工作模式。

状态检测包过滤也能像电路网关那样工作，决定在一个会话中的包是否是正常的。状态检测也能作为一个最小化的应用网关，对某些内容进行检查，但也与应用网关相同，一旦采用这些功能，防火墙的性能也是直线下降的。

从很大程度上来说，状态检测防火墙的成功，不完全是一个技术上的成功，而是一个市场概念的成功。状态检测对很多技术进行了简化，然后进行组合。状态检测包过滤并没有克服技术上的局限性。

（5）切换代理。切换代理是动态包过滤和电路网关的一种混合型防火墙。切换代理首先作为一个电路代理来执行 RFC（Internet 标准）规定的三次握手和认证要求，然后切换到动态包过滤模式。因此，开始时，切换代理工作在网络的会话层，在认证完成并建立连接之后，转到网络层。因此，切换代理又称为自适应防火墙，在安全性和效率之间取得了一定程度的平衡。

切换代理比传统的电路网关对网络性能的影响小，三次握手检查机制降低了 IP 假冒和欺骗的可能性，但是切换代理并没有中断网络连接，因此安全性比电路网关更低，另外，切换代理防火墙的规则也不易设计。

6. 物联网跨域网闸

物理隔离是指在完全断开网络物理连接的基础上，实现合法信息的共享，隔离的目的不在于断开，而在于更安全地实现信息的受控共享。实施物理隔离技术的安全设备通常称为物理隔离网闸，安置在两个不同安全等级的网络之间，并使用数据"摆渡"的方式实现两个网络之间的信息交换。"摆渡"意味着物理隔离网闸在任意时刻只能与一个网络建立非 TCP/IP 的数据连接，即当它与外网相连时，它与内网的连接必须是断开的，反之亦然。内、外网在同一时刻永不连接。

2.5.13　隐私保护技术

物联网中将承载大量涉及人们日常生活的隐私信息（如位置信息、健康状况等），如果不能解决用户隐私信息的保护问题，很多物联网应用将难以大规模的商业化。当前，隐私保护领域的研究工作主要集中于如何设计隐私保护原则和算法，更好地达到安全性和易用性之间的平衡。

　　隐私保护技术大体可以分为基于数据失真、基于数据加密和基于限制发布 3 类技术。作为新兴的研究热点，隐私保护技术不论在理论研究还是在实际应用方面，都具有非常重要的价值。在国内，对隐私保护技术的研究也受到学术界的关注与重视，国内已有多个高校课题组开展了相关的研究工作。国内关于隐私保护技术的研究目前主要集中于基于数据失真或数据加密技术方面的研究，如基于隐私保护分类挖掘算法 、关联规则挖掘、分布式数据的隐私保持协同过滤推荐、网格访问控制等。

1．基于数据失真的技术

　　基于数据失真的技术是使敏感数据失真，但同时保持某些数据或数据属性不变的方法。例如，采用添加噪声、交换等技术对原始数据进行扰动处理，但要求保证处理后的数据仍然可以保持某些统计方面的性质。当前，基于数据失真的隐私保护技术包括随机化、阻塞、交换、凝聚等。

2．基于数据加密的技术

　　基于数据加密的技术采用加密技术在数据挖掘过程中隐藏敏感数据的方法。多用于分布式应用环境中，如安全多方计算（Secure Multiparty Computation，SMC）。

　　安全多方计算最早是由 Andrew C.Yao 在 1982 年通过"姚式百万富翁问题"提出的，现在成为信息安全领域的一个重要研究方向。安全多方计算是指在一个互不信任的多用户网络中，各用户能够通过网络来协同完成可靠地计算任务，同时又能保持各自数据的安全性。这样就能够解决一组互不信任的参与方之间保护隐私的协同计算问题，确保输入的独立性，又保证计算的正确性，同时不泄露各输入值给参与计算的其他成员。

　　在多方安全计算中，n 个成员 P_1, P_2,…, P_n 分别持有密钥的输入 X_1, X_2,…, X_n，然后计算函数值 $f(X_1, X_2,…, X_n)$。在这个过程中，每个成员 P_i 仅知道自己的输入数据 X_i，而最后的计算结果会返回给每个成员。

　　当前，关于 SMC 的主要研究工作集中于降低计算开销、优化分布式计算协议及以 SMC 为工具解决问题等。

3. 基于限制发布的技术

限制发布即有选择地发布原始数据、不发布或发布精度较低的敏感数据，以实现隐私保护。当前此类技术的研究集中于"数据匿名化"，即在隐私披露风险和数据精度间进行折中，有选择地发布敏感数据及可能披露敏感数据的信息，但保证对敏感数据及隐私的披露风险在可允许范围内。数据匿名化研究主要集中在两个方面：一方面是研究设计更好的匿名化原则，使遵循此原则发布的数据既能很好地保护隐私，又具有较大的利用价值；另一方面是针对特定匿名化原则设计更"高效"的匿名化算法。随着数据匿名化研究的逐渐深入，如何实现匿名化技术的实际应用，成为当前研究者关注的焦点。例如，如何采用匿名化技术，实现对数据库的安全查询，以保证敏感信息无泄露等。

2.5.14 入侵检测技术

由于在物联网中完全依靠密码体制不能抵御所有攻击，因此常采用入侵检测技术作为信息安全的第二道防线。入侵检测技术是一种检测网络中违反安全策略行为的技术，能及时发现并报告系统中未授权或异常的现象。按照参与检测节点是否主动发送消息分为被动监听检测和主动监听检测。被动监听检测主要是通过监听网络流量的方法展开，而主动监听检测是指检测节点通过发送探测包来反馈或接收其他节点发来的消息，然后通过对这些消息进行一定的分析来检测。

1. 误用检测技术

误用检测技术也称为基于知识的检测技术或模式匹配检测技术。它是假设所有的网络攻击行为和方法都具有一定的模式或特征，如果把以往发现的所有网络攻击的特征总结出来并建立一个入侵规则库，那么 IDS（入侵检测系统）可以将当前捕获到的网络行为特征与入侵规则库中的特征信息进行比较，如果匹配，则当前行为就被认定为入侵行为。这个比较过程可以很简单（如通过字符串匹配以寻找一个简单的条目或指令），也可以很复杂（如利用正规的数学表达式来表达安全状态的变化）。

2. 异常检测技术

异常检测技术也称为基于行为的检测技术，是指根据用户的行为和系统资源的使用状况来判断是否存在网络攻击。异常检测技术首先假设网络攻击行为是异常的，区别于所有的正常行为。如果能够为用户和系统的所有正常行为总结活动规律并建立行为模型，那么入侵检测系统可以将当前捕获到的网络行为与行为模型相对比，如果入侵行为偏离了正常的行为轨迹，就可以被检测出来。

异常检测技术先定义一组系统正常活动的阈值，如 CPU 利用率、内存利用率、文件校验和等，然后将系统运行时的数值与所定义的"正常"情况比较，得出是否有被攻击的迹象。这种检测方式的核心在于如何分析系统运行情况。

根据数据来源的不同，可以把入侵检测系统分为主机型和网络型两类。

（1）主机型入侵检测。这类入侵检测系统一般称为主机入侵检测系统（Host Intrusion Detection System，HIDS）。它往往以系统日志、应用程序日志等作为数据源，当然也可以通过其他手段（如监督系统调用）从所在的主机收集信息进行分析。主机入侵检测系统一般保护的是所在的系统。主机入侵检测系统的优点是：对分析"可能的攻击行为"非常有用，误报率低。缺点是：安装了入侵检测系统后会降低应用系统的效率，同时会带来一些额外的安全问题，如安装了主机入侵检测系统后，将本来不允许安全管理员有权力访问的服务器变成可以访问了。另外，它依赖于系统的日志功能，若系统没有配置日志功能，则必须重新配置，这将会给运行中的系统带来不可预见的性能影响。主机入侵检测系统只能检测到自身的主机，不能监视到网络上的情况。如果全面部署主机入侵检测系统的代价较大，企业中很难用主机入侵检测系统保护所有主机，只能选择部分主机保护。那些未安装主机入侵检测系统的机器将成为保护的盲点，入侵者可以利用这些机器达到攻击目标。

（2）网络型入侵检测。这类入侵检测系统一般称为网络入侵检测系统（Network Intrusion Detection System，NIDS）。它的数据源则是网络上的数据包。一般情况下，将网卡设置成混杂模式（promise mode），监听所有本网段内的数据包并进行判断，担负着保护整个网段的任务。

基于网络的入侵检测系统具有以下明显的优点。①隐蔽性好。通常单独配置一台机器专门用作网络入侵检测探测器，不运行其他的应用程序，不提供网络服务，因此可以只将网卡设为混杂模式，而不设置 IP 地址，因而在网络上不被其他主机所见，不容易遭受来自网络上的攻击。②预先制止。在网络边缘上布置网络 IDS 的探测器，能够在攻击者还未接入网络时就被发现并制止。③能检测出 HIDS 所不能检测到的攻击。Ping of Death 通过发送过长（大于 65535）的 IP 包使得目标系统崩溃，因此驻留在该崩溃主机上的 HIDS 也将停止工作。

而由于 NIDS 所监控的包不是发给它所驻留的主机，因此能够检测出这类攻击。④较少的探测器。由于使用一个探测器就可以保护一个共享总线的网段，因此不需要很多的探测器。相反地，如果基于主机，则在每个主机上都需要一个代理，这样花费就昂贵，而且难以管理。⑤攻击者不易转移证据。网络 IDS 使用正在发生的网络通信数据包进行实时检测，所以攻击者无法转移证据。而许多黑客都熟知日志文件记录问题，掌握了通过修改这些文件来掩盖作案痕迹的方法，从而躲避主机 IDS 的检测。正因为这些特点，目前大部分入侵检测系统都是基于网络的实现方式。

2.5.15　病毒检测技术

目前主流的防病毒软件大都采用基于特征值扫描的技术，但这种技术不能检测出尚未被病毒特征库收录的病毒，而且如果病毒被加密也不能被及时地检测出来。因此，病毒防护技术需要从传统的、被动的特征码扫描技术及校验和技术向智能型、主动型的虚拟机技术、启发式扫描技术等方向发展。

1．虚拟机杀毒

随着病毒技术的发展，压缩和加密技术逐渐成熟起来，从而使很多病毒的特征不再容易被提取。虚拟机杀毒技术能够创造一个虚拟运行环境，将病毒在虚拟环境中激活，查看它的执行情况。由于加密的病毒在执行时最终还是要解密的，因此可以在其解密之后再通过特征值查毒法对其进行查杀。但虚拟机技术在应用时面临的一个最大的难题就是如何解决资源占用问题。

2．启发式扫描

新病毒不断出现，传统的特征值查毒法完全不可能查出新出现的病毒。启发式扫描技术是一种主动防御式的病毒防护技术，可分为静态式启发和动态式启发。一个病毒总存在其与普通程序不同的地方，如它会格式化硬盘、重定位、改回文件时间、修改文件大小、能够传染等，通过在各个层面进行病毒属性的确定和加权，就能发现新的病毒。

3．病毒免疫

病毒免疫技术来源于生物免疫技术，它的设计目标是不依赖于病毒库的更新而让计算机具有对所有病毒的抵抗能力。普通防毒软件的最大缺点是总要等到病毒出现后才能制定出清除它的办法，并且还要用户及时升级到新的病毒库。这就让病毒有更多的机会去蔓延传播，而病毒免疫则完全打破这种思路，它可以让计算机具有自然抵抗新病毒的能力，当有新病毒感染计算机系统时不用升级病毒库而同样可以侦测出它。

2.5.16 漏洞挖掘技术

漏洞（Vulnerability）是在物联网的硬件、软件、协议的具体实现或系统安全策略上存在的缺陷，从而可以使攻击者能够在未授权的情况下访问或破坏系统，以及损害信息系统安全性（包括可靠性、可用性、保密性、完整性、可控性、抗抵赖性）。与 bug 等不同的是：漏洞可以视为安全性逻辑缺陷，通常情况下，这种缺陷并不影响软件的正常功能和使用，但是如果有攻击者成功利用它，这个缺陷就可能导致信息系统软件去执行攻击者指定的恶意代码；而 bug是功能性逻辑缺陷，一般会影响软件的正常功能，如返回错误的结果、显示错误的界面等。

传统的安全攻击方式是直接诱骗受害者单击恶意程序的EXE可执行文件，现在随着用户警惕性的提高和反病毒软件的智能化，此方法越来越难成功起效。由于利用漏洞来植入木马或运行其他恶意代码比传统方法更自动化、更隐蔽、更难发现且成功率更高，因此攻防研究的焦点现在越来越多地集中在对漏洞的发现和利用上。漏洞一旦被别有用心的攻击者发现，就可能被用于在未授权的情况下访问或破坏系统，从而危害计算机系统安全。相应地，为了减少安全威胁，通过研究主动发现部分漏洞，并且及时修补，对保障信息安全具有重要的意义。利用漏洞进行攻击大致可以分为漏洞挖掘、漏洞分析和漏洞利用 3个步骤。漏洞挖掘是后两步的基础，也是整个攻击的难点所在。

从技术角度看，漏洞挖掘可以视为一种深入的测试（QA），通过测试来找到导致软件出错的情况。当前流行的漏洞挖掘方法有很多，如数据流分析、Fuzzing 测试、动态调试、二进制比对技术等，可以大致归为静态分析和动态分析两大类。但是在实际挖掘过程中一般结合选用多种方法，并不局限于某一类。

静态分析技术是指在程序非运行情况下，对程序的源代码进行分析，直接在程序的逻辑上寻找潜在的漏洞，这方面的方法和理论有很多，主要包括源代码扫描分析技术和二进制审核比对技术。源代码扫描分析技术也就是源代码审核，是指利用人工或自动化的工具来分析阅读程序的源代码，通过检测程序中不符合安全规则的文件结构、命名规则、函数、堆栈指针等，找到可能产生安全漏洞的代码，这种分析要求熟练掌握编程语言，并预先定义出不安全代码的审查规则，通过表达式匹配的方法检查源代码。具体的方法和理论包括词法分析、控制流分析、数据流分析、符号执行、类型验证系统、抽象解释、模型检测、自动定理证明、边界检验系统、状态机系统等。目前使用较为广泛的是词法分析、控制流分析和数据流分析。词法分析不仅包括编译器中的词法分析，还包括语法和语义分析。这类工具如 Flawfinder、RATS 等都是通过对源代码进行词法分析，然后从特征数据库中匹配感兴趣的内容进行上下文分析，然后对有问题的代码位置进行报警。特征数据库包含的主要是会产生安全问题的函数，如 gets、strcpy、printf、sprintf。针对不同的目标函数，词法分析工具会调用不同的处理函数来对危险函数的参数进行分析。词法分析能够进行自动化的检测，但是由于词法分析无法对程序的上下文进行必要的分析，因此误报率和漏报率都非常高。控制流分析的任务是发现程序的执行流与数据操作相关的特征。程序对数据的操作在某个单元（即基本块）内是顺序的，但在全局范围内，数据操作不是简单的顺序结构，而是包含多种控制结构。因此，进行全局数据分析必须考虑程序执行流的影响，必须建立在控制流分析的基础之上。控制流分析的基本方法是标识程序的基本块，构造反映程序控制流程的有向图，分析这个有向图从而得到控制结构信息。因此，控制流分析建立在基本块和控制流图两个基本的实体上。基本块是控制流分析的基础，是构成控制流图的基本单元，它是单入口单出口的顺序语句序列，分支和跳转语句不出现在序列的中间；而控制流图提供了程序控制结构的信息，包括顺序结构、分支结构和循环结构等，它能够反映程序动态执行时所有可能的路径。控制流分析的使用非常普遍，目前许多编译器（如 gcc）内嵌了此功能，用以对程序进行更好的优化。在程序脆弱性检查和验证方面，其他静态分析技术通常会结合控制流分析使用，以提高精确度。

动态分析方法是对程序进行动态的检测，在调试器的空间中运行目标程序，那么调试器就可以监测程序运行过程中的运行状态、内存使用状况及寄存器的值等信息，经过分析发现可能存在的漏洞。具体可以从代码流和数据流两方面进行动态分析：设置断点可以动态跟踪目标程序代码流，以检测函数调用前后的堆栈信息及调用参数；构造特殊的数据传入程序，然后跟踪数据流并分析，则可能触发潜在漏洞并报出错误，最后对此结果进行分析。动态分析需要借助调试器工具，如 SoftIce、ollyDbg、WinDbg 等是比较强大的动态跟踪调试器。常见的动态分析方法有输入追踪测试法、堆栈比较法、故障注入分析法等。堆栈比较法的一个实例是 StackGuard 和 Stackshield，它们都是 GNU C 编译器的扩展工具，用于检测函数调用的返回地址是否正常，也就是说，主要检测基于堆栈溢出的缓冲区溢出漏洞。其中，StackGuard 会在程序中的函数运行前，在栈空间中的返回地址栈变量数据之间插入一个"Canary word"标志，这样如果函数调用时发生了缓冲区溢出，那么函数调用返回前通过检查发现这个"Canary word"的值有变化就可以确定此函数有漏洞或有人进行了缓冲区溢出攻击。Stackshield 是对前者的改进，它创建了一个新的堆栈用于备份被保护函数的返回地址。在被保护函数开始处会新加一段代码，此段代码的作用是将函数返回地址复制到一张特殊的表中；同样，在被保护函数的结尾处也增加一段代码将函数返回地址从表中复制回堆栈。通过这些操作来保证函数能正确返回。虽然说这两种工具更关注的是缓冲区溢出攻击的发现和抑制，但是通过一些修改就可以用来检测某段程序的某个函数是否有缓冲区溢出漏洞的隐患。

2.5.17　叛逆者追踪技术

多媒体数字产品（音频、视频、图像）在网络中发布和传播时，有些恶意的授权用户，会通过恶意泄露自己的授权密钥给其他非授权用户以得到私利，或者几个授权用户通过共谋制造出密钥给其他非授权用户使用。那些恶意的授权用户被称为叛逆者，而非授权用户被称为盗版者。在这种情况下，非授权用户就得到了授权信息，从而侵犯了数据提供商的权益。为解决这个问题，Chor、Fiat、Naor 在 1994 年给出了一种叛逆者追踪系统，从此之后，叛逆者追踪技术受到了人们的广泛关注和研究。在叛徒者追踪系统中，每个授权用户都有与其身份一一对应的密钥。在这个系统中有一个追踪程序来实现追踪的功能。内容提供商截获一个非法解码器后，可以利用追踪程序至少确定一个叛逆者的身份。虽然追踪程序无法完全消除盗版，但是可以找出并惩罚叛逆者，给予非法传播者极大的威慑作用。

1994 年，Chor 等给出的是一种基于概率论的叛逆者追踪系统，这种系统需要用户存储的解密密钥的数量及通信所耗带宽都是随着用户数量增长而增长的，会造成过大的系统和通信开销。为解决这个问题，Naor 和 Pinkas 在 1998 年建立了门限叛逆者追踪系统，这个系统减少了所需存储空间，并且降低了通信消耗。由于叛逆者可以直接将解密出来的明文传播到其他用户或直接传播到网络上来获取利益。因此为了防止这种情况的发生，Fiat 和 Tassa 在 1999

年提出了一种可以解决重放攻击的基于数字水印的动态叛逆者追踪方案。Safavi-Naini 和 Wang 在 2003 年提出了一个可以达到防止叛逆者将解密明文传播给其他用户或网络的机制——序列叛逆者追踪体制。该体制在解决延迟重放攻击的同时还提高了运行效率。Pfitzmann 在 1996 年首先提出了非对称叛逆者追踪机制，这个机制解决了对称方案的问题，只有授权用户自己知道自己的解密密钥，数据提供商无法进行陷害而叛逆者也无法抵赖。但是由于效率太低，因此无法在实际中得到应用。Kurosawa 和 Desmedt 在 1998 年提出了公钥叛逆者追踪机制，然而这个机制不能抵抗共谋攻击。Boneh 和 Franklin 在 1999 年提出了一种能对单个叛徒者和若干共谋进行黑盒追踪的公钥叛逆者追踪方案。Kiayias 和 Yung 在 2002 年提出了一个黑盒追踪系统，它能够在多用户的情况下依然使密文明文比恒定。然而在全追踪的情况下，密文大小与用户数量 N 呈线性关系。Dan Boneh 和 Moni Naor 在 2008 年给出了基于指纹码的叛徒者追踪系统。2006 年，Dan Boneh 等引入秘密线性广播加密协议（Private Linear Broadcast Encryption，PLBE），基于 PLBE，他们提出了完全抗共谋的叛徒者追踪机制，然而这种机制的密文长度与用户数量呈线性关系。而且在这种机制中，追踪公钥是必须保密的，也就是说，只有数据提供商才能进行追踪。Dan Boneh 和 Brent Waters 在 2006 年提出了一种可以公共追踪的叛逆者追踪机制，在这个机制中追踪密钥是公开的，也就是任何人都可以进行追踪。

叛逆者追踪技术可以广泛应用于物联网中，用于对多媒体资源等进行版权保护，发现信息泄露者并进行相关责任的追究。

2.5.18 应用安全技术

信息处理安全主要体现在物联网应用层中，其中，中间件主要实现网络层与物联网应用服务间的接口和能力调用，包括对企业的分析整合、共享、智能处理、管理等，具体体现为一系列的业务支持平台、管理平台、信息处理平台、智能计算平台、中间件平台等。应用层则主要包含各类应用，如监控服务、智能电网、工业监控、绿色农业、智能家居、环境监控、公共安全等。

应用层的安全问题主要来自各类新兴业务及应用的相关业务平台。恶意代码及各类软件系统自身漏洞和可能的设计缺陷是物联网应用系统的重要威胁之一。同时由于涉及多领域、多行业，因此物联网广域范围的海量数据信息处理和业务控制策略目前在安全性和可靠性方面仍存在较多技术瓶颈且难以突破，特别是业务控制和管理、业务逻辑、中间件、业务系统关键接口等环境安全问题尤为突出。

1．中间件技术安全问题

如果把物联网系统和人体作比较，感知层好比人体的四肢，传输层好比人的身体和内脏，那么应用层就好比人的大脑，软件和中间件是物联网系统的灵魂和中枢神经。在物联网中，中间件处于物联网的集成服务器端和感知层、传输层的嵌入式设备中。其中，服务器端中间件称为物联网业务基础中间件，一般都是基于传统的中间件（应用服务器、ESB/MQ 等）构建，加入设备连接和图形化组态展示等模块；嵌入式中间件是一些支持不同通信协议的模块和运行环境。中间件的特点是它固化了很多通用功能，不过在具体应用中大多需要二次开发来实现个性化的行业业务需求，因此所有物联网中间件都要提供快速开发（RAD）工具。

2．云计算安全问题

物联网的特征之一是智能处理，是指利用云计算、模糊识别等各种智能计算技术，对海量的数据和信息进行分析和处理，对物体实施智能化的控制。云计算作为一种新兴的计算模式，能够很好地给物联网提供技术支撑。一方面，物联网的发展需要云计算强大的处理和存储能力作为支撑。从量上看，物联网将使用数量惊人的传感器采集到海量数据。这些数据需要通过无线传感网、宽带互联网向某些存储和处理设施汇聚，而使用云计算来承载这些任务具有非常显著的性价比优势；从质上看，使用云计算设施对这些数据进行处理、分析、挖掘，可以更加迅速、准确、智能地对物理世界进行管理和控制，使人类可以更加及时、精细地管理物理世界，从而达到"智慧"的状态，大幅提高资源利用率和社会生产力水平。云计算凭借其强大的处理能力、存储能力和极高的性价比必将成为物联网的后台支撑平台。另一方面，物联网将成为云计算最大的用户，为云计算取得更大商业成功奠定基石。

2.6　物联网安全对密码技术提出的新要求

网络安全已经开启全民密码时代，全民密码时代密码技术已经广泛服务于商用和服务等多个领域。密码技术是信息安全技术的核心，对于物联网安全来说，密码技术的核心地位更加明显。物联网安全不仅需要保障某个感知设备的安全，也要保障整个系统的安全，否则物联网的安全将没有任何意义，而密码

技术则是构成整个系统安全的"砖和瓦"。密码算法大体可以分为对散列函数、对称密码算法和非对称密码算法。这些密码算法构成了目前信息安全中的密码应用技术，它们包括身份鉴别技术、访问控制技术、数字签名技术、数据完整性技术、不可抵赖技术、加密技术、安全通信技术、密钥管理技术等，这些技术在物联网的各个阶段发挥着重要的作用。物联网安全问题都需要以密码技术为支撑来解决。

密码技术不但贯穿于信息安全技术的方方面面，也在物联网安全技术方面发挥着基础支撑作用。我国相关管理部门从物联网发展伊始，就高度重视密码技术在物联网安全中的作用，积极制定相关标准和技术规范。以作为物联网的构成技术之一的 RFID 为例，在 RFID 提出伊始，国家密码管理局就颁布了《信息安全技术—射频识别系统密码应用技术要求》，该要求是依据国家密码相关政策，在现有标准及相关行业实际应用需求的基础上建立的，是基于自主 SM7 密码算法、密钥管理体系及密码协议的 RFID 系统密码安全标准，其内容涉及密码安全保护框架、安全等级划分及技术要求、电子标签芯片密码应用技术要求、电子标签读/写器密码应用技术要求、中间件密码应用技术要求、密钥管理技术要求、电子标签与读/写器通信安全密码应用技术要求、电子标签读/写器与中间件通信安全密码应用技术要求等方面。

从国家层面来说，作为信息安全基石的密码算法如果使用国外的密码算法，由这些密码算法构成的安全保护框架将存在不可控因素，无法保证中国物联网的安全。因此为了保障国家安全和公民利益，在物联网时代，密码算法必须使用国家密码管理局批准的商用密码，遵循国家密码管理局的相关技术要求和标准。物联网安全对密码算法、安全协议、密钥管理等都提出了新的要求。

1. 密码算法

要解决前述诸如身份假冒、数据窃取等问题，最有效的办法是采用密码技术。由于感知设备自身的资源限制，因此其计算能力和存储空间均十分有限。为了节省能量开销并提升整体性能，需要设计轻量级的、足够强壮的对称加密算法对传输数据进行加密保护，确保数据的保密性；由于对称加密算法的局限性，因此需要设计高效的、适合感知设备使用环境的公开密钥密码算法和散列算法以进行身份认证和数字签名，确保数据的完整性和可用性。这是维护物联网安全亟待解决的问题。此外，这些密码算法的使用要符合国家密码主管部门的相关规范要求。

物联网安全中的密码算法，既要有高强度、复杂的密码算法，也需要简单的、高效的轻量级算法，并且还需要这两种算法能够在一定程度上互通。因此，为了满足这样的需要，可能会产生可编程、可重构的模块化密码算法。

2．安全协议

要确保物联网的安全，除了采用密码技术，还需要针对物联网的使用要求和特点设计专门的安全协议。所以现有的网络安全机制无法应用于本领域，需要开发专门协议，包括安全路由协议、安全网络加密协议、流认证协议、安全时间同步协议、安全定位协议、安全数据聚集协议等。其中，安全路由协议主要用于维护路由安全，确保网络鲁棒性，保证数据在安全路径中传输，防止数据被篡改；安全网络加密协议主要用于实现感知节点和感知数据接收设备之间的数据鉴别和加密；流认证协议主要用于实现基于源端认证的安全组播；安全时间同步协议主要用于确保即使存在恶意节点攻击的情况下仍能获得较高精度的时间同步；安全定位协议主要用于保护定位信息不会被中间恶意转发节点修改，抵御各种针对定位协议的攻击，检测出定位过程中存在的恶意节点，防止恶意节点继续干扰定位协议正常运行；安全数据聚集协议主要用于确保数据聚集的保密性和完整性。

3．密钥管理

要确保密码算法真正发挥其效用，需要设计有效的密钥管理机制。物联网密钥管理机制除在线分发机制之外，可能更需要采用预分配机制。鉴于物联网设备计算能力和存储资源有限、部署数量庞大等特点，需要解决如何预先分发密钥、如何实现临近设备间密钥共享、如何实现端端密钥分发、密钥过期或失效后如何快速重发等问题。物联网环境下的密钥管理需要实现密钥管理的本地化，使感知设备可以在本地进行密钥的分发和更新，避免传统的基于密钥分发中心（Key Distribution Center，KDC）模式的密钥管理方案中感知设备需要与远端交互所带来的大量系统开销。此外，密钥管理还要能够剥夺假冒节点的网络成员资格并进行密钥自我恢复，以此来适应物联网络中感知设备易于被攻占及通信不可靠的特点。

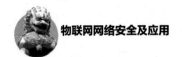

本章小结

本章针对物联网体系结构分析了其安全威胁，提出了物联网安全体系结构；简要介绍了物联网的安全需求及目标；然后对物联网安全威胁进行分析；最后说明了物联网的主要安全关键技术。同时，分析了物联网安全对密码技术的需求。

问题思考

物联网将会在互联网经济之后掀起世界新经济浪潮。物联网是在互联网基础之上提出的，其提出的背景既有技术因素也有经济因素，可以确定的是物联网将比现有互联网更加广泛，对社会的影响更大。请读者思考，物联网安全需求及目标是什么？物联网安全体系结构是怎样的？从技术角度看，物联网安全主要有哪些基础技术手段和措施？

第 3 章

物联网感知层安全

内容摘要

本章描述物联网感知层的安全需求和相关技术，重点是 RFID、传感器网络、智能终端和接入网的安全技术，分析 RFID、传感器网络、智能终端和接入网的技术特点和安全威胁，列举主要安全防护手段，并介绍典型安全技术。

3.1 感知层安全需求

物联网感知层包括海量的传感器和设备，能够采集相关的数据，并通过网络进行设备连接和数据上报，具备低功耗、低成本、低计算存储能力、易接触、运行周期长、接口及协议复杂等特征。感知层面临的安全问题和技术需求在一定程度上体现了物联网安全的特殊性。

3.1.1 感知层概述

感知层处于物联网体系的最底层，涉及传感器技术、条码识别技术、无线射频识别（RFID）技术、图像识别技术、无线遥感技术、卫星定位技术、协同信息处理技术、自组织网络及动态路由技术等，主要负责物体识别、信息采集，包括条码（一维、二维）标签和阅读器、RFID 电子标签和读写器、摄像头、传感器、传感器网关等设备。感知层在物联网技术体系中的位置如图 3-1 所示。

图 3-1 感知层在物联网技术体系中的位置

随着生活质量的提高，人们对科技有了更高的要求，各种各样的高科技设备进入人们的生活，车载导航仪、网络视频会议设备、楼宇自控用的声光传感器、农田土壤检测传感器及 RFID 系统在物流、人员管理方面的普及，这些科技的推广和普及也改善了人们的生活，使人们的生活更为轻松、便利。

随着互联网应用的推广，如网上银行、网上支付、网上聊天等应用的普及，可以使人们足不出户便可以享受轻松快捷的服务，购买到优惠的商品，可以和远在万里的朋友"面对面"交流。但是，当连接网络，使用这些服务的同时，人们同样要承受银行账号、密码泄露、落入网络诈骗等风险。类似地，随着物联网及科技的发展，各种感知设备成本的平民化，感知设备迅速普及，使用导航仪，可以轻松了解当前位置及目的地路线；使用摄像头，可以和朋友在网络上面对面交流；使用条码技术，商场结算可以快速便捷等。任何事物总有两面性，各种方便的感知系统给人们生活带来便利的同时，同样也存在各种安全问题。

使用 RFID 技术的汽车无钥匙系统，可以自由开、关车门，甚至开车都免去钥匙的麻烦，也可以在上百米内了解汽车的安全状况。但是这样的系统也是有漏洞的，具有恶意的人可以在无钥匙系统通信范围内监听设备的通信信号，并复制这样的信号，达到偷车的目的。著名球星贝克汉姆在西班牙时，就这样丢失了其宝马 X5 SUV。

随着摄像头、摄像监控设备的普及，人们可以在连接摄像部件的电子设备上视频通话，也可以通过手机、计算机、电视对办公地点、家居等重要场所进行监控。但是这样的摄像设备也容易被具有恶意的人控制，从而监控别人的生活，泄露隐私。通过 Google，就可以找到无数个遍布在全球的摄像监控设备，也可以悄悄地连接这些设备，窥视别人的生活。近年来，黑客利用个人计算机连接的摄像头泄露用户隐私的事件层出不穷。

据不完全报道，我国共有180 余个城市使用了不同规模的公共事业 IC 卡系统，发卡量已超过 1.5 亿张，约有 95%的城市在应用 IC 卡系统时选择使用 Mifare 卡，其应用范围覆盖公交、地铁、出租、轮渡、自来水、燃气、风景园林及小额支付等领域。但是早在 2008 年，德国研究员亨里克·普洛茨（Henryk Plotz）和弗吉尼亚大学计算机科学在读博士卡尔斯滕·诺尔（Karsten Nohl）成功地破解了恩智浦半导体的 Mifare 经典芯片的安全算法，并且公布于世。得到这种算法后，制作简单的设备便可以读取、复制 Mifare 卡。Mifare 卡被破解给公共事业，以及企业的安全带来极大隐患。

相对于互联网来说，物联网的感知层安全是新事物，是物联网安全的重点，需要集中关注。目前，物联网感知层主要是由 RFID 系统和传感器网络组成的，其他类型传感器（如 GPS 系统等）的安全问题不在本书的范围内。

3.1.2　感知层面临的安全问题

感知层的 RFID、传感器节点具有种类多和高异质性的特点，且通常具有单一的结构和单处理器，这些特点使其不可能具备复杂的安全防护能力。由于感知层采集到的数据通常通过无线进行传输，如果缺乏有效的保护，就很容易被监控、截获和干扰，特别是在高强度电磁干扰的战场环境下，其通信可能无法持续进行。另外，无线传感设备可能会被部署在非受控区域，因此攻击者很容易获得并控制这些设备，从而对整个网络发起攻击。感知层可能面临的安全问题包括以下几方面。

（1）节点捕获。物联网关键节点（如网关节点）很容易被攻击者控制，可能会导致所有信息的泄露，特别是身份 ID、通信密钥等，进而威胁到整个网络的安全。

（2）伪节点和恶意数据。攻击者通过控制一个传感器节点，对其输入伪代码或数据，为其伪造多个身份，该节点会阻碍实时数据的传输并剥夺能量受限

节点的睡眠，进而导致宝贵节点能量的消耗，从而潜在控制或摧毁整个网络。

（3）DoS 攻击。它是指有针对性攻击网络协议、系统或直接通过野蛮方式消耗被攻击对象的资源。DoS 攻击的目的是造成目标计算机或网络不能正常工作，致使服务系统中断响应乃至瘫痪，然而在此攻击中并不包含侵入目标服务器或目标网络设备。

（4）延时攻击。通过分析用于执行加密算法所需要的时间来获取关键信息。

（5）路由攻击。通过欺骗、篡改或重发路由信息，攻击者可以创建路由环路来产生或阻碍网络传输、延长或缩短来源路径、形成错误信息、增加终端到终端的延迟等。

（6）重放攻击。攻击者发送一个目的主机已接受过的数据包，来取得系统的信任，主要用于身份认证过程和破坏认证的正确性。

（7）边信道攻击。攻击者针对设备在运行过程中侧信道信息的泄露而对加密设备进行的攻击，如时间消耗、电力消耗或电磁辐射等。

3.1.3 感知层安全技术需求

感知层安全除了包含传统 Internet 的各种安全需求，还要具备适合其自身特点的各种需求，可以分为机密性、完整性、认证性、可用性、鲁棒性和访问控制。

1. 机密性

在感知层安全中，最为普遍的安全目标就是机密性。信道上传送的消息必须是加密的，对未经授权的其他人保持信息的隐匿。

例如，医疗系统中，患者的个人资料是非常隐私的，不能被未授权的机构知道；银行业中，客户的账户信息是需要保密的，不能被恶意的攻击者获得；军事上，有大量需要保密的敏感信息，必须防止敌方窃取信息的内容。

2. 完整性

有了机密性的保证，攻击者可能无法获得信息的具体内容，但因为恶意的中间节点可以截取、监听和干扰信息的传输过程，接收者并不能保证其接收到的数据是完全正确的。鉴别数据完整性，可以确保数据包在传输过程中没有任何的改变。

3．认证性

认证机制可以防止攻击者随意注入消息，导致接收者不能分辨信息的真伪，接收者需要确认信息的来源是正确的，以确保发送端和接收端是它们真正要与之进行通信的节点。

4．可用性

可用性是指对用户来说，网络服务必须是可以使用的，即使遭受各种网络攻击，网络节点仍然可以提供可靠的服务。这一特性可以保证网络的正常服务，并且可以处理突发故障。感知层网络的资源可用性会面临严峻考验，是因为安全措施越复杂越需要一定的存储容量和计算开销。

5．鲁棒性

物联网的应用是动态的，具备很强的不确定性，具体包括多变的网络拓扑、节点的加入或删除、威胁的多样性，所以感知层应具有很强的适应性和存活性。这样，即使单个节点受到威胁，也不会使整个网络瘫痪。

6．访问控制

要求可以对访问物联网的用户身份进行确认，保障其合法性。物联网与传统 Internet 的区别在于，它没有进、出网络的概念，每个节点都可以物理访问，所以不能通过防火墙这类的机制设置访问过滤。

物联网的特点决定了想要使其安全系统非常完善是非常艰巨的，所以对物联网安全系统的基本要求是即使局部受到安全威胁，网络整体仍然可用。这就要求物联网设备被动防御入侵：防止攻击者通过窃听或干扰等方式获取有效信息；防止重放数据包而导致的网络性能下降；防止攻击者获得密钥后以合法身份混入网络。

3.1.4 感知层安全框架

感知层是由大量带有 RFID 读写器或传感器的通信节点组成的具有感知能力的网络。感知节点和网络必须采取安全防护措施，才能保证感知层的安全性和保密性。感知层安全构架主要由 RFID 安全、传感器网络安全、智能终端安全和接入安全构成，如图 3-2 所示。

其中，RFID 安全包括协议安全、密钥管理、访问控制和中间件安全等技术，

实现 RFID 系统的安全；传感器网络安全包括协议安全、路由安全、访问控制和入侵检测等技术，实现传感器网络的安全；智能终端安全由可信、指纹认证和内核监控等技术实现，用于确保智能终端数据传输和本地存储的安全；接入安全由接入认证和访问控制技术实现，用于确定感知层智能终端实体的身份。

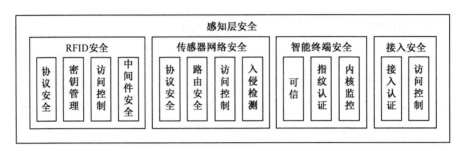

图 3-2　感知层安全架构

3.2　RFID 安全

3.2.1　RFID 系统简介

感知层自动识别技术主要包括条形码、磁卡、接触 IC 卡、RFID 等。其中，RFID 标签容量大、速度快、抗污染、耐磨损、支持移动识别、多目标识别和非可视识别。由于 RFID 系统具备以上这些优势，它正逐步应用于生产制造、交通运输、批发零售、人员跟踪、票证管理、食品安全等诸多行业，可以说 RFID 的应用已经遍布于人们日常生活的方方面面。由于 RFID 应用的广泛性，在 RFID 技术的应用过程中，其安全问题越来越成为一个社会热点。讨论的焦点主要集中在 RFID 技术是否存在安全问题？这些安全问题是否需要解决？又该如何解决？本书将在这些问题上回顾各种各样的观点和方案，并试图提出自己的观点和解决方案。

3.2.2　RFID 安全威胁分析

1．两种不同的观点

对于 RFID 技术是否存在安全问题及这种安全问题是否值得解决有以下两种不同的观点。

一种观点认为：RFID 安全问题不存在，即使存在也不值得解决。他们认为，RFID 识别距离近，即在 10m 的范围内，这么近的距离，窃听或跟踪都很困难，即使发生也很容易解决。另外，RFID 标签中往往只有 ID 号，没有什么重要信息，几乎不存在保密的价值。他们反问道：难道广泛使用的条码又有什么安全机制吗？对于隐私泄露和位置跟踪，他们说手机和蓝牙存在的问题更为严重，在这种情况下谈论 RFID 的安全问题是否有些小题大做？

另一种观点认为：RFID 安全问题不但存在，而且迫切需要解决，其中最大的安全问题就是隐私问题。他们认为，如果在个人购买的商品或借阅的图书上存在 RFID 标签，那么就可能被不怀好意的人暗中读取并跟踪，从而获得受害人的隐私信息或位置信息。因此强烈要求解决 RFID 的安全问题。例如，德国麦德龙集团的"未来商店"会员卡由于包含 RFID 芯片，招来大批抗议，最后被迫替换为没有 RFID 的会员卡；同样是与条形码对比，惠普实验室负责 RFID 技术的首席技术官 SaliI Pradhan 做了一个形象的比喻："使用条形码好比行驶在城市街道上，就算撞上了人，危害也很有限。但使用 RFID 好比行驶在高速公路上，你离不开这个系统，万一系统被攻击后果不堪设想。"RFID 系统识别速度快、距离远，相对条码系统其攻击更容易，而损失更大。就隐私而言，手机和蓝牙用户可以在需要的场合关掉电源，但 RFID 标签没有电源开关，随时都存在被无声读取的可能性。

从物联网应用的角度来看，本书倾向于后一种观点。随着技术的发展，目前乃至将来，RFID 标签将存储越来越多的信息，承担越来越多的使命，其安全事故的危害也将越来越大，而不再无足轻重。

2. RFID 各种安全威胁

（1）零售业。对于零售业来说，粘贴在一个昂贵商品上的 RFID 标签可能被改写成一个便宜的商品，或者可以换上一个伪造的标签，或者更简单地把其他便宜商品的标签换上去。这样攻击者就可以用很便宜的价格买到昂贵的商品。条码系统的收银员会检查标签内容与商品是否一致，因此条码系统上该问题不明显。但是 RFID 系统不需要对准扫描，人工参与度不高，即使是在人工收银的场合，收银员也会很容易忽视这种情况。

为了防止隐私泄露，在商品售出后都要把 RFID 标签"杀死"。这就引来另一种安全威胁，一个攻击者出于竞争或发泄等原因，可能携带一个阅读器在商店中随意"杀死"标签。这样就会带来商店管理的混乱——商品在突然之间就不能正常地扫描了，顾客只能在收银台大排长队；智能货架也向库房系统报

告说大量货架已经售空，商品急需上架。很显然，这个安全问题对于条码来说也是不存在的。

对于采用 RFID 进行库房管理的系统来说，竞争对手可以在库房的出/入口秘密安装一个 RFID 阅读器。这样，进、出库房的所有物资对于攻击者就会一目了然。对企业而言，这种商业秘密非常重要，竞争对手可以很容易了解到企业物资流转情况，并能进一步了解企业的经营状况。很明显，没有任何一个企业愿意把自己曝光在竞争对手面前。

（2）隐私问题。如果把 RFID 标签嵌入个人随身物品，如身份证、护照、会员卡、银行卡、公交卡、图书、衣服、汽车钥匙等，如果不采取安全措施，则可能导致很大的隐私泄露问题。

美国电子护照兼容 ISO 14443 A & B 的标签，带有 64KB 内存，其中存有包括国籍和相片在内的个人信息。这种标签通常只有 10cm 的阅读距离，最初认为安全问题不重要，未采取措施，但方案公布后激起很大的反响。美国国务院 2005 年 2 月公布该方案，到 3 月 4 日为止，共收到 2335 份反馈，其中 98.5%是负面的，86%担忧其安全和隐私问题。例如，恐怖分子可以在宾馆走廊中扫描标签，如果发现美国人比较多就引爆炸弹；带有 RFID 识别器的炸弹在发现目标进入时才引爆。显然，一旦恐怖分子拥有这种对受害者精确识别的能力，他们将在世界上制造更多的恐怖活动，给全球带来更多的安全隐患。

如果购买的商品、借阅的图书中含有 RFID 标签，配备手持阅读器的小偷就可以在人群中随意扫，收集人们携带商品的信息，如果发现有人拥有名牌的 RFID 车钥匙，就可以对其实施定向行窃，大大提高了偷窃的效率，从而降低风险；侦探或间谍可以跟踪目标出现的时间和位置；不良商家可以在店内装置 RFID 阅读器，扫描走进店内的个人携带的所有含有 RFID 标签，收集个人的消费偏好，然后有目标地发放"垃圾"广告，实现广告的"精确轰炸"，或者有目标地推荐特定的商品，可能在不知不觉中就上了不良商家的圈套。

2003 年著名的服装制造商班尼特实施服装 RFID 管理，隐私权保护组织则提出口号："宁愿裸体也不穿带间谍芯片的衣服！"，最后班尼特只好妥协。2004 年麦德龙集团实施 RFID 会员卡，也在隐私权保护组织的抵制中妥协。

电子产品的价格下降非常快，随着阅读器价格的下降，阅读器很快会普及，甚至可以在手机中内置阅读器。这样，任何人都具有侵犯别人 RFID 隐私的能力，而且随着社会的发展，越来越多的物品中内置了 RFID 标签，很可能只有专家才能发现并完全消除所有的隐私泄露问题。因此，任何人都可能成为

RFID 隐私的受害者。前车臣匪首杜达耶夫就是因为手机信号泄露位置隐私而被俄罗斯消灭的。因此不能低估位置隐私的重要性。

（3）防伪问题。RFID 技术强化了一般防伪技术的安全性，但是仅仅依靠 RFID 的唯一序列号防伪有很大的局限性。伪造者可以读取真品的标签数据，然后在假冒标签上写入真品数据。对于一些昂贵的商品，如名牌服装、高档烟酒等，出于获得暴利的冲动，即使采取了加密措施，伪造者也可以采用边信道攻击、故障攻击甚至物理破解的方法获得标签的密钥，以便复制真标签，甚至生成以假乱真的新标签。另外，伪造者或竞争者也可以向 RFID 标签中写入数据，使真货变成假货，达到扰乱市场、诋毁对手名誉的目的。

某些场合的 RFID 应用也需要考虑防伪问题，如门禁系统，尤其是高安全级别场所的门禁管理，只允许一定身份的人员进入，如果犯罪分子伪造可通行的标签，就可以混入该场所作案。对于某些远距离无障碍通行的门禁系统来说，更要预防伪造问题，试想一个人在 3m 之外进入，阅读器也正常地响了一声，会引起门卫的警觉吗？

（4）公交卡、充值卡、市政卡、门票、购物卡、银行卡。这类应用与金钱有关，安全问题更加突出。虽然公交卡、门票这类应用涉及的金额不大，但是如果不法之徒解除其安全措施后，就可以在市场上低价销售伪卡或充值从而获得巨大的利益，因此其安全问题需要引起高度重视。

例如，Mifare 卡在全世界得到了广泛应用，其中采用了 CTYPT01 流密码加密算法，密钥为 48 位。其算法是非公开的，但是 2008 年德国研究员亨里克·普洛茨和美国弗吉尼亚大学计算机科学在读博士卡尔斯滕·诺尔，利用计算机技术成功破解了其算法。这样攻击者只需破解其 48 位密钥即可将其安全措施解除，由于密钥太短，现在有关其破解的报道较多，已经出现了专门的 ghost 仿真破译机，可随心所欲地伪造 Mifare 卡。

停车收费系统采用无线方式，无障碍地收费，固然大大加强了公路通行效率。但是这类应用无须用户输入密码，完全依靠系统自身的安全措施。这类系统的射频信号比较强，传输距离比较远，如果安全措施稍有疏漏，那么犯罪分子破解后完全可以销售伪卡、为真卡充值或盗用合法用户账户上的预存款。

一般而言，银行卡采用在线验证的方式，并且需要输入口令。成都报道了犯罪分子利用安装在自助银行门上的阅读器获得磁卡号，利用摄像头获得银行卡密码，然后复制银行卡成功盗取用户账户资金。银行因此改刷卡进入为按键进入。试想，如果用 RFID 卡作为银行卡，且不采取措施，犯罪分子就能够不

知不觉地阅读用户放在包内的卡，这个问题无疑非常严重。

美国埃克森石油公司发行速结卡，方便司机支付加油费和在便利店刷卡消费。该系统采用了 40 比特的密钥和专有的加密算法，从 1997 年开始使用。2005 年 1 月约翰霍普金斯大学的团队发表了他们的破解成果。同年，RSA 实验室和一群学生伪造了一张速结卡并成功地用这张卡来加油。

（5）军事物流。美国国防部采用 RFID 技术改善其物流供应状况，实现了精确物流，这在伊拉克战争中表现优异。根据 DoD8100.2 无线电管理规定，在个人电子设备的扫描探测段不需要进行加密，如光学存储介质使用激光、条形码与扫描头之间的激光，以及主动或被动式标签与阅读器之间的射频信号进行加密。

大多数国家要比美国弱许多，从近年美国参与的波斯湾战争、波黑战争和伊拉克战争来看，美国军事上和政治上都无意隐藏其进攻的动机，相反，在战前都是大张旗鼓地调兵遣将，大规模地输送物资。美国不但不在意对手知道自己的物流信息，反而还主动发布这些信息，使对手产生恐惧心理，希望达到不战而屈人之兵的效果。这是基于美国军事、经济和技术均大幅度领先对手，而军队又极度依赖技术的前提下采用的合理策略。

但是对于落后的国家而言，却不能掉以轻心。在可以预见的将来，我国面临的主要战争威胁仍然来源于周边国家。与这些国家相比，我国的技术、经济和军事力量并不占有绝对优势。不管是战略上还是战术上隐藏真实意图，保持军事行动的突然性仍然具有重大意义。

一般军用库房是封闭式的，防卫比较严密，但是在战前或战时会出现大量开放式的堆场，难以屏蔽无线电波。军事物流中采用 RFID 时，敌方可在安全措施比较薄弱的交通要道或物资集散中心附近部署特别设计的高灵敏度阅读器，这样就可以远距离地获得军队物资变化信息和物资流向，从而分析出军队的意图，提前准备使军队的行动受挫，甚至失败。另外，如果不采取适当的安全措施，敌方可以伪造大量 RFID 标签，散布到合法标签中，导致军队物流效率降低。同时还可以任意修改标签数据，如把手枪子弹的标签改为步枪子弹标签运往前线，这可能会使军队面临军事上的危险；如果把运往野战医院的血液从 A 型改为 B 型，也可能会导致医疗事故。

3. RFID 系统攻击模型

RFID 系统一般由 3 个实体部分与两种通信信道组成，即电子标签、阅读器、后台应用系统与无线通信信道、后端网络通信信道。对于攻击者来说这几部分都可能成为攻击对象。RFID 攻击模型如图 3-3 所示。

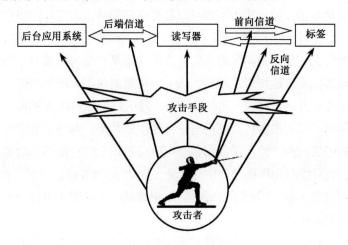

图 3-3　RFID 攻击模型

攻击者攻击 RFID 系统的意图有以下几点。

（1）获取信息。获取非公开的内部或机密信息后，攻击者可以自己利用这些信息，也可以出售这些信息谋取利益，或者公开这些信息使对方陷于被动，或者保存这些信息以备将来使用。

（2）非法访问。通过获得与自身身份不符的访问权限，攻击者可以进入系统偷取系统数据或破坏系统正常运行，或者暂时引而不发，在系统中植入病毒、木马和后门，为将来的攻击创造有利条件。

（3）篡改数据。通过篡改系统中的数据，攻击者可以冒充合法用户，伪造合法数据或使系统陷入混乱。例如，攻击者篡改 RFID 标签中的数据，则可能会造成物流系统的混乱。

（4）扰乱系统。攻击者扰乱系统可以使对手陷入混乱状态，无法正常使用系统，完成正常业务。其目的可能是商业竞争需要，也可能是炫耀技术能力。对于 RFID 系统而言，如果攻击者利用无线电干扰，则可以使系统无法工作。

4．RFID 系统的攻击技术

与常规的信息系统相同，攻击 RFID 系统的手段一般分为被动攻击、主动攻击、物理攻击、内部人员攻击和软/硬件攻击 5 种。其中内部人员攻击是由于内部人员恶意或无意造成的，而软/硬件攻击则是由于软/硬件产品在生产和配置

过程中被恶意安装硬件或软件造成的。这两种攻击一般应通过管理措施解决，本书不再详细讨论。

（1）被动攻击。被动攻击不对系统数据做任何修改，而是希望获得系统中的敏感信息。针对 RFID 系统而言，主要是指对无线信道的窃听。窃听是众多攻击手段中最常见、最容易实施的。它的攻击对象是标签与阅读器之间的无线通信信道。与其他无线通信形式相同，信道中传输的数据时时刻刻都有被窃取的危险。无论攻击者是有意的，还是无意的，对于整个 RFID 系统而言都是一种威胁。通过窃听，攻击者可以获得电子标签中的数据，再结合被窃听对象的其他信息及窃听的时间、地点等数据，就可以分析出大量有价值的信息。例如，对于物资，就可能得到物资的价格、数量、变动情况和流向；对于 RFID 标签持有人，则可以了解其国籍、喜好，甚至跟踪其位置；对于银行卡，则可以分析其中的加密算法。

（2）主动攻击。主动攻击涉及对系统数据的篡改或增加虚假的数据。其手段主要包括假冒、重放、篡改、拒绝服务和病毒攻击。

① 假冒。对于 RFID 系统而言，既可以假冒电子标签，也可以假冒阅读器。最不需要技术含量的假冒就是交换两个物资粘贴的合法标签。该方法虽然简单，但造成的后果可能会相当严重，可能导致贵重商品被低价卖出，也可能导致关键物资运错目的地。技术含量更高的假冒则是克隆，在新标签中写入窃听或破解得到的合法数据，然后模拟成一个合法标签。一个假冒的阅读器可以安装到一个看似合法的位置（如自助银行的门上），用于窃听数据。

② 重放。重放主要针对 RFID 的空中接口而言。攻击者可以把以前的合法通信数据记录下来，然后重重放出来欺骗标签或阅读器。某些 RFID 门禁系统仅采用简单的 ID 识别机制，很容易被此手段欺骗。2003 年，Jonathan Westhues 报道了他设计的一种设备，大小和信用卡相同，频率为 125kHz，既能模拟阅读器，也能模拟卡片。他先模拟成阅读器捕获合法的标签数据，然后再播放给合法的阅读器，并用这个设备攻击了摩托罗拉的 FlexPass 系统。

③ 篡改。对 RFID 系统而言，既可以篡改 RFID 的空中接口数据，也可以篡改其标签数据。对于可写的电子标签（如公交卡），通过修改其中的数据可以增加其中的余额。篡改只读卡不太容易，但篡改空中接口数据相对比较容易。在商场收银台通过便携式设备篡改 RFID 数据，可以很容易地欺骗阅读器。

④ 拒绝服务。针对 RFID 的空中接口实施拒绝服务是比较容易的。RFID

系统工作的频段比较窄，跳频速度比较小，反射信号非常弱，通过放大功率干扰设备，很容易破坏 RFID 系统的正常工作。还有一种方法是采用间谍标签攻击其防冲突协议，对于阅读器的每次询问间谍标签，均回应一个假冒数据，造成合法标签与间谍标签的冲突。

⑤ 病毒攻击。RFID 标签数据容量比较小，但是仍然可以在其中写入恶意数据，阅读器把这些数据传输到后台系统中即可造成一种特殊的 RFID 病毒攻击。2006 年 Melanie R. Rieback 等发表了一篇名为"你的猫感染了计算机病毒吗？"的文章，描述了他们在RFID标签中写入127个字节数据，当阅读器把该数据写入数据库时，产生了 SQL 注入攻击，使数据库感染了病毒，数据库受到病毒感染后，读写器会把恶意数据写入其他标签。

（3）物理攻击。物理攻击需要接触系统的软/硬件，并对其进行破解或破坏。针对 RFID 系统而言，由于标签数量巨大，难以控制，针对其进行物理攻击是最好的途径。另外，阅读器的数量也比较大，不能确保每一个使用者都能正确和顺利地使用系统，因此针对阅读器的物理攻击也可能存在。对电子标签而言，其物理攻击可分为破坏性攻击和非破坏性攻击。

① 破坏性攻击。破坏性攻击和芯片反向工程在最初的步骤上是一致的，使用发烟硝酸去除包裹裸片的环氧树脂；用丙酮、去离子水、异丙醇完成清洗；通过氢氟酸超声浴进一步去除芯片的各层金属。在去除芯片封装之后，通过金丝键和恢复芯片功能焊盘与外界的电气连接，最后可以使用手动微探针获取感兴趣的信号。对于深亚微米以下的产品，通常具有一层以上的金属连线，为了了解芯片的内部结构，可能要逐层去除该连线以获得重构芯片版图设计所需的信息。在了解内部信号走线的基础上，使用聚焦离子束修补技术可将感兴趣的信号连接到芯片的表面供进一步观察。版图重构技术也可用于获得只读型 ROM 的内容。ROM 的位模式存储在扩散层，用氢氟酸去除芯片各覆盖层后，根据扩散层的边缘就很容易辨认出 ROM 的内容。对于采用 Flash 技术的存储器，可用磷酸铝喷在芯片上，再用紫外线来照射即可通过观察电子锁部位的状态来读取电子锁的信息。呈现黑暗的存储单元表示"1"，呈现透明的存储单元表示"0"。

② 非破坏性攻击。非破坏性攻击主要包括功率分析攻击和故障分析攻击。芯片在执行不同的指令时，对应的电功率消耗也相应变化。通过使用特殊的电子测量仪器和数学统计技术，检测分析这些功率变化，就有可能从中得到芯片中特定的关键信息，这就是著名的 SPA 和 DPA 攻击技术。通过在电子标签天线

两端直接加载符合规格的交流信号，可使负载反馈信号是无线反射信号的百倍。由于芯片的功耗变化与负载调制在本质上是相同的，因此，如果电源设计不恰当，芯片内部状态就能在串联电阻两端的交流信号中反映出来。故障分析攻击通过产生异常的应用环境条件，使芯片产生故障，从而获得额外的访问途径。故障分析攻击可以致使一个或多个触发器产生病态，从而破坏传输到寄存器和存储器中的数据。目前有 3 种技术可以促使触发器产生病态：瞬态时钟、瞬态电源及瞬态外部电场。无源标签芯片的时钟和电源都是使用天线的交流信号整形得到的，因此借助信号发生器可以很容易地改变交流信号谐波的幅度、对称性、频率等参数，进而产生时钟/电源故障攻击所需的波形。

5．RFID 系统的脆弱性

对于 RFID 系统，攻击者可以攻击系统的电子标签、空中接口通信信道、读写器、后端信道和应用系统。但是由于后端信道和应用系统的防护手段比较成熟，与 RFID 技术关联不大，因此本书仅针对电子标签、空中接口和读写器进行分析。

（1）电子标签。电子标签是整个射频识别系统中最薄弱的环节，其脆弱性主要来源于其成本低、功耗低、数量多、使用环境难以控制等特点。

为了防范对标签芯片进行版图重构，通过采用氧化层平坦化的 CMOS 工艺来增加攻击者实现版图重构的难度。为了防范其对电路的分析，可以采用全定制单元电路。为了防范和阻止微探针获取存储器数据，可采用顶层探测网格技术，但是这些技术必然增加标签成本，如何平衡成本和安全成了电子标签设计的难题。

在电子标签中使用复杂的加密算法是防止标签克隆的有效方法，但是这会增加功耗；采用并联电源方案可减小功率分析的影响，但是又会降低电源效率。而增加功耗、降低电源效率将对读取距离产生极大的影响。

电子标签数量较大，使用的场合往往难以控制，这就给攻击者接触电子标签提供了极大的便利。攻击者可以很容易地得到电子标签，并进一步对其进行分解和分析，窃取其中的数据，或者利用获得的知识和数据伪造或篡改标签，对系统产生破坏性影响。另外，由于其使用场合难以控制，攻击者也可以对其实施破坏、转移等攻击。

（2）空中接口。空中接口的脆弱性很大程度上仍然是由于电子标签的脆弱性造成的。虽然无线通信具有开放性的特点，但是采用经典的加密算法、认证协议和完整性措施是可以很好地解决阅读器与电子标签之间通信的机密性、完整性和真实性的。但是限于成本和功耗，标签难以采取复杂的加密算法，也难以执行复杂的认证协议，从而造成了空中接口非常脆弱。RFID 通信距离短，常常用于证明空中接口不需要很强的安全加固，但这只是一种错觉。首先空中接口的前向信道功率可以达到 4W，现有的技术可以达到 10 多千米的接收范围。好在 EPC C1G2 标准限制了前向信道泄露的信息。反向信道的信号很微弱，即使是超高频频段，正常的阅读器也只能在 10m 左右的范围内接收。但是攻击者的阅读器并不一定是普通的阅读器，它可以采用大功率的发射机、高灵敏度的接收机、高增益的天线和复杂的信号处理算法。攻击者的另一个优势是可以只收不发，因此可以免受发送噪声的影响。

在可用性方面，RFID 空中接口的反向信道信号非常弱很容易受到阻塞式全频带干扰。采用跳频方式可避开干扰，但在频率切换时标签失去电源，造成之前的状态丢失，因此为了保证有较好的标签识别速度，跳频速度不能太快，这对于固定的无意干扰是有效的，但对于恶意的跟踪式干扰就无能为力了。防冲突协议也容易被利用以破坏系统的可用性。阅读器面对大量标签时，各个标签必须配合阅读器的防冲突协议在适当的时机发送适当的数据。但是一个间谍标签可以不顾协议，只要收到询问就发送数据，使其他标签无法获得识别机会。

对个人隐私而言，空中接口协议具有公开性，攻击者可通过空中接口窃听标签信息，跟踪用户位置推断其个人喜好。

（3）阅读器。阅读器的脆弱性来源于其可控性不太好，容易被盗窃、滥用和伪造。相对于标签，阅读器在成本和功耗上限制不大，可以采用的安全措施比较多，如电磁屏蔽、代码加密、数据加密、数据鉴别、身份认证、访问控制、密钥自毁等。但是有些阅读器工作在无人看管的场合，并且使用阅读器的人也可能存在无意误用或故意滥用的情况。另外，阅读器一般具备软件升级功能，如果不加保护，该功能可能就会被攻击者利用以篡改阅读器中的软件和数据。对于攻击者而言，由于阅读器连接着标签和后台系统，可能存储算法、密码或密钥，攻击阅读器比攻击标签的价值大得多，如果设计不当，那么对一台阅读器的破解，可能危及整个系统的安全。攻击者还可以伪造一台阅读器，冒充真实阅读器，诱使受害人扫描其电子标签，从而获得不当利益。

6．RFID 系统的安全需求

一种比较完善的 RFID 系统解决方案应当具备机密性、完整性、可用性、

真实性和隐私性等基本特征。

（1）机密性。机密性是指电子标签内部数据及与读写器之间的通信数据不能被非法获取，或者即使被获取但不能被理解。机密性对于电子钱包、公交卡等包含敏感数据的电子标签非常关键，但对一些 RFID 广告标签和普通物流标签则不必要。

（2）完整性。完整性是指电子标签内部数据及与读写器之间的通信数据不能被非法篡改，或者即使被篡改也能够被检测到。数据被篡改会导致欺骗的发生，因此大多数 RFID 应用都需要保证数据完整性。

（3）可用性。可用性是指 RFID 系统应该在需要时即可被合法使用，攻击者不能限制合法用户的使用。对于 RFID 系统而言，由于空中接口反射信号微弱和防冲突协议的脆弱性等原因，可用性受到破坏或降级的可能性较大。但对一般民用系统而言，通过破坏空中接口获利的可能性比较小，而且由于无线信号很容易被定位，因此这种情况较难发生。但在公众场合，电子标签的可用性则很容易通过屏蔽、遮盖、撕毁手段等被破坏，因此也应在系统设计中加以考虑。

（4）真实性。对于 RFID 系统而言，真实性主要是要保证读写器、电子标签及其数据是真实可行的，要预防伪造和假冒的读写器、电子标签及其数据。如果电子标签没有存放敏感数据，则对读写器的真实性要求不高，但由于标签数据要被送到后台系统中进一步处理，虚假数据可能导致较大的损失，因此要求标签及其数据是真实的。

（5）隐私性。隐私性是针对个人携带粘贴 RFID 标签的物品而产生的需求。一般可分为信息隐私、位置隐私和交易隐私。信息隐私是指用户相关的非公开信息不能被获取或被推断出来。位置隐私是指携带 RFID 标签的用户不能被跟踪或定位。交易隐私是指 RFID 标签在用户之间的交换，或者单个用户新增某个标签，失去某个标签的信息不能被获取。与个人无关的物品，如动物标签等没有隐私性的要求。低频标签通信距离近，隐私性需求不强，但高频、超高频和微波标签对隐私性有一定的要求。对于不同的国家及不同的人而言隐私性的重视程度也不相同。但重要的政治和军事人物都需要较强的隐私性。

3.2.3　RFID 安全关键问题

RFID 系统中电子标签固有的内部资源有限、能量有限和快速读取要求，以及具有的灵活读取方式，增加了在 RFID 系统中实现安全的难度。实现符合

RFID 系统的安全协议、机制，必须考虑 RFID 系统的可行性，同时重点考虑以下几个方面的问题。

1．算法复杂度

电子标签具有快速读取的特性，并且电子标签内部的时钟都是千赫兹级别的，因此，要求加密算法不能占用过多的计算周期。高强度的加密算法不仅要使用更多的计算周期，也比较占用系统存储资源，特别是对于存储资源最为缺乏的 RFID 电子标签而言更是如此。无源 EPC C1G2 电子标签的内部最多有 2000 个逻辑门，而通常的 DES 算法需要 2000 多个逻辑门，即使是轻量级的 AES 算法，大约也需要 3500 个逻辑门。表 3-1 所示为几种传统安全算法使用的逻辑门数。

表 3-1　几种传统安全算法使用的逻辑门数

算法	门数
Universal Hash	1700
MD5	16000
Fast SHA-1	20000
Fast SHA-256	23000
DES	23000
AES-128	3400
Trivium	2599
HIGHT	3048

2．认证流程

在不同应用系统中，读写器对电子标签的读取方式不同，有些应用是一次读取一个电子标签，如接入控制的门禁管理；有些应用是一次读取多个电子标签，如物流管理。对于一次读取一个电子标签的应用来说，认证流程占用的时间可以稍长；而对于一次读取多个电子标签的应用来说，认证时间必须严格控制，不然会导致单个电子标签的识别时间加长，在固定时间内可能导致系统对电子标签读取不全。

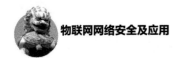
3．密钥管理

在 RFID 应用系统中，无论是接入控制，还是物流管理，电子标签的数目都是以百来计算的。如果每个电子标签都具有唯一的密钥，那么密钥的数量将变得十分庞大。图 3-4 所示为商场中具有单一密钥的电子标签示意图。

图 3-4　商场中具有单一密钥的电子标签示意图

如何对这些庞大的单一密钥进行管理，将是一个十分棘手的问题。如果所有同类的商品具有相同密钥，一旦这类商品中的一个密钥被破解，那么所有同类商品将受到安全威胁。

除了要考虑以上这几个方面，还要考虑如何对传感器、电子标签、读写器等感知设备进行物理保护，以及是否要对不同的应用使用不同的安全等级等。

4．中间件安全

RFID 中间件是 RFID 技术的重要组成部分，屏蔽了 RFID 硬件设备的多样性和复杂性。作为 RFID 标签和应用程序之间的中介，RFID 中间件提供给应用程序端一组通用的接口，连接应用程序和 RFID 读写器，读取 RFID 标签数据。同时，RFID 中间件具有数据流设计、处理与管理的能力，它可以及早过滤无效的 RFID 数据，并可以消除不同来源标签的差别，把它们的数据进行整合，还有一个重要功能就是监视和维护 RFID 系统工具。

在考虑 RFID 中间件的安全解决方案时，RFID 中间件应当具备机密性、完整性、可用性、真实性和隐私性等基本特征。也就是说，必须保证不向未授权用户泄露任何敏感信息；保证 RFID 数据在通信过程中没有被攻击篡改或替换；防止非法用户使用 RFID 中间件恶意攻击；确定消息是从真实的标签处发送过来的；保护使用者的隐私信息。

3.2.4　RFID 安全技术有关研究成果

现在提出的 RFID 安全技术研究成果主要包括访问控制、身份认证和数据加密。其中，身份认证和数据加密有可能被组合运用，其特点是需要一定的密码学算法配合，因此为了叙述方便，本书对采用了身份认证或数据加密机制的方案称为密码学机制。需要注意的是，访问控制方案在有些资料上被称为物理安全机制，但根据其工作原理，似乎采用访问控制的用语更为妥当。

1．访问控制

访问控制机制主要用于防止隐私泄露，使得 RFID 标签中的信息不能被随意读取，包括标签失效、法拉第笼、阻塞标签、天线能量分析等措施。这些措施的优点是比较简单，也容易实施；缺点是普适性比较欠缺，必须根据不同的物品进行选择。

（1）标签失效及类似机制。消费者购买商品后可以采用移除或毁坏标签的方法防止隐私泄露。对于内置在商品中不便于移除的标签则可采用 "Kill" 命令使其失效。接收到这个命令之后，标签便终止其功能，无法再发射和接收数据，这是一个不可逆操作。为防止标签被非法杀死，一般都需要进行口令认证。如果标签没有 "Kill" 命令，还可以用高强度的电场，在标签中形成高强度电流烧毁芯片或烧断天线。

但是，商品出售后一般还有反向物流的问题，如遇到退货、维修、召回问题时，由于标签已经被杀死，就不能再利用 RFID 系统的优势。对此，IBM 公司开发出一种新型可裁剪标签。消费者能够将 RFID 天线扯掉或刮除，缩小标签的可阅读范围，使标签不能被随意读取。使用该标签，尽管天线不能再用，阅读器仍然能够近距离读取标签，当消费者需要退货时，可以从 RFID 标签中读出信息。

对于有些商品，消费者希望在保护隐私的前提下还能在特定的场合读取标签。例如，食品上的电子标签未失效，则安装有阅读器的冰箱可自动显示食品的种类、数量、有效期等信息，若某种食品已过期或即将用完，则可提示用户

注意。对此可采用一种休眠/激活命令。休眠后的标签将不再响应读取命令；但如果收到激活命令并且口令正确，可再次激活投入使用。

以上方法成本低廉，容易实施，可以很好地解决隐私问题。但是对于某些物品，需要随身携带，且对于随时需要被读取的标签来说不能使用，如护照、公交卡这类应用仍需考虑其他方案。

（2）阻塞标签。阻塞标签在收到阅读器的查询命令时，将违背防冲突协议回应阅读器。这样就可以干扰在同一个阅读器范围内的其他合法标签的回应。该方法的优点是 RFID 标签基本不需要修改，也不必执行密码运算，减少了投入成本，并且阻塞标签本身非常便宜，与普通标签价格相差不大，这使阻塞标签可作为一种有效的隐私保护工具。但阻塞标签也可能被滥用于进行恶意攻击，干扰正常的 RFID 应用。因此如果阻塞标签得到推广，作为一个便宜且容易获取的工具，必然会大量出现针对 RFID 系统的有意或无意的攻击。

（3）法拉第笼。如果将射频标签置于由金属网或金属薄片制成的容器（通常称为 Faraday Cage）中屏蔽起来，就可以防止无线电信号穿透，使非法阅读器无法探测射频标签。该方法比较简单、灵活，在很多场合用起来并不困难，如美国电子护照的征求意见稿在收到许多反对意见后，最终决定的封面、封底和侧面均包含金属屏蔽层，以防止被非法探测。如果商场提供的袋子包含屏蔽层，那么对于许多不需要随身使用的商品，如食物、家用电器等也是非常适合的。但该方案对某些需要随身携带的物品并不适合，如衣服和手表等；而对另外一些物品，如图书等，要求使用人要时刻提防，避免因疏忽而造成隐私泄露。

（4）天线能量分析。Kenneth Fishkin 和 Sumit Roy 提出了一个保护隐私的系统，该系统的前提是合法阅读器可能会相当接近标签（如一个收款台），而恶意阅读器可能离标签很远。由于信号的信噪比随距离的增加迅速降低，因此阅读器离标签越远，标签接收到的噪声信号越强。加上一些附加电路，一个 RFID 标签就能粗略估计一个阅读器的距离，并以此为依据改变它的动作行为。例如，标签只会给一个远处的阅读器很少的信息，却告诉近处的阅读器自己唯一的 ID 信息等。该机制的缺点是攻击者的距离虽然可能比较远，但其发射的功率不见得小，其天线的增益也不见得小。而且无线电波对环境的敏感性可能使标签收到合法阅读器的功率产生巨大的变化。况且该方案还需要添加检测和控制电路，增加了标签成本，因此并不实用。

2．密码相关技术

密码相关技术除了可实现隐私保护，还可以保护 RFID 系统的机密性、真实性和完整性。但完善的密码学机制一般需要较强的计算能力，对标签的功耗和成本是一个较大的挑战。迄今为止，各种论文提出的 RFID 密码相关技术种类繁多，有些方法差异很大，而有些方法则仅有细微的区别，其能够满足的安全需求和性能也有所不同。

1）各种密码相关技术方案

（1）基于 Hash 函数的安全通信协议。

① Hash 锁协议。Hash 锁协议是 Sarma 等提出的。在初始化阶段，每个标签都有一个 ID 值，并指定一个随机的 Key 值，计算 metaID=Hash(Key)，把 ID 和 metaID 存储在标签中。后端数据库存储每一个标签的密钥 Key、metaID、ID。Hash 锁协议认证过程如图 3-5 所示。

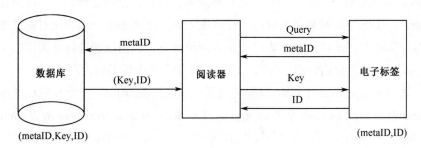

图 3-5　Hash 锁协议认证过程

由图 3-5 可知，其认证过程是：首先，阅读器查询标签；其次，标签响应 metaID；再次，从数据库中找出相同 metaID 对应的 Key 和 ID，并将 Key 发给标签；最后，标签把 ID 发给阅读器。

该方案的优点是标签运算量小，数据库查询快，并且实现了标签对阅读器的认证；但其漏洞很多，即空中数据不变，并以明文传输，因此标签可被跟踪、窃听和克隆。另外，重放攻击、中间人攻击、拒绝服务攻击均可实现。由于存在这些漏洞，因此标签对阅读器进行认证没有任何意义。

② 随机 Hash-Lock 协议。随机 Hash-Lock 协议由 Weis 等提出，它采用了基于随机数的询问-应答机制。标签中除 Hash 函数之外，还嵌入了伪随机数发生器，后端数据库存储所有标签的 ID，随机 Hash-Lock 协议认证过程如图 3-6 所示。

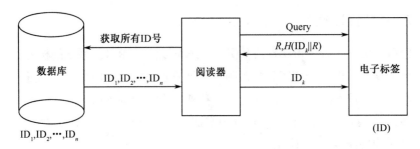

图 3-6　随机 Hash-Lock 协议认证过程

由图 3-6 可知，阅读器首先查询标签，标签返回一个随机数 R 和 $H(\mathrm{ID}_k\|R)$。阅读器对数据库中的所有标签计算 $H(\mathrm{ID}\|R)$，直到找到相同的 Hash 值为止。

该协议利用随机数，使标签响应每次都会变化，解决了标签的隐私问题，实现了阅读器对标签的认证，同时也没有密钥管理的麻烦。但标签需要增加 Hash 函数和随机数模块，增加了功耗和成本。再者，它需要针对所有标签计算 Hash，对于标签数量较多的应用，计算量太大。更进一步，该协议对重放攻击没有抵御能力。最后，阅读器把 ID_k 返回给标签，试图让标签认证阅读器，但却泄露了标签的数据，若去掉这一步，协议安全性则可得到提高。

③ Xingxin(Grace) Gao 等提出的用于供应链的 RFID 安全和隐私方案。Xingxin(Grace) Gao 等在论文 *an Approach to Security and Privacy of RFID System for Supply Chain* 中提出该协议。协议规定标签内置一个 Hash 函数，保存 Hash (TagID)和 ReaderID。其中 ReaderID 表示合法阅读器的 ID，用于认证阅读器。该协议假设在一个地点的所有标签都保存同一个 ReaderID，若需要移动到新的地点，则用旧的 ReaderID 或保护后更新为新的 ReaderID。数据库中保存所有标签的 TagID 和 Hash (TagID)。供应链 RFID 协议流程如图 3-7 所示。

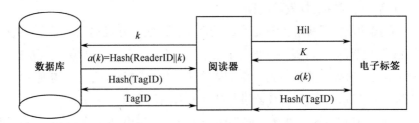

图 3-7　供应链 RFID 协议流程

其协议执行步骤如下。

a. 阅读器向标签发送查询命令。

b. 标签生成随机数 k 并通过阅读器转发给数据库。

c. 数据库计算 $a(k)=$ Hash (ReaderID$\|k$)并通过阅读器转发给标签。

d. 标签同样计算 $a(k)$，以认证阅读器，若认证通过，则将 Hash (TagID)通过阅读器转发给数据库。

e. 数据库通过 Hash (TagID)查找出 TagID 并发给阅读器。

该协议基本解决了机密性、真实性和隐私性问题。其优点主要是简单明了，数据库查询速度快。其缺点：一是，需要一个 Hash 函数，增加了标签的成本、功耗和运行时间；二是，攻击者可重放数据欺骗阅读器；三是，非法阅读器可安装在合法阅读器附近，通过监听 Hash (TagID)跟踪标签；四是，一个地点的所有标签共享同一个 ReaderID 安全性不佳；五是，阅读器和标签中的 ReaderID 的管理难度较大。

④ 欧阳麒等提出一种基于相互认证的安全 RFID 系统。该协议是对上述 Xingxin(Grace) Gao 等提出协议的改进。其改进主要是在 Gao 协议之后增加了阅读器对标签的认证和加密信息的获取两个步骤。其中标签增加了加密信息 E(userinfo)。相互认证 RFID 安全系统如图 3-8 所示。

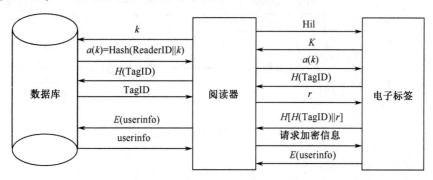

图 3-8 相互认证 RFID 安全系统

图 3-8 中粗线条表示该文在原协议之后增加的步骤。增加的步骤如下。

a. 阅读器向标签发送随机数 r。

b. 标签计算并返回其 $H[H(\text{TagID})\|r]$。

c. 阅读器同样计算并对比 $H[H(\text{TagID})\|r]$，若相等，则认为标签通过认证。

d. 阅读器请求标签中的加密信息。

e. 标签返回加密信息 $E(\text{userinfo})$，并通过阅读器转发给数据库。

f. 数据库查找标签加密证书，解密信息后将明文 userinfo 返回给阅读器。

该协议声称阅读器用随机数 r 挑战可认证标签，从而防止假冒标签。但是

假冒标签可通过窃听得到 $H(\text{TagID})$，因此假冒标签也可生成 $H[H(\text{TagID})\|r]$，所以，实际上达不到目的。当然，若将认证数改为 $H(\text{TagID}\|r)$，则可达到该目的。另一个问题是 $E(\text{userinfo})$ 是不变的，进一步加重了原协议存在的跟踪问题。并且既然阅读器始终要从服务器取得 userinfo，其实不如直接把 userinfo 保存在数据库中，在原协议中返回 TagID 时直接返回更为简捷。毕竟文中引入的证书加密增加了标签存储容量，并且增加了证书管理的困难。其他方面该协议与原协议没有区别。综合考虑，该方案尚不如原方案实用。

⑤ 王新锋等提出的移动型 RFID 安全协议。王新锋等在论文"移动型 RFID 安全协议及其 GNY 逻辑分析"中提出该协议。协议要求标签内嵌一个 Hash 函数，保存 ID 和一个秘密值 s，并与数据库共享。移动型 RFID 安全协议如图 3-9 所示。

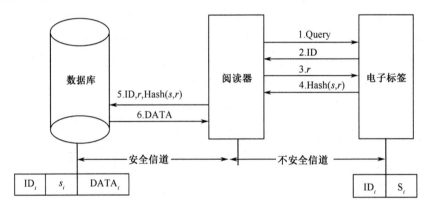

图 3-9　移动型 RFID 安全协议

该协议执行步骤如下。

a. 阅读器向标签发送查询命令。

b. 标签返回其 ID。

c. 阅读器生成随机数 r 并发给标签。

d. 标签计算 Hash (s, r) 并通过阅读器转发给数据库。

e. 数据库针对所有标签匹配计算，若找到相同值，则把标签数据发给阅读器。

该协议基本解决了机密性、真实性和隐私性问题。其优点主要是简单明了。其缺点：一是，需要一个 Hash 函数，增加了标签的成本、功耗和运行时间；二是，攻击者可重放数据欺骗阅读器；三是，ID 不变攻击者可跟踪标签；四是，密钥管理难度大。

⑥　陈雁飞等提出的安全协议。陈雁飞等在论文"基于 RFID 系统的 Reader-Tag 安全协议的设计及分析"中提出该协议。该协议要求标签具有两个函数 H 和 S，并存储标志符 ID 和别名 Key。数据库存储所有标签的 $H(Key)$、ID 和 Key。每次认证成功后，别名按照公式 Key=S(Key) 进行更新。为使失步状态可以恢复，数据库为每个标签存储两条记录，分别对应数据变化前后的数据。这两条记录通过字段 Pointer 可相互引用。Reader-Tag 安全协议流程如图 3-10 所示。

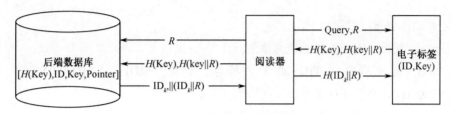

图 3-10　Reader-Tag 安全协议流程

其执行步骤如下。

a. 阅读器用随机数 R 询问标签。

b. 标签计算 $H(Key)$ 和 $H(Key\|R)$，并通过阅读器转发给数据库。

c. 数据库利用 $H(Key)$ 进行搜索，找到记录计算并比较 $H(Key\|R)$，若相等，则认证通过，更新 Key=S(Key)，然后计算 $H(ID\|R)$ 并通过阅读器转发给标签。

d. 标签通过计算 $H(ID\|R)$ 认证阅读器，若通过，则更新 Key=S(Key)。

该协议基本解决了 RFID 系统的隐私性、真实性和机密性问题。其优点是数据库搜索速度快，并可从失步中恢复同步。其缺点：一是，标签需要两个 Hash 函数，进行 4 次 Hash 运算，成本、功耗和运行时间都会增加较多；二是，攻击者用相同的 R 查询标签，虽然通不过认证，但标签的 Key 不会变化，因此每次都会返回相同的 $H(Key)$，这样标签仍然能被跟踪；三是，标签存在数据更新，识别距离减半。

⑦　基于 Hash 的 ID 变化协议。基于 Hash 的 ID 变化协议与 Hash 链协议类似，在每一次认证过程中都改变了与阅读器交换的信息。在初始状态，标签中存储 ID、TID（上次发送序号）、LST（最后一次发送序号），且 TID=LST；后端数据库中存储 H(ID)、ID、TID、LST、AE。ID 变化协议认证过程如图 3-11 所示。

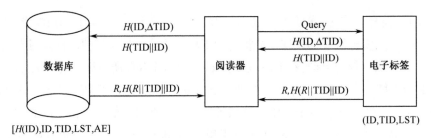

图 3-11　ID 变化协议认证过程

该协议运行过程如下。

a. 阅读器向标签发送查询命令。

b. 标签将自身 TID 加 1 并保存，计算 H(ID)、Δ TID=TID–LST、H(TID‖ID)，然后将这 3 个值发送给阅读器。

c. 阅读器将收到的 3 个数据转发给数据库。

d. 数据库根据 H(ID)搜索标签，找到后利用 TID=LST+Δ TID 计算出 TID，然后计算 H(TID‖ID)，并与接收到的标签数据比较，如果相等，则通过认证；通过认证后，更新 TID、LST=TID 及 ID=ID$\oplus R$，其中 R 为随机数；然后数据库计算 $H(R$‖TID‖ID)，并连同 R 一起发送给阅读器。

e. 阅读器将收到的两个数据发送给标签。

f. 标签利用自身保存的 TID、ID 及收到的 R 计算 $H(R$‖TID‖ID)，判断是否与数据库发送的数值相等，若相等，则通过认证；通过认证后，标签更新自身 LST=TID、ID=ID$\oplus R$。

该协议比较复杂，其核心是每次会话 TID 都会加 1，TID 加 1 导致 Hash 值每次都不同，以此避免跟踪。TID 在数据库与标签中未必相等，但 LST 只在成功认证后才刷新为 TID 的值，因此正常情况下在数据库与标签中是相等的，并且仅传输 TID 与 LST 的差值，以此保证 LST 的机密性。最后，如果双方认证通过，还要刷新 ID 的值，以避免攻击者通过 H(ID)跟踪标签。

该协议复杂，其安全性仍然存在问题：一是由于环境变化，可能造成标签不能成功收到阅读器发来的认证数据，而此时数据库已经更新，标签尚未更新，此后该标签将不能再被识别；二是攻击者可查询标签，把获得的 3 个数据记录下来，然后重放给阅读器，从而使数据库刷新其数据，也能造成数据不同步；三是攻击者可在阅读器向标签发送认证数据时，施放干扰，阻断标签更新数据，同样也能造成数据不同步；四是攻击者查询标签，标签即把 H(ID)发送给了攻击者，而该数据在两次合法识别之间是不变的，因此在此期间攻击者仍然能够跟踪标签；五是标签需更新数据，与前面分析相同，只适合可写标签，并且识别距离缩短一半左右。

⑧ LCAP 协议。LCAP 协议每次成功的会话都要动态刷新标签 ID，标签需要一个 Hash 函数。LCAP 协议流程如图 3-12 所示。

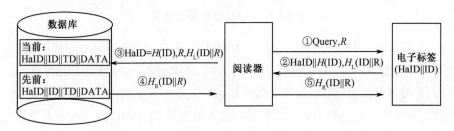

图 3-12　LCAP 协议流程

由图 3-12 可知，LCAP 协议运行步骤如下。

a. 阅读器生成随机数 R 并发送给标签。

b. 标签计算 Hash 值 $H(ID)$ 和 $H_L(ID\|R)$，并把这两个值一起通过读写器转发给后端数据库，其中 H_L 表示 Hash 值的左半部分。

c. 后端数据库查询预先计算好的 Hash 值 $H(ID)$，如果找到，则认证通过，更新数据库中的 $ID=ID\oplus R$，相应地更新其 Hash 值，以备下次查询；然后用旧的 ID 计算 $H_R(ID\|R)$，并通过阅读器转发给标签。

d. 标签首先验证 $H_R(ID\|R)$ 的正确性，若验证通过，则更新其 $ID=ID\oplus R$。

该协议基本解决了隐私性、真实性和机密性问题，并且数据库可预计算 $H(ID)$，查询速度很快。其缺点：一是标签需要 Hash 函数，增加了成本和功耗；二是在两次成功识别之间 $H(ID)$ 不变，仍然可以跟踪标签；三是标签不能抵御重放攻击；四是标签需更新数据，造成识别距离减半；五是很容易由于攻击或干扰造成数据库与标签数据不同步，标签不能再被识别；六是标签 ID 更新后，可能与其他标签的 ID 重复。

⑨ 孙麟等对 LCAP 的改进协议。孙麟等提出了一种增强型基于低成本的 RFID 安全性认证协议，该协议实际上是对 LCAP 的一种改进。LCAP 改进协议流程如图 3-13 所示。

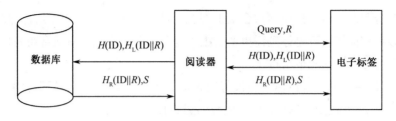

图 3-13　LCAP 改进协议流程

由图 3-13 可知，该协议与前述 LCAP 协议相似，唯一区别在于标签 ID 的更新方法：LCAP 中 ID=ID⊕R，而本协议中 ID=ID⊕S，其中 S 由数据库选取，可使新 ID 能够保证唯一性，而 LCAP 协议中则不能保证唯一性。但该协议 S 以明文方式传输，极易被篡改，尤其是如果 S 被改为 0，则 ID 异或后并未发生变化，将更便于跟踪，同时也将造成数据库与标签更容易失步。

⑩ 薛佳楣等提出的一种 RFID 系统反跟踪安全通信协议，笔者称该协议为 UNTRACE。协议规定标签和数据库共享密钥 K，K 同时作为标签的标志。标签将存储一个可更新的时间戳 Tt，并实现一个带密钥的 Hash 函数 H_k。数据库保存一个时间戳 Tr。Tr 每隔一定周期变化一次，当其变化时数据库预先计算并保存所有标签的 Hash 值 $H_k(Tr)$。

其认证步骤如下。

a. 阅读器发送当前时间戳 Tr 到标签。

b. 标签比较时间戳 Tr 与 Tt，若 Tr 大于 Tt，则阅读器合法，用 Tr 更新 Tt，计算并返回 $H_k(Tr)$。

c. 后端数据库搜索标签返回值，若有效则认证通过。此处 Tr 作为时间戳。

该协议基本解决了隐私性、真实性和机密性问题。其优点：一是提出了通过时间戳的自然变化防止标签跟踪；二是数据库可预先计算，搜索速度很快。其缺点：一是由于 Tr 并不具有机密性，攻击者很容易伪造较大的时间戳通过标签的认证，此后该标签将不能被合法阅读器识别；二是在服务器的时间戳增加之前，标签不能被多次识别；三是若服务器时间戳变化太快则数据库刷新过于频繁，计算量太大；四是 Hash 函数增加了标签成本、功耗和响应时间；五是标签需更新数据，造成识别距离减半；六是需要引入密钥管理。

⑪ 杨骅等提出的适用于 UHF RFID 认证协议的 Hash 函数构造算法。该算法共选取 4 个混沌映射，分别为帐篷映射、立方映射、锯齿映射和虫口映射。将每两个映射作为一组，共可以组成 6 组。映射组合的选择由读写器通过

命令参数传递给标签。算法的目标是从初值中计算得到一个 16 位的数作为 Hash 值。Hash 函数构造算法流程如图 3-14 所示。

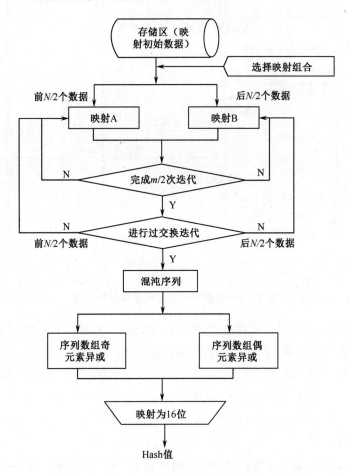

图 3-14 Hash 函数构造算法流程

该算法设计较为复杂,但混沌映射的安全性未经证明,难以在实际系统中应用,且缺乏对其时空复杂度是否适合电子标签的论述。

(2)基于随机数机制的安全通信协议。

① Namje Park 等提出的用于移动电话的 UHF RFID 隐私增强保护方案。该方案主要基于移动电话集成 RFID 阅读器的前提。其设想是用户购买商品后马上把标签的原 ID 结合随机数加密后生成新的 ID 写入标签中。当需要根据 ID 查询商品信息时,再用手机解密,并且再次生成并写入新的随机密文。UHF RFID 隐私增强保护方案如图 3-15 所示。

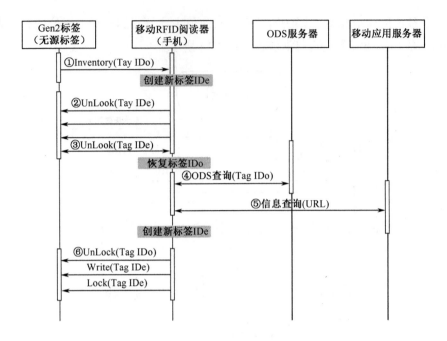

图 3-15　UHF RFID 隐私增强保护方案

图 3-15 中，ODS 表示对象目录服务，IDo 表示原 ID，IDe 表示临时 ID。

该方案的优点是：简单，标签不需要增加任何功能。其缺点：一是用户的手机需要集成阅读器；二是用户需要不时地对标签加密，当商品数量比较多时尤其困难；三是密钥管理困难，密钥的分配和更新难度非常大；四是未考虑相互认证，攻击者向标签写入任何数据；五是在两次更新之间，攻击者可以跟踪标签。

② Leonid Bolotnyy 等提出的基于 PUF 的安全和隐私方案。PUF（Physically Unclonable Function）函数实际上是一种随机数发生器。其输出依赖于电路的线路延时和门延时在不同芯片之间的固有差异。这种延时实际上是由一些不可预测的因素引起的，如制造差异、量子波动、热梯度、电子迁移效应、寄生效应及噪声等。因此难以模拟、预测或复制一个优秀的 PUF 电路。PUF 对于相同的输入，即使完全相同的电路都将产生不同的输出。PUF 需要的芯片面积很小，作者估计一个产生 64b 输出的 PUF 大约需要 545 个门。由于物理攻击需要改变芯片的状态，会对 PUF 产生影响，因此 PUF 具有很好的抗物理攻击性能。

作者提出的认证协议非常简单：假设标签具有一个 PUF 函数 p，一个 ID，则每次阅读器查询标签时，标签返回 ID，并更新 ID=p(ID)。由于 PUF 的不可预测性，数据库必须在初始化阶段，在一个安全的环境中把这些 ID 序列从标签中收集并保存起来。

PUF 函数本身受到两个问题的制约：一个是对于相同输入，两个 PUF 产生相同输出的概率；另一个是对于相同输入，同一个 PUF 产生不同输出的概率。第一个问题是要求不同的 PUF 之间要有足够的区分度，第二个问题是要求同一个 PUF 要有足够的稳定度。对于稳定度问题，作者建议 PUF 执行多次，然后取概率最大的输出。但是即使如此，标签工作环境变化也较大。例如，物流应用中，标签可能从热带地区的 30℃，移动到寒带地区的−30℃。显然，这种情况下靠多次执行 PUF 并不能解决问题。

除 PUF 特定的问题之外，该协议还存在一些其他问题：一是数据库存储量增加过大；二是初始化过程时间过长；三是难以确定需要收集多少初始化数据；四是标签需更新数据，识别距离减半；五是攻击者可调整功率使标签可读取，但不可更新，即可跟踪标签。

（3）基于服务器数据搜索的安全通信协议。

① Hun-Wook Kim 等提出的认证协议。该协议的特点是基于流密码，但并未指出采用哪种算法，仅指出其协议流程基于挑战响应协议，并且认证成功后其密钥会被更新。服务器与标签共享密钥和 ID。为了恢复同步，服务器端保存上次成功密钥和当前密钥。Hun-Wook Kim 认证协议流程如图 3-16 所示。

图 3-16 中，CKey 表示当前密钥；LKey 表示最后一次成功的密钥；T_{flag} 表示上次认证标签是否成功更新密钥，上次成功则 $T_{flag}=0$，否则为随机数；E_{ID} 表示加密后的 ID；R_1、R_2、R_3 表示流密码模块生成的密钥流中的前 3 个字。

协议执行时，数据库针对所有标签数据生成密钥流，并与 R_1 进行比较，若相等则认证通过，然后 R_2 把密钥流发送到标签；标签与 R_2 进行比较，若相等则认证通过。双方在认证通过时，将把当前密钥更新为 R_3。

该协议的特点是当 T_{flag} 标志表明密钥同步时用 $f(ID\|Key)$ 生成密钥流，其中没有随机性，数据库可以预先计算存储密文，从而大大加快搜索速度。而当发现密钥不同步时，则用 $f(ID\oplus T_{flag}\|Key\oplus S)$ 生成密钥流，其中包含随机性，又避免了跟踪问题。

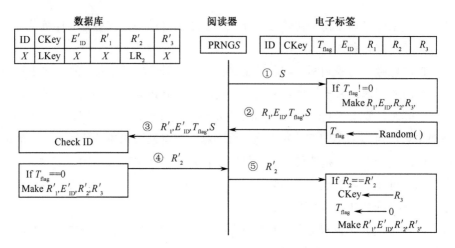

图 3-16　Hun-Wook Kim 认证协议流程

该协议基本解决了隐私性、真实性和机密性问题。其优点：一是提出用流密码实现，比分组密码复杂度低；二是利用密钥更新增大了破解难度；三是当密钥同步时，数据库搜索很快。其缺点：一是当密钥不同步时，数据库需要针对所有标签进行加密运算，不适合较大的系统；二是攻击者给阅读器发送任意数据，将引起数据库执行全库计算，非常容易产生拒绝服务；三是标签需要更新数据，造成识别距离减半。

② 裴友林等提出的基于密钥矩阵的 RFID 安全协议。该协议的特点是以矩阵作为密钥。加密时，明文与密钥矩阵相乘得到密文。解密时，与其逆矩阵相乘得到明文。该协议涉及 3 个数据：秘值 S、密钥矩阵 K_1 和 K_2。标签具备矩阵运算能力，其中保存 S、K_1 和 K_2^{-1}。数据库中保存 X、S、K_1^{-1} 和 K_2，其中 $X=K_1^{-1}S$。每次成功认证后 S 都会用随机值更新，X 的值也对应更新。密钥矩阵 RFID 安全协议如图 3-17 所示。

其执行步骤如下。

a. 阅读器询问标签。

b. 标签计算 $X=K_1S$，并将其通过阅读器转发给数据库。

c. 后端数据库查找 X，计算 $K_1^{-1}X$ 并与数据库中的 S 比较，若相等则认证通过；然后计算 $Y=K_2S$；选取 S_{new}，计算 $Z=K_2S_{new}$，$X_{new}=K_1S_{new}$；用 S_{new} 和 X_{new} 更新数据库字段；把 Y、Z 通过阅读器转发给标签。

d. 标签用 Y 计算出 S 认证阅读器，若认证通过，则用 Z 计算出 S_{new} 更新原 S。

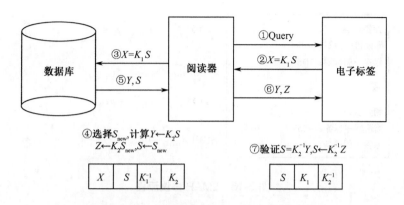

图 3-17　密钥矩阵 RFID 安全协议

由于数据库中的 X 本身是用 S 计算出来的，如果数据库查到 X 即可表明认证通过。因此协议用 X 计算出 S 再与数据库的 S 比较进行认证是多余的，实际上数据库中只保存 S 或 X 之一即可。

该协议基本解决了隐私性、真实性和机密性问题。其优点：一是数据库搜索速度很快；二是引入密钥矩阵加密，运算量不大。其缺点：一是矩阵乘法加密的安全性堪忧，只要一个明文和密文对即可破解密钥；二是如果用低阶矩阵，甚至难以对抗唯密文攻击，高阶矩阵则存储容量很大，而且矩阵阶数难以确定；三是在两次成功认证之间仍然可以跟踪标签；四是很容易由于干扰或攻击造成失步，一旦失步，标签就不能再被合法阅读器识别，同时会一直被非法阅读器跟踪；五是标签需更新数据，造成识别距离减半；六是需要引入密钥管理。

（4）基于逻辑算法的安全通信协议。

Pedro Peris-Lopez 等提出的 LMAP 协议，该协议中标签存储其 ID，一个别名为 IDS，4 个密钥 K_1、K_2、K_3、K_4，并能执行按位"与($\wedge$)""或($\vee$)""异或($\oplus$)"及"模 2 加(+)"4 种运算（编者注：其实后续协议并未用到"与"运算）。LMAP 协议流程如图 3-18 所示。

其协议分成 3 个步骤：标签识别、相互认证和数据更新。

① 在识别阶段，阅读器询问标签，标签返回别名 IDS。

② 在相互认证阶段，阅读器生成两个随机数 n_1 和 n_2，并计算 A、B、C 3 个数，然后把这 3 个数发给标签。标签从 A 中计算出 n_1，然后用 B 认证阅读器，用 C 得到 n_2，然后计算 D 并发给阅读器，阅读器用 D 认证标签。A、B、C、D 的计算公式如图 3-18 所示。

标签识别 阅读器→标签：hello 标签→阅读器：IDS 相互认证 阅读器→标签：$A\|B\|C$ 标签→阅读器：D	$A = \mathrm{IDS}_{\mathrm{tag}(i)}^{(n)} \oplus K_{1\,\mathrm{tag}(i)}^{(n)} \oplus n_1 \qquad ①$ $B = \mathrm{IDS}_{\mathrm{tag}(i)}^{(n)} \vee K_{2\,\mathrm{tag}(i)}^{(n)} + n_1 \qquad ②$ $C = \mathrm{IDS}_{\mathrm{tag}(i)}^{(n)} + K_{3\,\mathrm{tag}(i)}^{(n)} + n_2 \qquad ③$ $D = [\mathrm{IDS}_{\mathrm{tag}(i)}^{(n)} + \mathrm{ID}_{\mathrm{tag}(i)}] \oplus n_1 + n_2 \qquad ④$

图 3-18　LMAP 协议流程

③ 认证通过后双方更新 IDS、K_1、K_2、K_3、K_4。LMAP 协议更新公式如图 3-19 所示。

$$\mathrm{IDS}_{\mathrm{tag}(i)}^{n+1} = \left[\mathrm{IDS}_{\mathrm{tag}(i)}^{(n)} + [n_2 \oplus K_{4\,\mathrm{tag}(i)}^{(n)}] \right] \oplus \mathrm{ID}_{\mathrm{tag}(i)} \qquad ①$$

$$K_{1\,\mathrm{tag}(i)}^{(n+1)} = K_{1\,\mathrm{tag}(i)}^{(n)} \oplus n_2 \oplus [K_{3\,\mathrm{tag}(i)}^{(n)} + \mathrm{ID}_{\mathrm{tag}(i)}] \qquad ②$$

$$K_{2\,\mathrm{tag}(i)}^{(n+1)} = K_{2\,\mathrm{tag}(i)}^{(n)} \oplus n_2 \oplus [K_{4\,\mathrm{tag}(i)}^{(n)} + \mathrm{ID}_{\mathrm{tag}(i)}] \qquad ③$$

$$K_{3\,\mathrm{tag}(i)}^{(n+1)} = [K_{3\,\mathrm{tag}(i)}^{(n)} \oplus n_1] + [K_{1\,\mathrm{tag}(i)}^{(n)} \oplus \mathrm{ID}_{\mathrm{tag}(i)}] \qquad ④$$

$$K_{4\,\mathrm{tag}(i)}^{(n+1)} = [K_{4\,\mathrm{tag}(i)}^{(n)} \oplus n_1] + [K_{2\,\mathrm{tag}(i)}^{(n)} \oplus \mathrm{ID}_{\mathrm{tag}(i)}] \qquad ⑤$$

图 3-19　LMAP 协议更新公式

该协议基本解决了隐私性、真实性和机密性问题。其优点：一是对标签的计算能力要求不高；二是数据库搜索速度快。其缺点：一是采用的算法非常简单，安全性存疑；二是在两次认证之间可以跟踪标签；三是很容易由于干扰或攻击失去数据同步；四是失去同步后，攻击者可跟踪标签或用重放数据哄骗阅读器和标签；五是标签需更新数据，造成识别距离减半。

为了解决数据同步问题，编者进一步提出了 LAMP+，其改进在于每个标签保存更多的别名，以备失步时使用。这种改进增大了标签和数据库容量，且效果有限。

（5）基于重加密机制的安全通信协议。

给标签重命名可以缓解隐私问题。一类重命名方案需要在线数据库，在数据库中建立别名与 ID 的对应关系。重加密机制是一种不需要在线数据库的重命名方法。

重加密方法使用公钥加密机制，但仅依靠阅读器完成运算，而标签不参与运算，只存储相关数据。

Juels 等提出的用于欧元钞票上的建议给出了一种基于椭圆曲线体制的实现

方案。该方案在钞票中嵌入 RFID 芯片，除认证中心外，任何机构都不能够识别标签 ID（钞票的唯一序列号）。重加密时，重加密读写器以光学扫描方式获得钞票上印刷的序列号，然后用认证中心的公钥对序列号及随机数加密后重新写入芯片。由于每次加密结果不同，因此防止了跟踪，重加密机制示意图如图 3-20 所示。

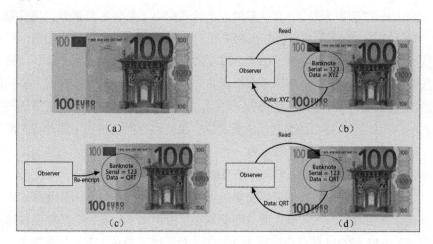

图 3-20　重加密机制示意图

G.Avoine 等指出 A.Juels 等的方案存在缺陷。例如，重加密时，重加密读写器首先要获得明文（钞票序列号），于是重加密读写器可以跟踪和识别钞票，这侵犯了用户隐私。P.Golle 等提出了通用重加密方案。该方案使用 ElGamal 算法的同态性实现了无须明文直接对密文进行加密的特性，同时还做到了公钥保密。但是 Saito J 等指出通用重加密方案易受"取消重加密攻击"和"公钥替换攻击"。其中"取消重加密攻击"手段可以采取简单措施防范，但"公钥替换攻击"尚无良好解决方案。Saito J 等提出的两个解决方案：一个需要在标签内实现公钥解密；另一个需要读写器在线。李章林等提出了"抗置换""检测置换""防置换跟踪"3 种解决方案，但他同时指出了第一种方案要求标签有较强计算能力；第二种方案要求阅读器检测时知道标签私钥；第三种方案则仍然留有漏洞。在另一篇论文中李章林等又提出了另一个方案，但仅限于3000左右个逻辑单元和 1120b 的存储区。

重加密方法的优点是对标签要求低，但仍然存在一些缺点：一是需要比较多的重加密阅读器，造成系统成本较高；二是需要引入复杂密钥管理机制；三是在两次重加密间隔内，标签别名不变，易受跟踪；四是易受"公钥替换攻

击";五是标签可写且无认证,非常容易被篡改;六是阅读器易受到重放和哄骗攻击;七是系统实用性不强,无论是由商人,还是由用户对每张钞票施行重加密都缺乏可行性,而如果由银行实施,则钞票被重加密的间隔时间太长,防跟踪意义不大。

2)密码相关技术小结

从上述内容可以看出,有众多的专家学者提出了各种名目繁多、花样翻新的方案。这些方案采用的密码学机制主要有:Hash 函数,随机数生成器,标签数据更新,服务器数据搜索,CRC,以及"异或""与""或""加""乘""校验和""比特选取"等算术逻辑运算,挑战响应协议,对称加密,公钥加密,混沌加密,别名机制,挑战响应协议,PUF 等。这些方案综合选用这些机制,使 RFID 空中接口的隐私性、真实性、机密性等问题得到了部分或全部解决。但是这些方案或多或少都存在一些问题。有些问题属于设计上的疏忽,可以加以改进,但有些问题是方案所固有的。其中值得注意的有以下几点。

(1)凡是采用标签数据更新机制的方案由于需要解决数据同步问题,因此稍有疏忽就会留下很多漏洞。而且即使解决了数据同步问题,仍然存在最致命的问题——EEPROM 的读出电压为 3~5V,写入电压高达 17V。目前绝大多数标签均采用 EEPROM,实践发现其读出距离将降低一半左右,因此标签数据更新机制应尽量予以避免。

(2)不少方案需要利用数据库完成对标签的认证。其中很多方案需要针对所有标签进行暴力计算。暴力搜索方案仅适合标签数量较少的场合,如一个单位的门禁系统,但是对于生产、物流、零售、交通等标签很多的场合则并不实用。有些方案让所有标签共享相同的密钥以避免暴力搜索,这种方案存在的问题是一旦一个标签的密钥被破解,整个系统就会面临危险。另外,数据库搜索方案一般都需要数据库实时在线,对于有些应用系统来说很难实现。还有一些方案则对每个标签保存了很多条记录,大大增加了数据量,也是不利于实际实现的。

(3)不少方案都利用了秘密值、密码、别名或密钥等概念。这里存在的问题是,如果所有标签共享相同的秘密值,则系统安全性面临较大威胁。如果每个标签的秘密值不同,则它们的管理难度较大。系统不仅要处理秘密值的生成,写入标签,更难的是它们的更新。在同一个地点要确定合适的更新周期,移动到新的地点则要处理后台密钥的传输。

(4)有些方案采用了一些非常简单的运算作为加密函数或 Hash 函数,如

CRC 和一些自行设计的简单变换。对于这种方案即使其协议设计完善，但由于其算法未经验证，因此难以在实践中采用。

（5）很多采用别名的方案存在别名数量难以确定的问题。增加别名数量有利于安全性的提高，但却需要增加标签容量。如果采用 EPC 码 96 位作为一个别名，则 1KB 的标签仅能存储 10 多个标签，对于很多应用来说远不能达到需求。

（6）有些方案对标签要求太高，基本不能使用，如需要进行 3 次以上的 Hash 运算，需要存储数百千比特的公钥。

（7）有些方案（如 PUF 方案）目前尚不成熟，难以实际采用。当然也有些方案设计比较完善，几乎没有漏洞，也有较佳的实用性，这种方案一般都基于传统的挑战响应协议和经典的密码算法。另外，基于公钥的算法密钥管理简单，如果运算速度较快，密钥较短的算法也应优先采用。

3．几种高频 RFID 安全方案

对于 13.56MHz 频率的 RFID 标签，目前已经有几种可行的方案，以下介绍两种方案。

（1)恩智浦 MIFARE I 芯片。恩智浦公司的 MIFARE 系列是符合 ISO-14443 Type A 标准的标签。其中采用的认证协议符合国际标准 ISO 9798—2 "三通相互认证"，采用 CTYPT01 流密码数据算法加密。

其相互认证的过程如下。

① 阅读器发送查询标签。

② 标签产生一个随机数 R_A，并回送给阅读器。

③ 阅读器则产生另一个随机数 R_B，并使用共同的密钥 K 和共同的密码算法 E_K，算出一个加密数据 $T_1=E_K(R_A||R_B)$，并将 T_1 发送给标签。

④ 标签解密 T_1，核对 R_A 是否正确，若正确则阅读器通过认证，然后再生成一个随机数 R_C，并计算 $T_2=E_K(R_B||R_C)$，最后将 T_2 发送给阅读器。

⑤ 阅读器解密 T_2，核对 R_B 的正确性，若正确则标签通过认证。

MIFARE 系列的 CTYPT01 流密码加密算法密钥为 48 位。其算法是非公开的，但2008年德国研究员亨里克·普洛茨和美国弗吉尼亚大学计算机科学在读博士卡尔斯滕·诺尔利用计算机技术成功破解了其算法。这样攻击者只需破解其48位密钥即可将其安全措施解除，由于其密钥长度太短，对于随机数以时间为种子等问题，现在有关其破解的报道较多，已经出现了专门的 ghost 仿真破译机，可随心所欲地伪造 Mifare 卡。

（2）中电华大 C11A0128M-B。北京中电华大公司最新推出的电子标签芯片 C11A0128M-B 也支持 ISO-14443 Type A 协议。与 Mifare 卡一样采用三通认证机制。其区别主要在于算法是用国产的 SM7 分组算法。由于该算法采用 128 位的密钥，因此安全性要比 Mifare 高得多。

3.3 传感器网络安全

3.3.1 传感器网络简介

传感器网络是由大量具有感知能力、计算能力和通信能力的微型传感器节点构成的自组织、分布式网络系统。传感器网络中，搭载各类集成化微型传感器的传感器节点协同实时监测、感知和采集各种环境或监测对象的信息，并对其进行处理，最终通过自组织无线网络以多跳中继方式将所感知的信息结果传输到用户手中。

3.3.2 传感器网络技术的特点

1. 传感器网络基本结构

传感器节点主要由传感、数据处理、通信和电源 4 部件构成。根据具体应用的不同，还可能会有定位系统以确定传感节点的位置，有移动单元使得传感器可以在待监测地域中移动，或者具有供电装置可以从环境中获得必要的能源。此外，还必须有一些应用相关部分。例如，某些传感器节点有可能在深海或海底，也有可能出现在化学污染或生物污染的地方，这就需要在传感器节点的设计上采用一些特殊的防护措施。

由于在传感器网络中需要大规模配置传感器，为了降低成本，典型的传感器节点通常只有几兆赫兹或十几兆赫兹的处理能力及十几千字节的存储空间，通信速度、带宽也十分有限。同时，由于大多数应用环境中传感器节点无法重新充电，体积微小，其本身所能携带的电量也十分有限。

在传感器网络中，节点散落在被监测区域内，节点以自组织形式构成网络，通过多跳中继方式将监测数据传到基站节点或基站，最终借助长距离或临时建立的基站节点链路将整个区域内的数据传输到远程中心进行集中处理。传感器网络结构如图 3-21 所示。

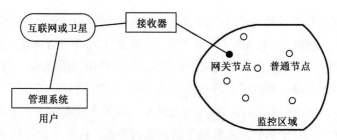

图 3-21　传感器网络结构

从传感器网络结构中可以看出，节点对监控区域进行数据采集，并与网络内节点进行信息交互，连接网关节点，最终通过网关节点连接到互联网，把数据传输到后端的管理系统，管理系统根据采集到的数据对节点进行管理和控制。

2．资源特性

通常传感器不具备计算能力，使用电池供电，使用无线通信方式。表 3-2 所示为 3 种不同类型传感器的技术规格，分别是 crossbow 公司的 MICA2、Imote 和 CSIRO 公司的 FLECK。

表 3-2　3 种不同类型传感器的技术规格

项目	MICA2	FLECK	Imote
处理器	8MHz，Atmel ATMegal28L	4MHz，Atmel ATMegal28L	13～416MHz，Intel PXA271 Xscale
内存	128KB 可编程 Flash 4KB RAM	512KB 可编程 Flash 4KB RAM	256KB SRAM 32MB SDRAM
外部存储	512KB 串行 Flash	1MB（Fleck3）	32MB Flash
默认电源	2.7～3.3V	1.3～5.3V 带有太阳能充电电路	3.2～4.5V 3×AAA
睡眠模式	<15mA	230mA	390mA
频段	916MHz	433MHz	2400MHz
LED 指示	3 只 LED 指示灯	3 只 LED 指示灯	—
尺寸	58mm×38mm	60mm×60mm	36mm×48mm×9 mm
范围	300m	500m	30m（集成天线）
系统	TinyOS	TinyOS	TinyOS

从表 3-2 中可以看出，感知设备的资源特性有如下几种。

（1）存储有限。绝大多数的传感器都是比较小型化的设备，具有相对较小的存储容量。例如，MICA2 只有 4KB 的 RAM 和 128KB 的 Flash。这意味着安全加密协议的代码量及占用存储资源不能大于传感器的有限存储容量。

（2）能量有限。多数传感器使用电池供电，或者使用电磁感应的方式获取能量。例如，Imote 使用 3 节 AAA 电池供电，即使在睡眠模式下也难以维持较长的工作时间。对于部署无人环境下的传感器而言，应当尽量降低功耗，延长设备的使用寿命。但是，安全机制的实现，将大大消耗传感器的电能，包括数据加/解密、密钥存储、管理、发送等。

3. 网络特性

作为感知设备的各种传感器，为了部署于各种环境中同时能对其数据进行采集，传感器的数量、位置对于不同的环境、应用系统而言都是不固定的。单个传感器的能量有限，监测和通信的范围有限，这就要求应用系统在监测环境中具有多个传感器相互协作，以完成对环境数据的采集，以及把数据传输到远在千里之外的应用系统中。

（1）自组织网络和动态路由。为了满足应用系统多个传感器相互协作的需要，传感器能够实现自组织网络及动态路由。

所谓自组织网络，就是应用系统的传感器能够发现邻近的其他传感器，并进行通信。例如，原来应用系统只有传感器 A，在系统中部署传感器 B 后，只要 B 在 A 的通信范围内，或者 A 在 B 的通信范围内，通过彼此自动寻找，很快就可以形成一个互联互通的网络；当系统中部署传感器 C 后，只要 C 在 A 或 B 中的任何一个传感器的通信范围内，那么 C 也可以被 A 或 B 连接，从而与系统的 A、B 形成可以通信的网络。

所谓动态路由，就是传感器与后台应用系统的通信路径是动态的，不是固定的。传感器能够自适应地寻找最合适的路径把数据发送给后台系统。例如，原来系统中只有 A、B 两个传感器，通信路径为 "A→B→后台系统"，当 C 传感器加入网络后，A 传感器发现通过 C 传感器转发给后台系统的通信速度最为理想，那么通信路径变为 "A→C→后台系统"。通过动态路由技术，可以保证传感器网络数据能够以最为合适的方式到达后台系统。

单个传感器的传输范围有限，因此单个传感器的数据通过多个传感器的中转才能到达目的地。为了减轻整个传感器网络的负担，降低传感器网络中通信的冲突和延迟，减少通信中的冗余数据，需要对整个传感器网络划分为不同的区域，即以簇进行管理，每个簇有一个主要负责簇内数据接收、处理的基站。基站负责本簇内数据的过滤、转发，以及与其他簇基站的通信，从而使本簇节点和其他簇节点能够实现通信。而从整个网络来说，基站也是网络中的一个节点，也具有自组织和动态路由的特性。

（2）不可靠的通信。多数传感器使用无线的通信方式。无线通信方式固有的不可靠性会导致数据丢失及易受到干扰。

（3）冲突和延迟。在一个应用系统中，可能有成百上千的传感器进行协同工作，而同时可以有几十个或上百个传感器发送数据包，那么将导致数据通信冲突和延迟。

4．物理特性

传感器常部署在公共场合或恶劣的环境中。而为了适应商业低成本的要求，传感器设备的外壳等材质并不能防止外界对设备的损坏。

（1）无人值守环境。传感器常部署在无人值守的环境，难免会受到人为破坏，也不可避免地受到恶劣天气或自然灾害（如台风、地震等）的影响。

（2）远程监控。坐在监控室中的管理人员通过有线或无线方式对远在千里之外的成百上千个传感器进行监控，难以发现传感器的物理损坏，也不能及时给传感器更换电池。

3.3.3　传感器网络安全威胁分析

传感器的资源有限，并且网络运行在恶劣的环境中，因此，很容易受到恶意攻击。传感器网络面临的安全威胁与传统移动网络相似。传感器网络的安全威胁主要有以下 4 种类型。

（1）干扰。干扰就是使正常的通信信息丢失或不可用。传感器大多使用无线通信方式，只要在通信范围之内，便可以使用干扰设备对通信信号进行干扰，也可以在传感器节点中注入病毒（恶意代码或指令），这有可能使整个传感器网络瘫痪（所有通信信息都变得无效，或者多个传感器频繁、同时发送数据，使整个网络设施无法支撑这样的通信数据量，导致整个网络通信停滞）。如果是有线通信，那么干扰手段就更为简单了，把线缆剪断就可以了。

（2）截取。截取就是攻击人员使用专用设备获取传感器节点或簇中的基站、网关、后台系统等重要信息。

（3）篡改。篡改就是非授权人没有获得操作传感器节点的能力，但是可以对传感器通信的正常数据进行修改，或者使用非法设备发送大量假的数据包到

通信系统中，把正常数据淹没在这种假数据"洪水"中，使本来数据处理能力就不高的感知设备节点无法为正常数据提供服务。

（4）假冒。假冒就是使用非法设备假冒正常设备，进入到传感器网络中，参与正常通信，获取信息；或者使用假冒的数据包参与网络通信，使正常通信延迟或诱导正常数据，获得敏感信息。

这些安全威胁主要的攻击手段有如下几种。

（1）窃听。窃听是一种被动的信息收集方式。不论这些信息是否加密，攻击者隐藏在感知网络通信范围内，使用专用设备收集来自感知设备的信息。

（2）伪造。攻击者使用窃听到的信息，仿制具有相同信号的传感器节点，并使用伪造的传感器节点设备在系统网络中使用。

（3）重放。重放也称为回放攻击，攻击者用特定装置截获合法数据，然后使用非法设备把该数据加入重发，使非法设备合法化，或者诱导其他设备进行特定数据传输，获取敏感数据。

（4）拒绝服务攻击。攻击者在感知网络中注入大量的伪造数据包，占用数据带宽，淹没真实数据，浪费网络中感知设备有限的数据能力，因此使真正的数据得不到服务。

（5）通信数据流分析攻击。攻击者使用特殊设备分析系统网络中的通信数据流，对信息收集节点进行攻击，使节点瘫痪，因此导致网络局部或整个网络瘫痪。

（6）物理攻击。传感器设备大多部署在无人值守的环境，并且为适应低成本需要，这些感知设备的外部机壳材料等都没有太高的防护性，容易受到拆卸、损坏等物理方面的攻击。

除以上这些主要攻击手段之外，还有发射攻击、预言攻击、交叉攻击、代数攻击等，并且随着这些感知设备的推广普及，攻击者的攻击能力不断增强，攻击手段也越来越多。

目前传感器网络安全面临如下挑战。

（1）技术标准不统一。IEEE 802.15.4、IEEE 802.15.4C、ZigBee 及 IEEE 1451 等相关标准的发布，无疑加速了无线传感器网络（Wireless Sensor Network，WSN）的发展，但目前并没有形成统一的 WSN 标准。标准的不统一带来了产品的互操作性问题和易用性问题，使得部分用户对于 WSN 的应用一直持观望态度，因此限制了 WSN 在军方的发展。

（2）技术不成熟。WSN 综合了传感器、嵌入式计算、网络及无线通信、分布式系统等多个领域的技术。现有的路由协议、传感器节点行为管理、密钥管理等技术还不实用，无法保证 WSN 大规模使用，同时成本和能量也制约了 WSN 的应用推广。

3.3.4　传感器网络安全防护的主要手段

传感器网络由多个传感器节点、节点网关、可以充当通信基站的设备（如个人计算机）及后台系统组成。通信链路存在于传感器与传感器之间、传感器与网关节点之间和网关节点与后台系统（或通信基站）之间。对于攻击者来说，这些设备和通信链路都有可能成为攻击的对象。图 3-22 所示为传感器网络的攻击模型。

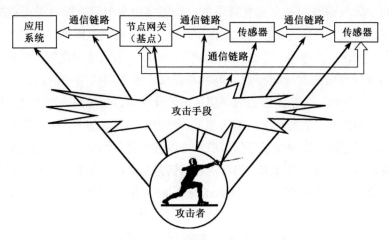

图 3-22　传感器网络的攻击模型

为实现传感器网络安全特性的 4 个方面，并针对传感器网络存在的攻击手段，需要不同的防护手段。

1．信息加密

对通信信息进行加密，即对传感器网络中节点与节点之间的通信链路上的通信数据进行加密，不以明文数据进行传输，即使攻击者窃听或截取到数据，也不会得到真实信息。

2．数据校验

数据接收端对接收到的数据进行校验，检测接收到的数据包是否在传输过程中被篡改或丢失，确保数据的完整性。优秀的校验算法不仅能确保数据的完

整性，也能够确保攻击者的重放攻击，从假数据包中找到真实数据包，防御"拒绝服务"攻击。

3．身份认证

为确保通信一方或双方的真实性，要对数据的发起者或接收者进行认证。这就好比阿里巴巴的咒语，只有知道咒语的人，门才能打开。认证能够确保每个数据包来源的真实性，防止伪造，拒绝为来自伪造节点的信息服务，防御对数据接收端的"拒绝服务"攻击等。

4．扩频与跳频

固定无线信道的带宽总是有限的，当网络中多个节点同时进行数据传输时，将导致很大的延迟及冲突，就像单车道一样，每次只能通过一辆车，如果车流量增大，相互抢道，那么将导致堵车；同时其信道是固定的，即使用固定的频率进行数据的发送和接收，很容易被攻击者发现通信的信道，并进行窃听、截取通信信息。在无线通信中使用扩频或跳频，虽然两个节点通信时还是使用单一的频率，但是每次通信的频率都不相同，而其他节点就可以使用不同的频率进行通信，即增加了通信信道，可以容纳更多的节点同时进行通信，减少冲突和延迟，也可以防御攻击者对通信链路的窃听和截取。在扩频或跳频技术中，使用"说前先听"（Listen Before Talk，LBT）的机制，即要发送数据之前，对准备使用的频率进行监听，确认没有其他节点在使用该频率后，才在这个信道（频率）上发送数据，不然就监听下一个频率，依次类推。LBT 机制不仅减少了对网络中正在进行数据传输的干扰，合理利用通信信道，更为有效地传输数据，还能够防止攻击者对无线通信的干扰，降低通信数据流分析攻击的风险。

5．安全路由

传统网络的路由技术主要考虑路由的效率、节能需求，但是很少考虑路由的安全需求。在传感器网络中，节点和节点通信、节点和基站通信、基站和基站通信、基站和网关（后台系统）通信都涉及路由技术。在传感器网络中要充分考虑路由安全，防止节点数据、基站数据泄露，同时不给恶意节点、基站发送数据，防止恶意数据入侵。

6．入侵检测

简单的安全技术能够识别外来节点的入侵而无法识别那些被捕获节点的入侵。因为这些被捕获的节点和正常的节点一样，具有相同的加/解密、认证、路由机制。安全防护技术要能够实现传感器网络的入侵检测，防止出现由于一个节点的暴露而导致整个网络瘫痪的危险。

3.3.5　传感器网络典型安全技术

1．传感器网络安全协议增强技术

无线传感器网络协议栈如图 3-23 所示，包括物理层、数据链路层、网络层、传输层和应用层，与互联网协议栈的五层协议相对应。无线传感器网络协议栈还包括能量管理平台、移动管理平台和任务管理平台。这些管理平台使得传感器节点能够按照能源高效的方式协同工作，在节点移动的无线传感器网络中转发数据，并支持多任务和资源共享。

设计并实现通信安全一体化的传感器网络协议栈，是实现安全传感器的关键。安全一体化网络协议栈能够整体上应对传感器网络面临的各种安全威胁，达到"1+1>2"的效果。该协议栈通过整体设计、优化考虑将传感器网络的各类安全问题统一解决，包括认证鉴权、密钥管理、安全路由等。传感器网络通信安全一体化协议栈如图 3-24 所示。

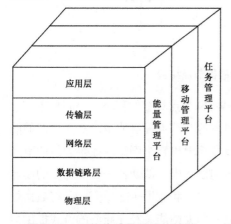

图 3-23　无线传感器网络协议栈　　图 3-24　传感器网络通信安全一体化协议栈

1）物理层安全设计

物理层主要指传感器节点电路和天线部分。在已有节点的基本功能上分析其电路组成，测试已有节点的功耗及各个器件的功耗比例。综合各种节点的优点，设计一种廉价、低功耗、稳定工作、多传感器的节点，可以安装加速度传感器、温度传感器、声音传感器、湿度传感器、有害气体传感器、应变传感器等。分析各种传感器节点的天线架构，测试它们的性能并进行性价比分析，设计一种低功耗、抗干扰、通信质量好的天线。

为了保证节点的物理层安全，就要解决节点的身份问题和通信问题。研究使用天线来解决节点间的通信问题，保证各个节点间及基站和节点间可以有效地互相通信。研究多信道问题，防范针对物理层的攻击。

（1）节点设计。无线传感器节点结构主要由数据采集单元、数据处理单元及数据传输单元三部分组成，如图 3-25 所示。工作时，每个节点首先通过数据采集单元，将周围环境的特定信号转换成电信号，然后将得到的电信号传输到调整滤波电路和 A/D 转换电路，进入数据处理单元进行数据处理，最后由数据传输单元将从数据处理单元中得到的有用信号以无线通信的方式传输出去。

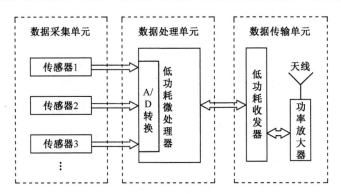

图 3-25　无线传感器节点结构

安全 WSN 节点硬件结构设计：安全 WSN 节点具有体积小、空间分布广、节点数量大、动态性强等特点，通常采用电池对节点提供能量。然而电池的能量有限，一旦某个节点的电能耗尽，该节点将退出整个网络。如果大量的节点退出网络，该网络将失去作用。在硬件结构设计中，低功耗是一个重要的设计准则之一。在软件方面，可以关闭数据采集单元和数据传输单元，并将数据处理单元转入休眠状态；在硬件方面，可以采用太阳能等补充能源的方式提供能量，以及使用低功耗的微处理器和射频芯片。

微处理器和射频芯片的选择：对比目前国际上安全 WSN 节点使用的几款微处理器（Freescale 的 MC9S08GT60、TI 的 MSP430F1611 及 Atmel 的

ATmega128），对它们的性能进行分析，涉及的参数有总线位数、供电电压、活动状态电流、休眠状态电流（保留 RAM）、定时器、ADC、DAC、SCI（UART）总线个数、SPI 总线个数、IIC 总线个数、键盘中断引脚个数、PWM 信号个数。对比后根据总体设计选出最适合的微处理器。

对比现在节点上常用的几款射频芯片（Freescale 的 MC13203、Chipcon 的 CC2420 及 Ember 的 EM250）并分析其性能，涉及的参数有供电电压、调制方式、工作频率范围、接收灵敏度、最大发送功率、接收时电流、发送功率、空闲状态、深度休眠。对比后根据节点的总体设计需求，选出最适合的节点射频芯片。

微处理器与射频芯片之间的连接：设计微处理器和射频芯片的连接电路，实现微处理器与射频芯片之间的低功耗全双工高速通信。

射频电路的设计：节点在信号发送和接收时功耗最大，低功耗的射频电路直接影响到节点电路的性能和节点的存活期。将信号有效、无损处理后传输给射频芯片是设计的目标。通过合适的电路设计，还可以增大节点的通信距离，增强传感器网络的功能。

数据采集单元的设计：数据采集单元包括各种参数传感器，传感器的选择应以低功耗为原则，同时要求传感器的体积尽量小（尽量选用集成传感器），信号的输出形式为数字量，转换精度能够满足需求。目标是设计一种通用的接口，可以根据需要连接不同的传感器，如加速度传感器、温度传感器、湿度传感器等。

（2）天线设计。由于 WSN 的设备大多要求体积小、功耗低，因此在设计该类无线通信系统时大多采用微带天线。微带天线具有体积小、质量小、电性能多样化、易集成、能与有源电路集成为统一的组件等众多优点；同时，受其结构和体积限制，存在频带窄、损耗较大、增益较低、大多数微带天线只向半空间辐射、功率容量较低等缺陷。

设计一种适用于 IEEE 802.15.4 标准的倒 F 天线。IEEE 802.15.4 标准是针对低速无线个人区域网络制定的标准。该标准把低能量消耗、低速率传输、低成本作为重点目标，为个人或家庭范围内不同设备之间低速互联提供统一标准。它定义了两个物理层，即 2.4GHz 频段和 868/915MHz 频段物理层。虽然一些小型的偶极子天线已经被应用到这种无线通信网络中，但是这些天线不能很好地满足无线传感器网络良好的通信距离、高适应性、稳定性等要求，尤其是低功耗和小尺寸的紧凑结构。设计的倒 F 天线满足结构紧凑、价格低廉、易于加

工、通信效果良好的无线传感器网络节点的典型要求。

2）链路层安全协议

媒体访问控制协议（Media Access Control，MAC）处于传感器网络协议的底层，对传感器网络的性能有较大的影响，是保证无线传感器网络高效通信的关键网络协议之一。无线传感器网络的 MAC 协议由最初的对 CSMA 和 TDMA 的算法改进开始，到提出新的协议，或者在已有协议的基础上有所改进，如 SMACS/EAR、S-MAC（Sensor MAC）、T-MAC、DMAC。其中，有些协议引入了休眠机制减少能量的消耗，减少串音和冲突碰撞等，但是其中最为重要的是 MAC 层通信的安全问题，需要有效的方案解决 MAC 层协议的安全问题。

S-MAC 协议是在 802.11 MAC 协议基础上针对传感器网络的节省能量需求而提出的传感器网络 MAC 协议。针对 S-MAC 协议存在的安全缺陷，提出了基于 NTRUsign 数字签名算法的 SSMAC（Secure Sensor MAC）协议，实现了数据完整性、来源真实性和抵御重放攻击的安全目标。NTRU 公钥体制是由 Hoffstein、Pipher 和 Silverman 于 1996 年首先提出的，由于该公钥体制只使用简单的模乘法和模求逆运算，因此它的加/解密速度很快，密钥生成速度也很快。SSMAC 协议设计如下。

① 帧格式设计。MAC 层帧结构设计的目标是用最低复杂度实现 S-MAC 的可靠传输，帧结构设计的好坏直接影响整个协议的性能。每个 MAC 子层的帧都由帧头、负载和帧尾三部分构成。

数据帧格式的设计：数据帧用来传输上层发送到 MAC 子层的数据，它的负载字段包含了上层需要传输的数据。数据负载传输到 MAC 子层时，称为 MAC 服务数据单元。它的首尾被分别附加了帧头信息和帧尾信息后，就构成了 MAC 帧。由于 S-MAC 协议是建立在 802.11 协议的基础上的，对照 802.11 协议的 MAC 数据帧格式，SSMAC 数据帧格式如图 3-26 所示。

图 3-26 中，Frame-ctrl 表示帧控制域；Duration 表示持续时间；Address 表示地址域；Sep 表示帧序列号；Data 表示数据域；Check 表示校验域；M 表示 {Sep，Address，Frame-ctrl}；Hash（M）表示 M 用 SHA-1 算法进行 Hash 得到的消息摘要；Signature[Hash（M）]表示对生成的消息摘要 Hash（M）用签名算法进行数字签名。

ACK 帧格式的设计：ACK 帧是接收端接收到正确的数据帧后发送的确认帧。它的帧类型值为 oxEE，帧序号为正确接收的数据帧序号。为确保传输质量，ACK 确认帧要尽可能地短，此时它的 MAC 负载为空。ACK 确认帧格式如图 3-27 所示。

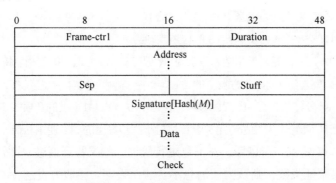

图 3-26　SSMAC 数据帧格式

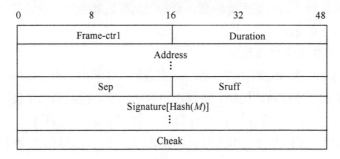

图 3-27　ACK 确认帧格式

图 3-27 中，Frame-ctrl 表示帧控制域；Address 表示地址域；Check 表示校验域；M 表示{ACKID，Address，Frame-ctrl}；Hash (M)表示对 M 用哈希算法进行 Hash 得到的消息摘要；Signature[Hash（M）]表示对生成的 20 字节的消息摘要 Hash(M)用签名算法进行数字签名。

② 协议流程。针对碰撞重传、串音、空闲侦听和控制消息等可能造成传感器网络消耗更多能量的主要因素，S-MAC 协议采用以下机制：采用周期性侦听/睡眠的低占空比工作方式，控制节点尽可能处于睡眠状态来降低节点能量的消耗；邻居节点通过协商的一致性睡眠调度机制形成虚拟簇，减少节点的空闲侦听时间；通过流量自适应的侦听机制，减少消息在网络中的传输延迟；采用带内信令来减少重传和避免侦听不必要的数据等。

SSMAC 协议流程描述为：假设 A 为发送节点，B 为目的节点；当 A 要发送消息 Msg 时，要选择对 Msg 帧头中的 Sep 字段、Frame-ctrl 字段和 Address 字段进行数字签名，M={Sep，Address，Frame-ctrl}。

具体过程如下。

A→B：RTS；//发送方发送 RTS 控制帧给 B

B→A：CTS；//接收方发送 CTS 响应控制帧给 A

A：H（M）；//发送方使用哈希算法对 M 进行 Hash 处理，得到消息摘要；本步骤具体过程为：发送方收到接收方发来的 CTS 响应控制帧后，对 M 进行 Hash 处理，产生一个向量 V=(V1，V2)，V1、V2 均为 Rq=Zq[x]/（XN-1）上的多项式

A：Esk[H（M）]；//发送方用签名算法对上一步产生的摘要使用私钥 SK 签名

目的节点 B 收齐消息后，对消息进行验证。如果验证通过，则认为该信息合法；如果验证失败，则认为该消息不合法，丢弃。接收方发送 ACK 确认帧及其签名给 A。B 向 A 发送 ACK 确认帧及其签名。若 A 在规定时间内没有收到 ACK 确认帧，则必须重传消息，直到收到确认帧为止，或者经过若干次的重传失败后放弃发送。

3）网络层安全路由协议

针对已有的 WSN 路由协议进行研究分析，并着重分析各类路由协议中运用的分簇机制、数据融合机制、多跳路由机制、密钥机制和多路径路由机制，在此基础上提出高效安全路由协议算法。在高效能路由设计方面，通过在 LEACH 路由协议的基础上引入节点剩余能量因子，降低剩余能量较小节点被选取为簇头的概率；通过引入"数据特征码"的概念，以最大限度减少数据传输量为目的进行网内数据融合；在多跳机制中利用 ECM（Energy-Considering Merge）算法，缩短源节点到目的节点的距离，从而进一步减少数据传递能耗。在安全路由设计方面，通过对 WSN 网络层易受的攻击进行分析，在认证机制上通过改进 SNEP，用可信任的第三方节点为通信双方分发密钥，并且采用基于单向随机序号的消息认证机制；综合能耗因素，采用多路径路由，用冗余路由保证可靠传输。

（1）设计框架。SEC-Tree（Security and Energy Considering Tree）路由机制是一个高效率、高安全和高可靠的 WSN 路由协议，它通过改进的簇管理机制、数据融合机制、多路径路由机制实现 SEC-Tree 路由协议的高效能，通过密钥机制和多路径机制实现安全可靠的路由协议，SEC-Tree 协议设计框架如图3-28 所示。

身份认证模块实现了改进的 SNEP（传感器网络加密协议），为簇管理、多路径路由、数据信息的传递与融合提供安全机制；簇管理模块内置 SEC-Tree 簇形成算法 ECM，实现基于剩余能量机制的簇头选择，周期性维护基于簇拓扑的结构；多路径路由在路由的建立和维护阶段，建立冗余的数据通道，提高路由的安全性，包括容错自适应策略、时延能耗自适应策略和安全自适应策略 3 个策略子块；数据融合模块内置基于数据特征码的高效数据融合算法，提供在簇头节点进行数据融合的处理方法。

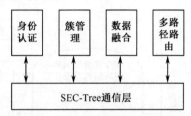

图 3-28　SEC-Tree 协议设计框架

（2）运行逻辑。SEC-Tree 协议包括拓扑建立和拓扑维护两个阶段，数据传输阶段包含在拓扑维护阶段内。SEC-Tree 的簇管理、多路径路由、身份认证、数据融合等各个模块在路由建立和路由维护阶段协同作用，实现了以最小化传感器网络能量损耗为目的的安全路由。

（3）路由建立运行逻辑。节点初始化时，由簇管理模块进行簇头选择。簇管理内置 SEC-Tree 改进的 LEACH 路由算法，引入了剩余能量因子。通过随机选取簇头，进入簇形成阶段。该阶段由簇头广播请求信号，其余节点通过判断收到的信号强度决定自己所加入的簇。在簇形成阶段调用身份认证模块，实现非簇头节点对簇头节点的信息认证。一旦簇形成，根据 ECM 算法建立簇内 SEC-Tree 拓扑和簇间 SEC-Tree 拓扑，至此初始化路由表工作完成。路由建立阶段处理流程如图 3-29 所示。

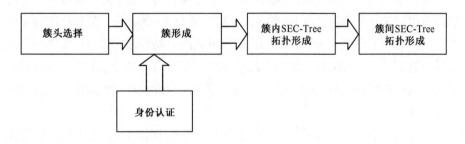

图 3-29　路由建立阶段处理流程

针对目前路由协议存在这么多的安全问题，考虑利用 ARRIVE 路由协议的思想，对 Tree-based 路由算法进行安全扩充，提出了基于 SEC-Tree 的安全路由

协议算法和基于优化 BP 神经网络的系统安全评价模型，从而保证路由的鲁棒性和可靠性。图 3-30 所示为基于优化 BP 神经网络的系统安全评价模型。

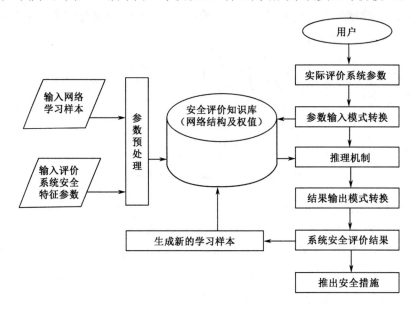

图 3-30　基于优化 BP 神经网络的系统安全评价模型

Tree-based 路由算法是以 Sink Node 为树根使用动态网络发现算法构造出覆盖网络所有节点的树状网络拓扑结构。首先在路由发现阶段，需要初始化无线传感器网络中的所有节点的层次结构，这里采用通用的动态路由发现算法。动态路由发现可以由任意一个节点发起，但通常是由网关节点（Sink Node）发起的。网关节点通常提供了到传统网络的一个连接。每个根节点周期性地向它的邻居节点发送一个带有自身 ID 和距离（初始值为 0）的消息，消息处理程序检查这个消息源节点是否为到目前为止所侦听到的距离最近的节点。如果是，则记录下该源节点的 ID 作为它的多转发路由的父节点，并增加距离，然后将它自己的 ID 作为源节点的 ID 重新发送这个消息，以此就可以构造出一棵自组织的生成树。

动态网络发现以分布的形式构造了一棵以原始节点为根的宽度优先的生成树。每个节点仅记录固定数量的信息。这棵树的具体形状是由网络传输特性决定的，而不是提前规定的层次，因此网络是自组织的。当可以有多个并发的根节点时，就可以形成一个生成森林。

在动态网络发现阶段所生成的树中，数据包的路由是根据节点中所记录的路由信息直接转发的。当节点要传输一个需要被路由的数据包时，它指定了一个多转发点（Multi-hop）转发处理程序，并指明它的父节点是接收者。转发处理程序会将数据包发送给它的每个邻居节点。节点的父节点会继续转发该数据包给该父节点的父节点，通过使用消息缓冲区交换的方式。其他的相邻节点简单地将包丢弃。数据经过多个转发点之后，最终路由到达根节点。

其实现过程如下。

确定网络的拓扑结构，包括中间隐层的层数及输入层、输出层和隐层的节点数。确定被评价系统的指标体系，包括特征参数和状态参数；运用神经网络进行安全评价时，首先必须确定评价系统的内部构成和外部环境，确定能够正确反映被评价对象安全状态的主要特征参数（输入节点数、各节点实际含义及其表达形式等），以及这些参数下系统的状态（输出节点数、各节点实际含义及其表达方式等）。

选择学习样本，供神经网络学习；选取多组对应系统不同状态参数值时的特征参数值作为学习样本，供网络系统学习；这些样本应尽可能地反映各种安全状态。其中对系统特征参数进行（$-\infty$，∞）区间的预处理，对系统参数应进行（0，1）区间的预处理。神经网络的学习过程即是根据样本确定网络的连接权值和误差反复修正的过程。

确定作用函数，通常选择非线性 S 形函数建立系统安全评价知识库。通过学习确认的网络结构，包括输入、输出和隐节点数及反映其间关联度的网络权值的组合；具有推理机制的被评价系统的安全评价知识库，进行实际系统的安全评价。经过训练的神经网络将实际评价系统的特征值转换后输入到已具有推理功能的神经网络中，运用系统安全评价知识库处理后得到评价实际系统的安全状态的评价结果。实际系统的评价结果又作为新的学习样本输入神经网络，使系统安全评价知识库进一步充实。

4）传输层可靠传输协议

可靠传输模块的功能是：①在网络受到攻击时，运行于网络层上层的传输层协议能够将数据安全、可靠地送达目的地；②能够抵御针对传输层的攻击。传统的有线网络为实现数据的可靠传输采用的是端到端的思想，依靠智能化的终端执行复杂算法来保证其可靠性，尽量简化网络核心的操作以降低其负担，以此提高网络整体性能。与有线网络不同，无线传感器网络可靠通信不能采用传统的 TCP 协议。在实现传感器网络的可靠通信时，要考虑以下因素的影响。

（1）无线通信。传感器网络通信能力低，无线链路具有不可靠性，非对称

链路、隐藏终端和暴露终端、信号干扰、障碍物等因素会导致信道质量急剧恶化，难以实现可靠通信。

（2）资源有限。传统的无线网络传输层协议主要集中于差错和拥塞控制上，而传感器网络中，由于能量、内存、计算能力、通信能力等成本，因此在传感器网络上实现复杂的或内存开销大的算法来提高可靠性是不现实的，为增强可靠性而产生的通信开销应尽量小以延长网络的生存期。

（3）下层路由协议。传统的有线和无线网络传输层都是在不可靠的 IP 层基础上为应用层提供一个可靠的端到端传输服务，与此不同，无线传感器网络是基于事件驱动的网络模型，该系统对某一事件的可靠传输依靠的是若干传感器节点的集体努力，汇聚节点对某一事件的可靠发现是基于多个源节点提供的信息而不是单个节点的报告。因此，传统的端到端可靠传输定义不再适用于无线传感器网络中。

（4）恶意节点。可靠传输模块应当有一定的容忍入侵能力，在网络受到攻击时，及时调整传输策略，将数据安全可靠地送达。

5）应用层认证鉴权协议

针对资源受限于环境和无线通信的特点，基于 SPINS 进行改进设计最优化协议栈。SPINS 有两个安全模块：SNEP 和μTESLA。SNEP 提供了重要的基本安全准则：数据机密性、双方数据鉴别、数据的新鲜度和点到点的认证。μTESLA 提供了一种在严格的资源受限的情况下的广播认证。SNEP 是为无线传感器网络量身打造的低开销安全协议，实现数据机密性、数据认证、完整性保护、新鲜度，并设计了无线传感器网络简单高效的安全通信协议，它采用基于共享主密钥的安全引导模型，其各种安全机制通过信任基站完成。SNEP 具有以下特性：①数据认证，如果是 MAC 校验正确，消息接收者就可以确定消息发送者的身份；②重放保护，MAC 值计数阻止了重放信息；③低的通信开销，计算器的状态保存在每一个端点上，不需要在每个信息中发送。

虽然 SPINS 安全协议在数据机密性、完整性、新鲜性、可认证等方面都进行了充分的考虑，但是仍存在以下两个主要问题：①SPINS 是一个共享主密钥方案，虽然能够通过 SNEP 协议有效解决节点之间消息的安全通信，但不能有效解决密钥管理问题，因此影响方案的实用性；②μTESLA 是一个流广播认证协议，传感器节点能够有效地对基站广播数据流进行认证，但是μTESLA 协议不能有效地解决传感器节点身份认证和数据源认证，因此不能对传感器节点实现有效地访问控制。

密钥管理会专门阐述针对节点访问控制问题，提出基于 Merkle 哈希树的访问控制方式。

在基于多密钥链的访问控制中，每个传感器节点均需要保存所有密钥链的链头密钥。在使用的密钥链较多的情况下，传感器节点存储开销较大。为了减少存储开销，引入 Merkle 哈希树，以所有密钥链的链头密钥的 Hash 值作为叶子节点构造 Merkle 哈希树。这样每个传感器节点仅存储 Merkle 哈希树的根信息就能够分配密钥链的链头密钥和认证用户的请求信息。

基于 Merkle 哈希树的访问控制方式使用 Merkle 哈希树以认证的方式分配使用的链头密钥，如图 3-31 所示。中心服务器产生 m 个密钥链，每个密钥链都被分配唯一的 ID，ID $\in[1, m]$。中心服务器计算为

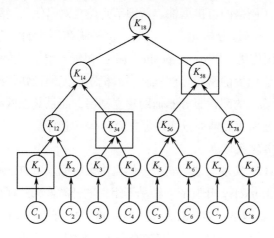

图 3-31　密钥链头分配树

$$K_i = H(C_i) \tag{3-1}$$

式中，$i \in \{1, \cdots, m\}$，C_i 为第 i 个密钥链的链头信息。使用 $\{K_1, \cdots, K_m\}$ 作为叶子节点构造 Merkle 哈希树（完全二叉树），每个非叶子节点为其两个孩子节点组合的 Hash 值。构造的 Merkle 哈希树被称为参数为 $\{C_1, \cdots, C_m\}$ 的密钥链头分配树。图 3-31 中显示了使用 8 个密钥链的 Merkle 哈希树构造过程，其中

$$K_1 = H(C_1) \tag{3-2}$$

$$K_{12} = H(K_1 \parallel K_2) \tag{3-3}$$

$$K_{14} = H(K_{12} \parallel K_{34}) \tag{3-4}$$

$$K_{18} = H(K_{14} \parallel K_{58}) \tag{3-5}$$

式中，H 为消息认证码生成函数。

6）分布式传感器网络密钥管理协议

传感器网络的密钥管理主流是采用基于随机密钥预分配模型的密钥管理机制，但是这类密钥管理机制仍未解决好网络的连通性和安全性的矛盾。即便是改进的基于位置的密钥管理，也由于需要预知传感器节点的部署位置或需要仿篡改的分布的配置服务器辅助建立密钥等问题，而降低了网络部署的灵活性和密钥管理机制的实用性。为了解决这些问题，考虑采用一种基于环区域和随机密钥预分配的无线传感器密钥管理机制。在该机制中，部署后的传感器节点根据自身位置得到由基站以不同功率广播的随机数密钥子集，结合传感器节点预保存的原始密钥子集，通过单向 Hash 函数派生密钥，并在本地区域的节点间通过安全途径发现共享派生密钥，建立安全链路。此外，该基于环区域的密钥管理机制还探讨了网络的可扩展性、新旧节点建立对密钥及网络节点密钥撤销的方便性等问题。通过分析和实验验证，该机制在网络的安全性（如抗捕获性）、连通性方面均优于以 q-composite 随机密钥预分配模型为代表的密钥管理机制。相比于基于位置的密钥管理机制，该机制既无须预知传感器节点的部署知识，也无须防篡改的配置服务器辅助建立密钥，而且其在网络的可扩展性、密钥分发与更新及密钥撤销的方便性等方面具有一定的优势。

7）协议栈实现及仿真

（1）用 TinyOS 实现。通信安全一体化协议栈拟采用 TinyOS 平台实现。TinyOS 是由 UCBerkeley 开发的一种基于组件的开源嵌入式操作系统，其应用领域是无线传感器网络。TOSSIM 是 TinyOS 的仿真器（Simulator）。由于 TinyOS 具有基于组件的特性，运行在 TOSSIM 上的节点机程序除接上模拟外部接口的软件部分外，其他代码不变，允许实际节点机相同的代码在普通计算机上的大规模节点仿真，TOSSIM 能够捕获成千上万个 TinyOS 节点的网络行为和相互作用。

（2）用 NS/2 仿真。采用 NS/2 进行大规模传感器网络仿真。在构建无线传感器网络安全评估模型过程中，运用定性分析法等数学方法，将不易定量分析的安全值定性分析。具体而言是运用归纳、演绎、分析、综合、抽象与概括等方法，在对无线传感器网络特点、安全威胁和相应的安全需求进行分析研究的基础上，去粗取精、去伪存真，提取能反映其本质的指标体系。

搭建基于 NS/2 的无线传感器网络路由协议仿真系统平台，在模拟环境中观察、测定、记录，确定不同条件下的无线传感器网络数据交付率等情况，通过试验反映 SEC-Tree 路由算法和其他路由算法对比效果。

2．传感器网络的恶意节点入侵检测技术

无线传感器网络面临的威胁不仅是外部攻击者对网络发起的攻击，网络内部节点也有可能发起内部攻击。另外，节点出于节省自身能源的目的也会产生一系列自私行为。相对于外部攻击而言，内部攻击对网络造成的威胁更大，更加难以防御，这是由于密钥安全机制完全失效造成的。因此，如何让合法节点评测、识别并剔除内部行为不端节点是无线传感器网络亟待解决的安全问题。

与入侵检测是针对外部行为进行检测不同，行为监管是对传感器网络内部节点的行为进行监管，如传感器节点是否越权访问数据、是否误用权限、违规操作和节点移动等。行为监管通过建立行为信任模型，利用行为监测和行为管理机制对节点行为进行监管。

这里提出一种基于信任管理的无线传感器网络可信管理模型，该模型的核心思想是：将信任管理引入无线传感器网络的管理体系，整个网络以节点信任度作为基础来组建，并以信任度作为网络各种行为的依据；克服现有的基于密码认证管理体系无法解决来自网络内部的攻击、恶意节点的恶意行为及自私节点和低竞争力节点容易"失效"等缺点；并以较少的资源消耗对网络的资源配置、性能、故障、安全和通信进行统一的管理和维护，保证网络正常有效地运行。

基于信任管理的无线传感器网络可信模型的总体框架如图 3-32 所示。在模型中，处于底层的信任度计算是信任管理的基础，主要的功能是根据当前的上下文信息和节点之间的历史合作数据，采用简单、有效的计算模型，得到节点的信任度。信任度管理是 TWSN 模型的核心，位于模型的中央，它的主要功能是管理各相邻节点的信任度，识别恶意节点，同时根据当前节点的状态调整节点的行为等。位于模型上层的是模型的各种应用，这些应用都是基于信任度管理这一基础。

在信任管理模型中，通过信任计算模型得到的信任度能否真实反映当时相邻节点的状况，影响着模型管理性能的优劣。信任度是节点相互之间的主观判断，因此网络中各节点各自维护着一个相邻节点的信任关系表，用来记录某节点所有相邻节点的各种信任参数。表 3-3 所示为简化的信任关系。影响节点信任度的因素主要包括节点是否拥有网络密钥、节点之间的历史信任信息、节点之间的历史合作信息、节点历史行为信息、节点之间相互合作的频率、其他相邻节点所保存的节点信息及鼓励因子等。

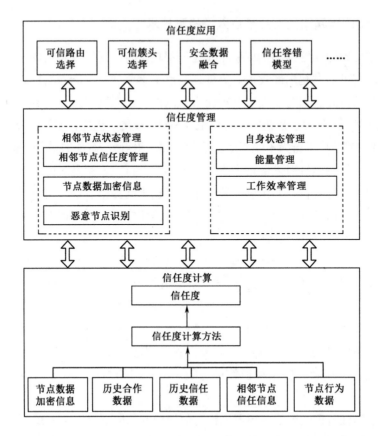

图 3-32　基于信任管理的无线传感器网络可信模型的总体框架

表 3-3　简化的信任关系

节点区域标志	是否拥有密钥	历史信任信息	历史合作信息	历史行为信息	合作频率	鼓励因子

　　节点区域标志即节点的 ID。在无线传感器网络中由于节点的数目众多，因此节点在部署前不可能将节点的 ID 唯一化，节点需要在部署完成后通过协商生成节点的区域 ID，在同一网络中不同的区域可以存在相同的 ID。节点的区域 ID 将会作为节点的唯一标志。TWSN 信任管理模型是对基于密码体系的一个重要补充，所以是否拥有密钥也是用来判断节点是否为外来节点的一个最直观的判断。历史信任信息记录的是上一次计算节点信任度时所得到的信任度。历史合作信息记录的是两节点之间合作的次数及成功合作的次数。历史行为信息记录的是节点篡改传输数据的历史次数。合作频率为相邻节点发起合作的频率。计算相邻节点的合作频率能够方便地识别恶意节点的 Hello 泛洪攻击及

DoS 攻击。鼓励因子则是一个与历史信任信息及合作频率相关的值，当信任度、合作频率越高时，鼓励因子就会比较低，即降低两者的合作频率，主要用来实现 TWSN 模型中的激励与惩罚机制。节点在计算相邻节点的信任度时，首先通过自身监测和保存的各种信任影响因素信息，计算当前的信任度。节点完全依靠自身信息对另外的节点信任度进行判断，可能会因恶意节点的欺骗而导致判断出现误差，所以节点需要从其他节点处得到相关节点的信息来修正节点的信任信息。但是在网络系统中，节点之间信任信息过多的传递，会导致网络中节点资源的大量消耗，影响网络的整体性能，因此采用定期更新的方法来满足两方面的需求，即信任度计算模型分两种：内部计算模型和修正计算模型。通常，节点主要以自身保存各种信任信息作为信任度的计算依据。经过一段时间或一定次数的合作，当满足信任度修正阈值时，节点发起更新信任度的请求，通过从其他节点得到的间接信任度，按照相关的规则更新和修正自己所保存的信任度。信任度计算流程如图 3-33 所示。

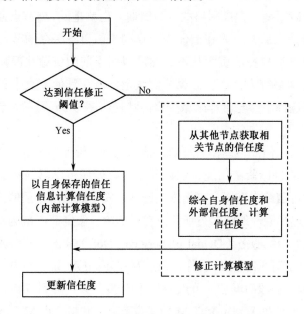

图 3-33 信任度计算流程

在 TWSN 模型中，信任管理包含两方面的内容：相邻节点状态管理和自身状态管理。相邻节点状态管理是针对节点外部网络环境进行考虑的，主要是记录和分析相邻节点的行为及识别网络中的恶意节点。其目的是：快速组建网络，并提供安全保障机制来保证网络安全、稳定、有效地运行。在模型中，节

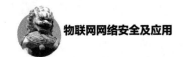

点并不拥有自己的信任信息，也不具备对自身信任度进行直接评价的能力，节点只保存和它相邻节点的信任信息和其他相关信息。为防止网络中恶意节点获得自身的信任信息，在网络中不采用广播的方式来通知网络中的其他节点这个恶意节点的相关信息。因为如果恶意节点知道了自身的信任度已经降到很低的水平，那么它可能会采取一些手段，如主动地参与网络中的某些行为，来提高自身的信任度。而且采用广播的方式来传播恶意节点的相关信息也会对非恶意节点有限的资源造成一定程度的浪费。再者，在 TWSN 信任管理模型中，所有的信任度都是区域性的，没有全局信任度，节点本身只需要维护和自身相邻节点的信任信息，而不需要了解全局的信任信息。并且无线传感器网络本身就是一个自适应、自组织的分布式系统，因此也就没有必要设定节点全局信任度信息。

自身状态管理是从节点本身的资源的角度去管理节点是否参与网络中的各种行为，将节点的能量和节点参与网络合作的频率作为主要的参考依据。其目的是：避免信任度高的节点因资源的快速消耗而退出网络系统，使网络拥有更好的负载平衡，提高网络的生命周期。也就是说，当节点监听到另一节点发出的合作请求后，首先在信任表中查询当前自身保存的节点信任度和合作频率，同时查询自身的资源状态，然后根据当前的资源状况和合作信息，判断是否参与网络行为合作。如果节点认定自身在其他节点中具有比较高的信任度，则可选择不参与合作来减少资源消耗。图 3-34 所示为节点自身状态管理流程。

信任度应用以信任管理作为基础，是体现信任管理系统价值的部分，并与信任管理系统的目标紧密相连，它涵盖了现有无线传感器网络的各种典型应用，其中包括可信路由选择、可信簇头选择、安全数据融合及信任容错等。例如，可信路由选择原理如图 3-35 所示。在示例中，假定节点 M 为恶意节点，采用的攻击手段为拒绝服务（Denial of Service，DoS）攻击。节点 A 希望将数据传输到节点 S，请求和节点 M 合作，节点 M 并不回应，那么节点 A 则会修改节点 M 的信任度，一段时间后，节点 M 的信任度将会下降到节点 A 不能接受的信任度范围，则节点 A 确定节点 M 为恶意节点，并将节点 M 记录在自身维护的信任黑名单中，然后在对合作节点的选择中，将不会选择节点 M 作为合作节点，而选择当前可信度更高的另一相邻节点 B 作为合作节点。

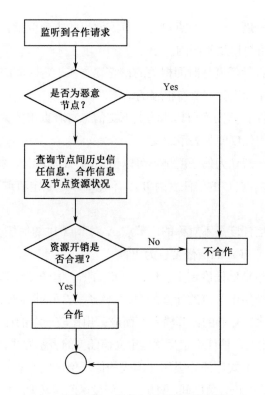

图 3-34 节点自身状态管理流程

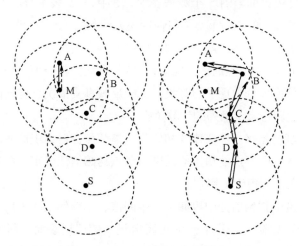

图 3-35 可信路由选择原理

信任度是节点通过一段时间的观察和历史经验信息对另一节点的诚实性、安全性和可靠性的一种主观度量。信任度具有以下的一些性质。

主观性：信任度是一个节点对另一节点做出的主观度量，不同的节点对同一节点的信任评价可以是不同的。

时间相关性：信任度是时间相关的，它建立在一定时间的基础上。信任度会随着时间的变化而变化，具有很强的动态性。

上下文相关性：信任度和具体的上下文信息有着直接的关系，离开了具体的上下文信息，信任度便失去了意义。

弱传递性：一般认为信任度是不可以传递的，即节点 A 对节点 B 的信任度为 W_1，节点 B 对节点 C 的信任度为 W_2，不能简单地断定节点 A 对节点 C 的信任度为 W_1W_2。

不对称性：信任度是不对称的，节点 A 对节点 B 的信任度为 W_1，但并不意味着节点 B 对节点 A 的信任度也为 W_1。

信任度计算包括信任度定义、信任度初始化、信任度计算模型等步骤。由于在无线传感器网络中节点的计算能力、资源等方面的限制，使得在信任管理系统中不适合用比较复杂的计算模型，而应采用比较简单的计算方法。

（1）信任度定义。信任度定义就是定义信任度的表示方式，即信任度的衡量方式。一般采用离散式信任等级和连续式的信任值区间来表示。离散式的信任等级一般定义对称的正、负区间。例如，信任度区间定义为[–2，–1，0，1，2]，则节点的信任度由区间内的 5 个数来表示。其中，–2 表示节点不可信，–1 表示节点可能不可信，0 表示节点的可信度还无法判断，1 表示节点可能可信，2 表示节点是可信的。同样，连续式的信任区间也采用对称的正负区间来表示。例如，$–1 < x < 1$，x 为节点的信任度，x 可为区间内的任意值。信任度连续式的表示方式把信任度划分为更多的等级，更能反映真实情况，但同时也给节点信任度的评估和更新带来了额外的计算负担。

（2）信任度初始化。信任度的初始化是指节点在自组织形成网络时节点可能具有的信任度，即节点的初始信任度。节点初始信任度定义会对网络的组建及新节点的加入产生很大的影响。

一般信任度的初始值为中等偏下、中间值、中等偏上。采用中等偏下或中间值的初始值可以防止恶意节点为更新自己的信任记录而重新加入网络的行为，但是这样也不利于网络组建和新节点的加入。采用中等偏上的初始值则正好相反。为保证无线传感器网络对网络拓扑变化比较敏感，而且在基于密码的无线传感器网络中节点的加入是需要进行认证的，所以在实际应用中通常采用中等偏上的初始值。

（3）信任度计算模型。信任度计算模型即信任度的合成方法，是信任度计算的核心。可以形象地将信任度的更新模型表示为函数 $f(x_1, x_2, \cdots, x_n)$，其中，参数 $x_1, x_2, \cdots, x_n$ 是影响信任行为的各种因素。信任度计算模型随信任管理模型的不同而各异。总体而言，信任度计算的主要依据为两节点之间的历史合作数据、其他节点所保存的节点合作数据和维护的信任度（第二手信息）及节点当前保存的各类信任因素数据。

在现有的无线传感器网络信任管理模型中，为保证节点所维护的信任信息能反映真实的情况，大多数模型都采用两种或两种以上的数据来源作为节点信任度计算的依据。

通过计算节点的数学期望来求节点的信任度，使用当前节点保存的各类信任因素数据和其他节点所保存的节点合作数据及维护的信任度这两种信息。模型中每个节点 i 维护着一个信任表 RT_i，表中记录着节点 i 所有相邻节点的信任度 R_{ij}，即 $\mathrm{RT}_i = \{R_{ij}\}$。

看门狗机制是模型中一种专门监测目标节点是否合作的一种机制。通过看门狗机制能够得到当前节点之间的合作情况 D_{ij}。从而利用贝叶斯公式计算当前的信任度 R_{ij}。

$$R_{ij} = f(D_{ij}, R_{ij}) = \frac{P(D_{ij} / R_{ij}) \cdot R_{ij}}{\sum p(D_{ij} / R_{ij}) \cdot R_{ij}} \tag{3-6}$$

当节点需要选择和它相邻的某一节点 j 作为下一跳节点时，则会查询所有相邻节点中保存的节点 j 的信任度的信息 R_{kj}，其中 k 为相邻节点的编号。节点 i 通过自身维护的信任表中的信任度的信息 R_{ik}，转化为信任权重 ω_k。则节点 i 对节点 j 的信任度计算模式为

$$T_{ij} = E[R_{ij}] = R_{ij} \cdot \omega + \sum R_{ik} \cdot \omega_k \tag{3-7}$$

信任模型中信任度的更新和节点是否拥有相同的密钥（C）、节点之前合作成功的概率（A）、发出请求后也收到回复的概率（P）及鼓励因子（β）有关，即采用两节点之间的历史合作数据和当前保存的各类信任因素数据作为节点信任度计算的依据。

其中，节点之前合作成功的概率 A_i 的表达式为

$$A_i = \frac{\sum\limits_{j=1}^{n} \mathrm{QA}_j}{n} \tag{3-8}$$

$\mathrm{QA}_j = \{0, 1\}$ 表示第 j 次是否合作成功。发出请求后也收到回复的概率 P_i

的表达式为

$$P_i = \frac{\sum_{j=1}^{n} QP_j}{m}$$ （3-9）

$QP_j = \{0，1\}$表示第 j 次回复是否收到回复，则信任度的更新函数表示为

$$T_i = f(i, C, A, \beta, P) = C_i \cdot A_i \cdot \beta \cdot P$$ （3-10）

式中，i 为节点所保存的相邻节点的编号；T_i 为第 i 个相邻节点的信任度；$C_i = 0$ 或 1（当 $C_i = 1$ 时，表示节点拥有密钥）。

3．传感器网络的访问控制技术

访问控制是传感器网络中具有挑战性的安全问题之一。传感器网络作为服务提供者向合法用户提供环境监测数据请求服务，仅仅具有合法身份和访问权限的用户发送的请求在通过验证后才能够得到网络服务的响应。传统的基于公钥的访问控制方式开销较大，不适用于传感器网络。目前涉及的传感器网络访问控制机制在开销和安全性方面仍存在较大问题，难以抵抗节点捕获、DoS 和信息重放等攻击。这里提出了基于单向 Hash 链的访问控制方式。为了增加用户数量、提高访问能力的可扩展性及抵抗用户捕获攻击，提出了基于 Merkle 哈希树的访问控制方式和用户访问能力撤销方式。经过分析、评估和比较，与现有的传感器网络访问控制方式相比，这些方式的计算、存储和通信开销较小，能够抵抗节点捕获攻击、请求信息重放攻击和 DoS 攻击。

（1）基于非对称密码体制的访问控制机制。传统的访问控制多是基于非对称密码体制的。资源的访问者持有身份证书和职属证书，在通过身份认证后，根据职属证书的属性和预先设定的访问控制策略（如 BLP 模型及基于角色的访问控制策略）判断是否具有相应的访问控制权限。使用非对称密码体制的访问控制机制需要相应的网络安全基础设施，使用公钥密码算法计算开销大，难以应用在传感器网络中。

目前在传感器网络访问控制方面的研究还处于起步阶段，传统的使用公钥机制的访问控制方式因开销大而难以直接使用。许多研究者正尝试着在传感器节点上实现公钥运算。Zinaida Benenson 等推荐了一个鲁棒性的传感器网络访问控制框架，提出 t 鲁棒的传感器网络，即可以容忍 t 个传感器节点被捕获。此框架由三部分组成：t 鲁棒存储、n 认证和 n 授权（n 个传感器节点共同对用户进行认证和授权）。Zinaida Benenson 等实现了鲁棒性的用户认证，其基本思想是让处在用户通信范围内的传感器节点作为用户的非对称密钥领域和传感器网络的对称密钥领域的网关。用户使用公钥机制与其通信范围内的传感器节点通信，这些传感器节点使用对称密钥方式同网络的其他节点通信。Zinaida Benenson 等还提倡使用传感器网络用户请求泛洪认证。

（2）基于对称密码体制的访问控制机制。基于对称密码体制的访问控制机制需要密钥管理的支撑，适用于能量受限的网络，特别是无线网络。由于传感器网络能量严格受限，因此所使用的多为对称密码体制。

基于对称密钥机制的传感器网络访问控制方式的研究刚刚开始。在 Blundo 等倡导的对密钥预分配模式的基础上，Satyajit Banerjee 等提出基于对称密钥的传感器网络用户请求认证方式。此方式没有引入额外开销，但是需要密钥预分配技术的支撑。基于最小权限原则，Wensheng Zhang 等给出的几个有效的传感器网络权限限制的方式，仅允许用户执行分配给他的操作；他们同时给出了几个撤销用户权限的方法，以便在用户被敌人捕获的情况下，尽可能将损失降到最小。

（3）现有访问控制存在的问题。传感器网络访问控制方式的研究还处于初级阶段，目前提出的访问控制方式存在的主要缺点有如下几种。

① 计算开销比较大，特别是使用公钥密码方式。

② 通信开销比较大，往往需要多轮交互。

③ 需要密钥管理的支撑，特别是使用对称密钥方式。

④ 难以抵抗 DoS 攻击、请求信息重放攻击和节点捕获攻击。

利用单向密钥链和 Merkle 哈希树，本节推荐了几种有效的传感器网络访问控制方式和用户访问能力撤销方式。与现有的传感器网络访问控制方式相比，这些方式的计算、存储和通信开销较小，能够抵抗节点捕获、请求信息重放和 DoS 攻击。

密钥管理会专门阐述针对节点访问控制问题，提出基于 Merkle 哈希树的访问控制方式。在基于多密钥链的访问控制中，每个传感器节点均需要保存所有密钥链的链头密钥。在使用的密钥链较多的情况下，传感器节点存储开销较大。为了减少存储开销，引入 Merkle 哈希树，以所有密钥链的链头密钥的 Hash 值作为叶子节点构造 Merkle 哈希树。这样每个传感器节点仅存储 Merkle 哈希树的根信息就能够分配密钥链的链头密钥和认证用户的请求信息。基于 Merkle 哈希树的访问控制方式使用 Merkle 哈希树以认证的方式分配使用的链头密钥，参见图 3-31。

4．传感器网络的安全管理技术

密钥管理的核心就是安全参数及密钥的分发。Ronald Watro 等提出了基于 PKI 技术的加密协议 TinyPk。但是由于采用公开密钥的管理机制计算和通信开销比较大，并不适用于一些资源紧张的传感器网络。公开密钥管理是无线传感器网络安全研究中的一个方向，但目前尚未形成主流。

对称密钥由于具有加密处理简单、加/解密速度快、密钥较短等特点，因此比较适合在资源受限的传感器网络部署。而目前预分配密钥方案中，最主要的机制就是基于随机密钥预分配模型的机制。该类机制的优点为：①部署前已完成大多数密钥管理的基础工作，网络部署后只需运行简单的密钥协商协议即可，对节点资源要求比较低；②兼顾了网络的资源消耗、连通性、安全性等性能。

密钥预分配模型在系统部署之前完成大部分安全基础的建立，对于系统运行后的协商工作只需要简单的协议过程，适用于传感器网络。主流的密钥预分配模型分为共享密钥引导模型、基本随机密钥预分配模型、q-Composite 随机密钥预分配模型和随机密钥对模型。

无线传感器网络的密钥管理主流是采用基于随机密钥预分配模型的密钥管理机制，但是这类密钥管理机制仍未能解决网络的连通性和安全性的矛盾。即便是改进的基于位置的密钥管理，也由于需要预知传感器节点的部署位置或需要仿篡改的分布的配置服务器辅助建立密钥等问题，因此降低了网络部署的灵活性和密钥管理机制的实用性。为了解决这些问题，采用了一种基于环区域和随机密钥预分配的无线传感器密钥管理机制。在该机制中，部署后的传感器节点根据自身位置得到由基站以不同功率广播的随机数密钥子集，结合传感器节点预保存的原始密钥子集，通过单向 Hash 函数派生密钥，并在本地区域的节点间通过安全途径发现共享派生密钥，建立安全链路。此外，该基于环区域的密钥管理机制还探讨了网络的可扩展性、新旧节点建立对密钥及网络节点密钥撤销的方便性等问题。通过分析和实验验证，该机制在网络的安全性（如抗捕获性）、连通性方面均优于以 q-Composite 随机密钥预分配模型为代表的密钥管理机制；相比于基于位置的密钥管理机制，该机制既无须预知传感器节点的部署知识，也无须防篡改的配置服务器辅助建立密钥，而且其在网络的可扩展性、密钥分发和更新方面具备很强的优势。

这里采用一种基于环区域和随机密钥预分配的传感器网络密钥管理机制 RBRKP（Ring Based Random Key Pre-distribution）。该机制预分配给各个传感器节点一个从初始密钥池随机抽取密钥而形成的密钥子集；部署后，节点再结合自身环区域位置，由基站广播的部分随机数密钥和预分发的原始密钥 Hash 生成派生密钥子集；最后利用两节点派生密钥子集中的相同密钥，建立节点间保证链路安全的对密钥。通过基于随机密钥预分配模型和基于位置的密钥管理机制的比较分析可知，RBRKP 不但具有较好的安全连通性、抗节点捕获能力和网络可扩展性，而且无须预知传感器节点的部署位置。同时，RBRKP 也支持节点随时加入传感器网络，密钥撤销和更新也比较方便。

首先假设部署后传感器节点是静态的或移动区域比较小，新节点可能在任何时刻加入网络。攻击模型使攻击者有很强的攻击能力，捕获节点后能获得该节点的所有密钥信息。攻击者也能窃听所有链路传输的加密信息，窃听的成功与否取决于攻击者是否已破获传感器节点间的通信密钥。对攻击者的限制是节点在部署后的初始间隙 T 内，攻击者即使捕获节点，也不能在 T 内破获节点的密钥，此假设在许多基于随机密钥预分配的模型中均有出现。此外，假设基站是安全的，并且能调节发射功率，从而控制基站广播信号能覆盖不同半径的区域。在实际应用中，这种假设很容易实现，因为基站安全对大多数传感器网络应用来说必须被保证，否则传感器网络收集的汇聚信息可能会全部泄露；对于调节发射功率，甚至传感器节点（如 MICAZ）配置适当的软件也有类似的功能。基于这些假设，需要考虑一个有 N 个节点的传感器网络在预部署阶段、初始阶段和通信阶段的密钥管理 RBRKP。

（1）预部署阶段的密钥预分配。在预部署阶段，基站作为权威信任中心拥有 P 个原始密钥 K_o^i $(i=1, 2, \cdots, P)$ 的密钥池，利用随机数 Rnd_M 和单向 Hash 函数生成 M 个随机数密钥 Rnd_j $(j=1, 2, \cdots, M)$，其中 $\mathrm{Rnd}_j=\mathrm{Hash}(\mathrm{Rnd}_j)$。然后，各个传感器节点从密钥池中随机抽取 R 个密钥$(R \leqslant P)$，形成传感器节点的原始密钥环。最后，给每个节点分配一个相同的单向 Hash 计算函数 H。

（2）初始阶段的密钥分配。在传感器节点被随机部署后，基站依次根据不同级别的发射功率广播随机数密钥 Rnd_1，Rnd_2，$\cdots$，Rnd_k $(k \leqslant m$，发射功率可根据公式进行调节）。由于每次广播随机数密钥 Rnd 的覆盖范围不同，属于不同区域的传感器节点收到的随机数密钥数量也不同，靠近基站的传感器节点会收到较多的随机数密钥。这样，如果节点保存所有随机数密钥，那么可能会影响传感器内存的合理使用。

RBRKP 机制根据实际传感器节点的内存限制，保存最初收到的 $r+1$ 个密钥 $(r<K)$，如 Rnd_j，Rnd_{j+1}，Rnd_{j+2}，$\cdots$，Rnd_{j+r}，然后根据节点预分配的 Hash 计算函数 H，计算验证广播的密钥。通过验证后，删除 Rnd_{j+r}，仅保存最先收到的 r 个密钥 Rnd_j，Rnd_{j+1}，Rnd_{j+2}，$\cdots$，Rnd_{j+r-1}。

$$P_{\text{out}} = P_{\text{max}} / (LP) \qquad (3\text{-}11)$$

式中，L 为基站能调节发射功率的级数；$P=1$，2，$\cdots$，L；P_{max} 为基站能发射的最大功率。

在基站广播完随机数密钥后，传感器节点根据预分配的原始密钥环中各 K_o^i 和广播收到的随机数密钥 Rnd_j，Rnd_{j+1}，Rnd_{j+2}，$\cdots$，Rnd_{j+r-1}，结合 Hash 计算函数 H 生成派生密钥，从而形成新的派生密钥环。可以计算出，节点派生密钥环的密钥数量是节点保存的随机数密钥数量 r 和原始密钥数量 R 的乘积，即 $r \cdot R$。值得注意的是，通常情况下，这种派生密钥环密钥数量的扩充，在不用提高从密钥池中给每个传感器节点抽取原始密钥数量 R 值的基础上，提高了邻居节点间的相同密钥数量，从而提高 RBRKP 机制在通信阶段建立对密钥的概率，提高了网络安全连通率。

为了便于描述，这里以图 3-36 中传感器节点 S 为例进行介绍。基站以最小级功率（式中 $P=1$）首先广播随机数密钥 Rnd_1，该广播信号的覆盖范围的中心圈如图 3-36 所示，只有中心圈内的传感器节点能收到随机数密钥 Rnd_1，传感器节点 S 因为在二环中，不能收到 Rnd_1。当基站第二次广播随机数密钥 Rnd_2 时，传感器节点 S 从基站收到第一个随机数密钥 Rnd_2。接下来基站依次广播 Rnd_3，Rnd_4，Rnd_5，$\cdots$，Rnd_k，传感器节点 S 均能收到。假设由于传感器节点 S 内存限制，节点 S 仅仅保存两个随机数密钥 Rnd_2 和 Rnd_3，即 $r=2$，用 Rnd_4 认证确认 Rnd_2 和 Rnd_3 为基站发的随机数密钥后，忽略后续基站广播的其他随机数密钥。然后，节点 S 根据原始密钥环上的各密钥 K_o^i 派生出两个新的派生密钥 K_d^i 和 K_d^{i-1}。这些派生的密钥重新组成派生密钥环。以此类推，建立其他节点派生密钥环，对于区域边缘环内的传感器节点（如 V），可以通过基站额外发送 Rnd_5、Rnd_6，以便建立与其他节点相同密钥数量的派生密钥环，也为以后传感器节点部署范围扩充打下基础。该例中，由派生密钥的生成方法可知，对于一个含有 R 个原始密钥的传感器节点来说，RBRKP 机制在初始密钥分发阶段，节点的派生密钥环中密钥数量是 $2R$。

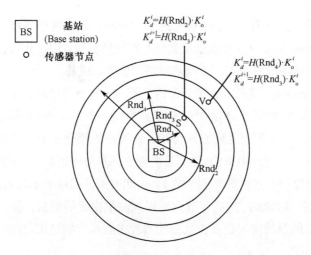

图 3-36 传感器节点 S 派生密钥生成原理

在节点的派生密钥环生成以后，传感器节点删除原始密钥环（即预部署阶段分发的密钥环），删除广播收到的所有随机数密钥 Rnd_j、Rnd_{j+1}、Rnd_{j+2}、…、Rnd_{j+r-1}，保留派生密钥环。Hash 计算函数 H 在节点间的对密钥建立后也被删除。

在每个传感器密钥的派生密钥环生成过程中，由于有一定距离的不同环内的传感器节点收到的随机数密钥不同，而同一环内的节点收到的随机数密钥相同，因此传感器节点的派生密钥和传感器节点位置（图 3-36 中的各环）有很强的依赖关系。例如，对于图 3-36 中的节点 S 和 V，即使两个节点的原始密钥环完全相同，派生出的密钥环内的派生密钥也是完全不同的，这对于网络的抗捕获性很有好处。

上述 RBRKP 机制中，假设传感器节点都在基站的最大发射功率发射信号的覆盖范围内。实际应用中，即使基站信号不能覆盖整个传感器区域，处于边缘的传感器节点也可以通过中间传感器节点转发得到随机数密钥，然后生成派生密钥。这种方法的问题是恶意插入节点可能伪造转发的随机数密钥。一种简单的解决方法是：传感器节点在预部署时和基站共享同一密钥 K，然后在转发过程中，用 K 加密随机数密钥进行认证，在密钥的初始阶段结束后，删除该密钥 K。

（3）通信阶段的安全链路。在密钥预分发和初始阶段的派生密钥环生成后，通信阶段的主要任务是根据这些派生密钥环建立安全链路。与 q-Composite 随机密钥预分配模型类似，在 RBRKP 机制中，两个邻居节点间拥有相同派生密钥的数量大于阈值 N_c 时，这两个节点才能建立安全通信链路。假设两个传感器节

点的派生密钥环内含有 N_c' 个相同密钥，$N_c' \geq N_c$，建立两个节点的一个共享对密钥。单向Hash函数 H 在节点生成共享对密钥后删除，以防止攻击者利用捕获的派生密钥集合生成对密钥，进而对网络安全构成威胁。

与 q-Composite 随机密钥预分配模型不同，节点间相同派生密钥数目阈值 N_c 并不要求原始密钥预分发中每对节点有 N_c 个以上的相同原始密钥。由 RBRKP 机制的派生密钥生成方法可知，原始密钥预分发中节点间相同原始密钥的数量达到 N_c/r 时，RBRKP 机制才能建立共享对密钥（其中 r 为初始阶段每个传感器节点保存的随机数密钥个数）。由此可知，相对于 q-Composite 随机密钥预分配模型，RBRKP 提高了节点间相同派生密钥的数量，但是并不需要提高节点预分发的原始密钥数量，从而使得攻击者难以构造优化的密钥池，提高了网络的安全性。

如何安全地发现两个相邻节点的相同密钥也是密钥管理的一个问题，密钥环中的密钥直接交换匹配容易导致密钥被窃听而泄露，并且攻击者会因此构造出优化的密钥环或密钥池，然后进行信息解密或合法地在网络中插入伪造节点，发动恶意攻击。一种发现方法是对节点广播密钥 ID 进行匹配，但这种基于 ID 交换的相同密钥发现方法，容易被攻击者分析出网络拓扑结构，可能会泄露安全链路路径信息。RBRKP 用 Merkle 谜语发现相同的派生密钥。Merkle 谜语的技术基础是正常节点（拥有一定量的谜面和谜底的节点）之间解决谜语要比其他节点更容易。节点间的一问一答，很容易发现节点间的相同密钥。RBRKP 通过节点发送一个由 $r \cdot R$ 个谜面组成的信息给邻居节点（派生密钥环中一个密钥对应一对谜面和谜底），邻居节点答复 $r \cdot R$ 个谜底。在确认正确回答 N_c' 个谜面后，节点间 N_c' 个相同派生密钥发现完成，即相同密钥组为此 N_c' 个谜面或谜底一一对应的派生密钥。RBRKP 的谜语中每个原始密钥对应一个谜语（包含谜面和谜底），每个随机数密钥也对应一个谜语。派生密钥的谜语则是一一对应原始密钥谜语和随机数密钥谜语的组合谜语。

RBRKP 的另一个特点是安全性较高且节点密钥环被破解后的影响是局部的，对其他区域内的传感器节点通信完全不能用这些破解的密钥进行窃听。例如，假设传感器节点保存随机数密钥为 k 个，那么间隔 k 个环的传感器节点间的派生密钥环内密钥完全不同；即使在相邻环内或同一环内，由于生成对密钥的 Hash 函数的原始密钥参数不同、数目不同和顺序不同，对密钥也不相同。因此 RBRKP 机制，基本将攻击限制在被捕获节点与邻居节点通信的链路上，对其他链路安全没有影响。

（4）新节点密钥分发和密钥的撤销。RBRKP 机制支持新节点加入网络建立安全链路，无须使用带 GPS 的部署辅助装置帮助部署传感器节点的密钥。RBRKP 对新节点预先装入 R 个原始密钥，基站在新节点部署完成后，依次重新广播在网络初始部署时的随机数密钥。同网络初始部署相同，新节点在保存最初的 r 个随机数密钥后，生成派生密钥环，删除原始密钥。新节点的派生密钥集和它的邻居节点（新旧节点）派生密钥集相同，因此在通信阶段新节点很容易和网络原有的节点建立对密钥，从而形成新的安全通信链路，完成新节点加入和安全密钥分发。当然，如果新节点的加入预先知道部署区域（如某个环内），则基站可以根据新传感器节点的位置，用相应的随机数密钥直接生成派生密钥环，预分发给新传感器节点，避免对基站广播随机数密钥造成正常通信的干扰。

RBRKP 密钥的撤销与其他基于随机密钥预分发模型的机制类似，基站或分离控制器用它与每个传感器唯一共享的密钥加密撤销消息，通知传感器节点撤销节点的派生密钥环中被捕获的派生密钥。RBRKP 机制密钥撤销的优点是：由于派生密钥依赖传感器节点位置，撤销消息发送范围被限制在一定的区域内，而不是整个区域广播，因此能节省整个网络为撤销密钥的通信开销。对于一个区域内大规模的密钥更新，基站可以通过加密新的随机数密钥和 Hash 函数发送给该区域内的正常节点，正常节点根据已有的派生密钥和新的随机数密钥再次 Hash，形成新的派生密钥环，然后重新建立对密钥，同时基站记录日志，以便以后新节点再次加入时发送新、旧随机数密钥，协助新节点建立与该区域相同的派生密钥集。

需要注意的是，假设基站信号覆盖范围为圆，实际应用中，信号覆盖范围并非圆，基站也可能在传感器网络的边缘，但是这只是改变了环区域的形状和大小，不会影响 RBRKP 密钥管理。同样，对于采用分簇路由的网络，RBRKP 密钥管理考虑了跨环间的节点安全链路建立，对于跨环的簇，RBRKP 密钥管理也同样适用。对于广播随机数密钥的可靠性，可以通过基站多次重复广播；节点 Hash 单向函数的推导得出相应随机数密钥；节点也可以通过邻居节点协商得到随机数密钥。

3.4 智能终端安全

以 iPad 形式的终端及智能手机为代表的智能终端，与消费者联系较为紧密，面临的威胁包括硬件、操作系统和上层应用等，所导致的攻击危害也是深层次

的，因此，其防护手段和技术形成了一套体系，涉及应用、软件及芯片等。

3.4.1　智能终端简介

智能终端是一类嵌入式计算机系统设备，因此其体系结构框架与嵌入式系统体系结构是一致的；同时，智能终端作为嵌入式系统的一个应用方向，其应用场景设定较为明确。因此，其体系结构比普通嵌入式系统结构更加明确，粒度更细，并且拥有一些自身的特点。

智能终端拥有开放的操作系统、良好的安装和卸载多种应用程序与数字内容的终端，现在智能终端的产品形态大部分是 iPad 形式的终端及智能手机，由于移动互联网应用的领域不断拓展，因此电子类型的阅读器、汽车上使用的导航设备、掌上游戏设备等消费类电子产品由于硬件结构的调整，以及无线接入功能的完善，行业内部将这些设备也放到智能终端的领域中。近年来，随着物联网的快速发展，智能终端还应包含智慧交通、智慧医疗及智能家居等物联网应用场景中使用的智能嵌入式终端设备。智能终端除了具备普通的通信功能，还安装了与传统 PC 类似的开放式操作系统和第三方应用软件，并可以通过无线/有线网络接入应用系统。智能终端凭借自身强大的硬件性能和极其出色的业务扩展能力，逐渐成为互联网、物联网业务的关键入口，在无线网络资源和环境交互资源中扮演了重要角色。但是智能终端在给用户带来便利的同时，越来越多的安全问题也逐渐突显出来，影响了对各种业务的推广使用。

3.4.2　智能终端技术的特点

智能终端体系结构可以分为底层硬件、硬件驱动、操作系统及中间件、应用程序等几个层次，具体如图 3-37 所示。

（1）硬件系统。

从硬件上看，智能终端普遍采用的是计算机经典的体系结构（冯·诺依曼结构），即由中央处理器（Center Process Unit）、存储器（Memory）、输入输出设备（Input Output Device）和时钟、电源等部件组成。

智能终端的硬件系统一般分为主处理器内核、SoC 级设备、板级设备 3 个层次。主处理器内核与 SoC 级设备使用片内总线互联，板级设备则一般通过 SoC 级设备与系统连接。CPU 和内部总线构成了一个一般的计算机处理器内核，提供核心的运算和控制功能。考虑到系统的成本和可靠性，一般会把一些常用的设备和处理器内核集成在一个芯片上，如 Flash 控制器、存储卡控制器、

LCD 控制器等。板级设备是不与处理器内核在同一芯片上的其他设备，称其为板级设备，主要是从与主处理器内核关系的角度出发的。从架构上看，其本身可能也是一个完整的计算机系统，如 GPS 接收器中也集成了 ARM 内核通过接收的卫星信号计算当前的位置。板级设备一般通过通信接口与主 CPU 连接，通常是一些功能独立的处理单元（如移动通信处理单元、GPS 接收器）或交互设备（如 LCD 显示屏、键盘等）。

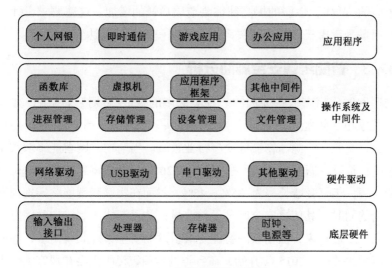

图 3-37　智能终端体系结构

（2）软件系统。

计算机软件结构分为系统软件和应用软件。在智能终端的软件结构中，系统软件主要是操作系统、中间件及应用程序。操作系统的功能是管理智能终端的所有资源（包括硬件和软件），同时也是智能终端系统的内核与基石。操作系统是一个庞大的管理控制程序，包括进程管理、存储管理、设备管理、文件管理几个方面的管理功能。常见的智能终端操作系统有 Linux、Nucleus OS、Vxworks、iPhone OS 等。中间件一般包括函数库和虚拟机，使得上层的应用程序在一定程度上与下层的硬件和操作系统无关。

综上所述，智能终端技术特点总结为以下几个方面。

① 性能较高，能满足用户对终端设备的智能化需求。智能终端发展非常迅速，新应用层出不穷，不少应用都要求智能终端有较高的性能，因此，要求智能终端处理器具有较高的性能，才能提供给用户完整的功能和较好的体验。

② 集成度高，满足终端设备的小型化、便携等需求。智能终端对尺寸非常

敏感，因此，要求处理器具有较高的集成度，能在比较小的尺寸上集成更多的器件。这样，不仅能够使整个终端尺寸得到控制，还能降低设计的复杂程度，提高系统的可靠性。

③ 低功耗，智能终端大都采用电池供电，系统功耗非常敏感。因此，要求处理器有较低的功耗。

以上 3 点是相辅相成的。例如，高集成度往往意味着高性能；而有的则是相互矛盾的。又如，性能的提高往往会造成功耗的增加。这就要求设计人员应根据应用场景考虑三者的相互关系进行合理设计，使其达到平衡。

3.4.3 智能终端安全威胁分析

物联网时代将有数量庞大的、种类繁多的智能终端接入网络，如智能手机、智能家电、智能网联汽车、网络摄像头、机器人、无人机等，并覆盖家庭、安保、交通、能源、物流等众多行业领域。当前物联网智能终端数量正处于高速增长阶段，据 Gartner 预测，截至 2020 年，全球将有超过 200 亿部物联网智能终端，年复合增长率为 25%～45%。然而在物联网智能终端规模逐渐增长和应用的同时，其信息安全问题日益凸显，并逐渐成为制约物联网发展的关键问题之一。近年来，由物联网智能终端引发的安全事件频繁出现，同时也引起了大范围的关注。2015 年开始，在各类世界顶级黑帽大会和黑客大会上，包括智能汽车、可穿戴、家居等物联网智能终端频繁被爆出安全漏洞，黑客利用安全漏洞可以远程控制交通红绿灯、飞行器、家用电器等。2016 年年底，大规模网络摄像头、路由器等物联网智能终端受恶意操控导致美国东部网络瘫痪事件更引发了广泛关注。2017 年 6 月，央视报道由于家庭摄像头遭恶意入侵，导致大量用户个人隐私泄露。由此可见，物联网智能终端信息安全问题日益严重，也引起了各国家及各行业的广泛重视和关注。智能终端面临的安全威胁如图 3-38 所示，主要涵盖了硬件层、系统层和应用层。

1. 硬件层威胁

硬件/芯片是智能终端的基础硬件，硬件/芯片可能会内置漏洞及后门，从而使智能终端具有远程控制的能力，给智能终端带来了极大的潜在威胁。设备在芯片、模组或电路板等硬件上如果没有相应的防篡改、防逆向设计，攻击者就可以对终端的硬件实施篡改、逆向工程或克隆；设备如果没有相应的电磁信号屏蔽机制，攻击者则可以通过侧信道攻击方式来进行密码系统的分析和破解。此外，一些智能终端还存在预留调试接口等威胁。

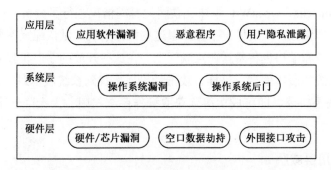

图 3-38　智能终端面临的安全威胁

　　智能终端接口安全威胁主要来源于空中接口和外围接口。智能终端通信中的用户数据/信令均通过无线侧在自由空间进行传播，因此空口数据存在被截获的风险。用户的通话、短消息等个人通信内容均存在空口被嗅探、窃听的威胁。此外，智能终端具有 Wi-Fi、USB、蓝牙、红外、NFC 等多种外围接口，由于存在不安全的通信机制，因此通过这些接口，智能终端能够与其他设备进行数据交互、同步，同时也带来通信数据截取、恶意代码传播攻击、支付安全等安全隐患。

　　此外，还包括设备丢失后的安全威胁问题，智能终端中往往存储了大量的隐私数据，丢失后隐私数据容易被其他人获取。

2．系统层威胁

　　操作系统是智能终端系统软件中最核心的部分，其安全问题是整个智能终端安全问题的关键。由于智能终端的开放性，软件开发者在开发应用程序时可调用某些重要的 API（Application Program Interface，应用程序界面），给终端安全带来威胁。操作系统漏洞主要包括内核漏洞、本地库和运行时环境漏洞、应用程序框架类漏洞，此外，操作系统自身存在的后门也是威胁智能终端安全的重要方面。2015 年 9 月的 XcodeGhost 事件，通过篡改 iOS 程序开发工具 Xcode，导致使用这些工具编译出的应用被嵌入恶意代码，形成了波及千万用户的移动智能终端安全大事件。相对于 iOS 系统而言，其余的智能终端系统感染恶意代码更加严重。2015 年 8 月曝光的 Stagefright 漏洞，利用彩信发送或构造特殊的应用程序触发 Stagefright 攻击，90%以上的 Android 智能设备被波及。此外，在绿盟公司的 2017 年版本的物联网安全白皮书中通过使用网络空间

的 3 个搜索引擎（NTI、Shodan 和 ZoomEye）对物联网设备操作系统 Vxworks、uClinux、Nucleus、OpenWrt 等在互联网的暴露情况进行了分析，结果显示数量增长幅度非常大。一般情况下，如果这些操作系统的默认配置不被改变，默认开启的服务和端口也将暴露在互联网上。在这些开放的端口和服务中，常常带有操作系统的版本信息，这样，攻击者只需要找到系统版本对应的 CVE 漏洞或默认登录口令，即可成功得到获取操作系统权限，大大降低了攻击者的攻击成本。

3. 应用层威胁

智能终端应用软件上的病毒等恶意程序的泛滥，是智能终端安全威胁的重要来源。由于采用了开放的操作系统平台，针对智能终端存在的各种漏洞，攻击者开发出的病毒越来越多，危害也越来越大。借助各种外部接口及无线网络连接，病毒传播的速度也越来越快。病毒对智能终端本身可能带来的危害包括侵占终端内存，导致移动智能终端死机、关机；修改终端系统设置或删除用户资料，导致终端无法正常工作；盗取终端上保存的个人信息，窃听机主的通话、截获机主的短信等威胁；自动外发大量短信、彩信、订购增值业务等增加通信费用及信息费用的风险。

根据 360 互联网安全中心的统计结果，99.3%的 App 存在已知安全漏洞，89.6%的 App 存在高危安全漏洞。其中，游戏娱乐类 App 含有高风险漏洞的比例最高，为 95.9%；2018 年，360 互联网安全中心累计截获安卓平台新增恶意程序样本 283.1 万个。其中，截获新增手机勒索软件 127455 个，1—7 月截获新增手机挖矿木马 4806 个。挖矿木马的新增是 2017 年全年截获量的近 20 倍。手机勒索软件、手机挖矿木马是 2018 年上半年最值得关注的活跃手机木马，并且这两类木马的制作和传播都已经形成了一套黑色产业链条。手机勒索软件以 QQ 群为主要传播途径。

3.4.4 智能终端安全防护的主要手段

根据前面的威胁分析，可以把智能终端安全防护分为硬件安全、系统安全和应用安全 3 个层次。智能终端安全防护体系架构如图 3-39 所示。

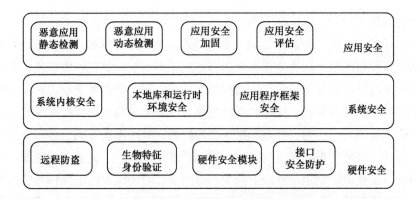

图 3-39 智能终端安全防护体系架构

1．硬件安全防护

硬件安全防护主要包括远程防盗、生物特征身份验证、硬件安全模块、接口安全防护等方面。

远程防盗，即在设备丢失或绕过身份验证被非法人员操作的情况下，隐私数据很容易被窃取，通常可以基于 XMPP 的协议远程对终端设备下发指令控制设备；生物特征身份验证，即基于指纹、人脸、虹膜等人体生物特征的身份验证拒绝非法终端用户登录，打造安全的设备环境；硬件安全模块，即基于硬件实现高性能安全加密和身份验证等功能。

对于支持无线方式外围接口（如 WLAN、红外、蓝牙等）的智能终端，为了保障外围接口数据通信的安全性，智能终端应具备物理开关，当无线外围接口建立数据连接时，智能终端能够发现该连接并给用户相应的提示，仅当用户确认建立本次连接时，连接才可建立。智能终端应支持 EAP-SIM/AKA 等高安全强度的认证算法，在 WLAN 与 3GPP 网络融合场景下，应支持与 PDG 协商建立 IPSec 安全隧道。对于支持有线外围接口的智能终端，当有线外围接口建立数据连接时，智能终端应给用户相应的提示，仅当授权用户确认本次连接时，连接才可以建立。对于支持外置存储设备的智能终端，应严格限制重要和敏感数据存储在外置存储设备中。

2．系统安全防护

针对智能终端操作系统，按照系统层次研究内核安全、本地库和运行时环境安全、应用程序框架安全。可以通过内核增强、漏洞挖掘、内存防泄露、系统防 root 方式保护内核安全；通过安全沙箱机制、组件间安全通信保障本地库

和运行时环境安全；通过权限机制和签名机制保障应用程序框架安全。

内核增强，将强制访问控制子系统用来强化操作系统对应用的访问控制，起到类似沙箱的执行隔离效果，阻止恶意应用对系统或其他应用的攻击，还有效地减弱内核层出现漏洞时产生的威胁。漏洞挖掘，任何系统在逻辑设计和实现上都存在缺陷或错误。传统的漏洞挖掘方式分为主动方式和被动方式。主动挖掘方式分为人工挖掘、静态挖掘和动态挖掘；被动挖掘方式分为攻击分析和补丁分析。比较严重的系统漏洞执行方便、涉及范围广、无须主动触发、隐蔽性强，一旦被黑客利用，造成的损失不可估量。对于智能终端操作系统本身来说，漏洞挖掘是一个持续的过程，漏洞挖掘得越彻底，系统将修补得越完善。

对应用沙箱的安全防护在一定程度上体现了对权限提升漏洞的检测和修复，防止应用之间利用 IPC 机制突破沙箱隔离，导致权限提升、信息泄露、恶意攻击等。同时，应用程序的组件间通信缺少对信息流的监控，容易存在信息泄露的风险，确保组件间安全通信可采取的措施有最小化组件暴露、设置组件访问权限、检查暴露组件的代码等。

权限机制主要包括保护系统 root 权限及应用权限管理的增强等两方面，而签名机制则主要是防止安装来历不明的应用。

3．应用软件安全防护

应用软件安全防护主要包括恶意程序静态/动态检测、应用安全加固及应用安全评估等手段。

静态检测就是使用反编译等逆向工程手段，分析代码文件，提取应用程序的特征，如签名、权限、敏感 API 调用等，再通过样本比对或机器学习的方式，判定是否恶意。静态检测方式简单且效率高，但是无法分析混淆、加密等恶意代码。

对恶意应用动态检测，提取应用运行中的关键数据为特征，通过异常检测或机器学习的方式，实现智能化的检测分析。动态检测绕过了静态方法遇到的代码混淆和加密等问题，对于新出现的未知恶意软件也能保持较好的检测准确率。但是实时性不高，提取特征耗费时间较长，消耗较多系统资源。

应用安全加固主要采用的技术是防反编译（代码混淆、加壳），禁止调用 gdb（一种 UNIX 及 UNIX-like 操作系统下的调试工具）等从内存中截取 DEX 文件以防内存窃取，禁止向进程中动态注入代码以防动态跟踪，校验应用编译后文件的完整性以防恶意篡改等，且加固后的程序不影响其运行效率和用户体验。

通过对恶意应用产生的威胁程度建立评估体系和评估标准，从多个角度进行评价，最后综合得到一个结果，反映出应用的脆弱性和存在的风险。帮助用户了解恶意软件可能存在的攻击路径，指导使用者更好地保护他们的隐私数据，从而规避可能受到的攻击。

3.4.5　智能终端典型安全技术

以安全智能手机的典型安全防护技术为例，从安全手机的安全体系架构、终端加固、操作系统安全及应用安全等方面分析了智能手机的安全策略及安全关键技术。智能手机的安全防护架构如图 3-40 所示。

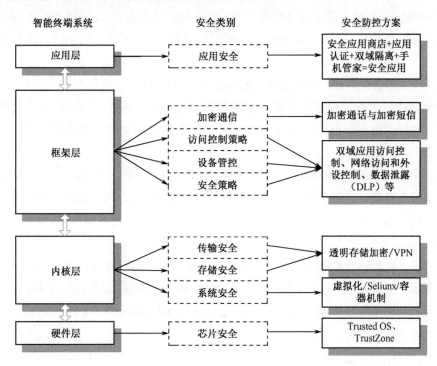

图 3-40　智能手机的安全防护架构

1．可信执行环境（TEE）

ARM TustZone 技术利用 AMBA3 AXI 总线隔离所有 SoC 硬件和软件资源，使它们分别位于安全域和普通域两个区域，普通域无法访问安全域，并利用分时机制使 CPU 运行在两个域。基于 TrustZone 技术在硬件上隔离出可信区域，

并在可信区域中提供物理上独立于主系统的安全 ROM、安全 RAM、加解密引擎、EFUSE 保护的 OTP 及安全芯片调试接口模块等。安全操作系统（OS）运行在可信区域，构造可信执行环境，有如下安全特性：在 TEE 中的应用运行之前要证书校验且内存隔离，提供可信 UI，安全存储，可信加/解密结算及安全时间等服务。

（1）安全存储。由安全 OS 的安全存储服务进行加密存储，密钥是可信根的与设备绑定的根密钥，任何第三方无法获取到；安全存储的接口只提供给 TA 访问，所有加载到 TEE 环境中的 TA 是经过签名保护的，安全存储采用 AES 256 算法加密，同时加入完整性保护，防止非法篡改。

（2）可信 UI。安全 OS 的可信 UI 服务，直接调用安全 OS 的显示驱动绘制 UI 界面，并且输入设备也是直接从安全 OS 的驱动输入。Android 系统侧恶意软件无法劫持和探测，Android 系统的应用调用可信 UI 可以防止钓鱼和屏幕劫持。

（3）可信根。芯片硬件上的可信区域集成 OTP 模块，华为终端在产线上将可信启动的根公钥和与设备绑定的根密钥写入 OTP；另外对 OTP 做熔丝保护，确保系统运行过程只能对 OTP 读取，如果有非法操作，则熔断保证可信根安全。

（4）可信链（安全启动）。从上电开始，整个系统的启动加载，各个阶段都要做安全度量，确保系统没有被篡改及植入，度量均使用可信根。上电后首先执行位于 SoC 内的 ROM 固件代码，该代码无法修改；ROM 代码负责对安全 OS 度量（安全 OS 启动前，由可信区域 ROM 中固化的代码提供度量服务），如果通过，则跳转到可信区域，加载并运行安全 OS；安全 OS 运行成功后，返回普通域，度量加载执行 Boot loader；Boot loader 负责度量加载 Android kernel，然后 kernel 安全度量 Android system。最后 Android system 在启动时会对所有应用进行完整性度量。

2．内核监控

除了在启动阶段对 Linux 内核做完整性度量，在内核加载到内存成功运行后，TEE 中的内核监控服务还会对内存的内核镜像做完整性运算，并把结果保存在 TEE 中，系统运行期间该服务会周期性地对内存中的内核镜像做完整性校验。在传统 Linux DAC 权限控制的基础上加上 MAC（强制访问控制）权限控制，实现 Selinux 机制。Android 内核采用的是类型强制，即对主体（进程）、客体（文件、套解字、网络端口、设备接电等）打上标签，标注类型，然后定义策略对类型的访问进行控制，提升了 Linux 的基础安全能力，防止 root 的滥用及恶意软件的攻击。

3．指纹认证

所有指纹相关数据的处理均在 TEE 内完成（包括指纹图像采集、图像处理、模板生成存储及认证等），外部 Android 系统和应用都无法访问。安全智能手机的指纹认证机制如图 3-41 所示。

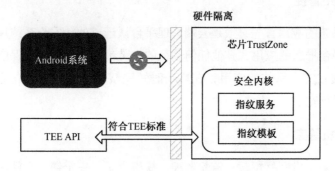

图 3-41　安全智能手机的指纹认证机制

4．双容器隔离

基于 Linux Container 技术，系统创建两个容器，每个容器运行一个 Android 系统，分别用作安全系统和互联网系统。Linux Container 主要依赖两种技术，即 Namespace 和 Cgroups，前者处理容器隔离，后者限制容器的资源使用。Linux Container 将进程 ID、网络端口、进程 IPC、文件系统、hostname/domain、用户/用户组及各种外设等系统资源封闭在一个容器中与其他容器隔离。另外，对容器使用资源进行限制，如 CPU 时间片、CPU set、Memory、Blkio 和 Devices 等资源。除操作系统层面的隔离之外，还通过对安全系统应用各种安全策略保护安全，如安全系统只能接入公安虚拟专网（VPDN）或通过 TF 卡安全接入，确保与互联网系统的网络隔离，另外安全系统禁止具有复制功能的外设（Wi-Fi、USB、蓝牙、SD 等）及禁止截屏、复制粘贴等。

5．权限管理

在 Android 原生的应用权限管理基础上，增加用户自定义的管理，由用户

对应用权限二次定义。既可以由终端用户自己去重新设置，也可以由云端管理平台配置统一的策略来设置。

6. 防刷机/防 root

防刷机默认对 fastboot 加锁，必须由专门的加密狗才能解锁，确保不会被非法刷机。修复已知 Android 系统的 root 漏洞，并提供 root 检测机制，周期性检测，发现异常根据策略及时处理。

7. 应用管控

安全系统的应用首先必须是云端管理平台认证过的，安全系统只能安装由云端管理平台推送的应用，其他任何途径的安装都会被禁止，确保应用的来源安全。安装在安全系统的应用，在启动时做完整性校验，确保应用没有被篡改，保证运行安全。

8. 手机管家

手机管家提供骚扰拦截、流量监控、病毒查杀、安全锁、文件保密柜等功能。安全系统和互联网系统都可以使用手机管家。

3.5　感知层接入网安全

3.5.1　安全接入要求

在物联网业务中，需要为多种类型的终端设备提供统一的网络接入，终端设备可以通过相应的网络、网关接入到核心网，也可以是重构终端，能够基于软件定义无线电（SDR）技术动态地、智能地选择接入网络，再接入移动核心网中。近年来各种无线接入技术涌现，各国纷纷开始研究新的后 4G 和 5G 接入技术，显然，未来网络的异构性更加突出。其实，不仅在无线接入方面具有这样的趋势，在终端技术、网络技术和业务平台技术等方面，异构化、多样化的趋势也同样引人注目。随着物联网应用的发展，广域的、局域的、车域的、家庭域的、个人域的各种物联网感应设备，从太空中游弋的卫星到嵌入身体内的医疗传感器，如此种类繁多、接入方式各异的终端如何安全、快速、有效地进行互联互通及获取所需的各类服务成为移动运营商、通信行业与信息安全产业价值链上各个环节所共同关注的主要问题。

随着人们对移动通信网络安全威胁认识的不断提高，网络安全需求也推动了信息安全技术迅猛发展。终端设备安全接入与认证是移动通信网络安全中较为核心的技术，且呈现新的安全需求。

（1）基于多种技术融合的终端接入认证技术。目前，在主流的 3 类接入认证技术中，网络接入设备上采用 NAC 技术，而客户终端上则采用 NAP 技术，从而达到了两者互补。而 TNC 的目标是解决可信接入问题，其特点是只制定详细规范，技术细节公开，各个厂家都可以自行设计开发兼容 TNC 的产品，并且可以兼容安全芯片 TPM 技术。从信息安全的远期目标来看，在接入认证技术领域中，包括芯片、操作系统、安全程序、网络设备等多种技术都缺一不可，在"接入认证的安全链条"中，缺少了任何一个环节，都会导致"安全长堤毁于一蚁"。

（2）基于多层防护的接入认证体系。终端接入认证是网络安全的基础，为了保证终端的安全接入，需要从多个层面分别认证、检查接入终端的合法性、安全性。例如，通过网络准入、应用准入、客户端准入等多个层面的准入控制，强化各类终端事前、事中、事后接入核心网络的层次化管理和防护。

（3）接入认证技术的标准化、规范化。目前虽然各核心设备厂商的安全接入认证方案技术原理基本一致，但各厂商采用的标准和协议及相关规范各不相同。例如，思科、华为通过采用 EAP 协议、RADIUS 协议和 802.1x 协议实现准入控制；微软则采用 DHCP 协议和 RADIUS 协议来实现准入控制；而其他厂商则陆续推出了多种网络准入和控制标准。标准与规范是技术长足发展的基石，因此标准化、规范化是接入认证技术的必然趋势。

3.5.2 安全接入系统部署

网络安全接入与终端认证系统包括网络安全接入子系统和安全应用服务子系统。网络安全接入子系统通过各个分布式网关来完成物联网终端的网络接入。安全应用服务子系统包括 WPKI 认证系统、安全管控与服务系统、安全防护系统、运维管理系统及行业应用业务网关等。图 3-42 所示为基于移动通信的物联网安全体系部署示意图。

在规划和组建物联网应用系统的过程中，将充分利用移动通信网络的核心交换部分，基本不改变移动互联网的网络传输系统结构与技术，物联网终端与移动通信网络终端在接入方式上是有区别的。移动用户通过终端系统的手机或计算机、PDA 等访问移动互联网资源、发送或接收电子邮件、阅读新闻、开展移动电子支付业务等。而物联网中的传感器节点需要通过无线传感器网络的会聚节点接入移动互联网的区域网关；RFID 识别设备通过读写器与控制主机连接，再通过控制节点的主机接入移动互联网的区域网关。由于物联网与移动互联网应用系统不同，因此接入方式也不同。物联网应用系统中的不同类型终端将根据各自业务形态选择无线传感器网络或 RFID 应用系统接入移动互联网。

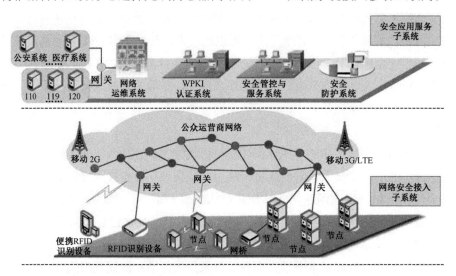

图 3-42 基于移动通信的物联网安全体系部署示意图

充分考虑物联网的移动网络接入点广泛分布，且涵盖多个移动运营商的基础网络，业务数据量巨大且要求及时响应的特点，物联网安全接入层的系统功能设计可以借鉴移动互联网的网络结构形式，采用顶层节点和区域节点的两级部署安全体系结构。对物联网终端选择接入到所属区域节点需要制定良好的路由策略。物联网的数据流量具有突发特性，传统的选择标准基于信号强度，可能会造成大量用户堆积在热点区域导致网络拥塞、性能减退、带宽资源分配不公平，因此需要综合考虑各种因素，研究设计新的安全接入策略。物联网终端设备通过设计多个接口，以此选择不同的接入网络，保证网络中源节点与目的节点之间存在多条路径，在特殊业务中满足多径传输的需求，也为多运营商之间的互联互通奠定了基础。

3.5.3 无线局域网安全协议概述

在 WEP 的安全缺陷被发现以后，WLAN 的设备制造商和相关的安全机构对其进行了不同的技术改进与协议更新研究。WEP 协议的安全缺陷在于缺乏方便和自动的密钥更新机制，以及由此而产生共享密钥重用问题。一种解决方法是确保 WEP 共享密钥能够快速和频繁地更新，使得攻击者没有足够的时间来攻破当前 WEP 密钥，确保密钥的更新时间小于破解 WEP 密钥的时间。因此，无线保真（Wireless Fidelity，Wi-Fi）联盟提出结合 EAP 协议和 IEEE 802.Ix 协议的认证框架的 WPA 协议，并相继推出了 IEEE 802.11i 协议，我国也提出了自己的 WPAI 协议。

3.5.4　WAPI 的安全机制

WAPI 是我国自主研发的安全无线局域网技术。无线局域网鉴别与保密基础结构（WLAN Authentication and Privacy Infrastructure，WAPI）是我国 2003 年颁布的在无线局域网领域具有自主知识产权的标准。它全新定义了基于公钥密码体制（以公钥基础设施架构为支撑）的 WLAN 实体认证和数据保密通信安全基础结构。

WAPI 鉴别基础结构 WAI 采用公钥密码技术，用于 BSS 中 STA 与 AP 之间的相互身份鉴别。该鉴别建立在关联过程上，是实现认证 API 的基础。

WAI 能够提供更可靠的链路层以下安全系统。其认证机制是：完整的无线用户和无线接入点的双向认证，身份凭证为基于公钥密码体系的公钥数字证书；采用 192/224/256 位的椭圆曲线签名算法；集中式或分布集中式认证管理，灵活多样的证书管理与分发体制，认证过程简单；客户端可以支持多证书，方便用户多处使用，充分保证其漫游功能；认证服务单元易于扩充，支持用户的异地接入。

WAI 定义了 3 个实体：① 鉴别器实体（Authenticator Entity，AE），为鉴别请求者实体在接入服务之前提供鉴别操作的实体；② 鉴别请求者实体（Authentication Supplicant Entity，ASUE），需通过鉴别服务实体进行鉴别的实体；③ 鉴别服务实体（Authentication Service Entity，ASE），为鉴别器实体和鉴别请求者实体提供相互鉴别的实体。WAI 鉴别系统结构如图 3-43 所示。

当 STA 关联或重新关联至 AP 时，必须进行相互身份鉴别。如果鉴别成功，则 AP 允许 STA 接入；否则解除其关联。整个鉴别过程包括证书鉴别与会话密钥协商。鉴别流程如图 3-44 所示。

WPI 采用 SSF43 对称分组加密算法对 MAC 子层的 MSDU 进行加/解密处理。在 WPI 中，数据保密采用的对称加密算法工作在 OFB 模式，完整性校验算法工作在 CBC-MAC 模式。CBC-MAC 模式如图 3-45 所示，工作模式如图 3-46 所示。

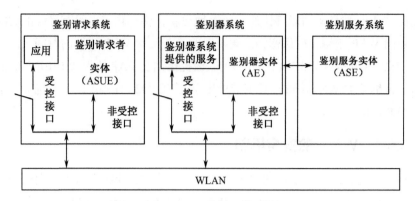

图 3-43　WAI 鉴别系统结构

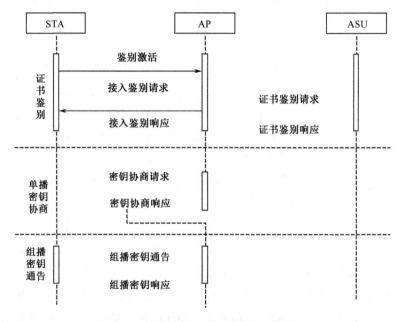

图 3-44　鉴别流程

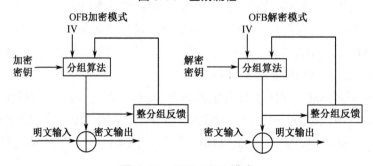

图 3-45　CBC-MAC 模式

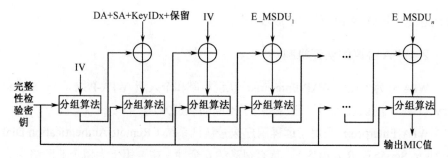

图 3-46　工作模式

本部分采用国家密码管理委员会办公室批准的用于 WLAN 的对称密码算法实现数据保护，对 MAC 子层的 MSDU 进行加/解密处理。

3.5.5　WPA 的安全机制

在 IEEE 802.11i 无线局域网络安全标准发布之前，Wi-Fi 联盟提出了一种过渡性解决方案，即 Wi-Fi 保护性接入方案，也称为无线局域网保护性接入（Wi-Fi Protected Access，WPA）。WPA 使用 IEEE 802.lx 可扩展认证协议（Extensible Authentication Protocol，EAP）的认证机制、传输层安全（Transport Layer Security, TLS）协议和临时密钥集成协议（Temporal Key Integrity Protocol，TKIP）的加密机制来解决 IEEE 802.11b 标准出现的问题。WPA 协议继承了有线对等加密（Wired Equivalent Privacy, WEP）协议，并且弥补了 WEP 协议的设计缺陷，提高了数据加密的安全性，保护了无线网络的安全。

1. WPA 协议的加密机制

WPA 协议放弃 WEP 的 RC4 加密算法，采用了 TKIP 算法和 AES 算法（WPA2）进行加密，有效地提高了加密性能。暂时密钥集成协议是对 WEP 密钥的改进，相当于包裹在 WEP 密钥外围的一层"外壳"，这种加密方式在尽可能使用 WEP 算法的同时消除 WEP 的缺点。首先，TKIP 将密钥长度由 40 位增加到 128 位，解决了 WEP 密钥长度过短的问题。其次，TKIP 放弃了 WEP 中的静态密钥，对不同的数据包采用变化的密钥，即动态密钥。这个密钥是将多种因素混合在一起生成的，包括基本密钥、发射站的 MAC（Media Access Control）地址及数据包的序列号，这样生成的密钥具有很高的强度，不容易被破译。最后，TKIP 传送的每一个数据包都具有一个独有的 48 位序列号，由于不知道这个序列号，因此攻击者无法重放来自无线连接的旧数据包，这就有

效地避免了针对 WEP 的"重放攻击"。

2. WPA 协议的认证机制

WPA 分为企业版 WAP-Enterprise 认证机制和个人版 WPA-PSK（Pre Shared Key，PSK）的认证机制，它们采用了不同的认证方式。

WPA-Enterprise 采用了远程用户拨号认证系统（Remote Authentication Dial In User Service，RADIUS），具有很高的安全性，主要用于大型企业网络中。具体实现方式是：采用 RADIUS 服务器与客户机进行双向的身份验证，验证完成后，RADIUS 服务器与客户机确定一个密钥（这个密钥不是与客户机本身物理相关的静态密钥，而是由身份验证动态产生的密钥）。此后，RADIUS 服务器通过有线网发送会话密钥到接入点（Access Point, AP），AP 利用会话密钥对广播密钥加密，把加密后的密钥送到客户机。客户机利用会话密钥解密，然后与 AP 激活 WPA，利用密钥进行通信。

对于个人用户来说，使用一台专用的 RADIUS 认证服务器代价过于昂贵，维护也很复杂。因此，针对个人用户的 WPA-PSK 不需要专门的认证服务器，采用预共享密钥技术，仅要求每个 WLAN 节点（AP、无线路由器、网卡等）预先输入一个密钥即可实现。

3. WPA 协议的消息完整性校验

WPA 协议的消息完整性校验（Message Integrality Check，MIC）是为了防止攻击者从中间截获数据报文，篡改后重发而设置的。除与 WEP 一样继续保留对每个数据分段进行 CRC（Cyclic Redundancy Check）校验外，WPA 还为每个数据分组都增加了一个 8 字节的消息完整性校验值，这与 WEP 对每个数据分段进行 ICV（Integrity Check Value）校验的目的不同。ICV 的目的是保证数据在传输途中不会因为噪声等物理因素导致报文出错，所以采用相对简单高效的 CRC 算法，但是攻击者可以通过修改 ICV 值来使之与被篡改过的报文相吻合，可以说没有任何安全的功能。而 WPA 中的 MIC 则是专门为了防止攻击者的篡改而制定的，它采用 Michael 算法，具有很高的安全特性。当 MIC 发生错误时，数据很可能已经被篡改，系统很可能正在受到攻击。

3.5.6　IEEE 802.1x 和 EAP 认证机制

WPA 以 IEEE 802.1x 和 EAP 作为其认证机制的基础。IEEE 802.1x 是为有线网络提供的一种基于接口的访问控制协议，同样，它的构架也适用无线网络；

而 EAP 能够灵活地处理多种认证方式，如用户名和密码的组合、安全接入号等。IEEE 802.1x 的认证过程定义了如下参与者。

（1）接口接入实体。它是在接口捆绑的认证协议实体，负责认证双方的认证过程。

（2）申请者。申请者即申请接入的无线客户端。

（3）认证代理。它是一个将基站和网络分开的设备，用来防止非授权的接入，在认证完成之前，它仅负责转发申请者和认证服务器间的认证信息包。在认证结束后，向申请者提供无线接入服务。

（4）认证服务器。它是一个后端的设备，用来完成对基站的认证，所有申请者的信息都保存在认证服务器端，它将根据数据库信息同意或拒绝申请者的接入请求。

EAP 协议最初是针对点对点协议 PPP 而制定的，其目的是把 PPP 在链路控制协议阶段的认证机制选择延迟到可选的 PPP 认证阶段，这就允许认证系统在决定具体的认证机制以前能够请求更多的信息。EAP 并不是真正的认证协议，而仅是一种认证协议的封装格式，通过使用 EAP 封装，客户端和认证服务器能够实现对具体认证协议的动态协商。

IEEE 802.1x 消息利用两种 EAP 方式传输：①在基站和接入点之间的链路上运行 EAPOL（EAP Over Lan）协议；②接入点和认证服务器之间同样运行 EAP 协议，但该协议被封装到高层协议中。对于该连接过程，IEEE 并没有定义具体的协议，但都采用 EAP Over RADIUS 标准。

考虑到 RADIUS（Remote Authentication Dial In User Service）认证协议的广泛性，IETF 的 RFC3580 规范了 RADIUS 协议在 IEEE 802.1x 认证架构中的使用方法。

当认证代理探测到申请者的接入请求时，申请者还未经过认证，认证代理不会允许申请者接入网络，而只会让申请者的认证信息包通过，具体的认证工作由后台的认证服务器完成。申请者和认证服务器之间通过 EAP 协议进行认证，EAP 协议包中封装认证数据，请求者和认证者之间采用 EAPOL 协议把 EAP 包封装在局域网消息中。申请者将 EAP 协议封装到其他高层协议（如 RADIUS）中，以便使 EAP 协议穿越复杂的网络到达认证服务器。

在一个典型的 IEEE 802.1x/EAP 认证过程中，基站首先向接入点发送 EAPOL-Start 消息，表明自己希望接入网络。收到该消息后，接入点向基站发送 EAP-Request Identity 消息。基站在收到该消息后，返回 EAP-Response/Identity 消

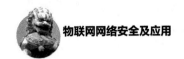

息来对身份请求消息做出应答。在收到该应答消息后，接入点将该消息发送给认证服务器。此后，基站和认证服务器之间便开始认证消息的交互。认证消息交互的细节取决于实际采用的认证协议。虽然认证消息都经过接入点，但它不需要了解认证消息的含义。在认证过程结束后，认证服务器决定拒绝基站的访问，认证服务器通过 EAP-Success 或 EAP-Failure 来通知基站最后的结果。在接入点转发 Success-Failure 消息时，它也根据此消息来允许或阻止基站通过它的数据流。如果认证成功，基站和认证服务器就会得到一个主密钥（Master Key，MK），同时基站和认证服务器会得到一个共享密钥（Pairwise Master Key，PMK）。

3.5.7　IEEE 802.11i 协议的安全机制

WLAN 的安全包含两个基本要求：一是保护网络资源只能被合法用户访问；二是用户通过网络所传输的信息应该保证完整性和机密性。为了解决 WLAN 的安全问题，IEEE 802.11 的 TGi 任务组致力于制定 IEEE 802.11 的 WLAN 新一代安全标准，该安全标准为了增强 WLAN 的数据加密和认证性能，定义了 RSN（Robust Security Network）的概念。RSN 的安全认证是在 IEEE 802.1x 的基础上，嵌套了协调密钥的四次握手过程和群组密钥协商过程，IEEE 802.11i 安全机制针对 WEP 加密机制的各种缺陷做了多方面的改进。该标准于 2004 年 6 月获得批准，成为无线局域网的标准安全保障方案。

1. 数据加密

由 IEEE 802.11i 所规定的用于保证通信机密性和完整性的机制，包括 TKIP、CCMP（Counter-Mode/CBC-MAC Protocol）和 WRAP（Wireless Robust Authenticated Protocol）3 种机制。其中，WRAP 是基于在 OCB（Offset Code Book）模式下使用 128 位的 AES，OCB 模式通过使用同一个密钥对数据进行一次处理，同时提供了加密和数据完整性，考虑到专利问题，该方案未被 IEEE 802.11i 推荐使用。IEEE 802.11i 中最重要的是 CCMP 协议，这是 RSN 的强制要求。为了保护以前的网络投资，IEEE 802.11i 保留了 TKIP 现有设备，实现了一种在大多数应用环境下可以接受的安全，但这种通过对 WEP 机制加固而提供的安全措施仍然存在一些漏洞，只能作为一种过渡性措施，新的 WLAN 产品必须采用 CCMP 来保证网络的安全。

2. 认证协议

IEEE 802.11i 的认证协议使用基于 EAP 的各种认证协议完成用户的接入认证，IEEE 802.11i 默认使用 EAP-TLS（Extensible Authentication Protocol-Transport Layer Security）协议，这是一种基于 AP 和 STA（Station）所拥有的数字证书进行双向认证的协议。

IEEE 802.11i 的认证方案基于 IEEE 802.1x 和可扩展认证协议（EAP）。IEEE 802.1x 是一种基于端口的网络接入控制技术，可以控制用户只有在认证通过以后才能连接网络。它包括 3 个实体：客户端、认证者和认证服务器。对 WLAN 来说，客户端请求接入无线网络，通常为装有 IEEE 802.1x 客户端软件的工作站。认证者是指需要访问控制的端口，一般为无线接入点（AP），在认证过程中只起到"传递"的作用，所有的认证工作在客户端和认证服务器上完成。认证服务器实现具体的认证功能，并通知认证者是否允许用户访问端口提供的服务。通常它是一个 RADIUS 服务器，用户身份信息存储在该服务器上。

IEEE 802.1x 本身并不提供实际的认证机制，需要与上层认证协议配合来实现用户认证和密钥分发。IEEE 802.1x 采用了 EAP 协议作为认证信息交互机制，EAP 消息封装在 EAPOL 分组中。EAP 作为一种认证消息承载机制，可以允许 AP 和 STA 之间采用灵活的方案进行认证，并且对新的认证技术具有很好的兼容性。EAP-TLS 通过基于证书的传输层安全在采用强加密方法的无线客户端和服务器之间提供双向认证，并生成保护无线传输的加密密钥，具有可靠的安全性。

3. 密钥管理

密钥管理处理从密钥产生到最终销毁整个过程中的有关问题。IEEE 802.11i 的密钥管理中最主要的步骤是四次握手协议和组密钥更新协议。四次握手协议用于协商单播密钥，主要目的是确定 STA 和 AP 得到的主会话密钥（Pairwise Master Key，PMK）是相同的，并且是最新的，以保证可以获得最新的短暂会话密钥（Pairwise Transient Key，PTK）。同时，通过四次握手的结果通知客户端是否可以加载加密/整体性校验机制。组密钥更新协议用于协商广播密钥，主要工作是向每个 STA 发送新的组密钥，只有在第一次四次握手协议成功后才能进行组密钥更新。

4. IEEE 802.11i 协议的工作机制

IEEE 802.11i 系统工作时，先由 AP 向外公布自身对系统的支持，在 Beacons（信标）、Probe Response（探测响应）等报文中使用新定义的信息元素（Information Element），这些信息元素中包含 AP 的安全配置信息（包括加密算法和安全配置等信息）。STA 根据收到的信息选择相应的安全配置，并将所选择的安全配置表示在其发出的 Association Request（关联请求）和 Re-Association Request（再次关联请求）报文中。IEEE 802.11i 协议通过上述方式来实现 STA 与 AP 之间的加密算法及密钥管理方式的协商。另外，AP 需要工作在开放系统认证方式下，STA 以该模式与 AP 建立关联后，如果网络中有 RADIUS 服务器作为认证服务器，那么 STA 就使用 IEEE 802.1x 方式进行认证；如果网络中没有 RADIUS，STA 与 A P 就会采用预共享密钥（Pre Shared Key, PSK）的方式。STA 通过 IEEE 802.1 x 身份验证后，AP 就会得到一个与 STA 相同的会话密钥（Session Key），AP 与 STA 将该会话密钥作为 PMK（对于使用预共享密钥的方式来说，PSK 就是 PMK）。随后 AP 与 STA 通过 EAPOL-KEY 进行 WPA 的四次握手，在这个过程中，AP 和 STA 均确认了对方是否持有与自己一致的 PMK，如不一致，四次握手过程就宣告失败，连接也因此中断，反之建立连接。

3.5.8　IEEE 802.16d 协议的安全机制

身份认证是消除非法接入网络这种安全威胁的重要手段，是系统安全机制中的第一道屏障，它与密钥管理协议是其他安全机制（如接入控制和数据加密）的前提。IEEE 802.16d 协议的身份认证与密钥管理由 PKM 协议负责。PKM 协议采用公钥密码技术实现 BS 对 SS 的身份认证、接入授权及会话密钥的发放和更新。

1. 安全关联

安全关联是 BS 和一个或多个 SS 间共享的一组安全信息，目的是支持 IEEE 802.16d 网络间的安全通信。在 IEEE 802.16d 中实际上使用了两种安全关联：数据安全关联（Data SA）和授权安全关联（Authorization SA），但只明确地定义了数据安全关联。数据安全关联分为初级、静态和动态 3 类。每个 SS 在初始化过程中都要建立一个初级安全关联，这是该 SS 与 BS 之间专有的；静态安全关联由 BS 提供；动态安全关联在数据传输过程中动态建立和消除，以响应特定服务流的发起和结束。

数据安全关联包含以下内容。

（1）16b 的 SAID（Security Association Identifier）标志，初级安全关联的 SAID 与用户站的基本 CID 相同。

（2）加密模式：CBC（Cipher Block Chain）模式中的 DES（Data Encryption Standard）。

（3）加密密钥：两个 TEK（Traffic Encryption Key）用于加密数据。

（4）两个兆比特的密钥标识符，对应以上的两个 TEK。

（5）TEK 生命期：最小为 30min，最大为 7d。

（6）64b 的 TEK 初始化向量。

授权安全关联包含以下几项内容。

（1）标识此 SS 的 X.509 证书。

（2）160b 的授权密钥或授权码（Authorization Key，AK）。

（3）AK 的生命期：1～70d，默认为 7d。

（4）下行链路的 HMAC（Hash-function-based Message Authentication Code）密钥。

（5）上行链路的 HMAC 密钥。

（6）用于分发会话密钥的加密密钥 KEK（Key Encryption Key）。

（7）一个已授权的数据安全关联列表。

2. PKM 协议

PKM 采用客户机用服务器模型，SS 作为客户端来请求密钥，BS 作为服务器端响应 SS 的请求并授权给 SS 唯一的密钥。

PKM 使用 CPS 子层中定义的 MAC 管理消息来完成上述功能。

PKM 支持周期性地重新授权及密钥更新机制。PKM 使用 X.509 数字证书、公钥加密算法和强对称算法进行 BS 与 SS 之间的密钥交换。基于数字证书的认证方式进一步加强了 PKM 的安全性能。

PKM 协议的完整流程包括 6 条消息，分为两个阶段。

（1）通知和授权：包含 3 条消息，SS 把设备制造商的公钥证书传给 BS，然后 SS 把自己的公钥证书传给 BS，BS 产生一个授权密钥，用 SS 的公钥加密后发给 SS。此过程完成了 BS 向 SS 传递 AK。随着 AK 的交换，BS 建立了 SS 的身份认证及 SS 的授权接入服务，即在 BS 和 SS 之间建立了某种 SA。

（2）密钥协商：包含 3 条消息，BS 将会话密钥 K 安全分发给 SS。PKM 协议至少达到 BS 对 SS 的身份认证、BS 对 SS 的接入控制（通过 AK）、密码算法的协商、TEK 的分发 4 个目标。

♊ SS 向 BS 发送一个认证消息，该消息包含 SS 制造商的 X.509 的证书。

♋ SS 向 BS 发送授权请求消息，该消息包含生产商针对该设备发布的 X.509 证书、SS 支持的加密算法及 SS 的基本连接 ID。

♌ BS 验证 SS 的身份，决定加密算法，并为 SS 激活一个 AK，BS 将 AK 用 SS 的公钥加密后返回给 SS。

♍ SS 定时发送授权请求消息给 BS 来更新 AK。

在获得授权以后，在第②个阶段 SS 向 BS 请求 TEK。

a. BS 向 SS 发送 TEK 更新消息（此消息是可选的）。

b. SS 向 BS 发送 TEK 请求消息。

c. BS 在收到请求消息后，生成 TEK，并通过响应消息发送给 SS。

d. SS 定时发送密钥请求消息给 BS 来更新 TEK。

3. 密码算法

PKM 协议中 3 种常用的密码算法如下。

（1）RSA 公钥算法，实现授权密钥的保密传输。

（2）DES 加密算法，实现会话密钥的安全分发。

（3）SHA-1 消息摘要算法，实现报文的完整性保护。

协议过程中，授权密钥是采用 SS 的公钥通过 RSA 算法加密的，保证了只有期望的用户可以解密得到此密钥。会话密钥采用 SS 公钥加密，或者由授权密钥（AK）推导的 KEK 采用 3-DES 或 AES 加密传输，可有效防范攻击者的窃听。协议最后两条报文用 SHA-1 算法提供完整性保护，消息认证密钥同样也是由授权密钥推导得出的。

3.5.9 IEEE 802.16d 协议的安全现状

PKM 协议具有报文少、效率高和安全算法易于实现等优点，但由于 PKM 协议是参考电缆接入系统的安全协议并结合 WMAN 网络的特点剪裁得到的，采用了共同的安全假设，使得基于 PKM 协议的 IEEE 802.16d 协议存在如下几方面的缺陷。

（1）单向认证。PKM 协议的前提是网络可信，因此只需要网络认证用户，而不需要用户认证网络，这样可能带来伪网络和伪基站攻击等形式的中间人攻击。采用双向认证，即让用户能够认证网络是合法的网络，是解决中间人攻击的有效方法。

（2）未明确定义授权安全关联。IEEE 802.16d 未明确定义授权安全关联，这会引起许多安全问题。例如，安全关联状态无法区分不同的授权安全关联实例，使得协议易受重放攻击，而不辨别 BS 身份也会受到重放或伪造攻击。

（3）认证机制缺乏扩展性。SS 中的公钥证书是其设备证书，证书持有者字段为设备的 MAC 地址，缺少对其他认证机制的考虑。IEEE 802.16d 还假定数字证书的发布是明确的，即没有两个不同的公钥/私钥使用方使用同一个 MAC 地址，但如果不能满足此假设，则攻击者可以伪装成另一方。

（4）与 AK 相关的问题。所有的密钥协商及数据加密密钥的产生依赖于 AK 的保密性，但是 IEEE 802.16d 协议没有具体描述认证和授权中 AK 是如何产生的。另外，由于 AK 的生存时限较长（达到 70d），而协议只使用一个 2b 的密钥标识符作为密钥序列空间，即一个 AK 时限内最多只能使用 4 个 TEK，这使得攻击者可以使用已过期的 TEK 进行加密，然后重放数据，极易造成重放攻击。建议使用 4b 或 8b 的密钥标识符作为密钥序列空间，或者缩短 AK 的生存时限以防止重放攻击。

（5）PKI 部署困难。PKM 协议需要公钥基础设施 PKI 的支持，目前单纯的公钥证书验证合法，即可信的方法无法面对今后大规模应用的安全需求。同时，解决不同制造商设备之间的互信问题也是一个不小的挑战。PKM 中的密钥协商适用于单播密钥，并不适用于组播密钥，组播密钥必须采用网络统一分配的方式来发放和更新。

（6）其他方面。密钥管理协议问题。例如，没有 TEK 有效性的保证；密码算法协商缺乏保护，可能造成降级攻击；TEK 授权和密钥协商请求由 SS 发起，可能带来拒绝服务（DoS）攻击隐患；重认证机制。

3.5.10　NB-IoT 现状及安全技术

1．NB-IoT 背景与发展现状

移动物联网的主要应用场景包括智慧城市、智能家居、环境监测等行业，对速率要求不高，但需要待机时间长、模组成本低、覆盖能力强的物联网技术。基于蜂窝网的窄带物联网（NB-IoT）是此场景的应用技术，近年来引起了

广泛关注。NB-IoT 基于蜂窝网络只消耗 180kHz 的频段，可直接部署于通用的移动通信系统网络，以降低部署成本，实现平滑升级。NB-IoT 支持待机时间短，对网络连接要求较高设备的高效连接，同时能够提供非常全面的室内蜂窝数据连接覆盖，已成为万物互联网络的一个重要分支，是一种可在全球范围内广泛应用的新兴技术。

随着业务不断创新和快速发展，NB-IoT 在"云管端"模式的网络体系架构之上，与各行业融合，衍生出了丰富多彩的物联网业务，共同形成"业务+云管端"的体系结构。NB-IoT 典型应用架构如图 3-47 所示。其中，业务由物联网与传统行业融合而成，应用 NB-IoT 技术实现业务统一控制；"云"由开放平台组成，通常利用云计算技术实现数据统一传送、数据统一存储、设备连接统一管理；"管"即 NB-IoT 网络，提供各种网络接入和数据传输通道；"端"是各种类型的 NB-IoT 终端设备。

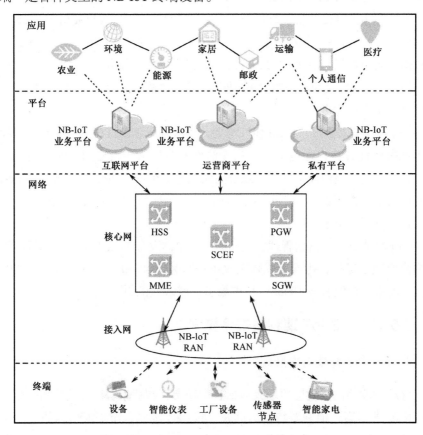

图 3-47　NB-IoT 典型应用架构

NB-IoT 具有广覆盖、多连接、低速率、低成本、低功耗、优架构等特点，可以广泛应用于多种垂直行业，如远程抄表、资产跟踪、智能停车、智慧农业等。在 NB-IoT 系统逐步成熟的同时，NB-IoT 的生态链也逐步成熟。2016 年 4 月，工业和信息化部召开了 NB-IoT 工作推进会，大力推进和培育 NB-IoT 整个产业链，并要求 2016 年年底建成基于标准 NB-IoT 的规模外场试验环境。中国电信积极响应产业政策，采取实验室验证、外场测试、商用开通的"三步走"策略，中兴通讯也紧跟 NB-IoT 发展建设规划，启动了基于 NB-IoT 标准的 POC 验证和实验室验证。

　　随着 NB-IoT 物联网基础设施建设的大力推进，网络信息安全问题给物联网的发展提出了全新的挑战。NB-IoT 也同样面临着接入鉴权、隐私保护、无线传感器节点防伪等安全威胁。因此，针对 NB-IoT 建设所面临的安全问题，分析 NB-IoT 的安全需求，并建立 NB-IoT 的安全体系架构，可以有效地推动产业链在相关方面达成一致，促进 NB-IoT 物联网的持续发展。

2. NB-IoT 与 eMTC

　　eMTC（增强机器类通信）作为窄带蜂窝物联网主流网络制式标准之一，是物联网的主要应用场景，具有超可靠、低时延等特点。2017 年 3 月，3GPP 正式宣布 eMTC 相关内容接纳到 R13 标准中，并正式发布，未来 eMTC 会根据技术、应用场景等发展随着 LTE 协议共同演进。eMTC 可基于蜂窝网络进行部署，现有 LTE 网络通过软件升级直接支持 eMTC，为了更加适用于物与物之间的通信，也为了更低的成本，对 LTE 协议进行了裁剪和优化。

　　长期以来蜂窝物联网的两种制式 eMTC 与 NB-IoT 有竞争关系。在 3GPP 第 76 次全会上，业界根据移动物联网技术（包括 NB-IoT 和 eMTC）R15 演进方向达成了共识：不再新增系统带宽低于 1.4MHz 的 eMTC 终端类型；不再新增系统带宽高于 200kHz 的 NB-IoT 终端类型。3GPP 这一决议，推动了蜂窝物联网的有序发展，让 eMTC 与 NB-IoT 彻底将应用界限划分开。

　　在峰值速率方面，NB-IoT 对数据速率支持较差，为 200kb/s，而 eMTC 能够达到 1Mb/s；在移动性方面，NB-IoT 由于无法实现自动小区切换，因此几乎不具备移动性，eMTC 在移动性上表现更好；在语音方面，NB-IoT 不支持语音传输，而 eMTC 支持语音；在终端成本方面，NB-IoT 由于模组、芯片制式统一，现已降至 5 美元左右，但是 eMTC 目前的价格仍然偏高，且下降缓慢；在小区容量方面，eMTC 没有进行过定向优化，难以满足超大容量的连接需求；

在覆盖方面，NB-IoT 覆盖半径比 eMTC 大 30%，eMTC 覆盖较 NB-IoT 差 9dB 左右。在安全方面，NB-IoT 与 eMTC 网络体系架构类似，eMTC 同样面临与 NB-IoT 类似的安全风险，采取的安全机制与 NB-IoT 类似。

3. NB-IoT 接入网的安全风险

与传统的物联网相比，NB-IoT 的接入功能改变了通过中继网关收集信息再反馈给基站的复杂网络部署。NB-IoT 的接入功能便于维护管理，也带来了新的安全威胁。

（1）大容量的 NB-IoT 终端安全接入问题。NB-IoT 的一个扇区能够支持大约 10 万个终端连接，需要对这些实时的、海量的大容量连接进行高效身份认证和接入控制，从而避免恶意节点注入虚假信息。

（2）开放的网络环境问题。NB-IoT 的终端接入通信功能完全借助于无线信道，无线网络固有的脆弱性会给系统带来潜在的风险，攻击者可以通过发射干扰信号造成通信的中断。此外，由于单个扇区的节点数目庞大，因此攻击者可以利用控制的节点发起拒绝服务攻击，进而影响网络的性能。

为了解决上述问题，NB-IoT 通过引入轻量级密码技术和认证技术，提供了高效的端到端身份认证机制、密钥协商机制，为 NB-IoT 的数据传输提供机密性和完整性保护，同时也能够有效地认证消息的合法性。另外，NB-IoT 建立了完善的入侵检测防护机制，检测恶意节点注入的非法信息。

4. NB-IoT 的安全接入机制

NB-IoT 的接入机制实现数据从物理世界的安全采集到数据接入、传输的安全交换。NB-IoT 的安全防护机制包括终端节点对扇区内基站的身份认证、入侵检测机制、密码系统的建立和管理等。

NB-IoT 网络提供给终端与网络之间的双向身份识别与安全通道，实现了信令和用户数据的安全传输。NB-IoT 的安全接入机制如图 3-48 所示。利用终端内部插入 SIM 卡，实现 NB-IoT 终端到 LTE 网络中安全网关的双向身份认证，采用接入控制技术、轻量级密码技术等，满足 NB-IoT 轻量化、大规模接入的需求。基于 NB-IoT 的安全通道的建立，目标是实现数据在感知层和传输层之间的安全可靠传输，包括海量终端节点接入的身份认证、海量数据在传输过程中的认证、安全通信协议的建立等。NB-IoT 的入侵检测机制为某类 NB-IoT 终端节点建立和维护一系列的行为轮廓配置，这些配置描述了该类节点正常运转时的行为特征。当一个 NB-IoT 终端节点的当前活动与以往活动的差别超出了轮廓配置各项的阈值时，这个当前活动就被认为是异常或一次入侵行为，系统应当及时进行拦截和纠正，避免各类入侵攻击对网络性能造成的负面影响。

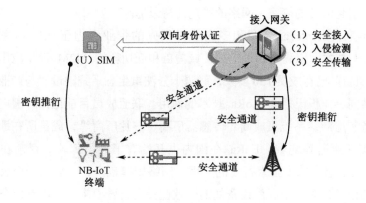

图 3-48　NB-IoT 的安全接入机制

NB-IoT 基于网络接入认证功能进行安全能力开放，即业务应用直接使用网络层认证结果或认证参数，不再对 NB-IoT 终端进行单独认证，降低因设备双层认证带来的开销。

3.5.11　LoRa 现状及安全技术

1. LoRa 背景与发展现状

LoRa 全称"Long Rang"，是美国 Semtech 公司私有的 LPWAN 成熟通信技术，是一种基于扩频机制的低功耗超远距离无线通信技术。LoRa 采用窄带扩频机制，抗干扰能力强，大大改善了接收灵敏度，在一定程度上奠定了 LoRa 技术的远距离和低功耗性能的基础。为了解决物联网中 M2M（物对物）无线通信的需求，LoRa 在全球免费频段运行，包括 433MHz、470MHz、868MHz、915MHz 等非授权频段，属于低功耗广域接入网技术。

LoRa 采用基于线性调频信号（Chirp）扩频技术，同时结合了数字信号处理和前向纠错编码技术，然后数字信号通过调制 Chirp 信号，将原始信号频带扩展至 Chirp 信号的整个线性频谱区间，这样大大增加了通信范围。基于 LoRa 技术的网络层协议是 LoRaWAN，定义了网络通信协议和系统架构，LoRaWAN 的通信系统网络是星状网结构，主要分为 3 种：第一种是点对点通信；第二种

是星状网轮询，一点对多点的方式，一个中心点和 N 个节点，由节点发出，中心点接收，然后确认接收完毕，下一个节点继续上传，直到 N 个节点发送完成，一个循环周期；第三种是星状网并发，也是一点对多点的通信，不同的是多个节点可以同时与中心节点通信，这就节约了节点的功耗，避免了个别节点的故障而引起网络的瘫痪，网络的稳定性得以提高。

近年来，Semtech 公司和多家业界领先的企业致力于推广其联盟标准 LoRaWAN 技术，以满足各种需要广域覆盖和低功耗的 M2M 设备应用要求。LoRa 联盟目前已有成员 150 多家，联盟十分注重生态系统建设，与产业链各环节企业共同合作积极推动 LoRa 技术的商用。联盟成员目前包括跨国电信运营商、设备制造商、系统集成商、传感器厂商、芯片厂商等，成员所在地区跨欧洲、北美、亚洲等地域。LoRa 在国内也开始有了应用部署。目前在国内的 LoRa 应用普遍为单个垂直行业的应用，网络规模较小，一般由一个公司提供端到端的设备，对各个厂商设备间的一致性没有特殊要求，且网络服务器的功能和性能要求也较低。而规模化的 LoRa 运营需要通过网络服务器接入各个不同厂商的设备，因此各设备间良好的一致性是规模运营的基础。同时 LoRa 网络服务器需要具备良好的终端和网关管理功能，能够根据上报数据选择适合的网关进行数据传输，从而保证通信的 QoS，并能够向第三方应用服务器提供统一接口进行应用数据的交换及数据能力开放。同时也需要考虑 LoRa 网络服务器和物联网管理平台的对接，将 LoRa 网络纳入物联网的接入手段统一进行运营和管理。

2．LoRa 安全防护机制

LoRa 技术的 LoRaWAN 是一种低功耗广域网络协议，可以为 IoT、M2M、智慧城市和工业应用等场景提供低功耗、可移动、安全的双向通信。LoRaWAN 协议为低功耗进行了优化，并且为可支持数以百万计设备的大型网络结构进行了特别设计。LoRaWAN 的特点可以支持冗余操作、定位、低成本和低功耗等应用场景。安全是所有应用场景的基本前提，所以从一开始在 LoRaWAN 协议中就对安全性进行了设计。

1）LoRaWAN 的安全属性

LoRaWAN 的安全性设计原则要符合 LoRaWAN 的标准初衷，即低功耗、低复杂度、低成本和大扩展性。由于设备在现场部署并持续的时间很长（往往是数年时间），因此安全考虑一定要全面并且有前瞻性。LoRaWAN 安全设计遵循先进的原则：标准的采取、算法的审查，以及端到端的安全机制。LoRaWAN 安全属性包括认证、完整性校验和保密机制。

认证作为网络连接的过程，发生在 LoRaWAN 终端节点与网络之间，确保只有真正的和已授权的设备才能与真实的网络相连接。

LoRaWAN 的 MAC 和应用消息是必须经过认证、完整性保护和加密的。这种保护和双向认证一同确保了网络流量没有改变，是来自一个合法的设备，而不是"窃听者"或"流氓"设备。

LoRaWAN 安全性为终端设备和服务器之间的数据交换提供了端对端的加密机制。LoRaWAN 是为数不多的支持端对端加密的 IoT 网络技术。在传统的蜂窝网络中，加密发生在空中接口处，但在运营商的核心网络中只是把它当作纯文本来传输的。因此，终端用户还要选择、部署和管理一个额外的安全层，通常通过 VPN 或应用层加密，如 TLS 来实现。

2）LoRaWAN 的安全策略

LoRaWAN 的安全机制依赖于经过完备测试和标准化的 AES 加密算法。密码界已经对这些算法进行了多年的研究和分析，并且被美国国家标准技术研究所认定为适用于节点和网络之间最佳的安全算法。LoRaWAN 使用 AES 加密语句，并结合多个操作模式，用于完整性保护的 CMAC 及加密的 CTR。每一个 LoRaWAN 终端具有一个唯一识别的 128 位 AES Key（称为 AppKey）和另一个唯一标识符（EUI-64-based DevEUI），二者都应用于设备识别过程。EUI - 64 标识符的分配要求申请人从 IEEE 登记机关获得组织唯一标识符（OUI）。同样地，LoRaWAN 网络由 LoRa 联盟分配的 24 位全球唯一标识符进行标定。LoRaWAN 应用负载的端对端加密发生在终端设备和服务器之间。

3）消息安全加密机制

终端节点必须在与网络服务器消息交互前的一个加入过程完成网络安全的密钥获取。终端节点在接入使用时需具备以下安全信息：终端设备标识（DevEUI）、应用标识（AppEUI）和 AES-128 应用密钥（AppKey）。其中，DevEUI 是唯一标识终端设备的全球终端设备 ID，符合 IEEE EUI64。AppEUI 是存储在终端设备中的全球唯一应用 ID，用于识别终端设备的应用程序提供商（即使用者）。AppKey 是一个定义于终端设备的 AES-128 应用密钥，由该应用程序所有者分配给终端设备，从每一个应用独立的根密钥中推演出来，根密钥由程序提供者知晓并处于应用程序提供者的控制下。

当一个终端节点通过无线激活方式加入 LoRa 网络时，将基于 AES128 算法并且由密钥 AppKey 衍生出终端节点通信所需的会话密钥 NwkSKey 和应用密钥 AppSKey。其中，会话密钥 NwkSKey 用于网络 MAC 通信的安全保障，而应用密钥 AppSKey 用于保障应用的端到端安全。LoRaWAN 的密钥应用机制如图 3-49 所示。

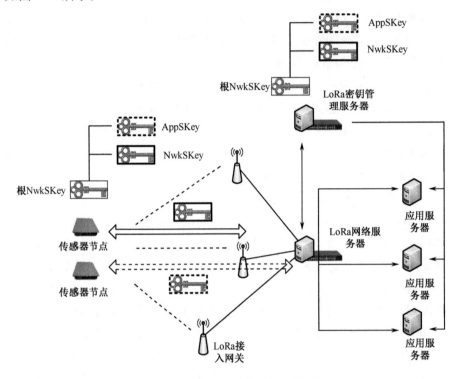

图 3-49　LoRaWAN 的密钥应用机制

为了保证 LoRa 网络传输的安全性，终端节点和服务器消息交互前必须先对消息进行加密处理。LoRa 网络消息安全加密流程分为两种步骤。

第一步，使用 NwkSKey 或 AppSKey 密钥对 MAC 负载帧（FRMPayload）加密，其中加密方案使用基于 IEEE 802.15.4 的 AES 算法加密，密钥长度为 128 位。

第二步，采样基于 RFC4493 的 AES 签名算法 CMAC 生成消息一致性码（MIC），此阶段只使用密钥 NwkSKey。其中，当 FPort=0 时，帧负载只包含 MAC 命令；当 FPort≠0 时，帧负载只包含传输数据，此时 FPort 值代表帧负载数据的大小，如图 3-50 所示。

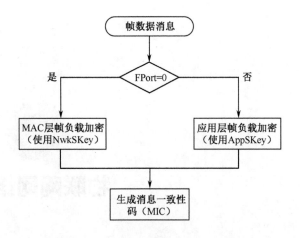

图 3-50　LoRa 网络消息安全加密流程

本章首先对感知层安全需求进行了概述，感知层在物联网的底层，承担各种信息的感知任务；其次对 RFID 的安全进行了描述，分析了 RFID 的安全威胁和安全需求，同时对 RFID 安全技术的最新研究成果进行了介绍；再次分别介绍了传感器网络和智能终端的技术特点，分析了传感器网络和智能终端的安全威胁，列举了传感器网络和智能终端的主要安全防护手段，并介绍了传感器网络和智能终端的典型安全技术；最后对接入网安全进行了概述，介绍了无线局域网（WAPI、WPA、IEEE 802.11i、IEEE 802.16d）、NB-IoT、LoRa 的安全机制。

问题思考

与现有网络相比，物联网感知层最具特色。物联网感知层涉及众多的感知器件，这些感知器件的形态各异，能力也是千差万别。物联网感知层直接与世间万物联系，其安全问题十分重要。请读者思考，物联网感知层的安全威胁在什么地方，是否具有安全挑战，安全事故是否会造成严重后果？物联网感知层安全防护技术的主要特点是什么？

第 4 章

物联网网络层安全

内容摘要

本章描述物联网网络层的安全需求和相关技术，重点是物联网核心网安全，分析现有核心网典型安全防护系统部署、下一代互联网（NGI）安全、5G网络安全和网络虚拟化安全的技术特点和安全威胁，列举主要安全防护手段，并介绍典型安全技术。

4.1 网络层安全需求

物联网的网络层需要支撑多样的业务和庞大的通信流量，需要各类有线、无线通信技术进行支撑。基于这些通信技术的传统网络层安全机制大部分依然适用于物联网网络层，包括网络安全域隔离、设备接入网络的认证、防火墙自动防御网络攻击、DDoS 攻击防护、应用和 Web 攻击防护、IPSec 安全传输等，但也需要考虑差异性。

4.1.1 网络层概述

物联网是一种虚拟网络与现实世界实时交互的新型系统，物联网通过网络层实现更加广泛的互联功能。物联网的网络层主要通过各种网络接入设备与移动通信网和互联网等广域网相连，把感知层收集到的信息快速地、可靠地、安全地传输到信息处理层，然后根据不同的应用需求进行信息处理、分类、聚合

等，实现对客观世界的有效感知及有效控制。物联网的网络层主要由网络基础设施、网络管理及处理系统组成，物联网的承载网络包括核心网（NGN）、2G通信系统、3G 通信系统、LTE/4G 通信系统、未来 5G 通信系统等移动通信网络，以及 WLAN、蓝牙等无线接入系统。物联网的网络层组成如图 4-1 所示。

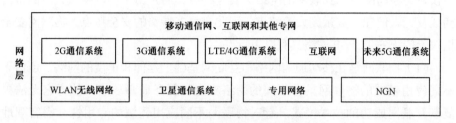

图 4-1　物联网的网络层组成

4.1.2　网络层面临的安全问题

物联网网络层不仅面对移动通信网络和互联网所带来的传统网络安全问题，而且由于物联网是由大量的自动设备构成的，缺少人对设备的有效管控，并且终端数量庞大，设备种类和应用场景复杂，这些因素都将对物联网安全造成新的威胁。物联网网络层的安全威胁主要来自以下 3 个方面。

（1）物联网终端自身安全。随着物联网业务终端的日益智能化，物联网应用更加丰富，同时也增加了终端感染病毒、木马或恶意代码入侵的渠道。同时，网络终端自身系统平台缺乏完整性保护和验证机制，平台软/硬件模块容易被攻击者窃取或篡改。一旦被窃取或篡改，其中存储的私密信息将面临泄露的风险。

（2）承载网络信息传输安全。物联网的承载网络是一个多网络叠加的开放性网络，随着网络融合的加速及网络结构的日益复杂，物联网基于无线和有线链路进行数据传输将面临更大的威胁。攻击者可随意窃取、篡改或删除链路上的数据，并伪装成网络实体截取业务数据及对网络流量进行主动与被动的分析。

（3）核心网络安全。未来全 IP 化的移动通信网络和互联网及下一代互联网将是物联网网络层的核心载体。对于一个全 IP 化开放性网络，将面临传统的DoS 攻击、DDoS 攻击、假冒攻击等网络安全威胁，并且物联网中业务节点数量将大大超过以往任何服务网络，在大量数据传输时将使承载网络堵塞，产生拒绝服务攻击。

4.1.3 网络层安全技术需求

物联网是一种虚拟网络与现实世界实时交互的新型系统，物联网通过网络层实现更加广泛的互联功能，其核心和基础仍然是互联网。物联网网络层安全不仅兼有移动网络和互联网的网络层安全特点，而且由于物联网由大量的机器构成及无人值守、数量庞大等特点，因此有很多特殊的安全特点。物联网安全相较于传统的 TCP/IP 网络具有以下特点。

（1）物联网是在移动通信网络和互联网基础上延伸和扩展的网络，但由于不同应用领域的物联网具有不同的网络安全和服务质量要求，使得它无法再复制互联网成功的技术模式。针对物联网不同应用领域的专用性，需客观地设定物联网的网络安全机制，科学地设定网络安全技术研究和开发的目标和内容。

（2）物联网的网络层将面临现有 TCP/IP 网络的所有安全问题，还因为物联网感知层所采集的数据格式多样，来自各种各样感知节点的数据是海量的并且是多源异构数据，带来的网络安全问题将更加复杂。

（3）物联网对于实时性、安全可信性、资源保证性等方面有很高的要求。例如，医疗卫生的物联网必须要求具有很高的可靠性，保证不会由于物联网的误操作而威胁患者的生命。

（4）物联网需要严密的安全性和可控性，具有保护个人隐私、防御网络攻击等能力。

物联网的网络层主要用于实现物联网信息的双向传递和控制，是一个多网并存的异构融合网络，物联网应用承载网络主要以互联网、移动通信及其他专用 IP 网络为主。从信息与网络安全的角度来看，物联网网络层对安全的需求可以涵盖以下几个方面。

（1）业务数据在承载网络中的传输安全。需要保证物联网业务数据在承载网络传输过程中数据内容不被泄露、篡改及数据流量不被非法获取。

（2）承载网络的安全防护。物联网中需要解决如何对脆弱传输点或核心网络设备的非法攻击进行安全防护。

（3）终端及异构网络的鉴权认证。在网络层，为物联网终端提供轻量级鉴别认证和访问控制，实现对物联网终端接入认证、异构网络互联的身份认证、鉴权管理等，是物联网网络层安全的核心需求。

（4）异构网络下终端安全接入。物联网应用业务承载网络包括互联网、移动通信网、WLAN 网络等多种类型，针对业务特征，对网络接入技术和网络架构都需要改进和优化，以满足物联网业务网络安全应用需求。

（5）物联网应用网络统一协议栈需求。物联网需要一个统一的协议栈和相应的技术标准，以此杜绝通过篡改协议等安全风险威胁网络应用安全。

（6）大规模终端分布式安全管控。物联网应用终端的大规模部署，对网络安全管控体系、安全管控与应用服务统一部署、安全检测、应急联动、安全审计等方面提出了新的安全需求。

4.1.4　网络层安全框架

由于通信网络在物联网架构中的缺位，使得早期的物联网应用在部署范围、应用领域、安全保护等方面被限制，终端之间及终端与后台软件之间都难以开展协同。物联网网络层安全体系结构如图 4-2 所示。

图 4-2　物联网网络层安全体系结构

物联网的特殊安全问题很大一部分是由于物联网在现在通信网络基础上集成了感知网络和应用平台带来的。因此，网络中大部分机制仍然可以适用于物联网并能够提供一定的安全性，如认证机制、加密机制等。但还是需要根据物联网的特征对安全机制进行调整和补充。物联网的网络层解决方案应包括以下几个方面的内容。

（1）构建物联网与互联网、移动通信网络相融合的网络安全体系结构，重点对网络体系架构、网络与信息安全、加密机制、密钥管理体制、安全分级管理体制、节点间通信、网络入侵检测、路由寻址、组网及鉴权认证和安全管控等进行全面设计。

（2）建设物联网安全统一防护平台，完成对终端安全管控、安全授权、应用访问控制、协同处理、终端态势监控与分析等管理。

（3）提高物联网系统各应用层次之间的安全应用与保障措施，重点规划异

构网络集成、功能集成、软/硬件操作界面集成及智能控制、系统级软件和安全中间件等技术应用。

（4）建立全面的物联网安全接入与应用访问控制机制，满足物联网终端产品的多样化网络安全需求。

4.2 物联网核心网安全

物联网核心网的安全需要重点关注新的物联网通信技术安全，如下一代互联网（NGI）安全、5G 网络的安全及网络虚拟化安全等。同时，也要考虑现有核心网典型安全防护系统的差异化部署与升级。

4.2.1 现有核心网典型安全防护系统部署

目前的物联网核心网（IPv4、IPSec、SSL）主要是运营商的核心网络，其安全防护系统组成包括安全通道管控设备、网络密码机、防火墙、入侵检测设备、漏洞扫描设备、防病毒服务器、补丁分发服务器、综合安全管理设备等。核心网安全防护系统可以为物联网终端设备提供本地和网络应用的身份认证、网络过滤、访问控制、授权管理等安全防护体系。物联网核心网络安全防护系统网络拓扑结构如图 4-3 所示。

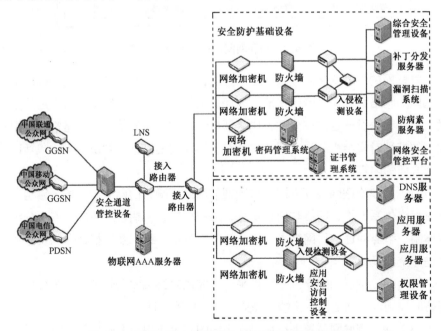

图 4-3 物联网核心网络安全防护系统网络拓扑结构

（1）综合安全管理设备。综合安全管理设备能够对全网安全态势进行统一监控，实时反映全网的安全态势，对安全设备进行统一的管理，能够构建全网安全管理体系，对专网各类安全设备实现统一管理；可以实现全网安全事件的上报、归并，全面掌握网络安全状况；实现网络各类安全系统和设备的联防联动。

（2）证书管理系统。证书管理系统负责签发和管理数字证书，由证书注册中心、证书签发中心及证书目录服务器组成。

（3）应用安全访问控制设备。应用安全访问控制采用安全隧道技术，在应用的物联网终端和服务器之间建立一个安全隧道，并且隔离终端和服务器之间的直接连接，所有的访问都必须通过安全隧道，未经过安全隧道的访问请求一律丢弃。应用访问控制设备收到终端设备从安全隧道发来的请求，首先验证终端设备的身份，并根据终端设备的身份查询该终端设备的权限，根据终端设备的权限决定是否允许终端设备的访问。

（4）安全通道管控设备。安全通道管控设备部署于物联网 LNS 服务器与运营商网关之间，用于抵御来自公网或终端设备的各种安全威胁。其主要特点体现在两个方面：①透明，即对用户透明、对网络设备透明，满足电信级要求；②管控，即根据需要对网络通信内容进行管理、监控。

（5）网络加密机。网络加密机部署在物联网应用的终端设备和物联网业务系统之间，通过建立一个安全隧道，并且隔离终端设备和中心服务器之间的直接连接，所有的访问都必须通过安全隧道加密机采用对称密码体制的分组密码算法，加密传输采用 IPSec 的 ESP 协议、通道模式进行封装。在公共移动通信网络上构建自主安全可控的物联网虚拟专用网（VPN），使物联网业务系统的各种应用业务数据安全、透明地通过公共通信环境，确保终端数据传输的安全保密。

（6）漏洞扫描系统。漏洞扫描系统可以对不同操作系统下的计算机（在可扫描 IP 范围内）进行漏洞检测，主要用于分析和指出安全保密分系统计算机网络的安全漏洞及被测系统的薄弱环节，给出详细的检测报告，并针对检测到的网络安全隐患给出相应的修补措施和安全建议，提高安全保密分系统安全防护性能和抗破坏能力，保障安全保密分系统运维安全。

（7）防火墙。防火墙阻挡的是对内网非法访问和不安全数据的传递。通过防火墙，可以达到以下多方面的目的：过滤不安全的服务和非法用户。防火墙根据制定好的安全策略控制（允许、拒绝、监控、记录）不同安全域之间的

访问行为，将内网和外网分开，并能根据系统的安全策略控制出入网络的信息流。

（8）入侵检测设备。入侵检测设备为终端子网提供异常数据检测，及时发现攻击行为，并在局域或全网预警。攻击行为的及时发现可以触发安全事件应急响应机制，防止安全事件的扩大和蔓延。入侵检测设备在对全网数据进行分析和检测的同时，还可以提供多种应用协议的审计，记录终端设备的应用访问行为。

（9）防病毒服务器。防病毒服务器用于保护网络中的主机和应用服务器，防止主机和服务器由于感染病毒导致系统异常、运行故障，甚至瘫痪、数据丢失等。

（10）补丁分发服务器。补丁分发服务器部署在安全防护系统内网，补丁分发系统采用 B/S 架构，可在网络的任何终端通过登录内网补丁分发服务器的管理页面进行管理和各种信息查询；所有的网络终端需要安装客户端程序以对其进行监控和管理；补丁分发系统同时需要在外网部署一台补丁下载服务器（部署于外网，与互联网相连），用来更新补丁信息（此服务器也可用来下载病毒库升级文件）。补丁分发服务器将来可根据实际需要在客户端数量、管理层次和功能扩展上进行无缝平滑扩展。

4.2.2　下一代互联网安全

1．下一代互联网（NGI）

下一代互联网（NGI）是在第一代互联网基础上发展、演变而来的。通过近几年第一代互联网业务蓬勃发展所带来的一系列问题，可以看出 NGI 的主要特征应具有可扩展性、高可用性、可管控性和高安全性。此外，IPv6 技术和 QoS 业务控制技术也是 NGI 的基本特征。

（1）网络可扩展性。网络的可扩展性是指网络规模适应业务快速增长的能力。可以从两个方面定义网络规模：①从路由计算的角度定义，包括路由器节点数量、链路数量和路由数目；②从业务承载能力的角度定义，包括网络设备的交换总容量和链路总带宽。大容量路由器、高速链路、负载分担技术、路由快速收敛是实现和保证网络扩展性的关键技术。

（2）网络高可用性。网络可用性是指网络节点之间能够保证质量要求的前提下，传输数据的时间占总时间的百分比。与传统电信网相比，目前互联网的可用性相对较差，NGI 的重要发展趋势之一是提高可用性。影响网络可用性的关键技术有路由快速收敛技术、快速重路由技术（FRR）、软硬件在线升级技术、协议平稳重启技术和设备自身的可靠性技术等，另外还依赖于底层传送网络的可用性。

（3）网络可管控性。NGI 则是一个现代商用化的互联网络，必须具备必要的管理和控制能力。要实现网络业务的管理和控制，需要依靠应用层和网络层的协同配合。网络层管理和控制的难点是配置管理、资源管理、业务开通和准入控制，技术瓶颈是管理协议和管理对象的标准化模型。

（4）网络高安全性。网络的安全性是当前互联网的最大缺陷之一。网络安全的关键是实现应用层、网络层和物理层的溯源和攻击者的物理定位。将来在 NGI 中采用 IPv6 技术后，所有个人和企业终端都可以分配到永久性的公共 IP 地址，因此很容易识别发送设备的类型，实现端到端的安全；再结合单播反向路径查找（uRPF）技术，有望从根本上解决网络层的溯源问题。

（5）IPv6 技术。目前的互联网是以 IPv4 协议为基础的，IPv4 在应用限制、管理灵活性、安全性等方面的内在缺陷也越来越不能满足未来发展的需要，互联网逐渐转向以 IPv6 为基础的下一代互联网是不可避免的大趋势，IPv6 是 NGI 的基本特征之一。采用 IPv6 从根本上解决了 IPv4 存在的地址限制，并能够更加有效地支持移动 IP，它给业务实现和网络运营管理带来的好处是革命性的。

（6）QoS 业务控制技术。QoS 就是服务质量管理。目前的互联网是一个“尽力而为”的网络，没有严格的 QoS 概念和机制。NGI 需要有可运营的 QoS 机制，这就要求网络具备业务质量保证和业务质量控制两个方面的能力。QoS 业务相关的关键技术包括质量保证、质量控制、QoS 管理、QoS 业务标识和防盗。

2．NGI 的安全隐患

肆虐网络的病毒、无孔不入的间谍软件、居心叵测的木马，以及嚣张猖獗的黑客攻击，已经成为困扰当前互联网用户的严重问题。由于安全问题给用户带来不可靠感，因此基于第一代互联网的电子商务的发展受到了阻碍。从网络安全的角度看，NGI 既是机会又是挑战，必须将网络安全作为 NGI 的一个有机整体，而不是一个附属品来对待。网络安全必须作为 NGI 研究中最重要的课题之一。总体来说，对 NGI 的安全构成威胁的隐患主要来自物理设备和软件系统两个方面。

1）物理设备的隐患

（1）设备故障。网络上的设备一般都是常年不间断地运行，难免会出现硬

件故障，这些故障可以造成数据的丢失、通信的中断，因而对用户的权益造成损害。如果是某些核心的设备出现故障，则有可能导致整个网络瘫痪。

（2）电磁干扰。数字信号在电缆中进行传输时，不可避免地产生电磁干扰（EMI），一方面，电磁的泄露让窃听者在一定距离内使用先进的接收设备，可以盗取到正在传送的信息和数据，从而严重威胁用户的隐私；另一方面，电磁干扰可以破坏另外一些设备中的通信数据。

（3）线路窃听。在无线通信中，信号是在空中传播的，无法采用物理的方式保护，这就使得有些攻击者可以使用一些设备对通信数据进行窃听，甚至更改。在有线通信中，攻击者甚至可以通过物理直接搭线的方式窃听相关信息。

2）软件系统的隐患

（1）操作系统的隐患。操作系统是网络应用的软件基础，它是网络设备的"神经中枢"，负责掌控硬件的运行与应用软件的调度，其重要程度不言而喻。目前网络上应用比较普遍的操作系统有 Windows、Linux、UNIX 及嵌入式 VxWorks 等。没有任何一种操作系统敢宣称自己是完全安全的，正如 Windows 操作系统大量安全漏洞的存在造成了目前互联网严峻的安全形势，操作系统的隐患也将使得网络系统本身存在很大的安全隐患。

（2）应用软件的安全隐患。一方面，应用软件在使用过程中，如果被用户有意或无意地删除，造成不完整；或者不同应用软件之间出现相互冲突；或者有些应用软件在安装时存在文件互相覆盖或改写，这些问题都会引起一些不安全的因素。另一方面，一些应用软件本身存在漏洞，如现在的 IE 浏览器，攻击者可以利用其设计缺陷通过它进入系统；IE 可以将用户的密码记录在一个特定的文件夹中，一旦攻击者访问到这个文件夹，用户的信息就会暴露。

（3）数据库的安全隐患。数据库是存放数据的软件系统，在互联网中扮演着十分重要的角色，它的安全隐患主要有数据的安全、数据库系统被非法用户侵入、数据加密不安全等几个方面。

（4）协议的安全隐患。协议定义为在网络上进行通信的规则。协议的安全隐患体现在网络中互相通信的协议本身存在的安全方面的不健全，以及协议实现中存在的漏洞问题。协议在本质上也是一种软件系统，因此在设计上不可避免地会存在一些漏洞。例如，Internet 的基础协议 TCP/IP 的设计仅建立在研究和试验的基础上，没有考虑安全性。黑客可以通过专用软件工具对网络扫描，掌握有用的信息，探测出网络的缺口，从而进行攻击。在 NGI 中，包含多种多样的协议，主要的协议包括 H.248、SIP、MGCP、H.323、BICC、SIGtran 等，正是这些协议促成各种网络的互通。每种协议都存在大量使网络服务中断的隐患。协议的安全隐患是网络安全问题最重要的因素之一。

3．NGI 的安全策略

通过对 NGI 存在的安全隐患及需要解决的安全问题进行分析，就能够制定可靠的网络安全策略，采用合理的网络安全技术来确保 NGI 的机密性、完整性、可用性与可控性。NGI 的网络安全技术主要包括防火墙技术、网络加密技术（IPSec）、身份认证技术、多层次多级别的防病毒技术、入侵检测技术等。

1）物理安全策略

在物理安全方面，除要保护网络设备免遭地震、水灾、火灾等环境事故及人为原因的破坏之外，还要防止系统信息在空间的扩散。通常采取下面的安全策略。

（1）产品保障方面：主要指产品采购、运输、安装等方面的安全措施。

（2）运行安全方面：网络中的设备，特别是安全类产品在使用过程中，必须能够从生产厂家或供货单位得到迅速的技术支持服务，对一些关键设备和系统应设置备份系统。

（3）防电磁干扰方面：所有重要的涉密设备都需要安装防电磁辐射产品，如辐射干扰机。

2）防火墙技术

防火墙是一种用来加强网络之间访问控制，防止外部网络用户以非法手段通过外部网络进入内部网络，访问内部网络资源，保护内部网络操作环境的特殊网络互联设备。它对两个或多个网络之间传输的数据包按照一定的安全策略来实施检查，以决定网络之间的通信是否被允许，并监视网络运行状态。

目前的防火墙产品主要有包过滤防火墙（访问控制表）、应用网关防火墙、代理服务防火墙、状态检测防火墙等。这些产品在安全性、效率和功能方面的矛盾比较突出。防火墙的技术结构，往往是安全性高就会效率低，效率高就会以牺牲安全为代价。未来的防火墙要求是高安全性和高效率性并存。

3）网络加密技术（IPSec）

IP 层是 TCP/IP 网络中最关键的一层，IP 作为网络层协议，其安全机制可对其上层的各种应用服务提供透明的覆盖式安全保护。因此，IP 安全是整个 TCP/IP 安全的基础，是网络安全的核心。

IPSec 是指 IETF 以 RFC 形式公布的一组安全 IP 协议集，是在 IP 包级为 IP 业务提供保护的安全协议标准，其基本目的就是把安全机制引入 IP 协议，通过

使用现代密码学方法支持加密性和认证性服务，使用户能够有选择地使用，并得到所预期的产品服务。IPSec 提供的安全功能或服务主要包括访问控制、数据起源认证、抗重放攻击、有限的数据流机密性等。

4）身份认证技术

在一个更为开放的环境中，支持通过网络与其他系统相连，就需要"调用每项服务时需要用户证明身份，也需要这些服务器向客户证明它们自己的身份"的策略来保护位于服务器中的用户信息和资源。目前 Kerberos 认证协议就支持这种策略，它定义了客户端和密钥分配中心（KDC）的认证服务之间的安全交互过程。

5）多层次多级别的防病毒技术

防病毒产品可以在每个入口点抵御病毒和恶意程序的入侵，保护网络中的 PC、服务器和 Internet 网关。它有一个功能强大的管理工具，可以自动进行文件更新，使管理和服务作业合理化，也可以用来从控制中心管理企业范围的反病毒安全机制，优化系统性能、解决及预防问题、保护企业及个人免受病毒的攻击和危害。NGI 的防病毒系统设计应遵循以下原则。

（1）整个系统的实施过程应保持流畅和平稳，做到尽量不影响既有网络系统的正常工作。安装在原有应用系统上的防病毒产品必须保证其稳定性，不影响其他应用的功能。

（2）防病毒系统的管理层次与结构应尽量符合用户自身的管理结构。

（3）防病毒系统的升级和部署功能应做到完全自动化，整个系统应具有每日更新的能力。

（4）能够对整个系统进行集中的管理和监控，并能集中生成日志报告与统计信息。

6）入侵检测技术

入侵检测技术是用于检测任何损害或企图损害系统的机密性、完整性或可用性等行为的一种网络安全技术。入侵检测从网络系统中的若干关键点收集信息，并分析这些信息，查看网络中是否有违反安全策略的行为和遭到袭击的迹象。

入侵检测被认为是防火墙之后的第 2 道安全闸门，在不影响网络性能的情况下能对网络进行监测，从而提供对内部攻击、外部攻击和误操作的实时保护。它扩展了系统管理员的安全管理能力，提高了信息安全基础结构的完整性。

4. NGI 的安全发展趋势

网络安全经过了 20 多年的发展，已经发展成为一个跨多门学科的综合性科学，它包括通信技术、网络技术、计算机软件、硬件设计技术、密码学等。对于我国而言，NGI 的安全发展趋势将是逐步具备自主研制网络设备的能力，自主研制关键芯片，采用自己的操作系统和数据库，以及使用国产的网管软件，从根本上摆脱对外国技术的依赖。另外，在安全技术不断发展的同时，全面加强安全技术的应用也是 NGI 安全发展的一个重要内容。因为即使有了网络安全的理论基础，没有对网络安全的深刻认识、没有广泛地将它应用于网络中，那么谈再多的网络安全也是无用的。同时，网络安全不仅仅是防病毒、防火墙、加密等产品的简单堆砌，而是包括从系统到应用、从设备到服务的比较完整的、体系性的安全系列产品的有机结合。

4.2.3　5G 网络安全

5G 移动通信系统需要支持增强移动宽带、高可靠、低时延及低功耗、大连接等应用场景。除了移动互联网应用，5G 还需要为物联网、虚拟现实、高速铁路等新兴行业的发展提供快速响应、无处不在的网络接入，为垂直行业的快速发展、创新提供信息基础平台。5G 新的应用场景、新的技术和新的服务方式给 5G 的安全带来许多新的安全需求与风险。5G 对不同场景提供的接入方式和网络服务方式存在较大差异，支持的业务交付方式也不同，安全需求的差异性非常明显。特别是物联网应用场景带来的大连接认证、高可用性、低时延、低能耗等安全需求，以及 5G 引入的 SDN/NFV、虚拟化、移动边缘计算和异构无线网络融合等新技术带来的变化和安全风险，对 5G 移动通信系统的接入认证/鉴权、切片安全、数据保护和用户隐私保护等方面提出全新的挑战。

5G 作为下一代无线通信技术将支持更加丰富的应用服务，深入融合到人们日常生活、工作、学习、娱乐及现实社会的运行、管理中，应该站在网络空间的角度审视 5G 的安全。建立安全可信网络空间，完成网络空间（Cyberspace）与现实空间（Reality Space）的可信对接，将是 5G 的安全特征。

1. 5G 技术及应用场景简介

从业务和应用的角度来看，5G 提供数据、连接和基于场景的服务，5G 带来的是一个连接场景的时代。5G 将推动移动互联网、物联网、车联网、工业互联网等聚合型应用，为政府、企业、金融机构、服务行业带来新的业务和

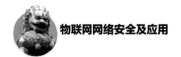

管理模式，也将为促进产业转型升级、社会和谐发展创造条件。5G 应用场景如图 4-4 所示。

图 4-4　5G 应用场景

5G 系统由三层组成。①基础设施资源层。它是固定与移动融合网络的物理资源，由接入节点、云节点（用于处理或存储资源）、5G 设备、网络节点和相关链路组成。通过虚拟化原则，这些资源对于 5G 系统的更高层次和网络编排实体而言是可见的。②业务实现层。在融合网络中所有的功能应以模块化的形式进行构建并输入资源库中。由软件模块实现的功能及网络特定部分的配置参数可从资源库下载至所需的位置。这些功能将根据要求，通过相关的 API 由网络编排实体进行调用。③业务应用层。该层部署了利用 5G 网络实现的具体应用和业务。

2. 5G 安全需求

（1）用户的安全需求。

用户希望拥有一个可以信赖的网络空间，信息能够按照自己的预期产生和传递，个人银行账户、网络交易、病历信息等隐私不被泄露，个人身份信息不被盗用和冒用。手机、计算机、汽车等设备也能正常地工作，不被别人遥控操纵。即使手机等支付终端丢失，也不至于给自己造成过大的损失。在 5G 时代，用户希望网络空间：保证网络空间和现实空间的可信对接，网络空间身份不被冒用，对自身及关联者网络行为能够合法溯源；可获得稳定可靠的网络空间信息传输、处理等服务；根据安全需求不同，获得不同防护水平的信息通信服务；在网络空间的信息和行为等隐私能够得到较好的保护；使用和操纵的实体安全可信，具有病毒和木马等网络信息攻击的预警和免疫能力。

（2）网络与服务平台提供者的安全需求。

网络与服务平台提供者最重要的目标是为用户提供优质的服务，并满足社会监管需要。构建一个让用户信赖而且使用方便的网络，保障其中的实体运转良好，保证使用服务的用户身份真实可信，信息传输安全可靠。网络服务者需要对政府、金融、电力、电信、交通等行业提供相应的安全保障。对于网络与服务平台提供者，希望 5G 网络：优化网络资源配置，面向个人、企业、社会团体、物联网节点提供定制化安全服务；具有用户身份和信用确认的支撑能力；网络空间基础设施稳定可靠，易于维护管理；保护用户隐私，防范信息泄露；满足网络空间监管要求，协助执法，具有追查信息来源的能力。

（3）社会和政府的安全需求。

人类社会需要一个良性的网络空间。随着未来 5G 网络的广泛应用，网络空间将覆盖人们日常信息消费、金融、交通、教育、医疗、工作等生产生活的方方面面。网络空间需要建立维护网络秩序、净化网络环境的机制，现实社会能够通过法律和道德约束、监督、管理网络空间行为，维护网络空间健康的生态环境。在 5G 时代，社会和政府希望：网络活动规范有序，符合法律和道德要求；提供网络空间和现实空间可信映射，用户对其网络行为可负责；隐私可以得到有效保护；网络技术应提升生活品质和社会安全感；网络空间基础设施应安全可靠。

3．5G 网络安全架构

5G 传输速度和连接数量大幅提升，通过移动互联网、物联网、车联网和工业互联网等应用，将现实空间与网络空间广泛地连接在一起。在保障接入安全、通信安全和数据安全的基础上，构建可信的网络空间，5G 需要实现网络空间中身份可信、网络可信和实体可信，5G 网络安全三要素如图 4-5 所示。

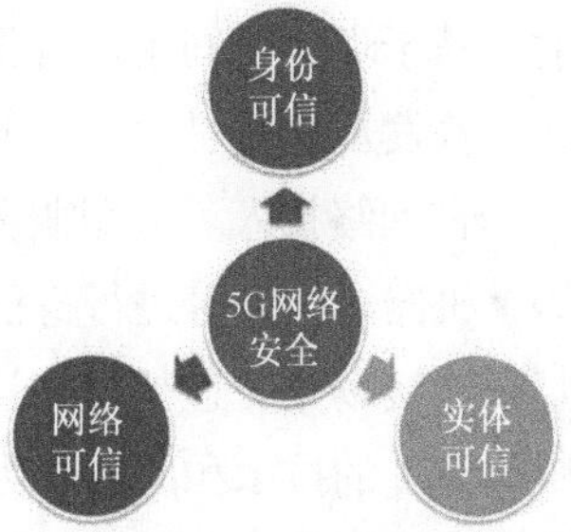

图 4-5　5G 网络安全三要素

（1）身份可信，行为可溯。

建立可信身份，在网络空间中准确识别网络行为主体，是维护网络空间行为秩序、道德规范和法律制度的基础。通过现实空间中人、设备、应用服务等

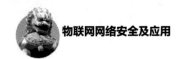

实体向网络空间的身份可信映射，实现网络空间与现实空间身份的可信对应，网络空间活动的主体可以准确地追溯到现实空间中的用户，用户为其网络行为负责。

网络空间可信身份的建立依赖于具有公信力的网络身份基础设施。网络身份基础设施为个人、组织和实体分配网络空间标识，支撑软硬件来源可信、用户网络行为规范。基于网络空间可信身份，可建立与现实社会对应的征信机制，为网络和应用安全多样化服务提供可选择的依据。

5G 可信身份框架如图 4-6 所示。

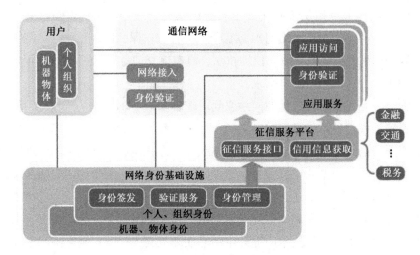

图 4-6　5G 可信身份框架

网络身份基础设施负责现实空间用户身份与网络空间用户身份的连接和映射。基于现实空间用户身份，生成网络空间身份标识，对网络空间身份进行注册、签发及管理。

在网络接入、应用服务连接时，网络身份基础设施支撑对接入的个人、组织、机器、物体等进行身份验证，根据需要实施相应验证策略和验证方法。5G基于连接场景（包括网络连接的大数据、移动设备、传感器、定位系统和社交媒体等）的技术和应用将为身份验证提供重要手段。

依托网络身份基础设施，可以建立征信服务平台，从金融、交通、税务等各类应用获取信用信息。

（2）网络可信，安全分级。

可信网络提供所需即所得的安全通信和应用服务，满足多样化应用场景需求。通过选择使用合适的网络资源切片，不同用户可获得不同安全保证等级的网络服务。高安全等级的用户甚至可获得类似于物理专网的网络隔离度和实时性保证。5G 可信网络框架如图 4-7 所示。

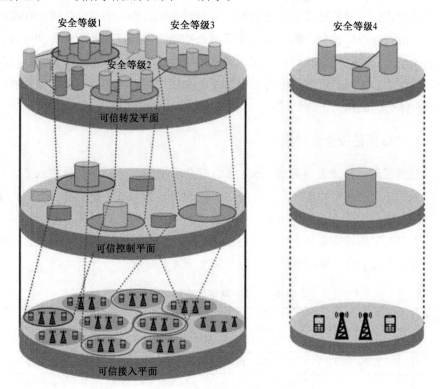

图 4-7　5G 可信网络框架

安全可分级的可信网络通过网络切片技术实现。5G 网络引入 NFV 和 SDN 技术，将网络物理资源虚拟化为多个相互独立、平行的网络切片，根据安全等级和业务需求进行按需编排。运营商/用户首先根据安全等级需求生成网络切片模板，切片模板包括该等级下所需的网络功能和安全功能，各网络功能模块之间的接口及这些功能模块所需的网络资源，然后网络编排功能根据该切片模板申请网络资源，并在申请到的资源上进行实例化创建虚拟网络功能模块和接口，或者建立隔离的网络。

5G 网络具有智能场景感知和按策略服务的能力。通过对地理位置、用户偏好、终端状态和网络上下文等场景信息的实时感知和分析，根据服务对象和场景动态选取不同的安全策略进行资源配置，对切片采用认证、加密等方式，提供差异化网络服务。

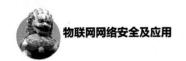

（3）实体可信，内建免疫。

可信实体是网络和应用安全可靠运行的基石。实体内建可信免疫机制，采用主动方式保证网络和服务正常运行，实现对病毒、木马的主动防御。在实体平台上植入硬件可信根，构建从运算环境、基础软件到应用及服务的信任链，依托逐级的完整性检查和判断，实现实体软硬件环境的完整性保护。入网检测认证过程中，对设计、实现的各级可信安全机制进行检测和认证，确保入网软硬件实体可信机制的正确实现。

4. 5G 网络安全技术集

根据目前的技术发展趋势，5G 网络安全至少包含 10 个安全技术集。在 4G LTE 安全技术集的基础上，针对 5G 网络开放性与虚拟化的特点，引入了网络开放接口安全、切片与 VNF 安全的技术集；针对终端的高安全防护能力需求，引入了终端安全技术集；针对移动边缘计算等新型移动服务方式，扩展了应用安全技术集。5G 网络安全技术集如表 4-1 所示。

表 4-1　5G 网络安全技术集

编号	名称	含义
1	接入安全	保证终端接入 5G 网络的数据与信令安全的技术集
2	安全认证	保证终端、网络与业务相互安全认证的技术集
3	安全上下文管理	保护终端、接入网、核心网安全上下文的生成、下发等管理过程的安全技术集
4	会话与移动性安全	保证会话安全性与移动性管理安全性的安全技术集
5	网络域安全	保证在拜访地的网络功能和家乡的网络功能之间信令和数据交互安全性的技术集
6	应用安全	保证终端和 MEC、电信网或数据网业务应用之间安全通信的安全技术集
7	切片与 VNF 安全	保证切片与 VNF 的安全运行，以及保证各切片间、各 NVF 间安全通信的安全技术集
8	开放接口安全	保证开放服务接口的合理、合法调用的安全技术集
9	终端安全	提升终端自身安全防护能力及适配专用领域应用的安全技术集
10	安全可视可配置	上述安全功能可配置并且用户可获知安全功能的配置

针对 5G 新型网络架构与典型业务应用场景的安全需求，5G 安全总体架构（以下简称安全架构）涵盖认证、接入安全、切片安全、MEC 安全、安全监

管、终端安全等核心安全功能。

5．5G 网络安全标准

目前对 5G 安全标准进行的研究主要集中在 3GPP SA3、ETSI 及国内的 CCSA TC5 WG5 和 TC8 WG2。3GPP SA3 目前正在研究的技术报告 TR 33.899 是 5G 安全标准化工作的基础，TR33.899（V1.2.0）给出了 17 个安全领域共 109 个关键议题（Key Issue）数百个解决方案（Solution），基本上覆盖了 5G 安全的所有安全需求。ETSI 的网络功能虚拟化标准工作组（NFV ISG）将在 5G 网络的基础设施标准化中扮演重要角色，主要目标是研究基于 NFV 的开放、互操作、商业生态链的技术规范。在 3GPP、IMT-2000、ITU-T 等国际组织的共同努力下，5G 网络安全标准的建设取得了重大进展。具体而言，5G 第一阶段的安全框架、接入安全、用户数据的机密性和完整性保护、移动性和会话管理安全、用户身份的隐私保护及与 EPS 的互通等相关工作绝大部分已完成。目前，3GPP 已经启动256 位密码算法的研究项目，且计划在第一阶段标准的 5G 安全系统中需要支持 256 位密钥。对于 256 位密码算法，3GPP 确定在 2018 年截止的 5G 协议中需要支持算法应用协议标准化，但并不选定具体算法，密码算法标准化预计在 5G 标准第二阶段启动。

4.2.4　网络虚拟化安全

网络虚拟化技术允许在一个物理网络上承载的多个应用通过网络虚拟化分割（称为纵向分割）功能使得不同业务单元相互隔离，但可在同一网络上访问自身应用，从而实现了将物理网络进行逻辑纵向分割虚拟化为多个网络；多个网络节点承载上层应用，基于冗余的网络设计带来的复杂性，将多个网络节点进行整合（称为横向整合），虚拟化成一台逻辑设备，提升数据中心网络可用性、节点性能的同时将极大简化网络架构。网络虚拟化可以获得更高的资源利用率、实现资源和业务的灵活配置、简化网络和业务管理并加快业务速度，更好地支持内容分发、移动性、富媒体和云计算等业务需求。

网络虚拟化是在底层物理网络和网络用户之间增加一个抽象层，该抽象层向下对物理网络资源进行分割，向上提供虚拟网络。众所周知，现有互联网架构具有难以克服的缺陷，主要体现在：无法解决网络性能和网络扩展性之间的矛盾；无法适应新兴网络技术和架构研究的需要；无法很好地满足多样化业务发展、网络运营和社会需求可持续发展的需要。为解决现有互联网的诸多问

题，一直以来技术界都在不断进行着尝试和探索，网络虚拟化技术正是在这样的背景下逐步发展起来的。

与在真实环境中连接物理计算机的网络相同，虚拟网络设备和虚拟链路构成的虚拟网络将面临同样的安全风险。在这种情况下，借鉴传统的网络安全设备并将其移植到虚拟化环境中是一个可行的思路。

1. 虚拟网络设备

网络设备与服务器不同，它们一般执行高 I/O 密度的任务，通过网络接口以最小附加处理来传输大量的数据，对专用硬件的依赖性很强。所有高速路由和数据包转发，包括加密（IPSec 与 SSL）和负载均衡都依靠专用处理器。当一个网络设备被重新映射为一个虚拟机格式时，专用硬件就失效了，所有这些任务现在都必须由通用的 CPU 执行，这必然会导致性能的显著下降。尽管如此，在物联网中应用虚拟网络设备仍然具有不可替代的优势，虚拟网络设备可以发挥作用的地方很多，如可以将一个不依靠专用硬件而执行大量 CPU 密集操作的设备虚拟化。Web 应用防火墙（WAF）和复杂的负载均衡器就是其中的例子。在虚拟化环境下，由于不可能为每个虚拟机都配备一个网络适配器（NIC），因此网络性能将会因为追加的虚拟化网络功能而获得最大的收益。在具备网卡虚拟化功能后，允许多台虚拟机共享一块物理 NIC，它是通过在虚拟化管理器上建立一个软件仿真层来实现资源共享的，并帮助虚拟机更快速地访问网络，同时也减轻 CPU 的负荷，网络设备的虚拟化实现使服务器按照成本效率和敏捷性需要进行上下调整。

2. 虚拟防火墙技术

虚拟防火墙是在一台物理防火墙上虚拟出多台逻辑上的防火墙，具有各自的管理员，并配置完全不同的安全策略，各台虚拟防火墙的安全策略互不影响。目前虚拟防火墙的实现大致包括两种技术路线：基于虚拟路由实现和基于虚拟机实现。

（1）基于虚拟路由（VRF）实现。

这是目前多数防火墙设备采用的技术路线。在数据层面，围绕转发表项，通过 VRF 或类似技术将要转发的相关表项（如路由表和 ARP 表）分割成多个逻辑表，实现报文转发的隔离；在管理层面，为不同虚拟防火墙关联不同的管理员，实现管理的分离；在控制层面，需要针对每种业务逐一考虑虚拟化改造，使其支持虚拟化。这种虚拟化方案，本质上是一种多实例技术，是在已有非虚拟化的系统架构上，对一些主要安全业务进行多实例改造。

（2）基于虚拟机实现。

这种方案可以看作 VFW 的物理机化，虚拟防火墙作为一个操作系统（GuestOS）运行在虚拟化的硬件环境中，基于虚拟机的虚拟化，从安全业务的角度来说，是一种完全的虚拟化方案，更容易部署和迁移，也避免了虚拟化后导致的部分功能缺失的问题。但是，基于虚拟机的虚拟化通过虚拟机监视器（Hypervisor）作为中间层，给上层构造了一个完全独立的虚拟硬件空间，每个子操作系统（GuestOS）需要独立构造完整的操作系统和业务环境，由此也带来了一些问题。例如，单台物理设备或服务器上运行的虚拟防火墙数量很少及报文转发的时延加大等，使得这种方案更适合部署在虚拟防火墙数量要求不多和业务性能不高的场景。

3．虚拟入侵检测技术

在传统的网络环境中，入侵检测系统作为一种有效的安全措施，能很好地监测到网络的运行情况，对访问系统或网络的异常行为进行检测。但是，随着虚拟机的出现，带来了计算机结构的变化，导致传统的入侵检测系统已经不能很好地应用于虚拟机环境之中。

虚拟机系统通过在一个单一的物理平台上虚拟出多台逻辑的机器，从而支持多个操作系统同时在单一的物理硬件平台上运行。这种体系结构具有一系列的特征，有利于面向虚拟机网络入侵检测系统的实现。

（1）隔离性。隔离性是虚拟机系统最基本的特征。多个客户操作系统运行于同一个硬件平台，共享硬件资源。做到各个虚拟机的运行互不干扰是实现虚拟机技术的最基本需求。在虚拟机中，虚拟化是通过 3 种方式相互协作的，分别为：CPU 虚拟化、内存虚拟化和设备虚拟化。CPU 虚拟化是通过 x86 架构提供的 4 种特权级别 Ring0、Ring1、Ring2 和 Ring3 来实现的。通过这 4 种级别来控制和管理对硬件的访问。通常，用户级的应用一般运行在 Ring3 级别，操作系统需要直接访问内存和硬件，需要在 Ring0 执行它的特权指令。在虚拟化技术中，VMM 运行在 Ring0 层，操作系统运行在 Ring1 层，客户应用程序运行在 Ring3 的 CPU 层次结构。这样各个虚拟机的操作系统访问 CPU 资源的请求可以由运行在 Ring0 层的 VMM 来统一调度和管理。内存虚拟化的实现是由 VMM 负责映射客户物理内存到实际机器内存的，它通过影子页表来加速映射。当客户操作系统更改了虚拟内存到物理内存的映射表，VMM 也会更新影子页表来启动直接查询。各个虚拟机都有各自的线性地址空间。在虚拟机中外

设访问由位于特权虚拟机的后端调度程序统一管理。通过上述虚拟化技术，可以做到各个虚拟机的运行互不干扰，而且互相不可见，从而实现了各个虚拟机的互相隔离特征。

（2）安全性。在虚拟机中，安全性与隔离性有密切的关系。由于隔离性的特征，使得在虚拟机中各个虚拟机互相是不可见的。位于一个虚拟机中运行的软件并不会受到位于另一个虚拟机中运行的软件的干扰。虚拟机管理器平台由于其本身的简洁性（相对于操作系统的庞大而言）和较少的访问接口，使其能够较好地控制自身的行为和状态。一个虚拟机要想突破虚拟机管理器的安全限制从而影响其他虚拟机的运行状态会比它在操作系统施加类似破坏要困难得多。因此，面向虚拟机网络入侵检测系统在设计中可以将入侵检测系统本身放在一个虚拟机中，监视同一个虚拟机平台上其他虚拟机的运行状态。这样，系统本身的安全性将大大增强。

（3）可视性。在虚拟机管理平台上，特权虚拟机对于其他虚拟机有很好的视角，可以通过设备后端或 VMM 层的控制信息获取其他虚拟机的运行状态。在面向虚拟机网络入侵检测系统的实现中，可以通过在特权虚拟机中监视为各个虚拟机分配的虚拟的网络设备，从而获取到达每个虚拟机的网络数据包。这样，既实现了入侵检测系统本身与被检测系统的安全隔离，又能保证系统能够捕获到达其他所有虚拟机的网络数据包，从而实现网络入侵检测功能。

面向虚拟机网络入侵检测系统技术是为了适应虚拟机发展的需要和入侵检测系统本身的需要而产生的。随着虚拟化技术的日益成熟，对虚拟机部署的需求大大增加。但是，由引入虚拟机的新的体系结构的变化带来的安全问题却没有随着虚拟机技术的发展而引起人们足够的关注。传统的安全技术在一定程度上能够满足新的需求，但也有更多的安全技术需要做出相应的调整和改进。入侵检测技术作为一项有效的安全技术，要适应虚拟机的环境，就必须做出改进；否则，它将不能正确地监测系统的运行情况。而且在虚拟机的环境中，攻击者有更多的方式可以对传统的入侵检测进行破坏和攻击，这也是必须重新设计入侵检测系统的原因之一。

面向虚拟机网络入侵检测系统主要分为两个部分：一个是位于入侵检测虚拟机中的入侵检测部分；另一个是位于被检测系统中的相应控制部分。这两个部分通过跨域通信模块来进行连接和通信。在入侵检测系统中，主要有 4 个功能模块：数据探测器、入侵检测引擎模块、入侵响应和控制模块及跨域通行服务器端模块。数据探测模块从 XEN 为每个虚拟机虚拟的网络设备接口获取网络数据包信息。在 XEN 中，当新建或部署一个虚拟机时，如果该虚拟机有网络设备，VMM 会为其虚拟一个网络接口。入侵检测引擎利用数据探测器获取的数据进行入侵检测。如果有入侵事件发生，就会发送通知到入侵响应控制单元，产生响应信息，并可以通过域间通信控制模块将响应信息发送到特定的被入侵的虚拟机中。在被监控的虚拟机中，主要有跨域通信控制模块客户端和分域控制响应单元。其中，分域控制响应单元从跨域通信控制模块客户端接收响应消息，并通知本地用户采取相应的策略进行处理。

本章小结

物联网网络层是物联网的纽带，负责将感知层的信息传输到应用层。物联网网络层以现有互联网和移动通信网络，以及下一代互联网与 5G 网络为基础。物联网网络层的安全威胁、安全需求和安全技术与目前网络相差不大，但物联网中网络将实现融合，目前还没有完整的针对融合网络的安全解决方案。本章仅对如何开展物联网安全研究和开发进行初步的分析，供物联网安全研究和开发人员参考。

问题思考

有人认为物联网中的网络就是目前的网络，与互联网中的网络层是一个概念。从这个观点出发，物联网网络层安全与互联网网络层安全一致，其安全技术措施和系统相同，没有新的需求。请读者思考，物联网网络层安全与现有网络安全的关系是什么？目前的网络安全技术和系统能否解决物联网网络层安全的问题？物联网应用对物联网安全的新挑战是否存在？物联网安全面临怎样的新需求，在哪些方面可能出现新的安全技术？

第5章

物联网应用层安全

内容摘要

物联网应用层在物联网感知层与网络层提供的海量节点、连接与数据等资源的基础上，提供信息处理、数据存储、挖掘与分析、可视化呈现等多种能力及调用接口，以此为基础实现物联网在众多领域的各种应用，是物联网发挥作用和价值得以体现的重要环节。因此，物联网应用层安全是整个物联网安全的重要组成部分。本章在对物联网应用层安全需求进行分析的基础上，提出物联网应用层安全框架，并从处理安全、数据安全与隐私保护、云平台安全等多个方面，对物联网应用层安全的热点问题、解决方案与关键技术进行阐述。

5.1 应用层安全需求

严格地说，物联网的应用层不是一个具有普适性的逻辑层，因为不同的行业应用在数据处理后的应用阶段其表现形式各不相同。综合不同的物联网行业应用可能需要的安全需求，物联网应用层安全应综合考虑平台安全、容器安全与中间件安全等安全防护技术手段；在物联网应用服务层主要部署服务安全、数据安全与隐私保护等安全防护技术手段。

5.1.1 物联网应用层概述

物联网应用层主要包括物联网应用基础设施/中间件和各种物联网应用。应用基础设施/中间件为物联网应用提供信息处理、计算等通用基础服务设施、能力及资源调用接口，以此为基础实现物联网在众多领域中的各种应用。

在关键技术方面，当前物联网应用基础设施主要采用基于云计算和网络虚拟化、计算虚拟化技术的计算基础设施，以及基于大数据和人工智能技术的海量信息智能处理。通过综合运用云计算、人工智能、数据库和模糊计算等技术，对收集的感知数据进行通用处理，重点涉及数据存储、并行计算、数据挖掘、平台服务、信息呈现等。物联网中间件和各种物联网应用通常采用面向服务的架构（Service Oriented Architecture，SOA）。SOA 是一种松耦合的软件组件技术，它将应用程序的不同功能模块化，并通过标准化的接口和调用方式联系起来，实现快速可重用的系统开发和部署。SOA 可提高物联网应用层中间件与应用系统架构的扩展性，提升应用开发效率，充分整合和复用信息资源。

从技术标准体系的角度来看，物联网应用层标准体系主要包括应用层架构、信息智能处理技术，以及行业、公众应用类标准。应用层架构技术标准的重点包括 SOA 架构、面向上层业务应用的流程管理、业务流程之间的通信协议、元数据标准及 SOA 安全架构标准。信息智能处理类技术标准包括云计算、数据存储、数据挖掘、海量智能信息处理和呈现等。云计算技术标准重点包括开放云计算接口、云计算开放式虚拟化架构（资源管理与控制）、云计算互操作、云计算安全架构等。

5.1.2　应用层面临的安全问题

应用层面临的安全问题主要包括应用基础设施/中间件层安全问题和应用服务层安全问题。

1. 应用基础设施/中间件层安全问题

应用基础设施/中间件层完成对海量数据和信息的收集、分析整合、存储、共享、智能处理和管理等功能。该层的重要特征是智能，智能的技术实现少不了自动处理技术，其目的是使处理过程方便、迅速，而非智能的处理手段可能无法应对海量数据。但自动过程对恶意数据特别是恶意指令信息的判断能力是有限的，而智能也仅限于按照一定规则进行过滤和判断，攻击者很容易避开这些规则，正如垃圾邮件过滤一样，一直是一个棘手的问题。因此应用基础设施/中间件层的安全问题包括如下几个方面。

（1）垃圾信息、恶意信息、错误指令和恶意指令干扰。中间件层在从网络中接收信息的过程中，需要判断哪些信息是真正有用的信息，哪些是垃圾信息甚至是恶意信息。在来自网络的信息中，有些属于一般性数据，用于某些应用过程的输入，而有些可能是操作指令。在这些操作指令中，又有一些可能是多

种原因造成的错误指令（如指令发出者的操作失误、网络传输错误、得到恶意修改等），或者是攻击者的恶意指令。如何通过密码技术等手段甄别出真正有用的信息，又如何识别并有效防范恶意信息和恶意指令带来的威胁是物联网中间件层的重大安全挑战之一。

（2）来自超大量终端的海量数据的识别和处理。物联网时代需要处理的信息是海量的，需要处理的平台也是分布式的。当不同性质的数据通过一个处理平台处理时，该平台需要多个功能各异的处理平台协同处理。但首先应该知道将哪些数据分配到哪个处理平台，因此数据分类是必需的。同时，安全要求使得许多信息都是以加密形式存在的，因此如何快速有效地处理海量加密数据是智能处理阶段遇到的另一个重大挑战。

（3）攻击者利用智能处理过程躲避识别与过滤。计算技术的智能处理过程较人类的智力来说还是有本质的区别的，但计算机的智能判断在速度上是人类智力判断所无法比拟的，因此，期望物联网环境的智能处理在智能水平上不断提高，而且不能用人的智力去代替。也就是说，只要智能处理过程存在，就可能让攻击者有机会躲过智能处理过程的识别和过滤，从而达到攻击目的。在这种情况下，智能与低能相当。因此，物联网的中间件层需要高智能的处理机制。

（4）灾难控制和恢复。如果智能水平很高，那么可以有效识别并自动处理恶意数据和指令。但再好的智能也存在失误的情况，特别在物联网环境中，即使失误概率非常小，因为自动处理过程的数据量非常庞大，所以失误情况是很多的。在处理发生失误而使攻击者攻击成功后，如何将攻击所造成的损失降到最低程度，并尽快从灾难中恢复到正常工作状态，是物联网中间件层的另一个重要问题，同样也是一个重大挑战，因为在技术上没有最好，只有更好。

（5）非法人为干预（内部攻击）。中间件层虽然使用智能的自动处理手段，但还是允许人为干预，而且是必需的。人为干预可能发生在智能处理过程中无法做出正确判断时，也可能发生在智能处理过程中有关键中间结果或最终结果时，还可能发生在其他任何原因而需要人为干预时。人为干预是为了中间件层更好地工作，但也有例外，即实施人为干预的人试图实施恶意行为。来自人的恶意行为具有很大的不可预测性，防范措施除技术辅助手段之外，更多地要依靠管理手段。因此，物联网中间件层的信息保障还需要科学管理手段。

（6）设备丢失。中间件层的智能处理平台的大小不同，大的可以是高性能工作站，小的可以是移动设备，如手机等。工作站的威胁是内部人员恶意操作，而移动设备的一个重大威胁是丢失。由于移动设备是信息处理平台，而且其本身通常携带大量重要机密信息，因此，如何降低作为处理平台的移动设备丢失所造成的损失也是重要的安全挑战之一。

2．应用服务层安全问题

应用服务层涉及的是综合的或有个体特性的具体应用业务，它所涉及的某些安全问题通过前面几个逻辑层的安全解决方案可能仍然无法解决，这属于应用服务层的特殊安全问题，主要涉及以下几个方面。

（1）不同访问权限访问同一数据库时的内容筛选决策。由于物联网需要根据不同应用需求对共享数据分配不同的访问权限，而且不同权限访问同一数据可能得到不同的结果。例如，道路交通监控视频数据在用于城市规划时只需要很低的分辨率即可，因为城市规划需要的是交通堵塞的大概情况；当用于交通管制时就需要清晰一些，因为需要知道交通实际情况，以便能及时发现哪里发生了交通事故，以及交通事故的基本情况等；当用于公安侦查时可能需要更清晰的图像，以便能准确识别汽车牌照等信息。因此，如何以安全方式处理信息是应用中的一项挑战。

（2）用户隐私信息保护及正确认证。随着个人和商业信息的网络化，特别是物联网时代，越来越多的信息被认为是用户隐私信息。例如，移动用户既需要知道（或被合法知道）其位置信息，又不愿意非法用户获取该信息；用户既需要证明自己合法使用某种业务，又不想让他人知道自己在使用某种业务，如在线游戏；患者急救时需要及时获得该患者的电子病历信息，但又要保护该病历信息不被非法获取，包括病历数据管理员；许多业务需要匿名，如网络投票。很多情况下，用户信息是认证过程的必需信息，如何对这些信息提供隐私保护，是一个具有挑战性的问题，但又是必须要解决的问题。

（3）信息泄露追踪。在物联网应用中，涉及很多需要被组织或个人获得的信息，如何解决已知人员是否泄露相关信息的问题是需要解决的另一个问题。例如，医疗病历的管理系统需要患者的相关信息来获取正确的病历数据，但又要避免该病历数据与患者的身份信息相关联。在应用过程中，主治医生知道患者的病历数据，这种情况下对隐私信息的保护具有一定困难性，但可以通过密码技术掌握医生泄露患者病历信息的证据。

（4）计算机取证分析。在使用互联网的商业活动中，特别是在物联网环境的商业活动中，无论采取了什么技术措施，都很难避免恶意行为的发生。如果能根据恶意行为所造成后果的严重程度给予相应的惩罚，那么就可以减少恶意行为的发生。技术上，这需要收集相关证据。因此，计算机取证就显得非常重要，当然这有一定的技术难度，主要是因为计算机平台种类太多，包括多种计算机操作系统、虚拟操作系统、移动设备操作系统等。

（5）剩余信息保护。与计算机取证相对应的是数据销毁。数据销毁的目的是销毁那些在密码算法或密码协议实施过程中所产生的临时中间变量，一旦密码算法或密码协议实施完毕，这些中间变量将不再有用。但这些中间变量如果落入攻击者手中，则可能为攻击者提供重要的参数，从而增大成功攻击的可能性。因此，这些临时中间变量需要及时地、安全地从计算机内存和存储单元中删除。计算机数据销毁技术不可避免地会被计算机罪犯作为证据销毁工具，从而增大计算机取证的难度。因此如何处理好计算机取证和计算机数据销毁这对矛盾是一项具有挑战性的技术难题，也是物联网应用中需要解决的问题。

（6）电子产品和软件的知识产权保护。物联网的主要市场将是商业应用，在商业应用中存在大量需要保护的知识产权产品，包括电子产品和软件等。在物联网的应用中，对电子产品的知识产权保护将会提高到一个新的高度，对应的技术要求就成为一项新的挑战。

3. 应用层面临的安全威胁

应用层面临的安全威胁主要包括以下几类。

（1）蠕虫和病毒。蠕虫是指通过计算机网络进行自我复制的恶意程序，泛滥时可以导致网络阻塞和瘫痪。从本质上说，蠕虫和病毒的最大区别在于：蠕虫是通过网络进行主动传播的，而病毒需要人手工干预（如各种外部存储介质的读/写）。但是时至今日，蠕虫往往和病毒、木马和 DDoS 等各种威胁结合在一起，形成混合型蠕虫。

蠕虫有多种形式，包括系统漏洞型蠕虫、群发邮件型蠕虫、共享型蠕虫、寄生型蠕虫和混合型蠕虫等。

① 系统漏洞型蠕虫：利用客户机或服务器的操作系统、应用软件的漏洞进行传播，是目前最具有危险性的蠕虫，其特点是传播快、范围广、危害大。著名的例子有利用 Microsoft RPC DCOM 服务漏洞进行传播的"冲击波"、利用微软索引服务器缓冲区溢出漏洞进行传播的"红色代码"、利用 LSASS 本地安全认证子系统服务漏洞进行传播的"震荡波"等。

② 群发邮件型蠕虫：主要通过 E-mail 进行传播，是最常见、变种最多的蠕

虫。著名的例子有"求职信""网络天空 NetSky""雏鹰 BBeagle""Sober"等蠕虫。

③ 共享型蠕虫：主要是将自身隐藏在共享软件的共享目录中，利用社会工程学，依靠其他节点的下载达到传播的目的。这种蠕虫病毒传播速率相对于其他蠕虫较慢，该类蠕虫只有在节点下载蠕虫文件并执行之后才会感染节点，且感染后会将自身的多个副本复制到共享文件夹中。著名的例子有 VB.dg、Polipos、Natalia、BAT.MasterClon.a 等。

（2）间谍软件。在网络安全界对"间谍软件"的定义一直在讨论。根据微软的定义，"间谍软件是一种泛指执行特定行为，如播放广告、收集个人信息或更改计算机配置的软件，这些行为通常未经用户同意"。

严格地说，间谍软件是一种协助收集（追踪、记录与回传）个人或组织信息的程序，通常是在不提示的情况下进行的。广告软件和间谍软件相似，它是一种在用户上网时透过弹出式窗口展示广告的程序。这两种软件手法相当类似，因此通常统称为间谍软件。而有些间谍软件就隐藏在广告软件内，透过弹出式广告窗口入侵到计算机中，使得两者更难以清楚划分。

间谍软件主要通过 Active X 控件下载安装、IE 浏览器漏洞和免费软件绑定安装到用户的计算机中。

间谍软件对企业已形成隐私与安全上的重大威胁。这些入侵性应用程序收集包括信用卡卡号、密码、银行账户信息、健康保险记录、电子邮件和用户存取数据等敏感和机密的公司信息后，将其传给不知名的网站而危及公司形象与资产。

由间谍软件所产生的大批流量可能消耗公司网络带宽，导致关键应用系统出现拥塞、延迟及丢包的情况。

（3）网络钓鱼。网络钓鱼（Phishing）是攻击者利用欺骗性的电子邮件和伪造的 Web 站点来进行网络诈骗活动，受骗者往往会泄露自己的私人资料，如信用卡卡号、银行卡账户信息、身份证号码等内容。诈骗者通常会将自己伪装成网络银行、在线零售商和信用卡公司等可信的品牌，骗取用户的私人信息。

（4）带宽滥用。对于企业网络来说，非业务数据流（如 P2P 文件传输与即时通信等）消耗了大量带宽，轻则使企业业务无法正常运行，重则使企业 IT 系统瘫痪。带宽滥用给网络带来了新的威胁和问题，甚至影响到企业 IT 系统的正常运作。它使网络不断扩容，但还是不能满足用户对带宽的渴望，大量的带宽浪费在与工作无关的流量上，造成了投资的浪费和效率的降低。

（5）垃圾邮件。目前还没有对垃圾邮件的统一定义，一般将具有以下特征的电子邮件定义为垃圾邮件：收件人事先没有提出要求或同意接受的广告、电子刊物、各种形式的宣传品等宣传性的电子邮件；收件人无法拒收的电子邮件；隐藏发件人身份、地址、标题等信息的电子邮件；含有虚假的信息源、发件人、路由等信息的电子邮件。

垃圾邮件一般具有批量发送的特征，常采用多台机器同时批量发送的方式攻击邮件服务器，造成邮件服务器大量带宽损失，并严重干扰邮件服务器进行正常的邮件递送工作。垃圾邮件可分为良性垃圾邮件和恶性垃圾邮件，其中良性垃圾邮件对收件人影响不大，但恶性垃圾邮件具有破坏性。

（6）DoS/DDoS 攻击。DoS 攻击是一种基于网络的、阻止用户正常访问网络服务的攻击。DoS 攻击采用发起大量网络连接，使服务器或运行在服务器上的程序崩溃、耗尽服务器资源或以其他方式阻止客户访问网络服务，从而使网络服务无法正常运行甚至关闭。

DoS 攻击可以是小至对服务器的单一数据包攻击，也可以是利用多台主机联合对被攻击服务器发起洪水般的数据包攻击。在单一数据包攻击中，攻击者精心构建一个利用操作系统或应用程序漏洞的攻击包，通过网络把攻击性数据包送入被攻击服务器，以实现关闭服务器或关闭服务器上的一些服务的目的。

DoS 攻击原理大致分为以下 3 种。

① 通过发送大的数据包阻塞服务器带宽造成服务器线路瘫痪。

② 通过发送特殊的数据包造成服务器 TCP/IP 模块耗费 CPU 内存资源最终瘫痪。

③ 通过标准的连接建立起连接后发送特殊的数据包造成服务器运行的网络服务软件耗费 CPU 内存最终瘫痪。

DDoS 攻击是黑客利用在已经侵入并已控制的机器（傀儡计算机 Zombie）上安装 DoS 服务程序，通过中央攻击控制中心向这些机器发送攻击命令，让它们对一个特定目标发送尽可能多的网络访问请求，形成一股 DoS 洪流冲击目标系统。

4. 针对应用层的攻击行为

针对应用层的攻击行为可分为以下几种类型。

（1）缓冲区溢出攻击：攻击者利用超出缓冲区大小的请求和构造的二进制代码让服务器执行溢出堆栈的恶意指令。

（2）Cookie 假冒攻击：精心修改 Cookie 数据进行用户假冒。

（3）认证逃避：攻击者利用不安全的证书和身份管理。

（4）非法输入：在动态网页的输入中使用各种非法数据，获取服务器敏感数据。

（5）强制访问：访问未授权的信息或系统。

（6）隐藏变量篡改：对系统中的隐藏变量进行修改，欺骗服务器程序。

（7）跨站脚本攻击（XSS）：提交非法脚本，其他用户浏览时盗取用户账号等信息。

（8）SQL 注入攻击：构造 SQL 代码让服务器执行，获取敏感数据。

5.1.3　应用层安全技术需求

1. 应用基础设施/中间件层的安全需求

根据物联网中间件层面临的安全问题和挑战，该层的基本安全需求如下。

（1）需要可靠的认证机制和密钥管理方案。

（2）需要高强度数据机密性和完整性服务。

（3）具有可靠的密钥管理机制，包括 PKI 和对称密钥的有机结合机制。

（4）需要可靠的高智能处理手段。

（5）具有入侵检测和病毒检测能力。

（6）具有恶意指令分析和预防机制。

（7）具有访问控制及灾难恢复机制。

（8）需要建立保密日志跟踪和行为分析及恶意行为模型。

（9）需要密文查询、秘密数据挖掘、安全多方计算、安全云计算技术等。

（10）移动设备文件（包括秘密文件）的可备份和恢复。

（11）移动设备识别、定位和追踪机制。

2. 应用服务层安全需求

根据物联网业务应用层的安全问题和安全挑战，该层的基本安全需求如下。

（1）需要有效的数据库访问控制和内容筛选机制。

（2）需要有不同场景的隐私信息保护技术。

（3）具有叛逆追踪和其他信息泄露追踪机制。

（4）需要有效的计算机取证技术。

（5）具有安全的计算机数据销毁技术。

（6）需要安全的电子产品和软件的知识产权保护技术。

针对这些安全需求，需要发展相关的密码技术，包括访问控制、匿名签名、匿名认证、密文验证（包括同态加密）、门限密码、叛逆追踪、数字水印和指纹技术等。

5.1.4　物联网应用层安全框架

根据物联网应用层自身的结构与应用层安全技术需求，物联网应用层安全框架示意图如图 5-1 所示。在物联网应用基础设施/中间件层主要部署云平台安全、容器安全与中间件安全等安全防护技术手段；在物联网应用服务层主要部署服务安全、数据安全与隐私保护等安全防护技术手段。

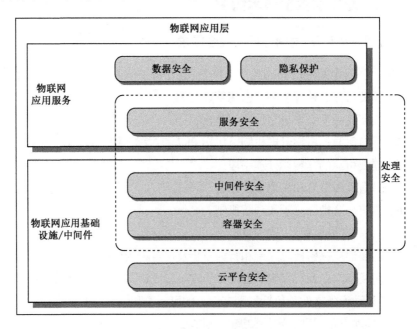

图 5-1　物联网应用层安全框架示意图

服务安全、中间件安全与容器安全又可以概括为处理安全。其中，在服务安全方面，针对物联网应用服务通常使用的应用层协议与数据类型，其重点安全防护技术包括 SOAP 安全监控、XML 文件安全、身份管理、网络防火墙等。为了提高系统整体效率，中间件安全主要采用将安全机制与 RFID 等物联网应用服务中间件一体化设计的安全中间件技术。容器安全主要从镜像安全、容器引擎安全、容器云管理系统安全等方面提供安全防护。在数据安全方面，需要综合运用数据加密存储、访问控制、物理层数据保护、虚拟化数据保护与数据容灾等多种安全防护技术。同时针对物联网数据、位置信息等的隐私保护也是与数据安全相关的一项重要内容。在云平台安全方面，主要从云计算平台的认证、访问控制、云存储安全等多个方面提供安全防护。

5.2　业务处理与应用服务安全

RFID 中间件和服务是物联网应用层与业务开发部署和行业应用联系较为紧密的环节，因此，其安全技术和模式应有针对性的设计。

5.2.1　安全中间件概述

RFID 中间件主要有数据传输、身份认证、授权管理三方面的安全需求。

（1）数据传输。RFID 数据通过网络在各层次间传输时，容易造成安全隐患，如非法入侵者对 RFID 标签信息进行截获、破解和篡改，以及业务拒绝式攻击，即非法用户通过发射干扰信号来堵塞通信链路，使得阅读器过载，导致中间件无法正常接收标签数据。

（2）身份认证。有时非法用户（如同行业竞争者或黑客等）使用中间件获取保密数据和商业机密，这将对合法用户造成很大的伤害。同时攻击者可利用冒名顶替的标签来向阅读器发送数据，使得阅读器处理的都是虚假的数据，而真实的数据则被隐藏，因此有必要对标签进行认证。

（3）授权管理。没有授权的用户可能尝试使用受保护的 RFID 中间件服务，必须对用户进行安全控制。根据用户的不同需求，把用户的使用权限制在合法的范围内。例如，不同行业用户的业务需求是不同的，使用中间件的功能也是不同的，他们彼此没有权利去使用对方的业务功能。

1．安全中间件

根据面向领域的特点，结合 RFID 中间件的安全需求，设计如图 5-2 所示的 RFID 中间件中的安全工具箱来保障中间件安全和提供安全方案。

安全工具箱是加载在 RFID 中间件上的相对独立的模块，为整个 RFID 中间件提供安全服务并负责给上层不同领域的用户提供相应的 RFID 安全解决方案。安全工具箱由两部分组成，分别是安全构件管理器及建立在安全构件管理器之上的安全方案生成器，连接这两部分的是安全结构体系语言。

安全结构体系语言能够使用户更清楚地向系统表明安全需求，同时系统也能够更好地理解并满足用户的需求。中间件的用户对当前的商业应用安全需求

比较了解，但对 RFID 中间件内部并不了解，通用的安全保障方案不能够满足用户的特定需求，这时就需要一种表达方式，让用户能够将自己的需求用系统能够理解的形式传达给系统。

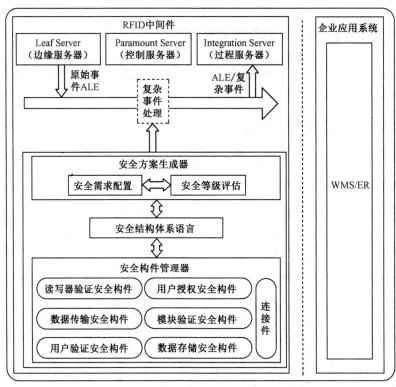

图 5-2　RFID 中间件中的安全工具箱

安全等级评估用于提高 RFID 中间件所提供的安全解决方案的质量。RFID 中间件对安全构件组合而成的面向相应领域的安全解决方案进行评估，判断其是否满足用户需求，若不满足则反馈给用户并要求进行调整，这样能确保方案的安全性。

2. 安全加强的 RFID 中间件架构设计

图 5-3 所示为安全加强的 RFID 服务框架的体系架构，其将整个 RFID 服务框架划分为 3 个主要模块和 9 个管理器，每一部分都是由一系列可插入服务来整合的。

与安全相关的模块分别是数据保护管理器、商务整合管理器、RFID 数据逻辑管理器、RF 功能管理器、登录控制管理器、安全策略管理器。登录控制管理器、安全策略管理器和数据保护管理器是完全用来提供安全功能的。

登录控制管理器提供登录和验证功能；安全策略管理器负责权限分配及安全配置文件管理；数据保护管理器保障传输数据的安全性，提供加密和解密功能。登录控制管理器、安全策略管理器和数据保护管理器将作用于 RFID 模块中的功能管理器，为其提供安全功能。

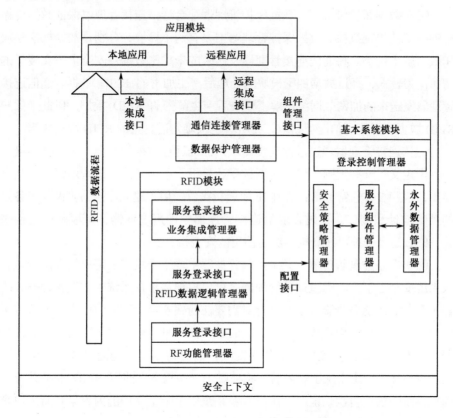

图 5-3　安全加强的 RFID 服务框架的体系架构

每一个管理器都是集中管理的，提供给其他管理器简单的接口，让管理器之间可以互相调用，每一个管理器被设置在相关服务入口点的定义处，同时也方便了安全漏洞的检测，在提升安全机制时具有很大的灵活性。

（1）安全上下文。安全框架实现的基础是所有服务模块都处于安全上下文之上。安全上下文增强了系统的安全性，它能被有效地用于系统的各个层面上，为系统提供自我保护。在侵入检测系统中，安全上下文能被用于安全策略分析。安全上下文由安全用户分组标志、角色标志和 Subject 三者来确定。

由分组标志和角色标志确定用户的权限，在 Subject 中存有通过验证的用户信息。当需要调用中间件的服务功能时，首先找到用户的 Subject，这是用户合法身份的证明，若存在一个经过验证的用户 Subject，则通过分组标志和角色标志来判断其权限，并调用 Subject 中的方法来实现方法的调用。由此可以看出，安全上下文与系统中的模块交互，为底层提供基本的安全保障。

（2）数据保护管理器。数据保护管理器配合通信连接管理器保证数据传输时的隐秘性和完整性。数据保护管理器主要有两个模块，分别是数据加密模块和数据解密模块。将通信连接管理器发送来的未加密数据及安全上下文授予的密钥作为输入，经过数据加密模块的处理后产生加密的 RFID 数据。通信连接管理器发送来的加密数据经过解密模块后产生解密的 RFID 数据。以此来保护 RFID 数据，即使通信时被窃取，窃听者也很难知道真正的 RFID 数据内容。

通信连接管理器通过过滤连接请求来保证远程数据的安全。在通信连接管理器中定义了一些规则，用以判断接受还是拒绝远程连接。这些规则基于几个参数，这些参数通常包括：远程 IP 地址和接口；用于建立连接的协议及服务器的监听地址和接口。通过在通信连接管理器中使用过滤器，可以确保连接来源，SSL 是另一种可在套接字层上使用的安全机制。

（3）登录控制管理器。登录控制管理器主要用于将签名用户的身份标志放入系统安全上下文。通过这种管理器，可以根据需求在系统中实现各种形式的登录服务。系统登录服务主要是针对需要注册到安全上下文的用户，为这些用户提供登录入口。用户想要使用系统时必须使用身份进行登录，让系统验证是否为合法用户，并分配相应角色的权限，然后将登录后的信息放入安全上下文。用户在安全上下文上签名后，将被赋予一些权限来使用 RFID 服务系统。当在系统中需要再次认证时，可以查看系统安全上下文中的内容来判断用户是否合法，而不需要重新进行系统登录认证。

添加登录服务是针对系统中的服务模块的，由于安全框架强调的是双向认证，因此服务模块也需要进行认证，即在当前用户的权限下判断其是否为合法模块，以及与系统安全上下文中的信息是否匹配等。

实际上，系统将整合基本的登录实现组件，管理员有权限指定使用哪一个登录实现组件，进行灵活的配置，而用户并不需要了解具体的实现，屏蔽了底层的复杂性。

（4）安全策略管理器。安全策略管理器包括安全策略模块和安全登录配置模块，负责配置整个系统的安全属性。

安全策略文件为用户分配权限，由安全策略模块来进行配置。同理，登录配置文件配置登录时的属性，由安全登录配置模块来实现管理。安全策略模块和安全登录配置模块都是提供给管理员来对安全策略及配置文件进行配置和修改的，只有管理员拥有这一权限。

（5）RFID 数据逻辑管理器。数据逻辑模块作为一个重要的模块，主要处理从底层到商业整合层的 RFID 数据流。它提供一个原子的 RFID 功能管理模块，包括对从读写器读到的 RFID 标签数据进行收集、过滤，形成 RFID 事件等。要完成这些处理，辅助的服务包括触发整个流程、发命令至流程的各服务模块进行配置管理等。模块中的 RFID 数据流在 Stream-Line 模式中处理，没有在网络中传输，因此没必要在插件实现中应用数据加密。

（6）RF 功能管理器。这个模块被分为两层（RF 驱动层、RF 桥接层），主要关注 RFID 组件的硬件功能，它也是运行在安全上下文之上的。RF 驱动层主要关注与 RFID 读/写设备的通信接口。通过串口和蓝牙技术将 RFID 读/写设备连接到中间件上。各种 RFID 驱动在系统中暴露它们的服务接口，将 RFID 读/写设备接入中间件都需要调用相应的驱动模块，而模块的加载涉及双向验证、用户是否有权限使用这些驱动模块及这些模块是否是合法的且能够被加载。这些模块只有通过相应的接口在系统中登录和验证之后才能够被启动加载。登录和验证的方法通过一个统一模块实现，这个统一模块功能由另一个安全服务提供。

（7）商务整合管理器。商务整合是一个较新的概念，中间件提供了基本的共性模块，在这个模块中包含了用户可能用到的最基本的商务逻辑。用户根据自己的领域特性，加上需求配置文件，并抓取相应领域中特定的商务逻辑模块，共同组合成 RFID 解决方案。这样有利于模块的重用性，而且能够让客户低成本、高效率地找到解决方案。

3. RFID 中间件安全工具箱设计

如前文所述，RFID 中间件中的安全工具箱（图 5-2）是加载在 RFID 中间件上的相对独立的模块，为整个 RFID 中间件提供安全服务并负责给上层不同领域的用户提供相应的 RFID 安全解决方案。安全工具箱由两部分组成，分别是安全构件管理器及建立在安全构件管理器之上的安全方案生成器，连接这两部分的是安全结构体系语言。

（1）安全构件管理器。安全构件管理器中存放了能够提供的所有的安全构

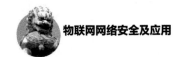

件，由一个安全构件管理器来进行管理和维护。安全构件是指系统中较为独立的安全功能实体，是软件系统中安全需求的结构块单元，是软件安全功能设计和实现的承载体。构件由接口和实现两部分组成。连接件通过对构件间的交互规则的建模来实现构件之间的连接。

通过连接件，能够构造出更加复杂、功能更加强大的安全构件。安全构件管理器中的安全构件包括读写器验证安全构件、模块验证安全构件、用户验证安全构件、用户授权安全构件、数据传输安全构件、数据存储安全构件等一些公共基础的安全构件，还有一些用户指定的面向特殊领域的构件，这些安全构件能够给业务模块提供所需要的安全服务。

构件的一大特色是可定制，即可以重用当前所存在的构件，并灵活地根据用户的需求来构造出一套针对某一领域、某种情况下的安全解决方案，具有很大的灵活性。根据不同的行业、不同的安全级别要求、不同的性能需求来动态选取所需要的构件。灵活的安全解决方案的形成要依靠安全构件管理器来实现。安全构件管理器作为构件的容器，负责构件的管理，包括添加、删除、选取、组合等。安全构件管理器根据从上层传输来的安全需求，选取所需的安全构件，并组合成安全解决方案，再传输给安全等级评估模块进行评估。

（2）安全方案生成器。安全方案生成器主要由两大模块组成：安全需求配置和安全等级评估。安全需求配置是安全工具箱的入口，它给用户提供了一个可视化的界面，用户可以根据自己的需求首先选择希望的安全等级和性能要求，然后选择安全构件和安全连接件，并设计这些构件之间的相关性和连接方式来定制安全需求，即将安全需求转换为安全结构体系语言传递给安全构件管理器，安全构件管理器会根据安全需求生成相应的安全解决方案。所生成的安全解决方案又反馈回安全方案生成器中的安全等级评估模块，评估生成的安全解决方案。如果不符合安全标准，或者达不到用户希望的安全等级，那么它将修改安全需求配置，重新进行循环，直到安全等级达标为止。这样既体现了按照用户需求制订方案的灵活性，又能检查安全级别，防止用户出现错误，并保障了安全性能。

5.2.2　服务安全

SOA 引入了一些新的安全风险的同时也加重了已有的安全风险，其面临的安全性问题体现在：外部服务的安全、传输级的安全、消息级的安全、数据级的安全、身份管理和其他安全要素。

1．服务安全措施

（1）外部服务的安全。SOA 架构的开放性，必然会导致大量外部服务方面的攻击和安全隐患，而无法保护 SOA 中未知的第三方，第二级和第三级用户（如合作伙伴的合作伙伴）可以访问未受保护的 SOA。因此，未受保护的 SOA 很容易超负荷运转。若没有访问控制，则未受保护的 SOA 很容易被来自黑客的大量 SOAP 消息"淹没"，结果可能导致拒绝服务攻击（DoS）损害系统的正常运行，因此访问控制和防恶意攻击是外部服务的重要安全要素。

（2）传输级的安全。安全的通信传输在 SOA 架构中也不容忽视。就 Web 服务而言，常用的通信传输协议是 TCP。传输级的安全主要是指 IP 层和传输层的安全。防火墙把公开的 IP 地址映射为一个内部网络的 IP 地址，以此创建一个通道，防止被来自非授权地址的程序访问。Web 服务可以通过现有的防火墙配置工作，但是为了安全，这样做的同时必须为防火墙添加更强的保护，以监测输入的流量，并记录产生的问题。另一种常见的方式是：使用能够识别的 Web 服务格式，并执行初步安全检查的 XML 防火墙和 XML 网关——可以将它们部署于"军事隔离区"（DMZ）。

（3）消息级的安全。简单对象访问协议（Simple Object Access Protocol，SOAP）是一个基于 XML 的用于在分布式环境下交换信息的轻量级协议。SOAP 在请求者和提供者对象之间定义了一个通信协议，因为 SOAP 是与平台和厂商都无关的标准，所以尽管 SOA 不必使用 SOAP，但在带有单独 IT 基础架构的合作伙伴之间的松耦合互操作中，SOA 仍然是支持服务调用的最好方法。大多数 SOA 架构中服务之间的交互还是以支持 SOAP 消息的传输为基础，因此必须保证应用层 SOAP 消息的安全并同时满足 SOA 架构中的服务提出的一些特殊要求，如对消息进行局部加密和解密，然而常用的通信安全机制（如 SSL、TLS、IPSEC 等）无法满足这些要求，如何保证这种 SOAP 消息的安全进而提供安全可靠的 Web 服务，已成为 SOA 进一步推广和应用必须解决的关键问题。

（4）数据级的安全。数据级的安全主要是指保护存储或传输中的数据免遭篡改的加密与数字签名机制。此处的数据大部分是以 XML 形式表现出来的。XML 架构代表了 SOA 的基础层。在其内部，XML 建立了流动的消息格式与结构。XSD Schemas 保持消息数据的完整性与有效性，而且 XSLT 使得不同的数据间通过 Schema 映射而能够互相通信。换句话说，如果没有 XML，那么 SOA 就会寸步难行。由于服务间传递的 SOAP 消息表现为 XML 文件的形式，保证 XML 文件的安全是保证 SOAP 消息安全的基础。因此保证 SOA 架构的数据级安全在某种意义上主要是指保证 XML 文件的安全。XML 文件可以包含任何类型的数据或可执行程序，其中也包含那些故意搞破坏的恶意代码。大多数企业已经在使用大量的 XML 编码文件，由于 XML 文件是基于文本的，这些文件绝大多数处于无保护的状态下，因此未经保护的 XML 文件在互联网传输过程中很容易被监听和窃取。

（5）身份管理的安全。目前企业身份管理的会话模式不能满足 SOA 的这种更复杂的要求。用户可能最初经过身份验证后发出一个服务请求，该身份验证会一直应用在整个会话中，而服务请求可能会经过一组后端服务，因此用户与最终的服务结果没有直接的联系。系统不仅要识别是谁发起了服务请求，还要识别是谁批准和处理了这个服务，需要对所有单个的进程在这个服务中使用的信息进行认证，而不是在一个交互的会话中询问它们的信息。此外，很难将授权从技术中分离出来，进而影响 SOA 架构的安全实施。因此，在互联网上跨越多个企业对身份进行唯一的管理和授权，随着信任复杂度的增加，管理的难度也随之增加。

2. 网络防火墙服务

（1）第一个可选方案是使用传统的防火墙。如果企业与相对固定的合作伙伴之间使用少量的、有限的 SOAP/XML，可以通过传统的防火墙得到安全性保证。然而防火墙厂商必须增强他们的产品，以便能够识别出 HTTP 和其他协议中的 SOAP。然后就可以在企业与其合作伙伴之间只允许 SOAP 和 XML 内容通过，阻止其他一切内容。例如，以色列的 CheckPoint 软件公司的 FireWall-I 就能够识别 SOAP 消息和 XML 的内容，能够基于源和目标等特性来阻止 SOAP 消息，使企业能够基于指定的架构对每一个 Web 服务检验 XML 的内容。

（2）第二个可选方案是构建自己的防火墙。目前可以借助一些工具完成这项工作。例如，微软公司的互联网安全和加速（ISA）服务器 2000 允许通过互联网服务器 API（ISAPI）在 ISA 服务器上进行过滤，微软为验证 ISA 服务器上的 SOAP/XML 消息提供了一个 ISAPI 过滤器模型。

（3）通常被认为最好的可选方案是将应用程序层面的防火墙放在传统的防火墙后面运行，只负责验证 SOAP/XML 流量。与代理相似，这种类型的产品接收那些穿过应用层防火墙的消息，并验证发送它的人、程序或组织的相关操作是否经过授权。

3．SOAP 消息监控网关服务

上述这些功能都是由 SOAP 消息监控的内部组成部分协作实现的，SOAP 消息监控网关由 SOAP 消息拦截器、SOAP 消息检查器和 SOAP 消息路由器三部分组成。

SOAP 消息拦截器是对接收和发送的消息集中实施安全措施的节点，它的主要任务是创建、修改和管理用于接收和发送 SOAP 消息的安全策略，实施消息级和传输级的安全机制。通过对接收和发送的 XML 数据流实施安全机制，检查消息是否符合标准的 XML 模式及其唯一性和源主机的真实性。通过 SSL 连接的建立、IP 检查和一些 URL 访问控制来实现通道传输级的安全。

SOAP 消息检查器用于检查和验证 XML 消息级安全机制的质量。该机制包括：认证、授权、XML 签名、XML 加密及识别内容级安全；检查消息是否符合标准，以及是否存在其他内容级威胁并实施数据验证。其实现的关键技术包括 WS-Security、XMLSignature、XMLEncryption、XKMS、SAML 和 SAAJ 等。

SOAP 消息路由器通过对 SOAP 消息进行加密和数字签名，提供消息的机密性和完整性功能，同时采用单点登录（SSO）令牌，安全地处理前往多个端点的消息，确保将消息安全地发送到服务提供者。

4．XML 文件安全服务

为了满足上述安全要求，要实现可扩展标记语言（eXtensible Markup Language，XML）文件的安全可以应用以下 3 种 XML 安全技术。

（1）用于完整性和签名的 XML 数字签名（XMLSignature）。

（2）用于机密性的 XML 加密。

（3）用于密钥管理的 XML 密钥管理（XKMS）。

XMLSignature 用于声明消息发送方或数据拥有者的身份，它可对整个文件、文件的部分或多个文件进行签名，还可以对其他用户已签名的文件进行再次签名；XMLEncryption 提供了加密 XML 内容的词库和规则，加密后的 XML 文件在传输和存储过程中都处于加密状态，这与传统的传输层加密机制（如 SSL）是不同的；任何使用非对称加密算法的加密系统都需要公钥基础设施这一类的密钥管理机制，XKMS 提供了密钥管理服务的协议，如密钥对的生成、公钥的共享等，主要对 XMLSignature 和 XMLEncryption 中用到的密钥进行管理；XACML 则是为了解决分布式系统中策略交互过程中的策略描述问题而提出的

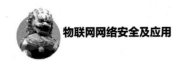
一种能够相互理解的策略描述语言。这里主要介绍如何使用这几种技术来保证 XML 文件的安全。

5. 身份管理服务

从 SOA 安全服务共享模型中可以看到，企业 SOA 架构中的身份认证和授权过程均可由外部共享的身份管理服务执行，以减少其影响范围，提高其灵活性。身份管理服务实现的功能包括身份识别认证、身份授权和联合身份管理与单点登录（Single Sign-On，SSO）。其具体组成模块包括单点登录代理、凭证令牌和声明服务。单点登录代理、凭证令牌、声明服务子模块都支持基于安全声明标记语言（SAML）及 SUN 和其他联盟公司完成的 Liberty Alliance Project 规范的协议。

这些标准和规范满足了交换安全声明信息及单点访问多项资源方面的重要业务需求，身份管理服务时序如图 5-4 所示。

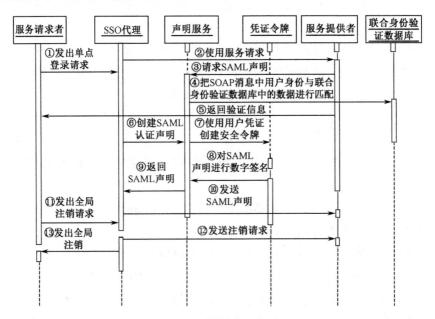

图 5-4　身份管理服务时序

（1）单点登录 SSO 代理。设置在客户端与身份管理服务组件之间，主要负责完成单点登录的准备工作、配置安全会话、查询安全服务接口、调用合适的安全服务接口并执行全局退出。

（2）声明服务。它主要用来创建 SAML 认证声明、SAML 授权决策声明和属性声明，它是解决异构应用、不同认证方案、授权策略和其他相关属性的单点登录需求的一种通用机制。

（3）凭证令牌。它用于根据用户凭证（如 CA 颁发的数字证书）、认证需求、协议绑定和应用提供者来创建和检索用户的安全令牌（如公钥 509 证书）。

（4）联合身份验证数据库。它存放的是合法的用户名、密码、角色、权限及与身份验证相关的信息。

6．其他安全服务

除了提到的以上几个安全服务，系统还必须提供完善的日志机制，用于记录所有的事件及相关身份，作为审计线索。定期的安全审计有助于发现安全漏洞、违反安全的行为、欺骗及有试图绕过安全措施的行为。此外，其他安全服务还包括系统要采取的负载均衡、病毒检测、分组过滤、故障切换或备份、入侵检测系统等预防性措施，以防范其他潜在的危害系统安全的攻击。

5.3　数据安全与隐私保护

物联网数据交换平台的多样性和开放性，使得数据在物联网中"无处不在""唾手可得"。例如，无线传感器网络作为物联网的基本组成网络之一，传感器节点间有着大量的数据采集和传输过程，因此经常会面临信息泄露、信息伪造和非授权访问等安全威胁。由于传感器节点的计算能力和数据存储容量严格受限，因此传统网络中很多成熟的数据安全保护技术不能在该网络中直接应用。如何保证无线传感器网络中信息来源的合法性和信息传输的安全性，已经成为物联网普及过程中亟待解决的问题。

5.3.1　云计算容器安全

物联网应用层广泛运用云计算技术来提供灵活的弹性服务，具有快速部署能力及便携性等特点，其中资源虚拟化技术在实现云计算基础设施服务按需分配中起到了至关重要的作用。以 Vmware、Xen、KVM 和 Microsoft Hyper-v 等为代表的传统虚拟化技术由于要虚拟一个完整操作系统层，降低资源利用率，对大规模的集群应用来说是不容忽视的缺陷。因此，基于容器的轻量级虚拟化技术得到了业界越来越多的关注和研究，成为物联网应用层的一种颇具前景的虚拟化技术。

容器技术本质上属于虚拟化技术的一种，但与传统虚拟机存在着区别，容

器属于操作系统级别的虚拟化，并不模拟硬件，而是在特定操作系统内核的支持下对主机系统的 CPU、内存、磁盘、网络等资源进行隔离、分配和管理，进而形成相互独立的容器。当前主流的容器技术（如 Docker 技术）是主要基于 Linux 内核的 LXC（Linux 容器）技术，利用了内核的 Namespace 和 Cgroup 机制实现资源隔离和限制。一般来说，同一主机上的各个容器对应单个服务应用，包含各自的应用程序和必要的运行库，并共享宿主机内核，达到类似硬件虚拟化的效果而无额外操作系统的开销。这样，对于应用而言，每个容器都可以视为独立的操作系统，从而使系统架构更加简单高效，存储和内存需求更小，虚拟化更轻量便捷，显著提高了资源利用率，提升了内存读/写和磁盘与网络 I/O 等方面的性能。实验证明，容器相对于传统虚拟机在内存读/写、CPU、磁盘与网络 I/O 等方面的性能更为优越。

Docker 是一款基于 Linux 平台的开源容器引擎，也是当前最热门的、研究与应用最多的容器引擎。众多新特性的优越性和开源特性促使 Docker 自出现以来在短时间内迅速获得广大厂商及用户的青睐，如谷歌、微软、阿里巴巴等信息技术行业巨头都积极推进 Docker 的应用，并参与 Docker 及其生态圈的开发与建设，使其近年来呈现爆发式增长。

另外，Docker 基于 Linux 内核实现操作系统级的虚拟化，同时也带来了许多安全问题。例如，恶意用户可以利用内核漏洞在容器内发起攻击，可能导致宿主机内核崩溃，甚至逃逸至宿主机获得超级用户权限，将影响整个系统的可靠运行。因此，随着 Docker 的普及和广泛应用，其安全问题及其解决方案已成为容器用户关注的焦点。

下面将以 Docker 为例，对容器安全威胁与安全技术进行阐述。

1. 容器系统架构及组件

Docker 是基于客户端服务器模式设计的，其主要可分为 Docker Client、Docker Daemon、Docker Register（Docker 镜像库）三部分。Client 通过 TCP 或 UNIX 套接字向 Daemon 发送请求命令获取服务。Daemon 运行于宿主机中，为客户端请求提供服务，并在需要时向镜像库发送请求，进行提取或推送镜像等操作。镜像库的主要任务是处理客户端请求，进行用户认证，并管理存储镜像，对请求服务进行响应。Docker 系统组件及其相互关系如图 5-5 所示。

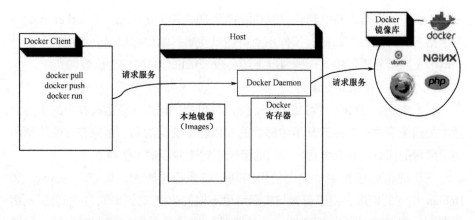

图 5-5　Docker 系统组件及其相互关系

Docker Client 是 Docker 为用户提供的操作接口，可通过该接口输入命令完成对镜像寄存器的操作。它可以与 Daemon 位于同一宿主机中，也可以位于远程主机中的客户端，其主要任务是和 Daemon 建立安全连接，解析并处理命令行中的部分信息，使其能被 Docker Daemon 识别，辅助收集 Docker 客户端部分配置信息。

Docker Daemon 是常驻后台的系统进程，其主要作用是接收并处理 Docker Client 的请求，管理所有 Docker 寄存器。在默认情形下，它仅监听本地 UNIX 套接字，这样宿主机以外的客户端将无法进行远程访问，Docker Daemon 可以通过对配置文件的修改启用 tcp 监听，对远程访问提供支持。

Docker 镜像库的主要功能是存储镜像，根据使用范围又可以分为私有仓库和公共仓库。私有仓库一般是公司或个人自己搭建的，只供内部用户使用的镜像库。公共仓库一般是指可在外网上提供公共服务的镜像库。通过认证后，用户可对镜像进行拉取、上传等系列操作。

2. 容器安全威胁

1）Docker 网络安全威胁

Docker 容器网络默认使用桥接方式进行连接，在宿主机上创建一个虚拟的网桥 Docker0，它本身扮演了传统交换机的角色，在各个网络接口间自动地进行包转发，每创建一个新的容器，就为其增加一个虚拟网络接口，并将该网络接口连接到网桥 Docker0。在默认情况下，虚拟网桥并没有对转发的数据包进行任何过滤，因此这种连接方式容易遭受 ARP 欺骗和 MAC 泛洪攻击，位于同

一宿主机中的容器也易受到临近被感染容器的网络攻击。在通过 docker run – p 命令指定对外服务端口时，操作不当可能致使暴露端口被映射到宿主机中的每个网卡上监听外界连接，一些情况下还会带来难以预料的安全风险。

2）Docker 镜像安全威胁

开发者在构建镜像时可能由于疏忽，将包括数据库认证密码在内的敏感信息添加到镜像中，为生产环境中部署的应用埋下安全隐患。镜像在方便传输和便于部署的同时，也为含病毒后门的镜像恶意传播提供了便利。

在构建镜像过程中，现在使用的基础镜像都比较大，如基于 ubuntu 和 Debian 构建的镜像，由于包含与实际用途不相关的库和依赖项，可能会引入额外漏洞。有研究统计数据表明，无论是社区镜像还是官方镜像都有较多的漏洞。因此，在使用镜像前，必须要检测镜像中是否存在漏洞，在制作镜像过程中要尽量减少引入不相关的库和依赖项。尽管在镜像的漏洞扫描方面有 Docker Security Scanning Clair 等安全扫描软件，但是目前这些软件仍无法给出一种通用的解决方案，以识别所有类型的镜像中都安装了哪些软件依赖项。

3）Docker 容器安全威胁

容器运行时有大量的状态向量和进程信息与操作系统相关联，捕获并转移这些信息相比于虚拟机更难操作，所以目前还不能像虚拟机一样支持热迁移。Docker 这种基于 Daemon 为中心运行的容器，在 Daemon 出现运行故障或需要升级时，只能中断运行，这对需要保持持续运行的业务将是灾难性的事故。

容器运行时还存在一类由配置不当引起的安全问题。当容器以 Privileged 特权运行时，容器内用户能获得宿主机绝大部分资源支配权；配置容器重启策略时，若不限制容器重启次数，反复的重启则可耗尽计算资源，引发拒绝服务攻击。此外，将敏感文件挂载到容器后，可导致难以想象的后果。例如，若将 /var/run/目录挂载到容器后，则远程用户可以不加认证对宿主机进行任意访问。

4）Docker 仓库安全威胁

为确保镜像的传输安全，Daemon 和镜像库通信过程启用了 TLS 安全连接，为防止镜像被篡改，Docker 1.8 之后的版本中提供了镜像签名和校验功能。但这中间仍然存在一些问题。例如，在本地私有网络中搭建的镜像库，为了便利会给Daemon配置参数启用不安全通信连接，或者禁用Daemon的镜像签名和校验功能。在 Docker Hub 中有成千上万的开发者，每个开发者都可以利用自己的私钥对镜像进行签名，签名校验机制并不能从源头上确保开发者可信。

Docker Hub 为方便用户升级镜像，实现了镜像自动构建（Automated Builds）

功能。该功能允许 Docker Hub 跟踪指定的 GitHub 或 BitBucket 项目，一旦项目发生新提交，Docker Hub 则自动重新构建镜像，并将镜像部署到实际生产环境中。在该过程中，Docker Hub 会自动从第三方资源平台下载依赖项，而第三方资源平台可能是不安全的链接，传输过程中依赖项极有可能被恶意篡改。这对 Docker 来说也是一项不安全的因素。

5）Linux 内核安全威胁

业界有大批研究者致力于发现可被用来执行任意代码或能进行本地提权攻击的内核漏洞，由此发现的大量内核漏洞对基于和宿主机共享内核机制构建的 Docker 容器也是非常大的威胁。另外，Linux 内核层面提供的支撑技术还不完全成熟，从隔离性上来看，尽管有 Namespaces 提供隔离防护，但是仍有很多内容并未被加入其中以保证完全隔离。系统运行所必需的关键目录若没有实现完全隔离是非常危险的。例如，/proc/sys 下的子目录中含有系统运行的关键信息，直接暴露给容器会造成信息的泄露，并为恶意用户发起攻击创造了有利条件。

由于容器与宿主机共享内核，当在容器内运行一些针对内核的漏洞利用代码时，可能会导致整个宿主机崩溃，甚至提升用户特权获得 root 权限，因此逃逸获得宿主机控制权限。如果利用的相关系统调用在 Seccomp 默认过滤的范围之外，所有 Docker 容器都将受到安全威胁。2014 年 Docker 的第一个逃逸案例被披露，该案例通过 open_by_handle_at 调用暴力搜索宿主机文件系统获取宿主机敏感文件，虽然不是完全控制权限的逃逸，但也足以构成威胁。

目前，在默认 Seccomp 过滤范围外的系统调用漏洞包括 CVE-2015-3290、CVE-2015-5157、CVE-2016-3134、CVE-2016-4997、CVE-2016-4998 等。Linux 内核 3.16 以前的版本存在一个内存溢出漏洞（CVE-2014-7822），由于 splice 系统调用在两个文件间复制数据时未检查复制数据的大小，可溢出覆写内核数据，本地未授权用户可利用此漏洞越界写内存，导致系统崩溃。然而不少 Docker 环境部署在基于这些版本的 Linux 系统上，通过在这些 Linux 系统的 Docker 容器环境内运行该漏洞的利用代码使宿主机崩溃。

6）容器云管理系统安全威胁

为了便于对集群式部署的 Docker 容器进行管理，业界推出了一些容器云管理系统。例如，Swarm 是 Docker 公司发布的一套用来管理 Docker 集群的工具。在用 Swarm 来管理 Docker 容器集群时，默认开启了 2375 端口，通过远程访问命令"docker -H tcp://$ip:2375 $command"来获取容器操作权限，可任意

执行 Docker 命令。这个用户在配置上的疏忽于 2016 年被恶意攻击者广泛利用后，在一段时间内影响比较严重。通过这个远程访问接口，攻击者可以获得远程容器操作权限，在启动容器时通过挂载根目录到容器内的目录，写攻击者自己生成的 SSH 公钥到挂载的根文件中，进而无密码 SSH 远程访问连接宿主机，获得宿主机超级用户访问权限。

3．容器安全机制

由于 Docker 安全是业界非常关注的话题，在很大程度上影响 Docker 能否在生产环境和公有云环境中普及并应用。因此，Docker 团队已经提供了一些官方的安全机制，主要包括 Docker 镜像安全、Docker Daemon 安全、内核安全等。

1）Docker 镜像安全

Docker 镜像安全主要包括镜像校验和 Docker 镜像仓库访问控制两个方面。

Docker 镜像校验用来保证镜像完整性，以防镜像被篡改破坏。Docker 镜像仓库中的每个镜像都对应一个 manifest 文件，内容包括镜像标签、所属命名空间、校验方法、校验和、镜像运行信息及其文件签名信息。用户在加载镜像时自动进行多次哈希验证，并与镜像 manifest 文件中的信息进行比较。镜像文件的每一步传输过后都会本地计算校验和与前一步保存的可靠结果验证，若验证失败，则输出相关警告信息，说明镜像下载的过程中出现了文件损坏，或者镜像被人为篡改，使用时需要特别注意。这些验证过程保证了镜像内容的完整性和可靠性。

目前，Docker 使用一个中心验证服务器来完成 Docker 镜像仓库的访问权限控制。每一个 Docker 客户端对镜像库进行访问操作，获取一个官方提供的授权文件，其内容包含针对特定镜像库目录的授权信息和授权文件的签名信息，在 Docker Daemon 启动时加载到 MemoryGraph（用于存储公钥及命名空间之间的授权信息）。每次加载镜像时会去 MemoryGraph 验证授权信息是否过期及权限是否符合。

2）Docker Daemon 安全

Docker 向外界提供服务时，默认以 UNIX 域套接字方式来与客户端通信，只有进入 Docker Daemon 所在宿主机中，并且有权访问 Daemon 的域套接字才能与其建立通信。

Docker Daemon 也支持以 TCP 形式向外界提供服务。采用这种方式时，可访问到 Daemon 宿主机的用户都可能成为潜在的攻击者。同时，由于数据需要通过网络传输，传输过程可能被截获或修改，为了提高通信的安全性，Docker 提供了 TLS（Transport Layer Security，传输层安全协议）。安全认证在服务器端实现，客户端可以对服务端进行验证。客户端访问 Docker Daemon 时只需提供签署的证书就可以使用 Docker Daemon 服务，最终通过 HTTPS 实现安全的数据传输。

3）内核安全

Linux 内核通过 Namespace 和 Cgroup 机制为容器提供支撑，分别实现对容器资源隔离和资源限制的功能，从而实现虚拟化，使容器犹如一台独立主机环境。

Namespace 是 Linux 系统的底层机制，由一些类型不同的 Namespace 选项组成。Linux 内核引入 Namespace 机制的主要目的就是实现容器技术；Docker 利用 Linux Namespace 机制来实现 UTS、IPC、PID、Network、Mount、User 的隔离，如表 5-1 所示。只有处于同一个 Namespace 下的进程才能互相可见、相互联系。为了在分布式环境下进行定位和通信，容器必然需要独立的 IP、端口、路由等网络资源来隔离网络，Network Namespace 提供了包括网络设备、IPv4、IPv6 协议栈、/proc/net 目录等网络资源的隔离。容器中进程间通信的方式有信号量、消息队列和共享内存，与虚拟机不同，容器之间的进程间通信相当于宿主机的相同 IPC Namespace 中的进程间通信。Mount Namespace 通过隔离文件系统的功能及挂载点对文件系统进行隔离。通过 UTS Namespace 在容器内部实现主机名和系统版本号的独立标识，而权限和进程号的隔离保证容器内的用户和进程独立。

表 5-1　Namespace 选项说明

Namespace	系统调用参数	隔离内容
UTS	CLONE_NEWUTS	主机名与域名
IPC	CLONE_NEWIPC	信号量、消息队列和共享内存
PID	CLONE_NEWPID	进程编号
Network	CLONE_NEWNET	网络设备、网络栈、端口等
Mount	CLONE_NEWNS	挂载点（文件系统）
User	CLONE_NEWUSER	用户和用户组

Cgroup（Control Group）作为一个强大的内核工具，可以限制被 Namespace

隔离起来的资源，通过对任务使用资源总额进行限制。Cgroup 本质上是给任务挂上钩子，当任务运行过程中涉及某种资源时就会触发钩子上所附带的子系统进行检测，根据不同的资源类别使用相应的技术进行资源限制和优先级分配。例如，设定容器启动后运行时内存的上限，一旦超过这个上限就发出 OOM（Out Of Memory）警告。Cgroup 也可以通过分配 CPU 时间片数量和磁盘 I/O 带宽大小来控制任务运行的优先级。Cgroup 还可以为 CPU 使用时长、内存使用状态信息、I/O 占用情况等计算物理资源，操控任务启停，对任务执行挂起、恢复等操作，为 Linux 环境下实现虚拟化和容器技术提供了基础支撑，是构建虚拟化管理工具的基石。

5.3.2　数据安全的非技术问题

1．数据主权问题

在物联网中，数据可以非常方便地从一个平台传输到另一个平台，从一个服务商传输到另一个服务商，甚至是跨国界的传输。假设 A 国的用户使用了 B 国服务商提供的服务，但是数据却保存在 C 国的数据中心，如果在这种情况下出现法律纠纷，那么就会出现一个非常关键的、现实的问题，即该服从哪个国家的法律呢？

无论是从国家安全角度还是从法律角度保护个人的隐私，数据的监管都是非常重要的。如何既在国家层面实施这些保护政策，又不会影响在国际上的商业机会和合作，这是物联网中的一个挑战。

其解决方法是通过法律框架在国家之间推动自由贸易。在 20 世纪，全球经济通过国际贸易得到了很大的提升。国际贸易是指不同国家和地区之间的商品和劳务交换活动。在 20 世纪可以允许货物和服务交换，而 21 世纪时需要允许数据以同样的方式来交换。如果没有相对自由的信息流动，那么物联网所能带来的大部分好处都将无法得到充分实现。

因为不同的国家都可能会声称对数据拥有司法权或访问权，这会让物联网数据服务提供商陷入两难的境地。要实现数据的流通，就需要调整一些与信息存储和传输相关的国家法律。与制定传统法律相比，较大的区别是：在做这些调整时，需要与在国际层面进行统一的协调，无论是通过双边的贸易协定还是多边的区域性或全球性的贸易协定，都可以有多种方式来实现这一目标。但关键是要用全球化的视野来认真对待信息生态系统的构建，只有这样才能充分体现物联网数据服务给经济带来的各种好处。

2．数据立法问题

在物联网时代，数据就是数字经济的流通货币。从电子邮件、社交网络到互联网搜索，数据已成为人们生活、工作的基础。正是因为数据的重要性，全球各国的政策制定者都在寻求如何在信息时代规范数据保障的法律。一个比较棘手的问题是要在保护数据的同时更为有效地共享数据。这个问题随着物联网时代的到来而变得更为明显和紧迫。物联网中的应用和服务对于一个可预测的和安全的信息生态系统具有很强的依赖性。

在过去的 20 年中，许多公共政策都疲于应付由技术创新带来的各种问题。现在物联网还处于初级阶段，这给了人们一个很好的重新评估和修正政策的机会。对于很多在模拟时代建立的法律法规而言，物联网的到来给它们提出了很多挑战。这些相关的政策因素从网络访问、网络安全到计算机犯罪、隐私和数据管控，甚至是知识产权的保护和言论自由等，都已成为政府、企业和个人需要面对的挑战。这里的许多问题都不是物联网特有的问题，只是由于数据处理和存储方式的变化，使它们在物联网中变得更为突出。正是由于物联网带来的这些机遇和挑战，因此更需要多方合作来推进相关政策出台。

首先需要推动出台一些物联网服务的技术政策，如高速网络（包括光纤和无线网络）；一些能够保证平台和应用互操作的技术标准和规范，从而保障数据的可移植性。其次，需要通过技术手段、立法、在线安全教育宣传等多种手段，建立起物联网在用户心中的信心。

好的技术政策可以帮助推进信息产业的发展，并让大众受益。对于一个以数据为新流通货币的时代，过时的一些政策很容易让这一货币贬值，从而限制其在不同国家之间的有效流通。在现在这个创新的时代，政府同样需要国际合作，通过创新的方式来应对物联网带来的数据主权方面的司法挑战。

5.3.3　数据加密存储

当前存储加密采用的技术方式主要有嵌入式加密、数据库级加密、文件级加密、设备级加密。嵌入式加密是在存储区域网（SAN）中介于存储设备和请求加密数据的服务器之间嵌入一台在线存储加密机。这种设备可以对服务器传输到存储设备的数据进行加密，对返回应用服务器上的数据进行解密，这种技术可以保护 SAN 中的静态数据和动态数据。

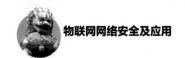

嵌入式加密设备很容易安装成点对点的解决方案，但扩展起来难度大或成本高。如果部署在接口数量多的应用环境，或者多个站点需要加以保护，就会出现问题。这种情况下，跨分布式存储环境安装成批硬件设备所需的成本会很高。此外，每个设备必须单独或分批进行配置及管理，这给管理带来了沉重的负担。

1. 存储加密技术标准

目前已经有多家厂商致力于存储加密标准的制定和推广，希望让存储安全工具更容易与多种存储架构协同工作。这些厂商把大部分精力投入到存储安全之中，推出了多款支持存储加密功能的存储系统。例如，EMC 开始通过多种安全手段来保护存储于其磁盘阵列上的数据的安全性。除了厂商不遗余力地推广数据安全的各项保护措施，还有一些标准组织也参与到了这一领域。可信赖计算组织（TCG）率先开始对可信赖存储的研究，可信赖计算组织的工作重点是为专用的存储系统上的安全服务制定标准；全球网络存储工业协会（SNIA）建立了存储安全工业论坛（SSIF），已经在存储安全方面小有成就。这些不同的组织对基本安全组成中的不同部分（如加密算法和密钥管理的生命周期等方面）做了标准化。例如，TCG 有一个子小组负责满足 IEEE P1619 存储规格的存储设备密钥管理，而且还有成员参加了全球网络工业协会的存储安全工业论坛。

2. 存储加密算法

在制定的存储加密标准 IEEEP1619 中，推荐的存储加密标准算法之一就是 AES 数据加密标准，该方法也是目前最流行、安全性最高的数据加密方法，被广泛应用于数据加密领域。

AES 作为高级加/解密算法，有很大的优越性。NIST 已经定义了 5 种操作 AES 的模式及其他被 FIPS 认可的块算法（MODES）。每种模式都有不同的特性。这 5 种模式是 ECB（电子密码本）、CBC（密码分组链接）、FCB（密码反馈）、OFB（输出反馈）、CTR（计数器）。ECB 模式对于载荷长度是密钥长度整数倍的信元加/解密具有更好的性能，但是 SAN 中数据长度并不都是密钥长度的整数倍。同时，ECB 模式的抗攻击性并不是很好，因此大多数应用不使用 ECB 模式。比较 AES 的其他 4 种运行模式，多采用 CTR 运行模式，因为 AES-CTR 有许多特点，这些特点使它成为一个在高速网络中引人注目的加密算法。

AES 算法是一个迭代分组密码算法，分组长度和密钥长度可以独立地指定为 128b、192b 或 256b。AES 算法的变换由 3 个称为层的可逆变换组成。这 3 个层分别为线性混合层、非线性层和密钥加层。该算法针对 4B 的字（Word）进行操作，通过一系列线性和非线性变换，达到扩大信息空间的目的，减少被破译的可能。

5.3.4　数据访问控制

1．物联网数据访问控制问题

随着物联网规模的壮大，众多不同功能、不同接口、不同控制方式的终端促使物联网节点类型呈现多样化趋势。这些异构的终端节点增加了物联网数据访问控制的复杂性，使得传统的访问控制策略不完全适用于物联网环境。另外，密码技术作为一项重要的安全防范技术，在访问控制机制中被广泛采用。然而，物联网是一个物物相连的网络，其感知节点种类繁多、差异较大，许多节点并不具备较强的计算能力。因此，物联网访问控制机制中使用的加密算法不仅要满足安全性要求，还要充分考虑算法进行加密和解密计算的时间消耗。寻求高效灵活的访问控制机制，能够很好地改善或解决以上技术问题。目前，学术界针对访问控制机制已经展开了大量的研究，先后提出了诸如自主访问控制（DAC）、强制访问控制（MAC）、基于角色的访问控制（RBAC）、基于属性的访问控制（ABAC）等多种访问控制模型，以及 KP-ABE、CP-ABE 等加密算法，为解决物联网数据访问控制问题提供了基础。

2．物联网数据访问控制模型

1）自主访问控制与强制访问控制

DAC 的核心思想是拥有资源的主体能自主地将权限的某子集授予其他主体，授予过程称为权限委托。其缺点是权限配置粒度小，配置工作量大、效率低。由于物联网中分布着海量异构节点，并且各个节点拥有资源，这一问题被进一步放大，因此 DAC 不适用于物联网环境。

MAC 定义了主体对客体访问的 4 种方式，即上读、下读、上写、下写。这种访问控制模型的策略配置粒度大，缺乏灵活性，不适用于控制策略多样化的场景。所以在物联网环境中不能全部照搬，但可有选择地加以应用。

2）基于角色的访问控制

RBAC 适用于策略数量多且变动频繁的场景。通过给用户分配合适的角

色，让用户与访问权限相联系。当访问控制系统所管理的资源较为集中时，系统可以很方便地完成对所有用户的控制任务。

在物联网环境中，RBAC 模型表现出极大的不适应性。由于物联网中分布着海量异构节点，并且各个节点拥有资源，资源的分散程度远大于通常互联网应用的访问控制系统。因此，采用传统的 RBAC 模型会导致角色表变得庞大、复杂，缺乏灵活性和可扩展性。

3）基于属性的访问控制

ABAC 模型针对细粒度访问控制和大规模用户动态扩展问题，提出基于实体的属性进行授权，通过对主体客体权限和环境属性的统一建模，实施访问控制策略。ABAC 模型将环境变量纳入其中，能够很好地解决物联网应用中外界环境对于访问控制的制约问题。

在 ABAC 模型中，用户是访问控制的主体，物联网节点提供的数据是访问控制的客体。用户属性指的是可以对用户进行区分的特性，每个用户可以具有多个属性。属性是作为用户访问物联网数据的依据。

ABAC 控制框架由用户、策略执行点、策略判决点、证书服务器、策略中心等部分组成。其控制过程如下。

① 系统初始化时，策略判决点存储了与所有访问控制客体对应的授权用户属性。策略中心根据授权访问节点数据的用户属性，为每个节点生成属性加密密钥，并预装入节点。

② 在进入网络之前，用户在证书服务器处申请自己的属性数字证书，其内容包含该用户的属性信息。在进入物联网时，用户需要向网络提交自己的属性数字证书，进行身份认证。当认证通过后，策略中心为其生成访问数据的属性解密密钥。

③ 当用户发送访问请求信息到策略执行点时，需要提交自己的数字证书。策略执行点依据数字证书中的属性信息，建立基于该用户属性的访问请求，并传递给策略判决点。

④ 策略判决点根据自身存储的属性和用户证书中的属性，判断用户是否被授权访问数据。当存储的属性和用户证书中的属性相同时，授权用户访问该节点的数据；否则拒绝访问。

⑤ 一旦用户被授权可以访问数据，节点使用自己的属性加密密钥对用户请求的数据进行加密，并将其发送给用户；用户接收到密文后，利用属性解密密钥进行解密，得到请求的数据。

ABAC 模型以用户属性作为访问数据的依据，可以实现灵活的细粒度访问控制，并且可以在初始化时为用户颁发不同的属性证书，以实现不同的访问授权。

5.3.5 物理层数据保护

1. 文件级备份

文件级备份，即备份软件只能感知到文件这一层，将磁盘上所有的文件通过调用文件系统接口备份到另一个介质上。因此文件级备份软件，要么依靠操作系统提供的 API 来备份文件，要么本身具有文件系统的功能，可以识别文件系统元数据。

文件级备份软件的基本机制就是将数据以文件的形式读出，然后再将读出的文件存储到另一个介质上。这些文件在原来介质上的存放可以是不连续的，各个不连续的块之间的链关系由文件系统来管理。如果备份软件将这些文件备份到新的空白介质（磁带或磁盘）上，那么这些文件很大程度上是连续存放的。

磁带不是块设备，在记录数据时，是流式的、连续的。磁带上的数据是需要组织的，相对于磁盘文件系统而言，磁带也有文件系统，准确地说，应该称为磁带数据管理系统。每个文件被看成一个流，流与流之间用一些特殊的数据间隔来分割，从而可以区分一个个的"文件"，其实就是一段段的二进制数据流。磁带备份文件时，会将磁盘上每个文件的属性信息和实体文件数据一同备份下来，但是不会备份磁盘文件系统的描述信息（如一个文件所占用的磁盘簇号链表等）。因为利用磁带恢复数据时，软件会重构磁盘文件系统，所以，从磁带读出数据，并向磁盘写入数据。

2. 块级备份

所谓块级备份，就是备份块设备上的每个块，不管这个块上有没有数据，也不管这个块上的数据属于什么文件。块级别的备份不考虑也不用考虑文件系统层次的逻辑，原块设备有多少容量，就备份多少容量。在这里"块"的概念，对于磁盘来说就是扇区（Sector）。

块级备份是最底层的备份，它抛开了文件系统，直接对磁盘扇区进行读取，并将读取到的扇区写入新的磁盘对应的扇区。磁盘镜像就是典型的块级备份，磁盘镜像最简单的实现方式就是 RAID 1。RAID 1 系统将对一块（或多块）磁盘的写入，完全复制到另一块（或多块）磁盘，两块磁盘内容完全相同。有

些数据恢复公司的一些专用设备"磁盘复制机"也是直接读取磁盘扇区，然后复制到新的磁盘。

基于块的备份软件不经过操作系统的文件系统接口，通过磁盘控制器驱动接口直接读取磁盘，因此相对于文件级的备份来说，速度快得多。但是基于块的备份软件备份的数据量相对于文件级备份要多，会备份许多僵尸扇区，而且原来不连续的文件，备份之后还是不连续的，有很多碎片。文件级备份会将原来不连续存放的文件备份成连续存放的文件，恢复时，也会在原来的磁盘上连续写入，所以很少造成碎片。有很多系统管理员，都会定时将系统备份重新导入一次，就是为了剔除磁盘碎片，其实这么做的效果和磁盘碎片整理程序效果相同，但是速度却比后者快得多。

3．远程文件复制

远程文件复制，是把需要备份的文件通过网络传输到异地容灾站点。典型的代表是 rsync 异步远程文件同步软件。它是一个运行在 Linux 下的文件远程同步软件。它可以监视文件系统的动作，将文件的变化通过网络同步到异地的站点；也可以只复制一个文件中变化过的内容，而不必整个文件都复制，这在同步大文件时非常有用。

4．远程磁盘镜像

远程磁盘镜像是基于块的远程备份，即通过网络将备份的块数据传输到异地站点。远程镜像（远程实时复制）可以分为同步复制和异步复制。同步复制，即主站点接收的上层 I/O 写入数据，必须等这份数据成功地复制，传输到异地站点并写入成功之后，才通报上层 I/O 成功消息。异步复制，就是上层 I/O 主站点写入成功，即向上层通报成功，然后在后台将数据通过网络传输到异地站点。前者能保证两地数据的一致性，但是对上层响应较慢；而后者不能实时保证两地数据的一致性，但是对上层响应很快。所有基于块的备份措施，一般都是在底层设备上进行的，而不耗费主机资源。

5．快照数据保护

远程镜像或本地镜像，确实是对生产卷数据的一种很好的保护，一旦生产卷故障，可以立即切换到镜像卷。但是这个镜像卷一定要保持在线状态，如果主卷有写 I/O 操作，那么镜像卷也有写 I/O 操作。如果某时刻想对整个镜像卷进行备份，那么需要停止读/写主卷的应用，使应用不再对卷产生 I/O 操作，然后将两个卷的镜像关系分离，这就是拆分镜像。拆分过程是很快的，所以短暂的I/O 暂不会对应用产生太大的影响。

拆分之后，可以恢复上层的 I/O。由于拆分之后已经脱离镜像关系，因此镜像卷不会有 I/O 操作。此时的镜像卷就是主机停止 I/O 那一刻的原卷数据的完整镜像，此时可以用备份软件将镜像卷上的数据备份到其他介质上。

拆分镜像是为了让镜像卷保持拆分一瞬间的状态，而不再继续被写入数据。而拆分之后，主卷所做的所有写 I/O 动作，会以位图的方式记录下来。位图就是一份文件，文件中每个位都表示卷上的一个块（扇区或由多个扇区组成的逻辑块），如果这个块在拆分镜像之后，被写入了数据，那么程序就会将位图文件中对应的位从 0 变成 1。待备份完成之后，可以将镜像关系恢复，此时主卷和镜像卷上的数据是不一致的，需要重新做同步。程序会搜索 bitmap 中所有为 1 的位，对应到卷上的块，然后将这些块上的数据同步到镜像卷，从而恢复实时镜像关系。

可以看到，以上的过程是十分复杂繁琐的，而且需要占用一块和主卷相同容量大小的卷作为镜像卷。最为关键的是这种备份方式需要停掉主机 I/O，这对应用会产生影响。而"快照技术"解决了这个难题。快照的基本思想是抓取某一时间点磁盘（卷）上的所有数据，并且完成速度非常快，就像照相机快门一样。

5.3.6　虚拟化数据安全

物联网由感知层收集上来的庞大数据可以使用虚拟化存储技术，虚拟化存储把多个存储介质模块通过一定的手段集中管理起来，所有存储模块在一个存储池中得到统一管理，可以将多种、多个存储设备统一管理起来，为使用者提供大容量、高数据传输性能的存储系统。通过以资源池的方式对计算机处理器和存储进行虚拟管理，可以大大提高资源的使用率。另外，存储虚拟化还可以降低成本和复杂性，并提供前所未有的灵活性和选择性，可以将高效信息流延伸到服务的边界之外，改善横向的通信和协作，推动高效计算服务的增长，为物联网的应用打下坚实基础。

存储资源虚拟化早在 2002 年就被国内一些 IT 媒体列为最值得关注的技术之一，时至今日，它更是成为 HDS、HP、IBM、SUN、VERITAS 等存储软/硬件厂商的重要技术之一。人们可以看到它在存储方面的广泛应用，从数据块、文件系统到磁带库、各种主机服务器和阵列控制器。存储虚拟化并不像几十年

前刚出现时那样是一个虚拟化的概念，今天，它代表了一种实实在在的领先技术。它甚至被人们看作是继存储区域网络（SAN）之后的又一次新浪潮。

存储虚拟化是通过将一个（或多个）目标服务或功能与其他附加的功能集成，统一提供有用的全面功能服务。典型的虚拟化包括：屏蔽系统的复杂性，增加或集成新的功能，仿真、整合或分解现有的服务功能等。虚拟化是作用在一个或多个实体上的，而这些实体则是用来提供存储资源或服务的。

存储虚拟化是一个抽象的定义，它并不能够明确地指导用户怎样去比较产品及其功能。这个定义只能用来描述一类广义的技术和产品。存储虚拟化同样也是一个抽象的技术，几乎可以应用在存储的所有层面，如文件系统、文件、块、主机、网络、存储设备等。

存储虚拟化的好处首先在于它是一个 SAN 中的存储中央管理、集中管理，由此能够得到较大收益，降低成本。其次，存储虚拟化打破了存储供应商之间的界线。最后，存储虚拟化的适应性很强，可以应用于不同品牌的高、中、低档的存储设备。

存储的虚拟化可以在 3 个不同的层面上实现：基于专用卷管理软件在主机服务器上实现；利用阵列控制器的固件在磁盘阵列上实现；利用专用的虚拟化引擎在存储网络上实现。而具体使用哪种方法来做，应根据实际需求来决定。若仅仅需要单个主机服务器（或单个集群）访问多个磁盘阵列，则可以使用基于主机的存储虚拟化技术。虚拟化的工作通过特定的软件在主机服务器上完成，经过虚拟化的存储空间可以跨越多个异构的磁盘阵列。当有多个主机服务器需要访问同一个磁盘阵列时，可以采用基于阵列控制器的虚拟化技术。此时，虚拟化的工作是在阵列控制器上完成的，将一个阵列上的存储容量划分为多个存储空间（LUN），供不同的主机系统访问。在现实的应用环境中，很多情况下需要多对多的访问模式，也就是说，多个主机服务器需要访问多个异构存储设备，目的是优化资源利用率，即多个用户使用相同的资源，或者多个资源对多个进程提供服务，等等。在这种情形下，存储虚拟化的工作就一定要在存储网络上完成，这也是构造公共存储服务设施的前提条件。

虚拟化存储系统可以将分布在互联网上的各种存储资源整合成具有统一逻辑视图的高性能存储系统，因此又称为分布式决策支持系统（Global Distributed Storage System，GDSS）。整个系统主要包括存储服务点（Storage Service Point，SSP）、全局命名服务器（Global Name Server，GNS）、资源管理器（Resource Manager，RM）、认证中心（Certificate Authority，CA）、客户端、存储代理（Storage Agent，SA）及可视化管理，如图 5-6 所示。

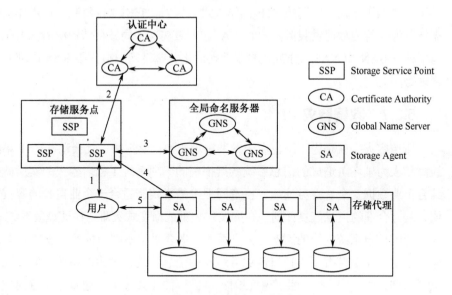

图 5-6 虚拟化存储系统整体架构

SSP 是整个系统的入口，对系统所有模块的访问都通过 SSP，它主要提供 FTP 接口、CA 接口、RM 接口和 GNS 接口；系统中 SSP 的个数可以根据需要动态增加；SSP 接管了传统方案中 GNS 的部分功能，减轻了 GNS 的负载，提高了系统的可扩展性。

GNS 负责系统的元数据管理，主要包括元数据操作接口、元数据容错系统、元数据搜索系统。

RM 包括资源调度模块和副本管理模块，主要负责资源的申请和调度，同时提供透明的副本创建和选择策略。副本技术降低了数据文件访问延迟和带宽消耗，有助于改善负载平衡和可靠性。尤其是动态的副本创建机制，即自动地选择存储点以创建副本，并根据用户的特征自动变化创建策略，为副本机制提供了更高的灵活性。

客户端目前支持 3 种形式：通用 FTP 客户端、文件访问接口和特制客户端。用户通过系统提供的特制客户端，不但能够进行用户组操作，具有搜索和共享等功能，还可以获得更高性能的服务。

CA 包含证书管理系统，主要负责系统的安全性和数据的访问控制，同时记录用户的注册信息。

SA 屏蔽了存储资源的多样性，为系统提供了统一存储访问接口，同时提供了文件操作方式和扩展的 FTP 操作方式。另外，它对文件复制管理操作提供支持，为高效传输提供服务。同时 SA 这一级实现了局域存储资源的虚拟化，包括统一 SAN 和 NAS，分布式的磁盘虚拟化、磁带库虚拟化和 SAN 内部共享管理等。

5.3.7 数据容灾

所谓容灾，就是为了防范由于各种灾难（如自然灾害、社会动乱、IT 系统故障和人为破坏）造成的信息系统数据损失的一项系统工程。容灾的实质就是结合企业数据安全、业务连续、投资回报等需求定制适合于企业自身的容灾系统，制订合理的灾难恢复计划，在突发式灾难或渐变式灾难时快速恢复系统。

影响信息系统安全的因素是多方面的，需要采用不同的技术手段来解决。

通常，正常情况下支持日常业务运作的信息系统称为生产系统，而其地理位置则称为生产中心。当生产中心因灾难性事件（如火灾、地震等）遭到破坏时，为了迅速恢复生产系统的数据、环境，以及应用系统的运行，保证系统的可用性，这就需要异地容灾系统（其地理位置称为灾备中心）。

建立灾备中心可以应对绝大部分的灾难（包括火灾、自然灾害、人为破坏等意外事件）。一个完备的容灾系统除了从容面突发式灾难的威胁，还应该能够处理各种渐变式灾难，能够从病毒损害、黑客入侵或系统软件自身的错误等导致的数据丢失的状况下，快速重建生产中心。

说到容灾，自然会想到备份。企业关键数据丢失会中断企业正常商务运行，造成巨大经济损失，容灾和备份都是保护数据的有效手段。无论是采用哪种容灾方案，数据备份是最基础的，没有备份的数据，任何容灾方案都没有现实意义。但容灾不是简单备份，真正的数据容灾是要避免传统冷备份的先天不足，在灾难发生时，全面、及时地恢复整个系统。

由于容灾所承担的是用户最关键的核心业务，其重要性毋庸置疑，因此也决定了容灾是一个工程，而不仅仅是一项技术。

根据容灾的发起端进行划分，容灾可分为数据库级容灾、卷管理级容灾、网络级容灾、存储设备级容灾。

1. 数据库级容灾

以 Oracle 数据库为例，数据库级容灾方式主要由第三方软件或 Oracle 自带的功能模块来实现，其传输的是 SQL 指令或重做日志文件。下面以第一种方式进行详细说明。

这类第三方软件的原理基本相同，其工作过程可以分为以下 2 个步骤。

第 1 步：使用 Oracle 以外的独立进程，捕捉重做日志文件（Redo Log File）的信息，将其翻译成 SQL 语句。

第 2 步：把 SQL 语句通过网络传输到灾备中心的数据库，在灾备中心的数据库中执行同样的 SQL。

显然，数据库级容灾方式具有如下技术特点和优势。

（1）在容灾过程中，业务中心和备份中心的数据库都处于打开状态，所以，数据库容灾技术属于热容灾方式。

（2）可以保证两端数据库的事务一致性。

（3）仅传输 SQL 语句或事务，可以完全支持异构环境的复制，对业务系统服务器的硬件和操作系统种类及存储系统等都没有要求。

（4）由于传输的内容只是重做日志或归档日志中的一部分，因此对网络资源的占用很小，可以实现不同城市之间的远程复制。

其实现方式也决定了数据库级容灾具有以下缺点。

（1）对数据库的版本有特定要求。

（2）数据库的吞吐量很大时，其传输会有较大的延迟，当数据库每天的吞吐量达到 60GB 或更大时，这种方案的可行性较差。

（3）实施的过程中可能会需要停机来进行数据的同步和配置的激活。

（4）复制环境建立起来以后，对数据库结构上的一些修改需要按照规定的操作流程进行，有一定的维护成本。

（5）数据库容灾技术只能作为数据库应用的容灾解决方案，若需要其他非结构数据的容灾，则还需要其他容灾技术作为补充。

2. 卷管理级容灾

卷管理级容灾有多种实现方式，而基于主机逻辑卷的同步数据复制方式以 VVR（VERITAS Volume Replicator）为代表。VVR 是集成于 VERITAS Volume Manager（逻辑卷管理）的远程数据复制软件，它可以运行于同步模式和异步模式。

当应用程序发起一个 I/O 请求之后，必然通过逻辑卷层，逻辑卷层在向本地硬盘发出 I/O 请求的同时，将向异地系统发出 I/O 请求。其实现过程如下。

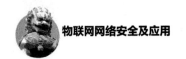

第 1 步：应用程序发出第一个 I/O 请求。

第 2 步：本地逻辑卷层对本地磁盘系统发出 I/O 请求。

第 3 步：本地磁盘系统完成 I/O 请求操作，并通知本地逻辑卷"I/O 请求完成"。

第 4 步：在向本地磁盘系统发出 I/O 请求的同时，本地主机系统逻辑卷向异地系统发出 I/O 请求。

第 5 步：异地系统完成 I/O 请求操作，并通知本地主机系统"I/O 请求完成"。

第 6 步：本地主机系统得到"I/O 请求完成"的确认，然后，发出第二个 I/O 请求。

因此，必须在生产中心和灾备中心的应用服务器上安装专用的数据复制软件以实现远程复制功能，并且两个中心之间必须有网络连接作为数据通道。使用这种方式对存储系统没有限制，同时可以在服务器层增加应用远程切换功能软件，从而构成完整的应用级容灾方案。

但是，这种数据复制方式也存在以下一些明显的不足。

（1）对软件要求很高，每一台应用服务器上都需要安装专门的软件，随着服务器数目的增加，成本也线性增加。

（2）每一个应用服务器对应一个节点，需要考虑实施、管理和维护的复杂性。

（3）需要在服务器上运行软件，不可避免地对服务器性能有影响，占用服务器宝贵的 CPU、内存等资源。

（4）不管是同步还是异步方式，必须要考虑网络性能。

（5）存储目标数据的逻辑卷不能被业务系统所使用，属于冷容灾方式。

3. 网络级容灾

网络级容灾主要是指基于虚拟存储技术的容灾。使用虚拟化数据管理产品实现远程复制如图 5-7 所示。

当应用程序发起一个 I/O 请求之后，向本地硬盘发出 I/O 请求必然经过虚拟化数据管理产品，虚拟化数据管理产品向本地硬盘写入数据，同时把数据的变化量保存到特定区域，通过不同的方式灵活地把数据同步到灾备中心。其实现过程如下。

第 1 步：应用程序发出第一个 I/O 请求，本地逻辑卷层把 I/O 请求发送给虚拟化数据管理产品。

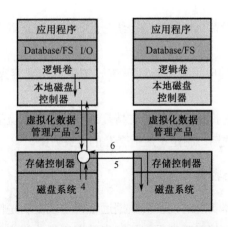

图 5-7　虚拟化数据管理产品实现远程复制

第 2 步：虚拟化数据管理产品向本地磁盘系统发出 I/O 请求，同时把数据的变化量保存到特定区域。

第 3 步：本地磁盘系统完成 I/O 请求操作，并通知虚拟化数据管理产品"I/O 请求完成"。

第 4 步：虚拟化数据管理产品通知本地逻辑卷层"I/O 请求完成"，本地主机系统得到"I/O 请求完成"的确认，然后，发出第二个 I/O 请求。

第 5 步：虚拟化数据管理产品根据预设的策略把数据变化量同步到灾备中心。

第 6 步：异地系统完成同步，并通知本地系统"I/O 请求完成"。

由此可以看出，数据的写入必须由虚拟化数据管理产品进行转发，存储路径变长，因此会对性能有些影响。但是从容灾的实现角度来说，存储虚拟化容灾基于存储虚拟化技术，因此具有应用层容灾和存储设备容灾无法比拟的优势。

（1）整合各种应用服务器（包括不同的硬件、不同的操作系统等），并且无须在应用服务器上安装任何软件，远程复制的过程不会对应用服务器产生影响。

（2）整合各种存储设备（包括不同的厂商、不同的设备接口等），因此存储设备可以完全异构，不同厂商、不同系列的阵列可以混合使用，大大降低了容灾方案的复杂程度和实施难度。

（3）方案的实施可以完全不考虑客户现有的存储设备是否支持远程数据容灾，有利于保护客户投资，增加投资回报率。

（4）多个存储设备可以作为一个统一的存储池进行管理，提高了存储空间利用率和存储效率。

（5）针对不同的应用服务器通过统一的平台实现容灾，管理维护大大简化了。

（6）通常存储虚拟化产品能够支持复制、镜像等主流的容灾技术，用户可以为不同应用灵活选择，制定"最适合"的容灾方案。

4．存储设备级容灾

通过存储控制器实现的设备级数据远程镜像或复制是传统容灾方式中最高效、最可靠的方式。基于磁盘系统的同步数据复制功能实现异地数据容灾，存储设备实现同步远程复制如图 5-8 所示。

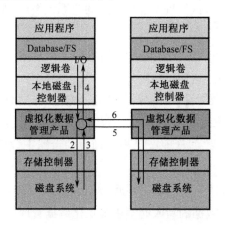

图 5-8　存储设备实现同步远程复制

当应用服务器发出一个 I/O 请求之后，I/O 请求进入本地磁盘控制器。该控制器一方面在本地磁盘系统处理 I/O 请求，同时通过专用通道、FC 光纤通道（IP over FC）或租用线路，将数据从本地磁盘系统同步复制到异地磁盘系统。其实现过程如下。

第 1 步：应用服务器发出第一个 I/O 请求。

第 2 步：本地磁盘系统在处理 I/O 请求的同时，会向异地磁盘系统发出 I/O 请求。

第 3 步：异地磁盘系统完成 I/O 请求操作，并通知本地磁盘系统"I/O 请求完成"。

第 4 步：本地磁盘系统向应用服务器确认"I/O 请求完成"，然后，主机系统发出第二个 I/O 请求。

因此，远程复制由生产中心和灾备中心的存储系统完成，对应用服务器完全透明。其缺点如下。

（1）不能跨越品牌，只能在相同的产品甚至是相同的型号之间实现容灾。

（2）无法提供足够的灵活性，且成本很高，并不能保护用户之前在存储上的投资。

（3）两个中心之间必须有专用的网络连接作为数据通道，使得容灾系统对通信线路的要求较高，初期成本也非常高。

（4）由于这些设备往往采用的是一些专用的设备和通信方式，安装维护都比较复杂，往往因设置的不周全或者通信距离或线路的限制，造成容灾系统实施失败。

5.3.8 数据隐私保护

1．物联网隐私保护问题

隐私保护就是使个人或集体等实体不愿意被外人知道的信息得到应有的保护。隐私包含的范围很广，对于个人来说，重要的隐私是个人的身份信息，即利用该信息可以直接或间接地通过连接查询追溯到某个人；对于集体来说，隐私一般是指代表一个团体各种行为的敏感信息。

物联网实现了物与物、人与物的通信和信息感知，更进一步地实现了感知信息的共享。然而，物联网受制于终端设备、网络结构、通信方式、应用场景等特点，人们在共享这些感知信息的同时，也引发了对安全和隐私的担忧。例如，在车联网中，为了达到改进驾驶习惯和提高交通安全的目的，车辆可能需要周期性广播自身交通相关的共享信息，包括其身份、位置、速度等信息。由于无线通信传输信道的完全暴露，使得攻击者更容易得到通信内容，因此能够获得用户的隐私信息，如身份、轨迹、偏好等，并以此为基础，实现对用户的进一步攻击。此外，在医疗保健相关的物联网应用中，为了实现患者之间的健康信息与治疗经验的分享，共享用户的健康信息将成为一种趋势。然而，由于个人健康信息中包含敏感信息，患者在共享这些信息之前，要能够控制他们共享的信息，以决定由谁来共享、共享的程度、范围等。此外，患者的身份和社会属性都是敏感的、私密的，整个共享过程不能以牺牲用户的敏感信息为代价。最后，考虑到其所处的硬件环境，整个共享过程还要求是高效的。因

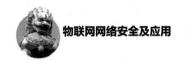

此，必须设计出适合移动健康网络的隐私保护方案，从而实现健康信息的安全感知和共享。

在物联网应用层广泛使用了云计算。针对云外包存储问题，通过使用可搜索加密技术，一个数据拥有者可加密外包的数据，以此来保护数据的机密性，但同时需要保证合法的数据使用者可以在云端进行数据查询、共享、处理等操作。由于外包存储的特性，云服务器可完全控制外包数据并且决定可搜索加密查询的返回结果，因此导致了对查询结果的信任问题。针对这一问题，外包存储数据的隐私保护与可信验证也成为物联网隐私保护的一个重要研究内容。

2. 物联网隐私威胁分类

参考无线传感器网络中隐私保护的分类方法，根据隐私保护的对象，物联网的隐私威胁可以简单地分为两大类，即基于数据的隐私威胁和基于位置的隐私威胁。

1）基于数据的隐私威胁

数据隐私问题主要是指物联网中数据采集传输和处理等过程中的秘密信息泄露。从物联网体系结构来看，数据隐私问题主要集中在感知层和应用层，如感知层数据聚合数据查询和 RFID 数据传输过程中的数据隐私泄露问题，应用层中进行各种数据计算时面临的隐私泄露问题。在物联网应用层，需要处理的信息是海量的，处理平台往往是分布式的。在分布式处理的环境中，如何保护参与计算各方的隐私信息是应用层所面临的隐私保护问题。这些处理过程包括数据查询、数据挖掘和各种分布式处理技术等。

数据挖掘是指通过对大量数据进行较为复杂的分析和建模，发现各种规律和有用的信息，可以被广泛地应用于物联网中。与此同时，误用、滥用数据挖掘可能导致用户数据特别是敏感信息的泄露。目前，数据挖掘领域的隐私保护已经成为一个专门的研究主题，很多方法可以为物联网中各领域的隐私保护研究所借鉴。

分布式处理中要解决的隐私保护问题主要是指当有多个实体以私有数据参与协作计算时，如何保护每个实体私有数据的安全。也就是说，当需要多方合作进行计算时，任何一方都只知道自己的私有数据，每一方的私有数据不会被泄露给其他参与方，且不存在可以访问任何参与方数据的中心信任方。当计算结束时，各方只能得到正确的最终结果，而不能得到他人的隐私数据。

数据隐私与数据安全密不可分，因此一些数据隐私威胁可以通过数据安全的方法解决。只要保证了数据的机密性就能解决隐私泄露问题。但有些数据隐私问题只能通过专门的隐私保护的方法来解决。

2）基于位置的隐私威胁

位置隐私是物联网隐私保护的重要内容，主要是指物联网中各节点的位置隐私，以及物联网在提供各种位置服务时面临的位置隐私泄露问题。其具体包括 RFID 阅读器位置隐私、RFID 用户位置隐私、传感器节点位置隐私、基于位置服务中的位置隐私问题等。

基于位置服务中的隐私内容涉及两个方面，即位置隐私和查询隐私。位置隐私中的位置是指用户过去或现在的位置；而查询隐私是指敏感信息的查询与挖掘，即数据处理过程中的隐私保护问题。

3．物联网隐私保护方法

根据前面划分的数据隐私和位置隐私两类物联网隐私威胁，下面将物联网应用层的隐私保护方法分为两大类，即匿名化方法与加密方法。

匿名化方法通过模糊化敏感信息来保护隐私，即修改或隐藏原始信息的局部或全局敏感数据，达到隐私保护的目的。

基于数据加密的隐私保护方法通过密码机制实现了他方对原始数据的不可见性及数据的无损失性，既保证了数据的机密性，又保证了数据的隐私性。基于数据加密的隐私保护方法中使用最多的是同态加密技术和安全多方计算（Secure Multi-party Computation，SMC）技术。

同态加密最初由 Rivest 等于 1978 年提出，是一种允许直接对密文进行操作的加密变换技术，后来由 Domingo 等做了进一步的改进，该算法的同态性保证了用户可以对敏感数据进行操作但又不泄露数据信息。

SMC 是指利用加密机制形成交互计算的协议，可以实现无信息泄露的分布式安全计算。参与安全多方计算的各实体均以私有数据参与协作计算；当计算结束时，各方只能得到正确的最终结果，而不能得到他人的隐私数据。也就是说，两个或多个站点通过某种协议完成计算后，每一方都只知道自己的输入数据和所有数据计算后的最终结果，而不能知道其他站点的输入数据。

1）匿名化方法

匿名化方法在位置隐私保护、数据查询隐私保护两方面能够获得较好的效果。在无线传感网位置隐私保护方面，根据节点位置的可移动性，无线传感器网络的位置隐私保护可分为固定位置隐私保护和移动位置隐私保护。目

前针对固定节点位置的隐私保护研究较多，但对移动节点位置隐私保护的研究还较少。

基于位置的服务（LBS）是物联网提供的一类重要应用。当用户向位置服务器请求位置服务（如 GPS 定位服务）时，如何保护用户的位置隐私是物联网隐私保护的一个重要内容。利用匿名技术可以实现对用户位置信息的保护，主要方法如下。

（1）在用户和 LBS 之间采用一个可信任的匿名第三方，以匿名化用户信息。

（2）当需要查询 LBS 服务器时，向可信任的匿名第三方发送位置信息。

（3）发送的信息不是用户的真实位置，而是一个掩饰的区域，包含了许多其他的用户。

这类方法也有一定的局限性，如所有用户必须信任匿名的第三方，这样容易引起单点攻击。

数据查询是物联网提供的另一项重要服务。为了避免数据查询时的隐私泄露，可以采用数据匿名化方法，即通过将原始数据进行匿名化处理，使得数据在隐私披露风险和数据精度之间进行折中，从而兼顾数据的可用性和数据的隐私安全性。在数据查询隐私保护方面，目前研究较多的是 k-匿名方法。

2）加密方法

加密方法同样可以应用于位置隐私保护与数据查询隐私保护。在 RFID 隐私保护方面，针对 RFID 阅读器位置隐私，有效的方法是使用 SMC 的临时密码组合保护并隐藏 RFID 的标志。对于用户的数据位置隐私问题和防止未授权用户访问 RFID 标签问题，主要基于加密机制实现保护。在无线传感器网络数据隐私保护方面，可以采用同态加密技术实现端到端数据聚合隐私保护。

针对分布式环境下的数据挖掘方法，一般通过同态加密技术和安全多方计算实现隐私保护，众多分布环境下基于隐私保护的数据挖掘应用都可以抽象为无可信第三方参与的 SMC 问题。根据数据挖掘的分类方法，可以从分类挖掘、关联规则挖掘和聚类挖掘三方面利用同态加密技术实现 SMC 隐私保护数据挖掘算法。

4．隐私保护方法的性能评估

通常可以从隐私性、数据准确性、延时和能量消耗这 4 个方面对隐私保护方法的性能进行评估。

（1）隐私性：指隐私保护方法对隐私信息的保护程度。

（2）数据准确性：指使用了隐私保护方法后，所能获得数据的准确性。例如，在数据挖掘中，为了保护隐私信息，有时需要对原始数据进行随机化或匿名化处理后再进行挖掘，这种情况下的数据挖掘结果与直接对原始数据进行挖掘的结果相比将有所差别，即挖掘结果的准确性受到影响。

（3）延时：指实现隐私保护方法时产生的延时，包括计算延时和通信延时。

（4）能量消耗：指实现隐私保护方法时产生的额外能量消耗，包括数据处理和传输过程中消耗的资源。

匿名化方法与加密方法这两大类隐私保护方法各有优缺点。匿名化技术用于数据隐私保护时，会在一定程度上造成原始数据的损失，从而影响数据处理的准确性。此外，所有经过干扰的数据均与真实的原始数据直接相关，降低了对隐私数据的保护程度。该方法用于位置隐私保护时，如 LBS 中，由于需要信任匿名的第三方，容易引起单点攻击，因此降低了安全性与隐私保护程度。

该方法的优点在于计算简单、延时短、资源消耗较低，并且该方法既可用于数据隐私保护，也可用于位置隐私保护。例如，无线传感器网络中移动节点位置隐私保护和 LBS 的位置保护、数据处理中的数据查询和数据挖掘隐私保护等。因此该方法在物联网隐私保护中具有较好的应用前景。

用于隐私保护的加密机制一般都基于公钥密码体制（如同态加密技术等），其算法复杂度通常要高于其他基于共享密钥的加密技术，也高于一般的扰乱技术，计算延时长，且资源消耗较多。加密机制的优点在于加密算法保证了数据的隐私性和准确性，且利用同态加密技术的同态性质，可以在隐私数据加密的情况下对数据进行处理，既保证了数据的隐私性，又保证了数据处理结果的准确性。因此，该方法在现有的隐私保护技术中得到了广泛的应用。

5.4　云平台安全

物联网公共云服务平台正逐渐地成熟和商业化，云平台利用其资源共享的服务方式和弹性的资源管理大大降低了各类物联网服务的开发成本，提高了硬件资源的利用率。但是，目前的公共云服务平台安全方案却并不成熟，传统的企业安全方案在开放的云计算服务场景并不完全适用，需要考虑新的信息安全防护技术体制，云存储安全是云平台安全中需要重点关注的方面。

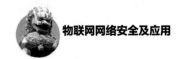

5.4.1 云平台安全概述

1. 云计算和云平台

云计算平台也称为云平台，一般可划分为 3 类，即以数据存储为主的存储型云平台、以数据处理为主的计算型云平台，以及计算和数据存储处理兼顾的综合云计算平台。随着超融合基础架构（Hyper-Converged Infrastructure）的出现，新生代的云平台通常集虚拟化、软件定义化、分布式架构于一身，实现运算、储存、网络三合一，可以使用标准化的、通用硬件构成的基本节点，建构出便于灵活扩展、完全依靠软件驱动的 IT 环境。

超融合基础架构以虚拟化为基础，实现管理及业务的集中，对数据中心资源进行动态调整和分配，重点满足企业关键应用对于资源高性能、高可靠、安全性和高可适应性上的要求，同时提高基础架构的自动化管理水平，确保满足基础设施快速适应业务的商业诉求，支持企业应用的云化部署。图 5-9 所示为超融合架构云平台的结构图。

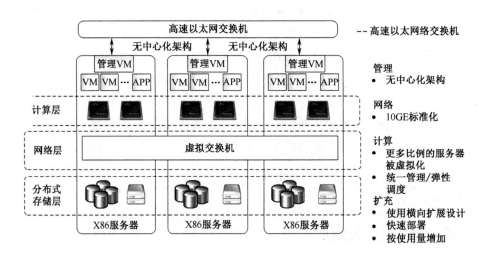

图 5-9　超融合架构云平台的结构图

云计算平台系统可整合优化系统硬件资源，提升数据中心的资源弹性、运行效率及便捷的扩展能力，并在此基础上实现各种业务应用的快速部署、密切监控和灵活的扩容调度，满足海量视频图像数据的管理、调度和分析的业务需求，为安防云计算平台系统中的各类视频图像业务应用提供高效率、高性能、高可靠的资源基础平台。

（1）计算与存储资源超融合，资源快速横向扩展。

超融合云计算平台系统可以实现计算、网络、存储设备的资源统一虚拟化，构建相应的资源池，实现对物理资源的超融合管理和调度，提供硬件资源的即插即用能力，以及硬件资源使用率查询、实时使用量告警等功能，支持设备资源的快速横向扩展，为数据中心管理提供智能化硬件资源管理能力。

（2）一键部署容器和虚拟机，快速搭建生产环境。

超融合云计算平台系统支持容器和虚拟机的快速部署，提供完善的虚拟资源调度方法，支持基于 CPU、内存、磁盘需求及相同主机、不同主机的调度，满足业务部署的灵活性，在虚拟资源池内快速地构建业务生产环境。

（3）统一界面高效运维管理，全面掌控系统状态。

系统提供统一的运维管理界面，支持物理资源管理、虚拟资源管理，镜像管理，服务管理，支持对虚拟设备包括状态监控、设置、迁移和服务监控等全面的管理运维能力，全面掌控系统的运行状态。

（4）自动容错、高可靠、高保障，业务系统永不掉线。

系统通过高性能的资源虚拟化功能屏蔽了硬件故障对业务系统造成的影响，设备故障不会造成数据的丢失，业务系统可以在不同的物理设备间实现业务负载均衡及业务快速迁移能力，保证业务系统永不掉线。

当前商用主流的云平台主要包括以下几个。

（1）微软。

技术特性：整合其所用软件及数据服务。

核心技术：大型应用软件开发技术。

企业服务：Azure 平台。

开发语言：.NET。

（2）Google。

技术特性：存储及运算水平扩充能力。

核心技术：平行分散技术 MapReduce、BigTable、GFS。

企业服务：Google App Engine，应用代管服务。

开发语言：Python、Java。

（3）IBM。

技术特性：整合其所有软件及硬件服务。

核心技术：网格技术、分布式存储、动态负载。

企业服务：虚拟资源池提供，企业云计算整合方案。

（4）Oracle。

技术特性：软硬件弹性虚拟平台。

核心技术：Oracle 的数据存储技术、Sun 开源技术。

企业服务：EC2 上的 Oracle 数据库、OracleVM、Sun xVM。

（5）Amazon。

技术特性：弹性虚拟平台。

核心技术：虚拟化技术 Xen。

企业服务：EC2、S3、SimpleDB、SQS。

（6）Salesforce。

技术特性：弹性可定制商务软件。

核心技术：应用平台整合技术。

企业服务：Force. com 服务。

开发语言：Java、APEX。

（7）EMC。

技术特性：信息存储系统及虚拟化技术。

核心技术：Vmware 的虚拟化技术、一流存储技术。

企业服务：Atoms 云存储系统，私有云解决方案。

（8）阿里云。

技术特性：弹性可定制商务软件。

核心技术：应用平台整合技术。

企业服务：软件互联平台、云电子商务平台。

（9）中国移动等运营商云。

技术特性：坚实的网络技术，丰富的带宽资源。

核心技术：底层集群部署技术、资源池虚拟技术、网络相关技术。

企业服务：大云平台 BigCloude。

除以上商业化公有云平台之外，国内较为知名的云平台还包括百度开放云平台、腾讯云平台、新浪云平台等，开源云平台管理软件包括 OpenStack 等。

在具体应用方面，参考工业界云计算平台架构和相关国际标准，图 5-10 所示为某集团公司的云平台实现架构。

该云平台架构包含资源适配器、资源池、资源管理模块（包括本地资源管理模块和全局资源管理模块）、策略引擎、流程引擎、资源编排模块、服务管理模块、门户模块、运营管理模块、运维管理模块和插件管理模块。下面的资源适配器负责适配、组织、整合底层异构 IT 资源，从而构建出各种资源池，资源适配器为上层资源管理模块提供了统一的资源管理 API。资源管理模块负责对资源池进行管理，按照资源的生命周期对资源池中的资源进行管理，根据用户的需求从资源池中分配、调度资源。

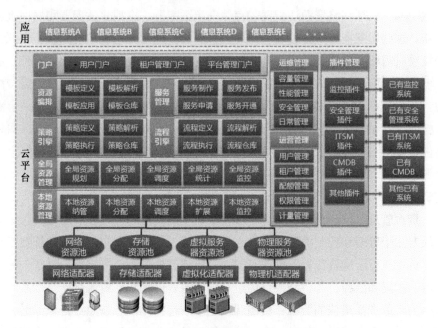

图 5-10　某集团公司的云平台实现架构

为了更灵活地分配和调度资源，该架构设计了流程引擎、策略引擎和资源编排模块。流程引擎负责将各种操作步骤串接在一起，实现各种自动化流程；策略引擎方便管理员根据业务需求自定义资源分配策略；资源编排模块负责将各种云资源进行编排和对接形成彼此关联的资源组合模板，以实现复杂信息系统的快速部署或扩展。服务管理模块按照云服务的生命周期对云服务进行管理。门户模块为云平台的用户、租户管理员和平台管理员分别提供了统一的操作界面。运维管理模块负责云平台和资源池的技术运维，遵循 ITIL v3 标准，面向机器和系统。运营管理模块负责云平台的业务运营，面向用户和租户。插件管理模块为云平台提供了插件机制，通过各种插件与已有的支撑型信息系统集成。各个业务信息系统根据业务需求识别出所需云服务，在云平台中完成服务的制作和发布，形成服务目录，并通过申请云服务完成信息系统的部署。

网络资源包括来自各种厂商、各种技术规格的防火墙、负载均衡、网络交换机等；存储资源包括来自不同厂商、不同型号的存储阵列和 SAN 交换机；虚拟化资源包括来自不同厂商、不同版本的 Hypervisor；物理机资源包括来自不同厂商、不同型号的 X86 服务器或小型机。为了给云平台的资源管理模块提供统一的 API 接口，云平台架构中针对每一种类型的资源分别设计一个资源适配器，包括网络资源适配器、存储资源适配器、虚拟化适配器和物理机适配器。这些适配器为资源管理模块屏蔽了底层资源的异构性和复杂性，资源管理模块只需要调用适配器的 API，再由适配器去实际操控底层资源。另外，适配器通过适配各种异构资源对这些资源进行组织、整合、池化，形成网络资源池、存储资源池、虚拟服务器资源池、物理服务器资源池。当然，云平台需要按照一定的规则将具备相同能力和属性的资源放到同一个资源池中，如将性能高的存储资源放到金牌存储资源池，性能中等的存储资源放到银牌存储资源池。从资源管理模块的视角看，看到的是各种资源池，而不是底层的异构资源。

资源管理模块包括本地资源管理模块和全局资源管理模块。本地资源管理模块专注于管理和控制本地数据中心的资源池，将资源池中的资源纳管到云平台，负责执行全局资源管理模块下发的资源部署命令，对所辖资源进行分配、调度、扩展和监控，并将结果反馈给全局资源管理模块。资源分配是指系统部署时为系统选择最佳的资源；资源调度是系统运行期间，按照业务量的增减对资源量进行纵向或横向伸缩。全局资源管理模块收集并汇总各个本地资源管理模块上报的资源信息形成资源的全局视图，可以按照租户、数据中心、资源类型等维度查看全局视图；全局资源管理模块统一监控、分配和调度位于不同数据中心的资源；全局资源管理模块还负责统一处理用户的资源部署请求，给各个本地资源管理模块下发资源分配和调度命令。本地资源管理和全局资源管理构成了两级资源管理体系，实现了资源的集中式管控和分布式部署的有效结合。

策略引擎负责资源调配策略的定义、解析和执行，实现基于策略的自动化分配和调度，如果策略仓库中的策略不能满足业务要求，还可以允许管理员定制策略，让某个信息系统按照特定的策略进行资源的分配和调度，并可以将定制的策略存储到策略仓库中给其他信息系统复用。策略包含分配策略和调度策略，分配策略是指信息系统部署时选择最佳资源的策略，调度策略是指系统运行时，根据系统维护的要求或业务量的增减对资源进行调整和迁移的策略。

流程引擎负责将资源分配、调度、配置和运维过程中涉及的实际操作步骤进行串接，以实现操作步骤的自动流转，进一步实现复杂的自动化流程，包括服务器自动化流程、网络自动化流程、存储自动化流程等。流程引擎允许管理员定义和编排流程，在实际资源分配、调度、配置和运维过程中，流程引擎对涉及的流程进行解析并执行，并为自动化流程提供可配置的能力。管理员创建的流程可以存储到流程仓库以实现流程复用。

服务管理按照云服务的生命周期对其进行管理，允许管理员定义云服务的部署模型和功能模型，并为部署模型设置一定的自动化流程和分配策略，允许管理员设置云服务的申请界面和用户输入参数。当用户申请了所需的云服务之后，服务管理模块对其进行服务开通，将服务开通涉及的自动化流程告知流程引擎，由流程引擎对其进行解析和执行，并将服务开通涉及的资源分配策略告知策略引擎，由策略引擎对其进行解析和执行。策略引擎会将资源分配请求发送到全局资源管理模块，最后返回给服务管理模块，至此完成服务开通的动作。服务开通之后，云平台要通过规范的运维保障工作确保所交付服务的 SLA 满足用户要求。

资源编排模块提供图形化的界面让管理员（租户管理员或平台管理员）对云平台中的各种云资源进行配置、组合、编排和串接，形成资源模板，以适配特定信息系统的拓扑结构。管理员定义好了资源模板后，可以发布为一个新的复合型云服务。用户申请该复合型云服务，即触发该服务的开通工作，资源编排模块会解析资源模板及用户输入参数生成对资源类型、属性和数量的具体要求，然后传递给全局资源模块进行资源的分配和部署。管理员可以基于模板仓库中内置的模板进行修改以快速定义符合自己需求的资源模板，创建好的资源模板也可以存储到模板仓库以实现复用。

门户模块提供了用户门户、租户管理门户和平台管理门户。用户门户为云服务的最终用户提供了直观易用的自服务界面，在该界面中最终用户可以完成服务申请、资源查看、资源操作等工作。租户管理门户为租户管理员提供了直观易用的自助管理界面，在界面中租户管理员可以申请配额、创建用户、定义本租户可见内的服务、定义资源模板、制定适应本租户的分配策略等。平台管理门户为云平台管理员提供了直观易用的操作界面，帮助其完成系统运维和运营领域的各项工作。

运维管理模块负责云计算平台的系统运维功能，遵循 ITIL v3 标准，提供容量管理、性能管理、安全管理和日常管理等功能。容量管理通过对资源的历史运行状况进行统计分析，并按照容量预测模型对未来的资源需求进行预测。

性能管理通过实时采集资源的性能指标实现对资源运行状况的监控，若指标超过一定的阈值，则产生告警事件，并调用相应的事件处理流程。安全管理包括服务器安全、存储安全、数据安全、网络安全和虚拟化安全等方面的保障工作。日常管理包括故障管理、问题管理、配置管理、系统管理、监控管理和变更管理。如果运维管理模块中所涉及的功能在已有的支撑型信息系统中已经存在，那么就没有必要在新建云平台中实现该功能，而是通过插件管理模块与已有的支撑型信息系统的相应功能模块进行集成。

运营管理模块负责云计算平台的业务运营功能，包括用户管理、租户管理、配额管理、权限管理、计量管理等功能。用户管理对用户进行创建、分组和授权等。租户管理负责对多级租户进行管理和配置，维护租户和租户之间的父子关系、租户和用户之间的使用关系、租户和配额之间的关联关系等。配额管理负责把资源分配给各级租户，确保各级租户对资源的使用不能超过配额。权限管理负责为用户指定操作和数据权限。计量管理对租户的资源使用情况进行计量，保存计量数据，定期生成计量报告，计量信息包括资源的类型、使用量及使用时间；平台管理员可为各种资源设定费率，系统可以基于计量信息及费率，产生租户的费用清单。

插件管理模块主要是为了与已有的支撑型信息系统进行集成而设计的，插件管理模块设置了插件机制，允许已有的支撑型信息系统通过插件为云平台提供必要的功能，同时也允许其他业务信息系统为云平台补充额外的功能，云平台通过各种插件与已有的支撑型信息系统和其他业务信息系统进行数据交换和应用集成。例如，云平台的运维管理模块不需要实现监控功能，只需要通过监控插件复用遗留监控系统中的相关功能。

2. 云平台安全问题

近几年，全球云计算重大安全事故仍在不断上演，安全问题依然不容忽视。2016 年 9 月，CloudFlare 数百万网络托管客户数据被泄露。2017 年 3 月，微软 Azure 公有云存储故障导致业务受影响超过 8 小时。2017 年 6 月，亚马逊 AWS 共和党数据库中的美国 2 亿选民个人信息被曝光。

在这些安全问题中，云计算数据安全问题日益凸显。由于脱库、撞库等攻击手段，以及内部人员管理不善引发的大面积数据泄露事件不时发生，用户数据和个人信息被肆意收录、滥用导致的网络诈骗愈演愈烈。尤其是今年生效的欧盟《一般数据保护条例》（General Data Protection Regulation，GDPR），对数据处理者的数据保护能力提出了更为严格的要求。云服务商如何有效保护用户数据安全已成为政府、企业、个人和社会各界广泛关注的热点问题。

调查结果显示，云平台安全性、可靠性、性能、价格是用户主要关心的因素，除此之外，还有易用性、可扩展性、运维水平、服务种类、计费方式等因素。其中，云平台的安全性是最受用户关注的焦点。从层次化的角度看待云平台安全问题，其面临的新型系统结构安全风险主要是由集中化、专业化等特性带来的。

1）集中化

传统计算方式为服务器/客户端结构，服务器和客户端都承担一定的计算任务，并同时存储数据。但在云平台的支撑下，大多数数据存储和计算任务都在云端完成，用户需要通过 Web 方式链接到云平台以完成信息的存取和计算。在这种新型环境下，安全防御呈现出明显的集中化趋势，主要原因如下。

① 终端几乎不留存数据，对终端的攻击收益越来越小，攻击者逐步将目标转移至存储了大量数据资产的云端。

② 对终端的攻击难度越来越高，云端重量化和客户端轻量化的趋势使得用户通过浏览器就可以访问，当前的浏览器遵从轻量化和组件化设计，并广泛采用了权限控制、应用沙盒、软件审查、行为监控等安全手段，使得自身安全性大大提高。

③ 终端多样化降低了威胁的传播性，非 Windows 平台在云计算时代占用了终端的大量比例，且这些平台升级迅速。由于一般情况下安全攻击仅在同一时间内针对同一类操作系统，在多平台环境下传播链随时可能占用终端，因此传播与扩散效率大大下降。

由于以上三方面的原因，云计算时代安全威胁将主要集中在云平台端，因此安全的重心也相应转向云平台中心。

2）专业化

云计算时代明显的安全集中化趋势，对专业化的要求达到前所未有的程度。

① 云计算中心遭遇攻击强度极大。与传统计算时代资源的分散性不同，恶意攻击者使用常规的攻击工具进行大范围扫描，发现漏洞后再进行渗透。由于其资源和精力的有限性，在每一个目标上都不可能投入过多，因此对每个目标的攻击强度不会太高。然而，云计算环境成为攻击者明确而集中的攻击目标。云平台遭遇的攻击数量和强度是传统网络无法比拟的。

② 云计算平台遭遇的攻击技术性强。由于云平台存储着海量有价值的信

息，因此恶意攻击者发起攻击往往有较强的目的性，如政治、经济或其他动机等，攻击者通常会使用所有可利用的资源，采用最先进的攻击技术和最完善的运行流程，达到一击成功的效果。

因此，云平台被众多恶意攻击者锁定，面临着高强度、专业化的攻击。一旦攻击成功，损失就是巨大的。

3）复杂化

云计算平台是一个通用的平台，可以运行多种多样的网络应用，因此也可能带来各种不同的安全威胁。这里主要从以下 5 个方面对云计算平台进行安全分析。

① 链路层安全分析。云计算平台运行中，可能需要大量的跨广域网通信，如服务器跨站同步、远程运维等。在公用、开放的网络中，恶意攻击者可以很容易地在网络设备上使用网络嗅探器（如 Sniffer、NIDS 等）截获网络流量，这样便威胁了数据的私密性；如果黑客进一步操作，对网络数据进行篡改，就破坏了数据的完整性；同时，非授权用户对网络随意的访问也造成了数据可用性的问题。即使使用专线等私有链路，也存在遭遇内部人员窃取的风险。从数据的私密性、完整性、可用性角度考虑，需要在不安全的链路上使用 VPN 技术，部署严格的加密和认证保护，以降低链路层安全风险。

② 网络层安全分析。云计算服务都是通过网络交付的，但网络同时也成了入侵者的渠道和通路。云计算时刻面临着来自外部网络的严重的威胁。在外网中存在着大量的黑客攻击，他们一般针对对外服务器，尤其是将 Web 服务器作为突破口，进行网络攻击和渗透。常见的一些手法有 IP 欺骗、重放或重演、DoS(SYN FLOOD，PING，FLOOD 等)、DDoS(分布式拒绝服务攻击)、篡改、堆栈溢出、跨站攻击、注入攻击等。一旦攻击成功，黑客就会在服务器中植入后门（木马）程序，从而控制服务器并做进一步渗透，最终导致云计算数据中心大量的数据被窃取或破坏。在进行云计算数据中心安全建设时，用户往往首先想到防火墙。虽然部署防火墙能大幅度地提升网络安全级别，但它并不足以保证网络的安全，因为黑客已经研究出大量的方法来绕过防火墙策略。这些方法包括：一是，利用端口扫描器的探测发现防火墙开放的端口；二是，攻击和探测程序通过防火墙开放的端口穿越防火墙，如跨站及注入攻击等均可通过 80 端口通信，使得传统防火墙的端口过滤功能对它们无能为力；三是，较老式的防火墙对每一个数据包进行检查，但不具备检查包负载的能力，病毒、蠕虫、木马和其他恶意应用程序能未经检查而通过；四是，当攻击者将攻击负载拆分

到多个分段的数据包中，并将它们打乱顺序发出时，较新的深度包检测防火墙也会被愚弄；五是，PC 上感染的木马程序可以从防火墙的可信任网络发起攻击。由于会话的发起方来自内部，一般来说防火墙会放过所有来自可信任网络（内网）的相关流量。当前流行的从可信任网络发起的攻击应用程序包括后门、木马、键盘记录工具等，它们产生非授权访问或将私密信息发送给攻击者。

③ 系统层安全分析。云计算数据中心的虚拟机和物理服务器上运行着不同的操作系统，如 Windows、UNIX、Linux 等；数据中心使用的各种网络设备也都有着自己的操作系统。事实上，任何操作系统都不可避免地存在安全漏洞。如果这些操作系统没有进行系统的加固和正确的安全配置，而只是按照原来系统的默认安装配置，那么这样的主机系统是极其不安全的。黑客可以针对操作系统的漏洞发起入侵，试图获取管理员的权限。此外，在网络中，一些黑客利用系统管理员的疏忽使用默认用户的权限和密码口令就可以轻松地进入系统修改权限，从而控制主机。现在许多黑客正监视着软件提供商的补丁公告，并对补丁进行简单的逆向工程，由此来发现软件漏洞。目前，一个已知漏洞及相应补丁的公告到该漏洞被利用之间的时间已经大大缩短了。另外，云计算数据中心不仅需要担心已知安全威胁，还面临着各种被称为 0day（零日）的新的未知的威胁。由于黑客的动机不断地从引起他人注意向获取经济利益转移，因此，他们在抓住一些应用服务和协议的缺陷和弱点时，并不急于对外公布或通知相应厂商，而是直接利用其缺陷和弱点进行攻击。这就是所谓的 0day 攻击，这种针对当前公众未知的，尚无补丁可用的漏洞的攻击行为，防范难度更大，是传统的防火墙和 IPS 都无能为力的。

另外，APT（高级持续性威胁）利用多种攻击手段形成混合型攻击。例如，首先利用钓鱼网站欺骗被攻击者访问，在网站上使用 0day 攻击，从而控制被攻击者的主机，然后利用蠕虫将木马渗透到更多主机上，最后偷偷将大量私密信息发送到黑客指定的邮箱或服务器。这种混合型攻击很容易绕过传统的单点安全解决方案，因此需要新型的立体安全防护体系。

④ Web 安全分析。云计算服务在大部分时候都是通过 Web 方式交付的，因此恶意攻击也大量聚焦于 Web 应用上。同时，由于 Web 应用可与后台数据库通信，提取存储在数据库中的保密信息，因此 Web 服务器也往往成为潜在的攻击媒介，威胁数据库及存储在内的信息的安全。针对 Web 服务器的防御是云计算数据中心安全建设的重中之重。

因为传统防火墙仅能针对 IP、端口、协议五元组进行过滤，Web 服务一般

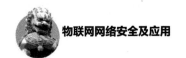

都使用 TCP 80 端口，如果关闭该端口，那么 Web 服务将中断，所以传统防火墙在防止跨站、注入等位列 OWASP Top 10 的 Web 攻击方面几乎起不到作用。

⑤ 数据安全分析。数据库是云计算资产中最具有战略性的资产，通常都保存着重要的信息，这些信息需要被保护起来，以防止竞争者和其他非法者获取。云计算的急速发展使数据库信息的价值及可访问性得到了提升，同时，也使数据库信息资产面临严峻的挑战。

数据安全威胁主要包括两方面：一是外部威胁，即外部黑客直接通过注入、木马等方式窃取、篡改、破坏数据库中的数据；二是内部威胁，云计算数据中心内部部分用户可能监守自盗，通过 Web、E-mail、FTP、IM 等多种方式向外发送机密信息，造成泄密。近年来，数据泄露等安全事故层出不穷。一旦发生数据泄露事件，云计算提供者不单要承担保密数据本身价值的损失，更严重的是还会影响云计算服务者的声誉和公众形象，极大地打击了云计算使用者的信心。另外，还有可能面临法律上的风险。国家及行业已经对数据安全制定出相应的行业规范和法规，为了满足相关的安全法规、数据自身安全及安全事件发生后有一个追溯求源的依据需求，需要部署专业安全设备对数据库进行安全漏洞评估的数据库进行审计，并对网络上的数据泄露进行防范。

4）鲁棒性

云计算为大量外部或内部用户提供服务，为了保证高质量的服务不间断运行，必须构建一个健壮的平台。云计算平台的安全防御也同样需要具有极强的鲁棒性，不应成为整个基础架构的短板。对安全部署的鲁棒性要求主要体现在以下几方面。

① 高性能。云计算数据中心，一方面，为了追求规模效应，部署了大量物理服务器，目前拥有上万台物理服务器的数据中心已不少见；另一方面，由于虚拟化对服务器硬件能力的极端榨取，因此造成了云计算网络流量压力增大。例如，原来一台服务器上只运行一个操作系统及一个应用，只需要 10MB 带宽；现在安装了 10 个虚拟机，运行了 10 个应用，可能就需要 100MB 带宽了。再加上物理服务器数量庞大，整个云计算数据中心的网络流量会变得非常大，对安全设备的性能压力也是不言而喻的。

② 可扩展性。云计算本身即是以高弹性、可伸缩著称，随着云计算的普及，云计算数据中心的网络及设备规模也处于不断快速扩张中。其安全设备也应具备强大的扩展能力，使之适应"云"的扩展性。

③ 高可靠性。在传统计算结构中，如果数据中心发生故障，那么影响的只

是一个或少数几个用户；而云计算中心为大量用户提供海量信息服务，一旦发生服务中断，影响将是巨大的。因此云计算数据中心对各种系统（包括安全系统）的可靠性要求是非常苛刻的。

5）虚拟化

云计算数据中心为多租户运营环境，大量外部（公有云）及内部（私有云）用户共享云计算资源。服务器、链路、网络设备、安全设备均被大量用户共用。与服务器"一虚多"思路类似，安全部署有强烈的分散虚拟化需求。分散虚拟化能为用户带来以下益处：①最大化利用安全设备的性能，提高资源使用效率；②减少安全设备的数量，节约成本，且便于管理；③可灵活地将安全管理权限分配至各租户，既起到了灵活、细致管理的作用，又保护了租户的隐私。例如，虽然租户 A 与租户 B 共用了一台安全设备，但租户 A 只能访问并管理自己的安全策略，而对租户 B 的网络结构、应用、安全部署一无所知。

6）可视化

云计算平台是一个复杂的网络，管理难度大。因为海量用户、海量应用，难以分辨；多站点云计算平台跨地域运营，所以管理监控更加困难。设备种类、数量繁杂，很难统一管理。为了降低管理难度，并把握全局，云计算平台的安全建设应遵循可视化原则。

3. 云平台安全架构

图 5-11 所示为云计算安全风险架构，其中 IaaS 层主要考虑基础设施相关的安全风险，PaaS 层需要保证运行环境和信息的安全，SaaS 层从应用、Web、网络、业务、内容、数据等方面保证应用安全。在云平台的运营过程中，涉及复杂的人员风险、管理流程风险和合规风险。同时，云计算开源技术使用率不断攀升，开源风险也成为云计算领域关注的重点。

不同云计算企业提供云服务的侧重点不同，企业在使用云服务时，可能会涉及与多个云服务商的合作。任何一个云服务的参与者都需要承担相应的责任，不同角色的参与者在承担各自责任的同时，还需要与其他参与者协同合作，共同规避云平台风险事件的发生。

云计算责任共担模式在业界已经达成共识，但还没有统一的责任共担模型，已有部分厂商根据业务特点，建立了自己的责任共担模型。以亚马逊 AWS 为例，AWS 作为 IaaS+PaaS 为主的服务提供商，负责管理云本身的安全，即保护运行所有 AWS 云服务的基础设施。客户负责"云内部的安全"，即业务系统安全。这种模式对于国内市场来说，可能会有局限性。在国内，尤其对于 SaaS 模式，很多用户仍会有"上云，安全就由云服务商负责"的误解。实际上，SaaS 模式下数据安全应由云服务商和云客户共同负责，云客户应提高安全使用 SaaS 服务的能力，避免发生误删数据等风险事故。同时，不少信息技术水平较弱的客户，在接触云计算初期，安全风险防控能力不够强，购买 SaaS 服务后，只会使用而不懂如何进行安全防护，云服务商需要建立更强大的生态以保障云客户安全。

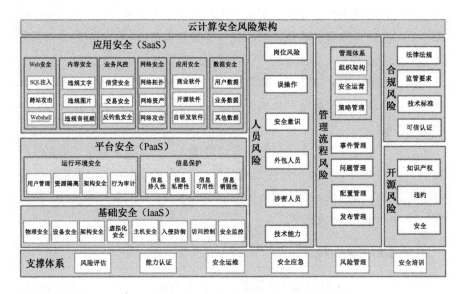

图 5-11　云计算安全风险架构

4. 云平台安全机制

随着云计算的市场和应用快速增长，越来越多的企业进入到云领域，云计算产品及解决方案日趋丰富和成熟。但云计算数据资源具有规模化和集中化特征，一旦遭遇破坏和故障，其影响巨大。为此，随着云计算在美国、欧洲、中国等地区的大量推广应用，云计算安全和风险问题也逐渐受到各国的重视，"云安全"概念被广泛关注。

美国已要求为联邦政府提供的云计算服务必须通过安全审查。在政策法规指导下，美国以评估、授权、建设为监管抓手实施云计算安全监管。随着美国云安全工作的推进，美国的云安全行业规模逐渐扩大，技术水平不断提高，已经形成了 CipherCloud、FocePoint 等行业内的领先企业。其中,美国的独立第三方数据安全公司 CipherCloud 于 2011 年创立，主要为 Salesforce、微软 Office365 等提供加密服务，让企业用户数据通过加密保护后再上传至云端；FocePoint 则是美国云安全行业的技术标杆，安全加密技术十分领先，目前已与美国军工行业达成合作，专业解决军事级别的云安全问题。

为保护云服务安全，欧盟出台了监管政策，并制定了相应指南，规范服务商行为。欧盟的《安全港协议》确保其他国家和地区能达到欧盟要求，并促进数据共享，同时可以限制云服务数据跨境随意流动。另外，"棱镜门"事件后，欧盟考虑修改数据跨境流动的规定，包括与美国之间的协定。在欧盟的努力下，欧洲的云安全技术水平得到提高，还成立了欧洲网络与信息安全管理局（ENISA），主要关注云计算中风险评估和风险管理等方面。

与欧美等发达国家相比，中国的云安全标准管理工作推进较为缓慢，缺乏关于数据安全、个人隐私保护、知识产权保护、数据跨境流动等方面的国家法律法规，一方面影响了用户对云计算的接受程度；另一方面也给国家的信息安全造成了一定的风险。

从国内外发展情况来看，典型云平台安全机制包括应用层安全、接入层安全、虚拟化平台层安全、硬件资源层安全、物理层安全和安全基础支撑等。

应用层安全：面向弱密码攻击、会话控制和劫持、权限提升、网页内容篡改等风险，针对 Web 应用漏洞，应注重 Web 应用系统的全生命周期的安全管理，针对系统生命周期不同阶段的特点采用不同的方法提高应用系统的安全性；Web 应用可采取网页过滤、反间谍软件、邮件过滤、网页防篡改、Web 应用防火墙等防护措施，同时加强安全配置，如定期检查中间件版本及补丁安装情况，账户及口令策略设置，定期检查系统日志和异常安全事件等接入层安全。

虚拟化平台层安全：面向虚拟机隔离失效、虚拟机逃逸、资源分配拒绝服务等风险，实施虚拟机的安全隔离及访问控制、虚拟交换机、虚拟防火墙、虚拟镜像文件的加密存储、存储空间的负载均衡、冗余保护、虚拟机的备份恢复等机制。

硬件资源层安全：面向操作系统本身的缺陷带来的不安全因素，如访问控制、身份认证、系统漏洞、操作系统的安全配置问题、病毒对操作系统的威胁等方面的风险，采取身份认证、访问控制、主机安全审计、HIDS、主机防病毒系统等机制，全面发现主机系统和数据库在安全配置、安全管理、安全防护措施等方面的漏洞和安全隐患；定期查看维护终端的版本及安全补丁安装情

况，检查账户及口令策略，防止出现使用系统默认账户或弱口令等情况的发生，应注意及时升级防病毒、防木马软件的病毒、木马库；定期查看日志，避免异常安全事件及违规操作的发生。

物理层安全：主要包括物理设备的安全、网络环境的安全等，以保护云计算系统免受各种自然及人为的破坏。主要安全措施为引入安防措施，如视频监控系统，辅助设施采用冗余设置，增加安保队伍等。

安全基础支撑：采用统一的身份认证及访问控制机制，如建立统一 AAA 系统[认证（Authentication）、授权（Authorization）、计费（Accounting）]；应对密钥存储非法访问、密钥丢失、密钥管理不兼容等风险，对密钥存储访问控制机制，必须限制只有特定需要单独密钥的实体可以访问密钥存储。还需要相关策略来管理密钥存储，使用角色分离进行访问控制，给定密钥的使用实体不能是存储该密钥的实体；对安全事件进行集中管理，从而更好地检测、发现、评估安全事件，及时有效地对安全事件做出响应，预防类似的安全事件再次发生。

5.4.2 云平台安全关键技术

1. 认证与访问控制

传统计算模式下，企业信息系统的软硬件设施一般都部署在企业内部。企业内部的计算机、网络、路由器等 IT 设备和设施形成了一个可被企业信息系统管理员完全控制的网络，通常称为"可信网络"，而位于网络边缘的边界路由器和防火墙形成了一道"可信边界"，将内部"可信网络"和外部网络隔离开来。一般情况下，"可信边界"是静态的，企业内部的 IT 部门负责"边界"的监控，企业的网络、系统和应用都工作在企业的"可信边界"之内。在这种模式下，由于所有的 IT 资源都置于企业的完全控制之中，因此企业实现身份管理和访问控制并不困难。

然而，一旦企业将部分甚至全部业务置于云端，情况就会大变："可信边界"会消失，而"可信网络"会随着"可信边界"的消失而不复存在。引入云服务后，企业将一部分应用工作置于企业自己的网络中，而将另一部分工作置于云端的网络中，两个网络共同构成了企业信息系统运行的支撑网络。显然，企业原有的"可信边界"无法保护这样的支撑网络，原来支撑企业信息系统的"可信网络"被"不可信"的支撑网络所替代，企业再也无法完全控制这样的支撑网络。另外，云端会根据应用的实时需要动态地进行资源供给，网络范围会一直处于动态变化之中，这种动态性使企业和云服务提供商的网络监控变得十分困难。对现有的身份管理和访问控制而言，丧失网络控制权是一个非常棘手的问题。如果该问题得不到有效解决，那么云服务很难被企事业单位采用。

身份管理与访问控制涉及的主要技术包括身份供应、认证、访问控制、身份联合和单点登录。在传统计算模式下，许多身份管理与访问控制问题（如授权、跨域认证、身份联合）并没有得到有效解决，引入云服务后，这些问题的解决变得更加困难。

2．云计算中的访问控制

访问控制是基于预定模型和策略对资源的访问过程进行实时控制的技术。访问控制的任务是在向用户提供最大限度资源共享的基础上，实现对用户访问权限的管理，防止信息被非授权用户篡改和滥用。访问控制为经过身份认证后的合法用户提供所需的、经过授权的服务，并拒绝用户的越权服务请求，保证用户在系统安全策略下有序工作。访问控制除了负责对资源访问控制，还要对访问策略的执行过程进行追踪审计。访问控制决策的依据是用户的基本信息，而用户的基本信息又由各种各样的属性组成。

在现有计算环境中，用户的基本信息和用户访问的服务都在企业的可信边界内，因此访问控制相对容易；而在云计算环境中，访问控制则变得有些艰难，主要原因在于用户基本信息和用户所访问的服务分属于两个不同的域：前者在企业内部，后者则在云端。

云环境下的访问控制要求和企业内部的访问控制要求有很大不同，主要体现在 3 个方面：首先，用户要求云服务提供商在为多租户环境提供充分保护的情况下提供访问控制功能；其次，访问控制应支持用户基本信息和策略信息的远程提供，还应支持云端访问控制相关信息的定期更新；最后，访问控制应支持个人用户和企业用户，还应支持单点登录。

云环境下访问控制面临的主要挑战如下。

（1）访问控制模型的选择。访问控制首先要选择合适的访问控制模型。迄今为止，已有大量的访问控制模型应用于各种信息系统之中。鉴于云计算自身的特点，并不是所有的模型都能应用于云计算环境中。什么样的访问控制模型适用于云环境？SaaS、PaaS 和 IaaS 云服务提供商应分别选择什么样的访问控制

模型？这些都是亟待解决的问题。

（2）用户信息和策略的同步。如果策略决定点和策略执行点都部署在云端（或云服务提供商处），云端的策略信息和用户基本信息与企业相关信息保持同步就非常重要了。如果不能实现同步，访问控制就会出现错误。然而，信息的远程同步一直都是难以解决的问题。

（3）授权与应用的分离。如果在企业内部部署策略决定点，在云端部署策略执行点，就可以解决信息远程同步的难题，但随即又会出现另一个问题：授权与应用的分离。实际上到目前为止，几乎没有哪个应用将授权从自身的业务中分离出来。

（4）访问行为的审计追踪。在云计算环境中，访问控制策略是分散的，日志信息也分散在不同的信任域中；云是虚拟的、动态的，而其上的服务是短暂的，云计算的这些特点使得审计追踪非常困难。

3．云计算中的认证

认证是验证或确定用户提供的访问凭证是否有效的过程。用户可以是个人、应用或服务，所有用户都应在被认证后才能访问资源。如果没有有效的认证方式，授权（即授予访问资源的权限）就变得没有任何意义。当企业开始利用云中的应用时，身份认证（包括凭证管理、强认证、委托认证和跨云信任关系的建立）就成为企业面临的又一难题。

身份认证方法有 3 种：密码认证、证物认证和生物认证。密码认证采取用户名/密码的方式对用户身份进行识别，使用最多的口令认证就属于密码认证，该方法实施容易、效率高，但安全性不高，属于弱认证方式。证物认证就是使用智能卡或 USB Key 等证物来判断身份，该方法简单且安全性较高，但管理较麻烦。生物认证使用人自身的一些具有唯一性的生物特征来进行身份验证，该方法安全性高，但实施复杂、成本高。证物认证和生物认证属于强认证方式。一些安全性要求较高的场合要求将两种或两种以上认证方法结合起来进行身份认证，即进行多因子认证。

云计算环境下，身份认证的主要需求包括以下几方面内容。

（1）采用强认证方式。在任意时间、任何地方以任意终端设备（如个人电脑、手机、PDA 等）访问服务是云计算的重要服务理念，这样的理念正在践行之中。在这一环境下，传统网络那些已有的、使用频率最高的账号（用户名+口令）都采用弱认证方式，这种认证方式容易被攻破，从而导致用户隐私和数据泄露。因此，像智能卡或 USB Key 这样的多因子强认证方式显得尤其重要。

（2）认证级别的动态调整。云端提供的服务众多，各种服务的重要性和安全要求各异，因此，不同安全级别的服务应采用不同力度的强认证方式。一般而言，通过低级别认证的用户无法访问高级别的服务；而通过高级别认证的用户可以访问低级别的服务。

（3）支持认证委托。企业采用云服务后，企业信息系统至少位于两个域中：企业自身和云服务提供商。出于隐私保护的考虑，企业可能不会将用户基本身份信息传送给云服务提供商。在这种情况下，云计算供应商自身无法认证用户身份，需要将认证委托给购买相关云服务的企业。

云环境下，身份认证面临的主要挑战如下。

（1）凭证管理。身份认证中凭证管理是主要难题，在云计算中也是如此。凭证管理包括口令管理、数字证书管理和动态凭证信息管理。保护凭证的有效方法是制定并严格执行凭证保护策略。

（2）认证兼容。一些高风险或高价值的行业普遍采用强认证方式和多因子认证方式，但这些认证方式可能与某个云服务或云应用提供的认证方法不兼容。考虑到成本、管理负荷、用户接受等，企业和云服务商可能采用多种认证方法，一些用于内部应用访问认证，另一些用于外部应用访问认证。这样，认证兼容就成为云服务提供商和企业共同面临的问题。

5.4.3　云平台存储安全（存储系统）

1. 云存储特点

云平台中的数据存储主要依赖虚拟化技术实现，因此，基于虚拟化资源池的低成本云存储已成为未来存储技术的发展趋势。从技术发展角度看，未来云存储将在标准规范、数据安全保障和云存储客户端等方面得到进一步完善。云存储凭借其良性成本控制和易管理等优势，可与现有各类数据应用相结合，从而进一步丰富存储（即服务）的商用模式，最终为用户提供反应迅速、弹性共享和成本低廉的解决方案。

随着信息技术的不断发展，存储设备取代了计算设备成为信息系统的核心，存储系统也相应地成为云环境的中枢系统平台。大量的终端用户、应用软件开发商进入云计算体系之中，一方面直接导致存储容量需求的猛增；另一方面业务并发量的持续攀升对数据访问性能、数据传输性能、数据管理能力、存储扩展能力提出了越来越高的要求，存储网络平台综合性能的优劣将直接影响整个云环境的性能水平。事实上，业界厂商一直积极推动存储平台系统的发展

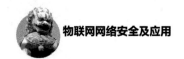

和演化，并且持续投入大量资本进行平台优化利用及最大限度发挥其效率的理论及技术研究。

存储虚拟化作为此类研究的重要成果之一，可以显著提高存储网络平台的运行效率和可用性，其目标是通过集成一个或多个目标存储器，以统一的方式向用户提供存储服务。存储虚拟化为存储网络上的物理存储资源（通常为磁盘阵列上的 LUN）提供了一个逻辑、抽象视图，将所有的存储资源集合起来形成单个大存储池，对外呈现为地址连续的虚拟卷，从而兼容下层存储系统之间的异构差异，为上层应用逻辑的实现提供均一化的资源。存储虚拟化几乎可以应用到所有层面，包括文件系统、文件、块、主机、网络、存储设备等。

存储虚拟化的优势首先在于能够实现不同或孤立存储资源的集中供应和分配，而无须考虑其物理位置；其次能够打破存储供应商之间的界线，将不同厂商的存储设备集成为统一的应用目标服务；最后是适应性强，可以应用于各种品牌的高、中、低档存储设备，具有较好的经济性。

存储虚拟化的实现方式一般分为 3 种：基于主机的虚拟化、基于存储设备和存储子系统的虚拟化和基于网络的虚拟化。

1）基于主机的虚拟化

基于主机（应用服务器）的虚拟化一般通过运行存储管理软件实现。常见的管理软件是逻辑卷管理软件（LVM）。逻辑卷一般也会用来指代虚拟磁盘，实质是通过逻辑单元号（Logical Unit Number，LUN）在若干物理磁盘上建立起逻辑关系。逻辑单元号是一个基于 SCSI 的标志符，用于区分磁盘或磁盘阵列上的逻辑单元。在基于主机的虚拟化中，管理软件就是要向系统输出一个单独的虚拟存储设备（或虚拟存储池）。事实上，虚拟存储设备的后台是由若干个独立存储设备组成的，但从系统角度来看它们是一个有机的整体。通过这种模式，用户不需要直接控制管理这些独立的物理存储设备。当存储空间不够时，管理软件会从空闲磁盘空间中映像出更多空间输出给系统。对系统而言，它所使用的虚拟存储设备空间随需求动态增加，因此不会影响应用程序使用。由此可见，基于主机的虚拟化可以使系统在存储空间调整过程中保持在线状态。另外，通过虚拟化可以实现主机存储设备的并行化使用。其缺点在于：基于主机的虚拟化是通过软件完成的，因此会消耗系统 CPU 的运行时间，容易造成主机的性能瓶颈。同时，在每个主机上的虚拟化需要单独安装软件，从某种意义上讲也就降低了系统的可靠性。

2）基于存储设备和存储子系统的虚拟化

虚拟化技术可以在存储设备或存储子系统内实现。例如，磁盘阵列就是通过磁盘阵列内部的控制系统进行虚拟化，同时在多个磁盘阵列间构建一个存储池。这种基于存储设备或存储子系统的虚拟化能够通过特定算法或映射表将逻辑存储单元映射到物理设备上，最终在每个应用看来都在使用其专属的存储设备。根据不同的方案设计，RAID、镜像、盘到盘的复制，以及基于时间的快照都可以采用此类虚拟，同时也可以在存储子系统中实现虚拟磁带库和虚拟光盘库等。

与基于主机的虚拟化不同，基于存储设备和存储子系统的虚拟化对后台硬件的兼容性要求很高，需要参数相互匹配，因此在存储设备升级和扩容过程中将受到某些限制。由于在存储子系统上的虚拟化可以将存储和主机分离，不会过多占用主机的资源，因此可以使主机将资源有效地运用在应用服务上，但也难以实现存储和主机的一体化管理。

3）基于网络的虚拟化

基于网络的虚拟化是当前存储工业的一个发展方向。与基于主机和存储子系统的虚拟化不同，基于网络的虚拟化是在网络内部完成的。这个网络就是人们常说的存储局域网络（SAN）。它可以在交换机、路由器、存储服务器上实现具体的虚拟功能，同时支持带内（in-band）或带外（out-of-band）虚拟。

带内虚拟也称为对称虚拟（Symmetric），是在应用服务器和存储数据通路内实现的虚拟。在标准设置中，存储服务器上运行的虚拟软件允许控制数据（Metadata）和需存储的实际数据在相同数据通路内传递。首先是存储服务器接受来自主机的数据请求，然后存储服务器在后台存储设备中搜索数据（被请求的数据可能分布于多个存储设备中），当找到数据后，存储服务器将数据再传送给主机，完成一次完整的请求响应。在用户看来，带内虚拟存储服务器就是附属在主机上的一个存储设备（或子系统）。

2. 云存储的风险

在云存储中，一般使用数据加密和访问控制来保证数据间的隔离和安全，用户在访问虚拟化存储设备前，虚拟化控制器首先检查请求的发出者是否具有相应的权限，以及访问地址是否在应用程序的许可范围内。审核通过后就可以读取存储信息，云平台数据传输过程中的加密手段如图 5-12 所示。在数据传输中主要通过数据加密手段来保证安全。

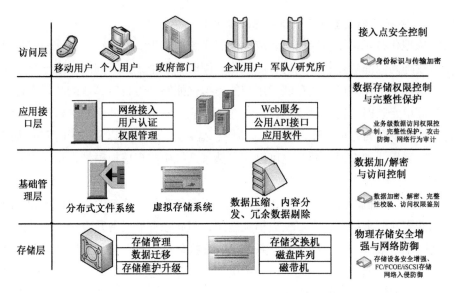

图 5-12　云平台数据传输过程中的加密手段

　　云计算中存储虚拟化的安全重点关注数据加密存储和数据访问控制两个领域。物理存储安全由云计算边界防护策略保证,而接入点安全控制隶属于数据应用安全,由云计算应用安全中的身份认证和访问控制技术保证。

　　当前,存储加密采用的技术手段主要有嵌入式加密、数据库级加密、文件级加密、设备级加密。嵌入式加密是在存储区域网络中,介于存储设备和请求加密数据的服务器之间嵌入一台在线存储加密机。这种设备可以对服务器传送到存储设备的数据进行加密,对返回应用服务器上的数据进行解密,起到保护SAN中静态和动态数据的作用。

　　早期的计算机系统没有对访问系统存储资源的用户进行任何操作权限限制。但是随着计算机可用资源的不断丰富,用户不需要也不应该具备对所有资源的访问权限,这就需要引用访问控制对资源使用过程进行管理。访问控制的基本任务是在对主体进行识别和认证的基础上,判断是否允许主体访问客体,并以此限制主体对客体的访问。由于所有的安全控制最终目的都是实现对资源的安全使用,因此访问控制策略便成为安全协议中的核心问题。

3．云存储安全技术

　　云存储安全包括存储本身的安全和数据安全两大技术领域,存储安全主要是指提供存储资源的物理设施及存储网络安全,以确保存储资源的可用性、可靠性等；数据安全是指数据的保密性、完整性、可用性、真实性、授权、认证和不可抵赖性，数据安全技术贯穿于数据的创建、存储、使用、共享、归档、销毁等各个阶段。

存储安全面对的主要安全风险为存储硬件失效、共享存储网络拒绝服务等，主要安全措施包括存储设备冗余设置、存储网络访问控制、存储网络监控等。数据安全措施包括：通过设置虚拟环境下的逻辑边界安全访问控制策略，实现虚拟机、虚拟机组间的数据访问控制；通过对重要的数据信息在上传、存储前进行加密处理来保障数据存储的安全；通过采用数据加密、VPN 等技术保障用户数据及维护管理信息的网络传输安全；通过在存储资源重分配之前进行完整的数据擦除实现剩余信息的安全；通过支持文件级完整和增量备份，映像级恢复和单个文件的恢复等方式保障数据的有效备份与迅速恢复等。

通过加密来保护数据是目前最普遍的方法。无论是在公有云还是私有云中，用户在使用 IaaS 云来简单地存储数据时，可以大量采用加密技术；但如果在 PaaS 或 SaaS 模式的云计算中，要加密数据就非常难以操作了。向云中迁移的后果之一是数据外包与服务外包，即用户的数据不再完全掌握在自己手中，尽管在存储或传输时可以将数据加密，但数据变成密文后丧失了许多特性，导致大多数数据分析方法失效，以现有的技术水平，在数据处理、检索等操作时都需要数据以明文方式存在，而数据在云中解密后其安全性又会受到威胁。目前，在加密状态下实现对云中数据的处理和检索是学术界的研究热点。

同态加密是一种加密技术，运用这种技术可以实现在明文上执行指定的代数运算，其结果等同于在密文上的另一个（可能是不同运算）代数运算结果。早在 1978 年就有人提出多种加法同态或乘法同态算法。但是由于安全性存在缺陷，因此后续工作基本处于停顿状态。而近期 IBM 研究员 Gentry 利用"理想格"（Ideal Lattice）的数学对象构造私密同态（Privacy Homomorphism）算法，或者称为全同态加密，允许自由操作加密状态的数据，该方法在理论上取得了一定突破，其相关研究重新得到研究者的关注，但与实用化仍有很长的距离。这个特性使得同态加密可应用于投票系统、免碰撞哈希函数等地方，目前研究得最多的还是同态加密在云计算中的使用。

安全多方计算起源于姚期智在 STOC 1986 上提出的"百万富翁问题"，随后，Goldreich 等在 STOC 1987 上全面定义了安全多方计算。姚期智因为在相关领域的杰出贡献于 2000 年获得了计算机界"诺贝尔奖"——图灵奖，他是此奖项唯一的华人获得者。安全多方计算是解决一组互不信任的参与方之间保护隐

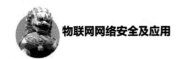

私的协同计算问题，安全多方计算要确保输入的独立性，计算的正确性，同时不能把各输入值泄露给参与计算的其他成员。

加密信息检索研究始于 2000 年，研究人员先后提出加密数据搜索的实用算法、基于关键词的公钥加密算法、安全索引搜索算法等。在线性搜索算法中，先用对称加密算法对明文信息加密。对于每个关键词对应的密文信息，生成一串长度小于密文信息长度的伪随机序列，以及由伪随机序列及密文信息确定的校验序列。伪随机序列的长度与校验序列长度之和等于密文信息的长度。伪随机序列及校验序列对密文信息再次加密。在搜索过程中，用户提交明文信息对应的密文信息序列。在服务器端，密文信息序列被线性地同每一段序列模拟。如果得到的结果满足校验关系，那么说明密文信息序列出现；否则，说明密文信息不存在。

📖 本章小结

本章首先分析了物联网应用层的安全威胁及安全需求，列举了应用层安全的关键技术；其次介绍了处理安全和数据安全；再次对物联网应用的隐私保护进行了阐述；最后介绍了云安全技术。

📖 问题思考

从物联网概念和发展上看，物联网应用将比互联网更加丰富，并且物联网应用将更加贴近人们的生活，这些缤纷复杂的应用对物联网应用安全提出了新的需求。请读者思考，物联网应用安全与互联网应用安全的区别和联系是什么？哪些安全措施是物联网应用中特有的？

云计算是物联网应用中的一大重点和基础设施。请读者思考，物联网中的云计算安全与目前的云计算安全的区别和联系是什么？云计算安全包括哪些内容？云计算安全和云安全计算的区别和联系是什么？目前已有的云安全服务有哪些？云计算安全和云安全服务的商业模式和赢利模式是什么？

第6章

物联网安全态势感知与监测预警

内容摘要

　　网络安全态势感知与监测预警技术是近年来网络安全领域出现的新兴技术，该技术融合机器学习、人工智能等许多先进方法，能有效检测、发现及预警网络攻击事件。本章介绍安全态势感知与监测预警技术的基本概念，分析安全态势感知与监测预警技术在物联网领域的应用。

6.1　物联网安全出现的新挑战及应对机制

　　物联网系统、设备与传统的计算机网络和计算设备相比，在网络安全方面存在明显的差异，具体情况如下。

　　（1）许多物联网设备类似传感器和消费电子产品等的设计规模，通常是传统互联网设备数量的几个量级。因此，这类设备之间潜在的连接数量是空前的。而且，许多物联网设备可以以其独有的、不可预期的动态偶发方式与其他设备建立连接和通信。例如，黑客利用物联网 RFID 进行位置跟踪事件，攻击者通过发送简单的查询命令，获得标签的唯一标识 ID 或与其他标签不同的固定反应，从而实现跟踪标签位置的目的。因此，已有的物联网安全相关的网络安全工具、方法和策略需要重新考虑。

　　（2）物联网部署应用形态通常由相同或类似的设备构成，这种同质化特征放大了少量具有相同特征的设备存在的单一弱点可能导致的潜在影响。例如，一家公司某品牌的网络控制型照明灯存在的通信协议脆弱性，将可能扩展成所有使用同一种通信协议，或者具有相同的关键设计或制造结构的物联网设备都具有这种通信协议脆弱性。另外，这种相似性将极易导致出现僵尸网络，进而爆发大规模跨网、跨域网络攻击事件。据 CNN 报道，2016 年 10 月 21 日，美国东部遭遇史上最大规模的 DDoS 攻击，互联网上的攻击流量超过 1Tbps，近半个美国的网络因遭到攻击而瘫痪。造成这次事故的元凶，不是互联网 PC 和服务器等 IT 设备，而是物联网中易被人们忽略的 IPC 摄像头、家庭路由器、数字视频录像机等微型智能设备。这些设备感染了 Mirai 恶意软件，造成的攻击导致亚马逊等百余家知名网站出现数小时的瘫痪。在《麻省理工科技评论》所公布的 2017 年全球十大突破性技术榜单中，"物联僵尸网络"（Botnets of Things）赫然在列。2017 年上半年各类物联网僵尸网络不断出现，并暗中控制大量物联网智能终端。

（3）物联网设备具有比常规电子信息设备更长的使用寿命。一些物联网设备有可能在重新设置或更新非常困难或几乎不可能的环境中使用；甚至有些物联网设备的使用寿命超出了设备制造公司的存在时间，导致被遗弃的设备无法获得长期支持。这种场景说明在部署阶段足够适用的安全机制并不能满足全寿命过程中不断发展的安全威胁，同样，将使脆弱性持续存在相当长的时间。这与传统计算机系统可以正常地在整个计算机寿命周期使用操作系统升级软件进行更新，以此应对网络安全威胁的情形是完全不同的。对物联网设备进行长期技术支持和管理维护是物联网安全领域一个显著的挑战。

（4）一些物联网设备有意设计成不具备网络更新能力，或者更新过程是烦琐的或不现实的。例如，2015 年菲亚特公司试图召回 140 万辆具有可导致攻击者远程无线入侵攻击漏洞的汽车进行修复，这些汽车必须由菲亚特·克莱斯勒的经销商进行手动更新，或者必须由车主自己使用 USB Key 进行更新，而现实情况是这款车大多数并没有进行更新，其原因是升级过程给车主带来了不便，而且这些车运行良好，这样就给网络攻击者留下了永久的脆弱性。

（5）物联网设备处于运行状态时，用户对物联网设备内部的工作状态或设备产生的数据流可视度很低或完全不可视。当物联网设备正在执行非预期功能或采集非用户需要的额外数据时，用户却相信物联网设备功能运行正常，从而产生网络安全威胁风险。当设备制造商进行升级时，设备的功能可能会在不被发现的情况下改变，使用户面临制造商随意进行更改的脆弱性。

（6）物联网设备有时会部署在物理安全防护很困难或几乎不可能实现的位置，攻击者可以直接接触物联网设备。例如，黑客利用物理方法对 RFID 标签进行破坏或对标签信息进行窃取事件，攻击者对 RFID 标签使用大功率射频电场，使标签电路产生无法承受的超负荷电流，从而导致标签被烧坏无法使用等。因此，为确保物联网安全需要考虑自带防篡改能力或进行其他设计创新。

（7）环境传感器等类似的物联网设备，被不明显地嵌入到周围环境中，用户不会积极地观察设备或监视其运行状态。此外，当网络安全问题发生时，物联网设备没有明确的告警方式，使得用户很难知道物联网设备发生的网络安全破坏事件。如果网络安全问题修复或缓解措施是不可能的或不现实的，那么在被发现或修复之前，这类物联网设备的网络安全破坏事件将持续很长时间。相似的情况是用户也许不会意识到周围存在传感器，潜在地允许网络安全破坏事件在不被察觉的情况下持续相当长的时间。例如，国外已报道黑客可以利用智能手机中内嵌的加速度传感器数据来跟踪用户的位置信息，导致用户隐私信息泄露。

（8）目前的物联网系统和设备一般都是由不同规模的公司、企业等团体组织生产的，但是，随着 Arduino 和 Raspberry（树莓派）开发社区的推广，自助式物联网设备（BYIOT）将变得越来越普及，个人自主研发或改装的物联网设备将大量上线应用。这类设备的显著特点是不一定或完全不应用工业级的网络安全标准最佳实践，漏洞或脆弱性将普遍存在且不受控制，很可能成为黑客入侵并控制的对象。

针对上述物联网安全出现的新挑战，未来的物联网安全将出现新的技术趋势。例如，态势感知和监测预警驱动的网络安全防护技术，针对物联网系统和设备级的超视距、全天候、全方位、全状态级的态势感知能力，将解决物联网设备存在的海量随机部署难以实时防护，跨网高隐蔽性攻击事件突发难以有效应急保障，难以高效挖掘多源异构物联网设备存在的巨量漏洞，以及物联网系统的边缘及终端轻量级防护对计算资源的高可靠性要求等问题，建立以物联网大数据融合分析为基础的动态威胁发现、安全趋势预测等基础技术条件，构建物联网系统的全局安全可视化能力，具备安全资源依据网络安全态势进行实时重构的防护机制，从而更高效地应对物联网安全面临的新挑战。

6.2 网络空间态势感知技术概述

随着网络规模的不断壮大，网络结构的日益复杂，网络病毒、分布式拒绝服务攻击（Dos/DDos）等构成的威胁和损失越来越大，传统的网络安全管理模式仅依靠防火墙、防病毒、网络入侵检测（IDS）等单一的网络安全防护技术来实现被动的网络安全管理，已满足不了目前网络安全的需求，因此迫切需要新

的技术来对网络安全状况进行实时监控和预警。网络安全态势感知技术就是对当前和未来一段时间内的网络安全状态实时监测和预警的一种新的安全技术。其基本概念、能力特征和各种感知模型具有一定的特殊性，形成了网络空间态势感知技术体系。

6.2.1 网络空间态势感知的基本概念

1999 年，Tim Bass 在文献中提出了基于多传感器数据融合的网络安全态势感知框架，将态势感知技术用于网络管理和网络安全领域，提高管理者对所保护网络的认知，缩短网络管理者决策的时间，并首次提出了网络空间态势感知（Cyberspace Situation Awareness）。Stephen G.Batsen 等也提出了类似的模型。态势感知（Situation Awareness）这一概念源于航天飞行的人因（Human Factors）研究，此后在军事战场、核反应控制、空中交通监管（Air Traffic Control，ATC）及医疗应急调度等领域被广泛地研究。态势感知之所以越来越成为一项热门研究课题，是因为在动态复杂的环境中，决策者需要借助态势感知工具显示当前环境的连续变化状况，才能准确地做出决策。Jason Shifflet 采用本体论（Ontology）对网络安全态势、感知相关概念进行了分析比较研究，并提出了基于模块化的技术和相关框架结构。Christopher J.Matheus 等也采用了类似的方法，把 Ontology 用于刻画战场环境态势感知，这对网络安全态势感知系统研究有一定的借鉴启发作用。其他开展这项研究的个人还有加拿大通信研究中心的 A DeMontigny-Leboeuf、伊利诺伊大学香槟分校（University of Illinois at Urbana- Champaign）的 William Yurcik 等。同时，有很多研究机构也开始着手研制网络安全态势感知系统工具。2003 年，美国国家能源研究科学计算中心（NERSC）所领导的劳伦斯伯克利国家实验室（Lawrence Berkeley National Labs）开发出了"Spinning Cube of Potential Doom"系统，该系统在三维空间中用点来表示网络流量信息（在笛卡儿坐标系中，即 X 轴代表网络地址、Y 轴代表所有可能的源 IP、Z 轴代表端口号），提高了网络安全态势感知能力。

2005 年 CMU/SEI 领导的 CERT/NetSA（CERT Network Situational Awareness Group）开发的 SILK（System for Internet-Level Knowledge），旨在对大规模网络安全态势状况进行实时监控，在潜在的、恶意的网络行为变得无法控制之前进行识别、防御、响应及预警，给出相应的应对策略，该系统通过多种策略对大规模网络进行安全分析，并能在保持较高性能的前提下提高整个网络的安全态势感知能力。

美国国家高级安全系统研究中心（National Center for Advanced Secure Systems Research，NCASSR）正在进行的 SIFT（Security Incident Fusion Tool）项目，欲通过开发一个安全事件融合工具的集成框架，为互联网提供安全态势感知。目前该机构已开发的互联网安全态势感知软件有 NvisionIP、VisFlowConnect-IP 等。NvisionIP 通过系统状态可视化来获取互联网的安全态势；VisFlowConnect-IP 通过连接分析可视化来获取互联网的安全态势。

网络空间态势感知是指在大规模网络环境中，对能够引起网络态势发生变化的安全要素进行获取、理解、评估、显示及预测未来的发展趋势，并不拘泥于单一的安全要素。开展这项研究旨在对网络态势进行实时监控，以及对潜在的、恶意的网络行为变得无法控制之前进行识别、防御、响应及预警，给出相应的应对策略；将态势感知的成熟理论和技术应用于网络安全管理，在急剧动态变化的复杂网络环境中，高效组织各种安全信息；将已有的表示网络局部特征的指标综合化，使其能够表示网络安全的宏观状态和整体状态，从而加强管理员对网络安全的理解能力，为高层指挥人员提供决策支持。

"态势"（Situation）的概念最早起源于军事战场领域，通常用于刻画一个较大范围、受多因素影响的、环境动态变化的、内部结构比较复杂的被研究对象的整体状态和变化趋势。也就是说，态势是一种状态和趋势，是一个整体和全局的概念。对于任何一个系统而言，单个事件都无法称为态势。态势从本质上来说，就是相关时间-空间事实的集合，而这些事实由目标间的关系组成。

"感知"（Awareness）通常是指客观事物通过感觉器官在人脑中的直接反应。换句话说，主体不仅能观测对象，而且能从所观测的对象中得出结论，强调了主体的主动、实时、智能逻辑推理能力。借鉴到网络安全领域，即指态势感知系统不仅能监测整个网络的安全状况，而且能对所监测到的结果进行识别、处理，并做出决策，以可视化方式呈献给决策者。

"态势感知"（Situation Awareness，SA）这一概念源于航天飞行的人因（Human Factors）研究，用于描述飞行员对当前情境的观察、理解及做出决策的过程，即飞行员大脑中的意识框架。1988 年，Endsley 首次明确提出态势感知的定义，即在一定的时空范围内，认知、理解环境因素，并且对未来的发展趋势进行预测。该定义的网络安全态势感知过程如图 6-1 所示。但是传统的态势感知的概念主要应用于航空认知领域，并没有引入到网络安全领域。

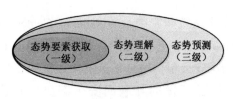

图 6-1　网络安全态势感知过程

　　以美国为例，目前美国在情报、国防、国土安全和司法领域，形成了六大国家级监控中心，分别是国土安全部的国家网络安全和通信整合中心（NCCIC，NCSC前身，负责监视联邦政府网络，确保安全并对黑客攻击进行溯源）、国家情报总监办公室的情报系统应急响应中心（IC-IRC）、联邦调查局的网络调查联合任务组（NCUTF，负责国内网络诈骗等刑事犯罪）、美国国防部的国防网络犯罪中心（DC3，负责取证、分析）、国土安全部的美国网络应急响应中心（US-CERT，负责对漏洞进行响应，缓解漏洞对敏感网络带来的风险）、美国国家安全局（也称为网络战司令部）的国家威胁作战中心（NTOC，负责监视军事网络，确保安全并对黑客攻击进行溯源）。美国国家网络安全态势感知体系如图 6-2 所示。

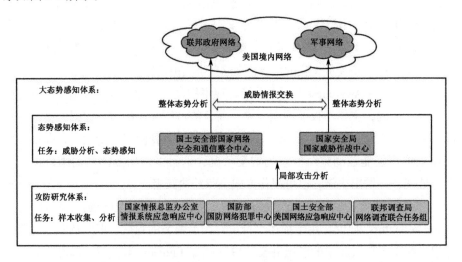

图 6-2　美国国家网络安全态势感知体系

　　从图 6-2 中可以看出，美国六大国家级监控中心构成了美国的"大态势感知体系"，其内部的"态势感知体系"模块是本章的研究重点。由于密级不同，美国的"态势感知体系"的防护范围划分为两部分：联邦政府网络和军事网络，因此"态势感知体系"划分为两个子系统：Einstein 系统和 Tutage 系统，分别交由国土安全部的国家网络安全和通信整合中心与国家安全局（也称为网络战司令部）的国家威胁作战中心进行运行、管理，为了保证两个领域的态势感知能力更加高效，美国国家标准化技术研究院开发了威胁情报交换标准（如 STIX、TAXII 等），保证两个领域敏感数据交换的高效、实时。

6.2.2　网络空间态势感知能力的特征

网络空间态势就是将局部多维的网络态势信息，以及全局全维的态势信息向用户以整体的方式加以描述，同时进行有效的可视化显示。

一方面，各种独立、分散、单一的网络空间环境信息之间能够进行融合处理，形成一体化的网络空间环境情报。物联网中各种不同类型的安全设备和系统日志监控着网络的不同方面，并提供不同格式的数据来描述物联网中的网络安全事件，这些产生安全事件本身的设备和系统构成了一个多传感器的环境，由于这些设备和系统之间缺乏联动，因此需要引进多传感器数据融合技术为监控整个网络的安全态势提供有效的多源数据，即采集网络中描述安全状态的不同格式、不同地点、不同时间、不同应用的数据，然后采用融合关联技术，将各种信息去噪、整合和关联，从而得到更全面、更准确的网络安全态势信息，以实时、有效地评估网络当前状态和预测网络安全态势变化。目前，数据融合技术已经广泛应用于网络安全态势感知、目标识别和追踪及威胁估计，首先对基础数据进行融合，然后将输出压缩、提炼之后的数据作为网络安全态势评估预警的主要依据。物联网安全数据融合从低到高可分为 3 个层次：数据级融合、功能级融合和决策级融合。数据级融合提供精度较高的细节数据，但由于数据处理量大，计算机处理速度和内存容量有限，因此需要更高层次的融合。决策级融合需要处理的数据量小，但比较抽象和模糊，准确性差。功能级融合介于数据级融合和决策级融合之间。

另一方面，物联网网络空间环境威胁态势情报能够与其他的网络应用或业务监管要素进行融合，形成包含各种应用场景的一体化网络空间安全态势感知能力。网络空间态势能够提供可视化展现，以网络空间业务应用、地理区域等为主背景，直观地显示网络空间环境和安全威胁态势。网络空间态势能够为监管部门的统一网络安全指挥决策提供辅助功能，是网络空间安全综合治理的重要组成部分，能够使各层级的网络安全管理者全面、实时地掌握网络空间安全的某些关键因素或参数，从而为科学决策提供依据。因此，人们认为网络空间态势包括视图统一、情报集成、资源整合、一致性理解、管理控制和辅助决策6 个能力特征。

6.2.3　网络空间态势感知模型

网络空间态势感知系统通常融合防火墙、防病毒软件、入侵监测系统（IDS）、安全审计系统等安全措施的数据信息，对整个网络的当前状况进行评估，对未来的变化趋势进行预测。深入分析国内外相关研究，网络空间态势感知模型如图 6-3 所示。该模型将安全态势感知分为三层：网络安全态势提取、网络安全态势理解/评估、网络安全态势预测。

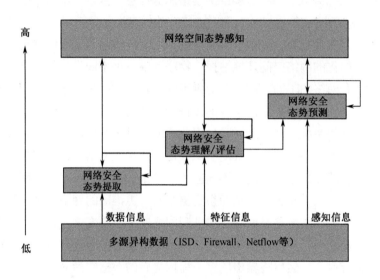

图 6-3　网络空间态势感知模型

第 1 层：网络安全态势提取。态势提取是网络安全态势感知的基础，如果没有合理准确的态势信息，就有可能生成错误的态势图。该层主要采用已有的成熟技术从海量数据信息中提取网络安全态势信息，并转化为统一且易理解的格式（如 XML 格式），为网络安全态势理解/评估做准备。

第 2 层：网络安全态势理解/评估。态势理解/评估是网络安全态势感知的核心，是对当前安全态势的一个动态理解过程。通过识别态势信息中的安全事件，确定它们之间的关联关系，并依据所受到的威胁程度生成相应的安全态势图，以反映整个网络的安全态势状况。

第 3 层：网络安全态势预测。态势预测要求不但能对即将发生的安全事件提前告知、给出应急的处理措施，而且能够依据历史网络安全态势信息和当前网络安全态势信息预测未来网络安全趋势，使决策者能够据此掌握更高层的网络安全状态趋势，为未来的安全管理制定合理的决策提供依据。

6.3　国内外网络空间态势感知能力现状及发展趋势

美国是 Internet 的缔造者，理所当然地也成为这片广袤领域的"掘金者"。然而，美国建立网络空间态势感知体系也经历了一段逐步发展的过程。根据美国信息安全发展的脉络，1998—2012 年，美国先后发表了《保护美国关键基础设施 PDD-63 总统令》《信息保障技术框架 IATF》《联邦信息安全管理法 FISMA》《国家网络安全综合计划 CNCI》《PLANE X 计划》《SHINE 计划》《藏宝图计划》等多份与安全态势感知相关的政策文件和项目计划，完成了态势感知发展的"三步战略"。下面对网络空间态势感知发展的 3 个阶段进行简要分析。

1. 网络空间态势感知基本组件构建阶段

网络空间态势感知基本组件构建阶段主要跨越 1998—2002 年，以《保护美国关键基础设施 PDD-63 总统令》《信息保障技术框架 IATF》《联邦信息安全管理法 FISMA》为政策基石，倡导建立基本防御体系，包括基本信息安全设备、安全策略，以及相关专业人员培养，主要针对美国本土设施和联邦政府网络。

在这个阶段，一方面由于美国和欧洲刚刚经过了互联网经济大发展的黄金 10 年，信息技术已经很大程度地改变了人们的生活；另一方面也像打开了一个潘多拉魔盒，信息安全问题源源不断地涌了出来，各种蠕虫（Nimda、CodeRed）、DoS、滥用等充斥着互联网。所以，1998—2005 年，美国全力应对这些攻击的主要策略有：① 依据 PDD-63 总统令，要求关键基础设施部署必要的信息安全设备；② 依据 IATF 建立"信息安全保障框架"，主要包括部署纵深防御的硬件设备和建立一套完善的安全保障管理机制；③ 依据 FISMA 法案，要求美国联邦政府网络严格实施上述两个方案。

在这一阶段，美国 DoD 还开发了信息安全领域比较重要的"彩虹系列文件"，其中的橘皮书就是现在被广泛使用的 CC 的前身（GB/T 18336—2015）。综合这些计划，美国的总体目标就是建立应对传统信息安全威胁的技术和管理能力，这些基本能力为日后的网络空间态势感知能力的构建打下了坚实的基础。

2. 网络空间态势感知基本能力构建阶段

网络空间态势感知基本能力构建阶段主要跨越 2005—2010 年，以《联邦信息安全管理法 FISMA》文件为基石，倡导在本土（Federal）范围内建立完备的数据截获、分析能力，并建立国家级信息安全运营中心，对被动监控的数据进

行实时的分析及展示。

在这个阶段，由于刚刚经历了"9.11"恐怖袭击事件，并且一大批 Internet 技术较为落后的国家已经迎头赶上，使得信息安全领域中的"破坏者"急剧增加。因此，2005—2010 年，美国推出了号称美国"信息安全领域的曼哈顿计划"的庞大国家计划，以应对互联网上的一些"恐怖组织"。根据相关信息介绍，CNCI 计划总投资 300 亿~400 亿美元。其主要包含的子项目是 TIC 计划（Trusted Internet Connection），该项目强力推进 Federal 网络集体接入，要求："各机构，无论是作为 TIC 访问服务供应商，还是作为通过联邦总务局管理的 Networx 合同的商业性托管可信 IP 服务（MTIPS）供应商"，一律参与 TIC 计划。

3. 网络空间态势感知扩展能力构建阶段

网络空间态势感知扩展能力构建阶段主要从 2010 年至今，以《PLANE X 计划》《SHINE 计划》和《藏宝图计划》文件为基石，倡导进一步加固关键基础设施网络组建。

在这个阶段，一方面，发生了以 Stuxnet、Havex 为代表的瞄准"工业控制系统"的攻击事件；另一方面，"克里米亚事件""美伊霍尔木兹海峡对峙""钓鱼岛事件"等，让战火的硝烟几度弥漫，这些事件让当局政府已经不能满足于被动的检测和感知。因此，2010 年以来，为了应对局势的变化，展现其大国威慑力，美国接连推出了 3 个重量级的计划：①依据 SHINE 计划，美国国土安全部（DHS）会定期监测本土关键基础设施网络组件的安全状态；②依据 X 计划，美国国防高级研究计划局（DAPRA）会为网络战部队提供战场地图快速描绘能力，并辅助生成作战计划，从而提高网络作战效率和能力；③依据藏宝图计划，美国国家安全局（NSA）会形成对全球多维度信息主动探测能力，从而形成大规模情报生产能力。

这一阶段，美国在已经初步建立的态势感知体系的基础上，通过主动探测、海外信息搜集等技术（如"棱镜门"曝光内容），进一步扩展网络空间态势感知能力。

根据信息安全发展的脉络，纵览网络空间态势感知的发展过程，经历了从基础设施安全防护、被动监听感知和主动探测预警 3 个阶段。在基础设施安全防护阶段，主要以政府网络信息基础设施免遭入侵为主，兼顾早期可量化指标预警技术，在此阶段主要项目有爱因斯坦项目 I 期及"威胁评估和早期报警的分析方法"项目；在被动监听感知阶段，主要对网络空间中产生的数据进行截获、分析，并进行数据实时展示，实现威胁报警，在此阶段主要项目有爱因斯坦项目Ⅱ期和Ⅲ期、开源指示器项目、密云项目、网络基因组项目等；在主动探测预警阶段，主要对网络空间数据进行主动探测，对事件要素进行提取，然后对事件进行关联分析，并通过现有数据对网络空间潜在威胁进行预警，提高政府在网络空间的威慑能力，在此阶段主要项目有战略沟通中的社交媒体项目、心灵之眼项目、PLANE X 计划、SHINE 计划、藏宝图计划等。

1）爱因斯坦计划（联邦政府网络态势感知系统）

"爱因斯坦计划"起源于国土安全法案和联邦信息安全管理法案，由美国联邦政府主导的一个网络安全自动检测项目，用于监测政府网络入侵行为，保护政府网络系统安全。该项目通过把美国联邦机构各自的互联网出口数据汇集并分析、感知，获取整个联邦政府的安全态势，提高互相之间的信息共享、信息安全的协同。美国国土安全部（DHS）通过爱因斯坦计划自动高效地去收集、关联、分析和共享通信数据，感知网络中的各种威胁行为，从而采取对策。

"爱因斯坦计划"的部署和实施主要分为 3 个阶段。第一阶段：基础设施部署阶段。本阶段主要是针对联邦政府网络广泛部署 IDS、IPS，并实施基于流量的分析技术（DFI）。其目标是实现异常行为检测和局部趋势分析，主要能力包括：蠕虫检测，尤其是可以形成一幅跨部门的区域性蠕虫感染趋势图；异常行为检测，即基于 NetFlow 的流量监测技术；配置管理建议，美国 US-CERT 可根据安全分析，对相关部门提供配置管理建议；趋势分析，帮助联邦政府形成局部趋势图。第二阶段：联网出口归并，恶意监测能力开发、部署阶段。本阶段主要是进行 TIC 计划，并增加恶意行为分析能力。其主要目标是实现恶意行为检测和总体趋势分析，主要能力包括：联邦网络集中接入，将网络出口从4500+缩减到 50 个左右；恶意行为检测，主要基于 DPI 技术；趋势分析，帮助联邦政府形成总体趋势图。第三阶段：落地使用 Einstein 系统，并将监控能力扩展到民用网络阶段。本阶段主要是建立 NCCIC（国家网络安全和通信整合中心），进行 Sensor 前置到一些 ISP（如 VeriSign、AT&T）并增加入侵防御技术。其主要目标是实现恶意行为检测和总体趋势分析，主要能力包括：流量更大规模截获，通过 TICAP 的概念，将 Sensor 前置到 ISP，可以监听政府网络相关或关心的流量；专业的安全运营，通过 NCCIC 的建立，将技术、流程和人（PPT）紧密结合起来进行入侵实时防御，通过 NSA 开发的 IPS 技术，可直接抵御恶意攻击行为。

"爱因斯坦计划"系统十分庞大，从总体上可分为两部分：①前端部分，

即不论是通过 TIC 接入 ISP，还是通过联邦总务局的 NetWorx 合同托管的 IP 服务，与互联网接口的 Sensor 部分；②后端部分，NCCIC 负责运营的安全运营中心。在前端主要应用基于 *Flow 的 DFI 技术和 DPI 技术，后端则可以应用 SIEM 技术。整个分布式的前端和集中化的后端整合在一起就构成了一个态势感知体系。在逐步完善的"爱因斯坦计划"系统可以说是真正大规模使用的态势感知系统。事实上，"爱因斯坦计划"系统就是一个由政府主导的、商业厂商参与的项目。

2）"威胁评估和早期报警的分析方法"项目

1999 年，英国的 IAAC（Information Assurance Advisory Council）组织开展了"Threat Assessment and Early Warning Methodologies for Information Assurance"项目，主要开发和评估用于威胁评估和早期预警的分析方法，该项目研究目标是证明可量化的威胁评估和早期预警是可行的，进一步为应用研究打下基础。该项目研究取得的成果有以下两项。①证明产生威胁轮廓的可行性，并将威胁轮廓从攻击者动机（Motives）、目标（Intentions）、能力（Capabilities）和行为模式（Behavioral Pattern）加以描述。②论证了从亚洲国家（Sub-state）级行动者研究存在的局限在于：研究集中在对一个网络的外部威胁；考虑的攻击类型限于亚洲国家级攻击者，国家或国家代理级的攻击者没有考虑；该项目设计的诸多理论和技术并不成熟，尚需进一步研究和开发。

3）"开源指示器"项目

美国情报高级研究计划局（IARPA）发布了"开源指示器"项目（OSI），该项目通过自动化系统对各种变化的开源数据进行全面的实时监控，对有重大意义的社会事件进行早期预警。

4）The Honeynet Project

The Honeynet Project 提出了新的"蜜云"（Honey Cloud）技术概念，也启动了"Honey Cloud"项目，以 IaaS（基础设施）服务方式为安全研究人员部署蜜罐检测互联网安全威胁提供平台与网络资源的支持。

5）"网络基因组"项目

美国国防高级研究计划局（DARPA）正在寻求能够像科学家一样思考的技术人员，开发并应用"网络指纹"或"网络DNA"技术，以确定网络攻击的发起方。

根据 DARPA 2015 年 1 月 28 日发布的一份广泛机构公告（BAA），其主导的网络基因组项目是一项为期 4 年、价值 4300 万美元的计划，利用从计算机系统、存储介质和网络中收集的各种程序，研发革命性的网络防御与探查技术。

DARPA 正在寻求研发的技术有以下几种。①"网络基因学"：为一系列程序建立世系树，更好地理解软件的发展情况，为探查软件或恶意软件攻击的发起方提供帮助。②"网络人文学与社会学"：调查并研究各种程序间的社会关系及系统用户和所用软件间的相互影响。③"网络生理学"：开发能够进行二进制软件自动分析的技术，帮助分析家了解软件的功能和意图。

DARPA 发布的广泛机构公告称，"每个技术领域都将研发类似于指纹或 DNA 的网络相关技术，以促进'数字基因'和'可观察与可推断基因表现型'技术的发展，用来判定程序与用户的身份、关联性及来源。"

6）"战略沟通中的社交媒体"（SMISC）项目

美国国防部和情报部门调集多方资源，力图借"战略传播"这一概念来整合美国政府多个部门分别开展的对内、对外宣传活动。美国国防部对"战略传播"的定义是："集中美国政府的努力，理解关键受众并使之参与进来，通过对协调方案、计划、主题、信息和与所有的国家力量手段行动同步产品的使用，以建立、加强或维持对提升美国政府利益、政策和目标的有利环境。"美国国防高级研究计划局（DARPA）在很早的时候就对包括 Twitter、Facebook、Pinterest、Kickstarter 和 Reddit 在内的热门社交媒体进行了一系列研究。这些研究都隶属于战略沟通社交媒体（Social Media in Strategic Communication，SMISC）项目，最早在 2011 年被曝光，同 NSA 所努力的方向不同，SMISC 项目的研究并不用于监控。根据 DARPA 的政策，这些研究者都不被允许使用私人认证的相关信息，在工作中都会受到"法律和道德的约束"。

7）"心灵之眼"项目

美国国防高级研究计划局（DARPA）正在计划一个名为"心灵之眼"的项目，以加强无人地面侦察能力。目前，美国军方希望将这种地面侦察任务交给无人系统来完成，以降低作战人员的危险，DARPA 希望通过该项目的实施，来解决无人系统地面侦察问题，该项目的目标是为无人系统研发"可视智能"的能力。

8）X 计划

美国国防高级研究计划局（DARPA）驱动的 X 计划，旨在提升本国网络作战能力，通过对网络战场地图的快速描绘，辅助生成作战计划，并促进网络作战任务高效推进。美国国防高级研究计划局（DARPA）认为，如果未来网络

战争变得极为寻常，就有必要让网络战争的打法像操作 iPhone 那么简单。

9）SHINE 计划

美国国土安全部（DHS）驱动的 SHINE 计划，旨在监控美国本土关键基础设施网络资源安全状态，通过网络空间扫描引擎（Shodan）对本土网络空间地址列表进行安全态势感知，并由工业控制系统应急响应组（ICS-CERT）定期向其所有者推送安全通告，保证关键基础设施网络安全。

10）藏宝图计划

美国国家安全局（NSA）驱动的藏宝图计划，旨在提升本国情报生产能力，通过对网络空间多层（地理层、物理层、逻辑层及社交层）数据的捕获及快速分析，从而形成大规模的情报生产能力，并为"五眼情报联盟"（包括美国、英国、加拿大、澳大利亚和新西兰）的合作伙伴提供情报支持。该计划十分庞大，持续绘制整个网络空间地图，包括整个 IPv4 和部分 IPv6，关注逻辑层（路由等），但也涉及物理层、数据链路层、应用层。

国内方面，对网络空间态势感知领域研究虽然刚刚起步，但是已经受到国内众多高校和科研机构的足够重视，并且相关高校也有了一定的相关研究成果。纵览国外态势感知发展的"三步战略"，为了更好地发展我国网络空间态势感知的能力，建立全面有效的网络空间态势感知体系，应当从基础建立的"网络空间态势感知基本组件构建阶段"，到"监听感知"的"网络空间态势感知基本能力构建阶段"，最后向"探测感知"的"网络空间态势感知扩展能力构建阶段"逐步发展，形成从被动保障到主动威慑的网络空间安全态势感知体系。

6.4 物联网安全态势感知与监测预警技术

物联网安全态势感知与监测预警技术，是与物联网行业应用和安全威胁紧密结合的领域，既有态势感知的经典理论——包以德循环理论作为支撑，也有量化和可视化应用需求。同时，也形成了需要突破的有代表性的关键技术。

6.4.1 包以德循环（OODA-loop）理论

目前在网络安全态势感知与监测预警技术领域，包以德循环（OODA-loop）理论在技术、产品和运维等方面得到了广泛运用，成为网络安全态势感知与监测预警方面的方法论，较好地发挥了基础支撑作用。

包以德循环（OODA-loop）理论的发明人是美国空军上校约翰·博依德（John Boyd），最初是军事目的，但是今天这一理论在商业竞争、科学技术等方面得到了广泛应用。

包以德循环（OODA-loop）包含 4 个阶段，如图 6-4 所示。

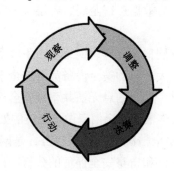

图 6-4　包以德循环（OODA-loop）

观察（Observe）是第一阶段，如同其名称所描述那样包含注意到周围环境的各种特征变化情况的意思，在包以德循环（OODA-loop）的最初阶段，意味着洞悉敌手的行动。调整（Orient）是第二阶段，依据观察结果精确方向或路线，以便更好地进入下一阶段。决策（Decide）是第三阶段，包含下一步怎么做的意思。行动（Act）是第四阶段，指执行第三阶段做出的决定和安排，如发起行动。紧跟行动阶段的是新一轮循环，开始新的观察，以及接下来的行动。包以德循环（OODA-loop）理论的基本观点是：冲突对抗可以看成敌对双方互相较量谁能更快、更好地完成"观察—调整—决策—行动"的循环程序。双方都从观察（Observe）阶段开始，观察自己、环境和敌人。基于观察，获取相关的外部信息，根据感知到的外部威胁及时调整系统，做出应对决策，并采取相应行动。

OODA-loop 理论在物联网态势感知与监测预警领域，体现的是一种动态的、实时的安全观，通过"观察—调整—决策—行动"周而复始地循环，引导安全防护技术机制连绵不断地保护物联网系统运行的各种状态。一方面适应了物联网设备或系统"永远在线"的应用现状；另一方面可以有效克服物联网设备海量分布，多源异构的防护难题。

6.4.2　物联网安全态势量化及可视化

根据 OODA-loop 理论，观察环节是态势感知与监测预警的基础，是进行物联网安全态势感知与监测预警的出发点。观察安全态势可视化展现技术是通过收集来自各类物联网安全设备的安全信息数据（包括来自各类设备的原始安全数据和防护力量数据等），对其代表的安全态势进行处理，从而形成能够反映当前安全态势的安全态势数据，并能够以可视化的形式展示界面。安全态势可视化展现技术将安全态势数据进行全局、各层次、多视角的展示，可以为决策提供有力支持。

随着网络攻击技术发展日新月异，网络攻击手段呈现出复杂化、多样化、变化快的趋势，尽管现有大部分的安全设备都有安全事件和安全日志的记录功能，但安全设备相互独立，安全信息无法共享且安全信息零散。一旦出现攻击和威胁，安全管理员就很难根据安全信息做出相应的处理。

安全态势是指网络安全情况的状态和趋势，是网络安全状况的统计学特征。状态包括外部安全事件和自身安全评估的分析统计。安全态势量化及可视化技术通过对零散安全事件的格式化、归并过滤、优先级排序等操作处理，对安全态势指标量化计算后，以可视化图表的形式表现给安全管理员，能充分地利用各个安全设备获取攻击信息和威胁信息，以便安全管理员迅速做出决策，并采取有效的应对措施。

安全态势量化及可视化包含以下几部分。

（1）安全事件的产生及格式化。各安全设备分别收集和报告安全事件，且收集和报告的方式与格式各不相同，于是产生了大量的日志数据，而对安全事件的分析需要在统一的基础上完成，因此需要对各安全设备产生的事件进行格式标准化。一旦所有的安全事件被汇聚在同一个数据库中，就可以对网络上发生的事件有一个较全面的了解，进而可以探测更复杂的攻击。因此需制定安全事件的统一格式。统一格式既考虑了通用性，又考虑了简单实用性。统一后的格式包含以下内容。

① 事件编号：安全事件的统一编号。

② 类型：安全设备类型，按功能分为"检测器"和"监控器"两种。

③ 设备编号：安全设备的编号。

④ 事件特征号：安全设备产生安全事件的特征编号。

⑤ 设备名称：设备的名称。

⑥ 时间：安全事件产生的时间。

⑦ 协议：协议类型，如 TCP、UDP、ICMP。

⑧ 源地址：安全事件的源 IP 地址。

⑨ 目的地址：安全事件的目的 IP 地址。

⑩ 源接口：安全事件的源接口。

⑪ 目的接口：安全事件的目的接口。

⑫ 条件类型：用于监控器类型，表示计较条件，取值为等于、不等于、大于、小于等于、大于等于。

⑬ 数值：用于监控器类型，要与其比较的值。

⑭ 时间段：用于监控器类型，要监控数值的持续时间。

⑮ 描述：安全事件的具体描述。

（2）安全事件过滤、归并及排序。一个安全事件有可能同时触动多个安全单元，同时产生多个安全事件报警信息，造成同一事件信息"泛滥"，反而使关键的信息被淹没。事件过滤、归并是根据网络拓扑和网络主机的操作系统、运行服务等信息对各安全设备上报的虚假信息进行过滤和对相似或相同的安全事件进行合并，让用户能集中精力处理关键真实的安全事件。

通过对各种入侵行为的研究，在系统中建立了安全事件相关资料库，包括安全事件适用的操作系统版本、数据库服务的版本信息；并实时探测管理域内的主机相关信息，存入数据库中；接收到一条新的告警信息后，系统迅速查找相关攻击类型针对的操作系统、服务及版本信息，与目标主机的相关信息进行匹配，以确定告警的真伪。

优先级排序根据网络拓扑和网络的主机情况（操作系统版本、运行的服务及版本）对接收到的安全事件进行优先级排序，以决定处理的顺序，将得到如下信息。

① 哪些安全事件是重要的及需要关注的源主机或目的主机是什么？

② 一台运行 Apache WWW 服务器 UNIX 主机接收到对微软的 IIS 服务器的攻击，该警报的优先级将被降低。

③ 如果存在用户对服务器进行的可疑连接，那么：若用户处于外网且正在攻击客户数据库，则给予最高优先级；若是内部用户在攻击网络打印机，则给予低优先级；若用户正在测试服务器，则丢弃该警报。

通过优先级排序，将警报的重要性与网络环境关联起来。网络环境信息在知识库中描述，包含内容为网络和主机的信息（标识符、操作系统、服务等）及访问策略（访问被禁止或允许、来源和目标）。

为了完成这些任务，在用户界面上应该配置的内容有安全策略或依照拓扑和数据流的资产重要程度、网络和主机信息、资产评估、风险评估（安全事件的优先级）、安全事件可信度。实施方法是：对安全设备产生的每一个安全事件设置一个默认的优先级，接收到安全事件后，将还未处理的安全事件与知识

库中的信息关联改变安全事件的优先级，再按照优先级进行排序，等候下一步处理。

（3）安全事件关联分析。关联分析以后台服务的方式运行。为了避免频繁的数据库查询操作，提高处理速度，系统初始化时，将关联知识库全部加载到内存中，并初始化存放安全事件的列表，以后的关联都在内存中完成。系统采用两种关联方式：入侵检测漏洞关联和事件序列关联。

① 入侵检测漏洞关联。根据漏洞扫描系统的扫描结果保存各主机、网络的漏洞数据，并建立一个入侵检测安全事件与漏洞的对应表。当接收到一个入侵检测系统安全事件时，根据相关的主机或网络的漏洞情况进行关联，如果安全事件利用的漏洞存在，则提高该安全事件的风险，抛出警报，下发策略采取相应的安全策略；否则降低该安全事件的优先级。安全事件与漏洞的对应关系为：安全事件编号、安全事件描述、漏洞编号、漏洞描述。

② 事件序列关联。专家知识库中的关联规则建立了一系列类似"如果接收到安全事件 A，再接收到事件 B、C，则执行操作 D"的规则。该模块通过推理机执行规则，将已知攻击的模式和接收到的异常行为联系起来分析攻击行为，提高安全事件的可靠性，减少虚警的发生。

（4）安全态势指标量化计算。安全态势指标量化计算利用安全态势指标量化公式对安全态势指标体系中的指标进行量化计算，实质上是将各种管理和技术上的安全因素数字化表示，安全态势指标体系如图 6-5 所示。

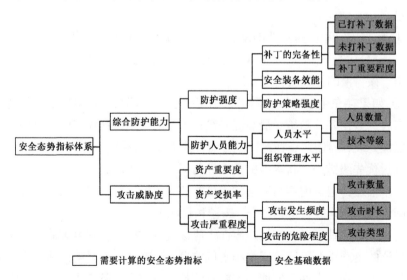

图 6-5　安全态势指标体系

安全态势指标体系由安全基础数据及对基础数据进行分析、统计和计算后产生的量化指标共同构成，其中安全基础数据是来自各安全系统的原始数据，是量化指标计算的基础和依据。

由于各种安全基础数据指标的意义和表现形式存在不同，不同指标对于安全态势评价的作用趋势不同，有的指标对总目标的贡献率与评价结果成正比（如安全保障人员技术等级），有的指标对总目标的贡献率与评价结果成反比（如某个攻击的危害等级），而且不同指标的量纲也有所不同，无法实现统一的量化计算。因此需要引入模糊数学中的隶属函数概念，通过正负指标类模糊量化公式对不同类型的态势指标进行处理，以得到标准化的安全基础数据，实现去量纲化。

（5）安全态势可视化呈现。"可视化"通过对事件的处理和量化，再综合其他的一些因素，实时呈现当前风险，然后再以图形化的方法将它表达出来，让安全管理员在最短的时间内感知到风险的程度。这里需要强调的是风险感知的实时性，而非传统安全服务中所涉及的静态风险评估高度的实时性，这正是安全事件管理技术所带来的突破。

为了让用户更好地通过安全管理控制台进行集中管理，用户管理界面提供直观的网络拓扑图，实时显示整个网络的安全状况，使用户可以便捷地查看各安全设备和数据库服务器的状态、日志及信息处理结果，产生安全趋势分析报表。在拓扑图上，利用量化的安全态势、网络位置、时间等信息，按照不同图例颜色来显示网络安全状态、受攻击的访问及主体、攻击源、攻击类型、可能的危害、发生可疑攻击活动的服务等。基于统计图的安全态势图如图 6-6 所示。

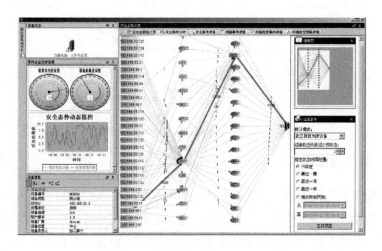

图 6-6　基于统计图的安全态势图

6.4.3 物联网安全态势感知与监测预警关键技术

在网络安全态势感知相关理论和实践工作基础上，依据国家相关标准规范，结合物联网技术发展的现状和物联网安全现实需求，研究物联网安全态势感知的定性与定量方法，构建物联网安全态势感知技术体系框架。在网络安全态势感知模型的基础上，结合数据融合和层次化分析的思想，给出图 6-7 所示的物联网安全态势感知体系框架。

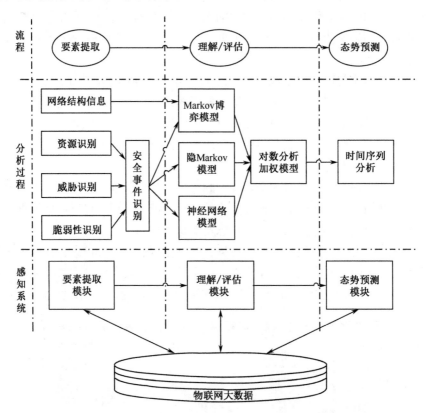

图 6-7　物联网安全态势感知体系框架

1. 要素提取技术

网络安全态势要素提取是指从大规模网络安全状态数据源中（典型的数据源有各种物联网设备的日志、网络流量等）抽取影响网络安全态势的基本元素的过程，它是网络安全态势评估和预测的基础，其提取结果对于整个态势评估和预测有着重要的影响，如果网络安全态势的要素提取无法实现，那么整个网络安全态势评估和预测将成为无源之水、无本之木。整个网络安全态势感知系统中，安全事件的预处理与态势要素的提取处于网络安全态势感知底层。系统从安全设备中获取到日志数据后，通过采用一定的数据格式进行统一，并对数据进行约减、合并，即将日志数据中与网络安全态势感知无关的噪声数据去除，合并重复的记录。网络安全态势的要素提取不仅提高了数据的质量，也进一步加快了安全态势分析的速度。

目前针对该项技术的研究尚属起步阶段，相关研究文献比较少。但在特征提取、分类分析、聚类分析等方面前期已经开展了一些工作。目前在网络安全态势要素提取方面的研究还不成熟，相关解决方法和实现模型较少，因此亟待寻找出一种实时高效的网络安全态势要素提取技术，用于实现攻防环境中安全要素的提取。

2. 态势理解/评估技术

网络安全态势理解/评估主要是综合评估网络安全状态，即利用网络安全属性的历史记录和运行状况等，为用户提供一个准确的网络安全状态评判和网络安全的发展趋势，使网络管理者能够有目标地进行决策和防护准备。可以将神经网络、模糊推理等方法引入到网络安全态势评估中，进行合理的规则推理，得到合理的判断结果。依据网络安全态势评估所处理的数据源不同，可分为基于脆弱信息和基于运行信息的态势评估技术。前者是指系统设计配置状况（包括服务设置系统中存在的漏洞）、资产价值等，侧重于对信息系统因固有漏洞等内在因素所带来的安全风险评估；后者是指系统所受攻击的状况，主要来自 IDS 报警、Firewall 日志、系统日志、网络流量信息等，更加关注如入侵攻击行为等外界因素所造成的安全态势威胁评估。

针对基于系统配置信息的安全风险评估，由原来的单机评估逐渐转向现在的以分域信息系统为重点的风险评估。Sabata 等提出了一种基于多证据融合的网络安全态势评估方法，通过对高层语义的推理来检测和识别攻击，从而有效地减轻决策者的认知负担。Gorodetsky 等提出了一种动态实时的态势评估方法，并将一个态势评估原型系统用于异常检测，但是未能解决多异步数据的"老化"问题。

在网络安全态势理解/评估领域，国内外研究人员和机构借鉴军事战场态势评

估的成功理论和实践经验进行了一些探索性的研究，已经取得了一定的研究成果。基于脆弱信息的态势评估技术和基于运行信息的态势评估技术，这两种评估技术各有侧重，并且最终反馈给决策者的安全态势信息、角度也各不一样。

3. 态势预测技术

预测未来发展趋势是网络安全态势感知的一个重要组成部分。网络在不同时刻的安全态势彼此相关，安全态势的变化有一定的内部规律，这种规律可以预测网络在将来时刻的安全态势，从而可以有预见性地指导管理员进行安全策略的配置，来实现动态的安全性管理，预防大规模网络安全事件的发生。常见的用来预测网络安全态势的技术主要有人工神经元网络预测技术、时间序列预测技术、灰色预测技术等。目前开展网络安全态势预测研究，主要有两条研究思路，一是先预测单个入侵攻击事件，再结合每种攻击的威胁程度，计算出相应的下一时刻或多个时刻的态势值，这种方法在确定每种攻击威胁程度时依赖主观经验；二是采用非线性时间序列预测方法，依据历史安全态势规律预测未来某一时刻或某一时间段内的安全态势。

针对单个入侵攻击事件或复合攻击的网络安全态势预测，所采用的方法主要有模糊神经网络、统计学习、数据融合、知识发现、贝叶斯推理、因果网络等。BAO Xuhua 等提出了一种基于入侵意图的攻击检测和预测算法，该算法采用扩展的有向图来表示攻击类别及其逻辑关系，按照后向匹配和缺项匹配的方式对报警进行关联，根据已关联攻击链的累计权值和攻击逻辑图中各分支的权值计算其可能性，可以在一定程度上预测即将发生的攻击。彭学娜等提出了一种融合网络安全信息的安全事件分析与预测模型，该模型能够对来自以 IDS 为主的多种安全部件和关键主机日志系统的网络安全信息进行校验、聚集和关联，并结合目标网络安全策略，对目标网络的安全状况进行准确评估，对基于特定攻击场景的可能攻击做出预测。

物联网系统由终端与设备、通信与网络、平台与应用构成，不但需要每个层面的多重安全防护，还需要有端云协同的智能大数据安全分析能力。基于物联网大数据安全分析平台实现整网的智能安全态势感知、监测预警、可视化和安全防护，必将是物联网安全防护的发展方向。海量的物联网终端很容易成为攻击的发起点和跳板，造成对物联网核心平台的威胁。物联网大数据安全分析平台通过终端的流量基线和行为基线进行实时监控分析，能够及时发现被感染的终端，联动安全设备，根据配置的安全策略及时对被感染的终端进行阻断和隔离，以避免对核心平台和业务系统造成危害。

另外，物联网的大数据安全分析平台能够作为物联网全网的统一安全监控管理平台，通过对全网进行安全监控，调度全网安全设备，实现对已知威胁、未知威胁的动态防御，尤其是对 APT 等高级威胁进行防护，避免大规模网络攻击等安全事件。大数据安全分析平台通过全网态势感知，并依托安全威胁情报库的支撑，主动对物联网做出安全趋势预测，及时采取对应的措施，实现对威胁的主动防御。

6.4.4　物联网安全态势感知与监测预警典型系统设计

1．系统功能

物联网安全态势感知与监测预警系统将以物联网资产为核心，以业务为导向，以大数据和机器学习为手段，以感知预警为目标，综合运用多引擎的大数据智能关联分析技术和多维度的可视化智能呈现技术，实现海量异构物联网数据的采集分析、全网资产及用户的综合管理、重大威胁与风险的分析研究、安全运营的量化评估、安全事件的通报响应、应急处置的指挥调度和宏观态势的预警感知功能。

物联网安全态势感知与监测预警系统构建于高性能服务器硬件平台上，其软件运行于国产操作系统，主要功能包括数据采集和处理、大数据安全分析、资产管理、脆弱性评估、态势感知呈现。

2．系统结构

物联网安全态势感知与监测预警系统主要由 6 个业务子系统构成，即多源异构数据采集和预处理子系统、大数据关联分析子系统、安全运营管理子系统、网络安全态势感知子系统、通报预警与应急指挥子系统和安全专家服务，如图 6-8 所示。

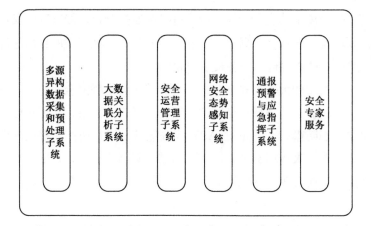

图 6-8　物联网安全态势感知与监测预警系统

物联网安全态势感知与监测预警系统子系统功能如表 6-1 所示。

表 6-1　物联网安全态势感知与监测预警系统子系统功能

名　　称	功　　能
多源异构数据采集和预处理子系统	采集各类物联网设备（传感器、摄像头、家用路由器等）、安全设备、服务器、应用系统等日志数据，并进行数据清洗、数据格式化等预处理（数据留存不低于 6 个月）
大数据关联分析子系统	利用机器学习、数据挖掘、关联分析、情报比对等手段对实时数据、历史数据进行钻取分析，挖掘高级威胁和未知攻击，实现对安全事件的综合研判和预测分析
安全运营管理子系统	包括 Dashboard 仪表盘、资产全生命周期监管、脆弱性评估、全流量监测、异常行为分析、实时威胁情报、威胁告警、事件追溯、工单跟踪、智能报告等功能
网络安全态势感知子系统	在海量数据前提下，通过安全大数据建模分析和威胁综合研判分析，对那些能够引发网络安全态势发生变化的要素进行全面、快速和准确地捕获和分析，帮助用户看清现在遭受的网络威胁、预测未来面临的安全风险
通报预警与应急指挥子系统	涵盖了用户组织的协调、调度、指挥与应急，安全事件的即时下发通报，通报事件处置情况的跟踪、反馈与关闭等诸多领域
安全专家服务	对现有防护手段和防御策略进行评估和优化，并提供威胁分析、渗透测试、应急处置、重保服务等高级专家服务，以便在网络空间攻防对抗中获得先机

物联网安全态势感知与监测预警系统通过主动采集和主动监测的手段，利用大数据技术，实现对多源异构海量数据的分布式采集、预处理和格式化，并进行大数据存储和高效检索，可从海量安全事件数据中关联、汇总、挖掘出有价值的安全事件并生成告警，从而帮助用户站在全局高度以资产视角进行统一的安全监管，协助用户建立标准化和自动化的通报预警及应急指挥的管理制度。

本章小结

　　本章首先分析了物联网安全出现的新挑战，分析了以态势感知和监测预警驱动的网络安全防护技术为什么可以有效应对这些新问题；然后描述了网络空间态势感知技术的基础概念，分析国内外网络空间态势感知研究的现状；最后分析了物联网安全态势感知与监测预警的方法论基础——包以德循环（OODA-loop）理论，以及物联网安全态势感知与监测预警关键技术。

问题思考

　　近几年来物联网僵尸网络不断出现，大量物联网智能终端被恶意攻击者暗中控制，等待机会发起大规模攻击，严重威胁物联网正常运行。另外，由于物联网随机分布、无处不在、多源异构的特征，使得传统网络安全防护机制很难发挥作用。请读者思考，面对物联网安全出现的新问题，需要什么样的新技术、新机制？物联网威胁态势感知与监测预警领域有哪些关键技术？包以德循环（OODA-loop）理论在物联网安全防护中将发挥怎样的作用？

第7章

物联网安全技术典型应用

内容摘要

本章首先对物联网安全技术的应用进行概述。物联网安全技术是在物联网安全体系结构的框架下，多种安全技术共同作用于系统，与行业应用密切结合，进而实现物联网的安全防护。本章还重点介绍目前物联网安全技术的典型应用案例，包括物联网安全技术在车联网、智能家居和智慧城市中的应用。

7.1 物联网安全技术应用概述

物联网安全技术应用框架如图 7-1 所示。物联网安全体系结构包括感知层安全、网络层安全、应用层安全，但是从体系及应用方面看，物联网安全技术是一个有机的整体，各部分的安全技术不是相互孤立的。

物联网安全支撑平台的作用是将物联网安全中各个层次都要用到的安全基础设施，包括安全云计算/云存储、PKI、统一身份认证、密钥管理服务等集成起来，使得全面的安全基础设施成为一个整体，而不是各个层次相互隔离。例如，身份认证在物联网中应该是统一的，用户应该能够单点登录，一次认证，多次使用，而不需要用户多次输入同样的用户名和口令。

感知层安全是物联网中最具特色的部分。感知节点数量庞大，直接面向物理世界。感知层安全技术的最大特点是"轻量级"，不管是密码算法还是各种协议，都要求不能复杂。"轻量级"安全技术的结果是感知层安全的等级比网络层和应用层要"弱"，因此在应用时，需要在网络层和感知层之间部署安全汇聚设备。安全汇聚设备将信息进行安全增强之后，再与网络层交换。以弥补

感知层安全能力的不足。

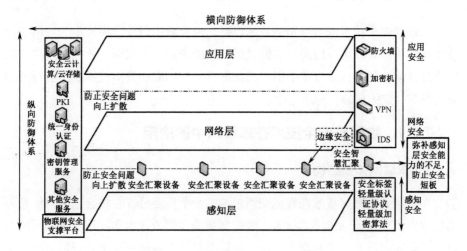

图 7-1　物联网安全技术应用框架

物联网纵向防御体系需要实现感知层、网络层、应用层协同防御，防止各个层次的安全问题扩散到上层，防止一个安全问题摧毁整个物联网应用。物联网纵向防御体系和已有的横向防御体系一起，纵横结合，形成全方位的安全防护。

对于具体的物联网应用而言，其安全防护措施应当如本书前文的物联网安全体系结构及本节的物联网安全技术应用框架所述进行配置，首先要建立安全支撑平台，包括物联网安全管理、身份和权限管理、密码服务及管理系统、证书系统等；其次要根据实际情况，在感知层采用安全标签、安全芯片或安全通信技术，其中涉及各种轻量级算法和协议；最后要在网络层和感知层之间部署安全汇聚设备；在网络层，需要部署多种安全防护措施，包括网络防火墙、入侵检测、传输加密、网络隔离、边界防护等设备；在应用层，需要部署 Web 防火墙、主机监控、防病毒，以及各种数据安全、处理安全等措施，如果采用云计算平台，还需要部署云安全措施。

总之，物联网安全技术在具体的应用中，必须从整体考虑其安全需求，系统性地部署多种安全防护措施，以便从整体上应对多种安全威胁，防止安全短板，从而能够全方位进行安全防护。

7.2 物联网安全技术行业应用

物联网安全技术既有通用的技术体系，也有源于行业应用产生的专用安全技术和解决方案，可以面向行业提供系统级的应用。车联网、智能家居和智慧城市是目前物联网行业应用中相对成熟的行业，物联网安全技术在这些行业的应用具有一定的代表性和示范性。

7.2.1 物联网安全技术在车联网中的应用

1. 车联网体系结构

车联网是物联网技术在智能交通领域的一个重要分支，融合了现代信息通信技术、汽车电子、传感器技术、智能交通等多领域技术和应用。车联网概念是物联网面向行业应用的概念实现。物联网是在互联网基础上，利用射频识别（RFID）、无线数据通信等技术，构造一个覆盖世界上万事万物的网络体系，实现任何物体的自动识别和信息的互联与共享。物联网不刻意强调物体的类型，更多的是强调物理世界信息的获取和交换，以实现当前互联网未触及的物与物信息交换领域。车联网是物联网概念的着陆点，将这个具体的物理世界限定到车、路、人和城市上。车联网利用装载在车辆上的电子标签 RFID 获取车辆的行驶属性和系统运行状态信息，通过 GPS 等全球定位技术获取车辆行驶位置等参数，通过 3G 等无线传输技术实现信息传输和共享，通过 RFID 和传感器获取道路、桥梁等交通基础设施的使用状况，最后通过互联网信息平台实现对车辆运行监控和提供各种交通综合服务。

车联网（Internet of Vehicles）是由车辆位置、速度和路线等信息构成的巨大交互网络。通过 GPS、RFID、传感器、摄像头图像处理等装置，车辆可以完成自身环境和状态信息的采集；通过互联网技术，所有的车辆可以将自身的各种信息传输汇聚到中央处理器；通过计算机技术，这些大量车辆的信息可以被分析和处理，从而计算出不同车辆的最佳路线、及时汇报路况和安排信号灯周期。从技术角度区分，车联网技术主要有电子标签技术、位置定位技术、无线传输技术、数字广播技术、网络服务平台技术。从系统交互角度，主要有车与车通信系统、车与人通信系统、车与路通信系统、车与综合信息平台通信系统、路与综合信息平台通信系统。车与车通信系统强调物与物之间的端到端通信。这种端到端的通信使得任何一个车辆既可以作为服务器，也可以作为通信终端。车与路通信系统使得车辆能够提前获取道路基础设施的运营状况，如某条道路是否在维修，某个桥洞是否积水过多等信息，以方便车辆的顺畅通行。车与综合信息平台通信系统是汇集车辆行驶状态等信息，提供路况、车辆监控等综合统计性信息，以及出行提醒、安全行驶等个性化信息的综合性平台。路与综合信息平台通信系统目的是维护道路基础设施的运营状况，以及及时更换老化和运营状况不佳设备。

从应用角度区分，车联网技术可以分为监控应用系统、行车安全系统、动态路况信息系统、交通事件保障系统等。监控应用系统主要用于政府部门或车辆管理部门的运营监控和决策支持，主要分为道路基础设施安全情况监控和车辆行驶状况监控两类系统。道路基础设施安全情况的监控主要是通过定时获取道路、桥梁上安装的监控设备传回的检测信息，查看基础设施的破坏程度、应用状况等，以便为交通基础设施的维护提供重要参考。车辆行驶状况监控主要是监控车辆的行驶路线、行驶参数，如油耗，车况等信息，为城市车流量分布提供可视化，以及为拥堵缓解提供辅助决策。行车安全系统主要是指车辆行驶过程安全监测及分析车辆行驶行为后的安全建议。在车辆行驶过程中，通过车联网信息的交互，可以获取前方道路状况、规避安全交通事故等，如在雾天高速公路上前方发生事故之后的主动规避等。另外，通过上传和分析车辆的油耗、行驶状态等参数，在服务器端进行车辆信息挖掘，主动提供一些车辆行驶安全建议，如是否需要保养、是否需要更换某零部件。动态路况信息系统主要利用行驶车辆的运行速度和 GPS 定位技术，获取道路行驶状况信息，实现路况动态信息的发布。交通事件保障系统主要利用车辆事故检测和报告机制，为事故的检测、规避、疏导等提供辅助支持。

总之，车联网以车、路、道路基础设施为基本节点和信息源，通过无线通信技术实现信息交互，从而实现"车—人—路—城市"的和谐统一。伴随着物联网技术的发展，以及智能交通和智慧城市的发展，应用车联网技术的概念，车联网系统原型已蓬勃开展。车联网体系结构如图 7-2 所示。

感知层：承担车辆自身与道路交通信息的全面感知和采集，是车联网的神经末梢，也是车联网"一枝独秀"于物联网的最显著部分。通过车身传感器、RFID、车辆定位等技术，实时感知车况及控制系统、道路环境、车辆与车辆、车辆与人、车辆与道路基础设施，以及车辆当前位置等信息，为车联网应用提供全面、原始的终端信息服务。

网络层：通过制定专用的能够协同异构网络通信需要的网络架构和协议模型，整合感知层的数据；通过向应用层屏蔽通信网络的类型，为应用程序提供

透明的信息传输服务；通过对云计算、虚拟化等技术的综合应用，充分利用现有网络资源，为上层应用提供强大的应用支撑。

图 7-2　车联网体系结构

应用层：车联网的各项应用必须在现有网络体系和协议的基础上，兼容未来可能的网络拓展功能。应用需求是推动车联网技术发展的源动力，车联网在实现智能交通管理、车辆安全控制、交通事件预警等高端功能的同时，还应为车联网用户提供车辆信息查询、信息订阅、事件告知等各类服务功能。

车联网系统组成主要有以下几部分。

（1）车机，是安装在汽车内的车载信息娱乐产品的简称。车机在有些功能上可以实现驾驶者与车辆和车与外界的交互，增加驾驶者的体验和安全系数。有些车机包含预约保养、远程诊断、接打电话、语音控制、车辆救援等功能。

（2）智能手机，国内以百度 Carnet 为代表的产品，国外以苹果 CarPlay、Android Auto 为代表的产品。驾驶者可以将手机的内容投射到车机屏幕上，让车辆智能系统更具灵活性和延展性。

（3）地图导航，很多车辆的车机都带有导航，但由于版本更新慢等问题，因此实际使用量很少，一般驾驶者都使用手机 App 进行操作。

（4）语音技术，在计算机领域中的关键技术有自动语音识别技术（ASR）和语音合成技术（TTS）。语音技术是未来人机交互的发展方向，其中语音是未来最被看好的人机交互方式。语音比其他的交互方式有更多的优势，同样，语音技术将会成为车联网的重要组成部分。

WCDMA/LTE 移动通信技术、车载 Wi-Fi 和 3G/4G 等安全、高速的移动通信技术为汽车这一快速交通工具接入互联网提供了可能，同时也可以为移动运营商带来巨大的利益。车载 Wi-Fi 是面向现代交通工具推出的特种上网设备，车载 Wi-Fi 使移动交通工具转换为一个移动网络，并且运营商通过 LBS（Location Based Service，基于位置服务）获取移动终端用户的位置信息，在地理信息系统平台的支持下，为用户提供相应服务，从而使驾驶者或乘客享受到无处不在的信息服务。因此，车载 Wi-Fi 技术和 WCDMA/LTE 移动通信技术将会成为智能汽车的关键环节。

（5）平视显示器（Head Up Display，HUD），如今很多豪华车都已自带简单的 HUD 附件，但仅是简单的实时速度和简单的导航映射。不过国内外已有很多科技公司开始设计并开发新型的 HUD，甚至有的前风挡玻璃就是一面大的HUD，通过驾驶者的肢体操控，人机交互车内传感器就可以完成操作，这样就能使驾驶者脱离手机，解决了分心的困扰。

（6）车载诊断系统（On-Board Diagnostic，OBD），起初实质性能就是通过监测汽车的动力和排放控制系统来监控汽车的排放。当汽车的动力或排放控制系统出现故障，当污染量超过设定的标准，故障灯就会点亮报警。如今 OBD集检测、维护和管理于一体，系统进入发动机、变速箱等系统的电子控制单元（Electronic Control Unit，ECU，又称为行车电脑）中读取故障码及其他相关数据。现在部分 OBD 已集成 GPS 芯片、加速传感器等，可以获取驾驶数据，结合手机 App 能够起到一定的安防作用（震动、位移、点火告警），对车况进行实时监控。

（7）控制器局域网络（Controller Area Network，CAN），是国际上应用最广泛的现场总线之一。近年来，其所具有的高可靠性和良好的错误检测能力受到重视，被广泛应用于汽车计算机控制系统。

（8）射频识别技术（RFID），是一种通信技术，可通过无线电信号识别特定目标并读/写相关数据，而无须在识别系统与特定目标之间建立机械或光学接触。其实大家已经非常熟悉 RFID，常用的各种门禁卡就是基于这种技术制作而成的。对于车辆辅助或管理的系统而言，RFID 有 ETC、停车场、车位导引、特殊车辆管理等。

（9）智能交通系统（Intelligent Transport System，ITS），是未来交通系统的发展方向。它是将先进的信息技术、数据通信传输技术、电子传感技术、控制技术及计算机技术等有效地集成运用于整个地面交通管理系统而建立的一种在大范围内全方位发挥作用的，以及实时、准确、高效的综合交通运输管理系统。ITS 可以有效地利用现有交通设施，减少交通负荷和环境污染，保证交通安

全，提高运输效率，因此，日益受到各国的重视。21 世纪将是公路交通智能化的世纪，人们将要采用的智能交通系统是一种先进的一体化交通综合管理系统。

按照服务对象的不同，现阶段国内车联网分为 4 种应用模式。

（1）以汽车消费者为中心的车载信息服务模式。这种模式以各大主机厂商为主导，在车上搭载主机厂自主研发、第三方、云联网企业提供的车联网解决方案，为消费者提供导航、安防、道路紧急救援、娱乐、进程控制等服务。

（2）以政府监管机构为主导的车载信息服务模式。政府通过大数据平台、通信服务设施、车载数据搜集等方式对市内交通、车辆状况进行进程诊断和监控，构建智慧交通。

（3）以企业组织的车队管理为中心的车载信息服务模式。通过数据平台、车载硬件、通信等技术对车辆安全状况、运营成本、物流调度等进行监控，降低车辆管理成本。

（4）以商业金融保险为主导的车载信息服务模式。通过车载硬件对驾驶员驾驶行为、车辆事故情况进行采集，体现保险差异化。这种差异化主要体现在基于驾驶行为而定保费的保险业务上。

此外，VANET（车载随意移动网络）也是近年来蓬勃发展的领域，VANET车联网是以各种车辆、交通道路及其他基础设施组成的自组网，其信息安全隐患不仅包括自组网中存在的安全问题，同时由于车辆本身的特殊性，车联网的信息安全也有它自己的特点。其特殊性表现在以下 3 个方面。①本地节点信息安全问题。由于车联网的应用主要通过车辆和道路系统自组地完成设定好的任务，是无人监控的。因此，攻击者可以容易地访问到这些设备，从而破坏它们，甚至通过本地更换其零件设备，这都会给交通安全带来严重的后果。②感知节点多数是无人操作核心网络安全传输问题。核心网络一般具有比较系统的安全防护能力，但由于车联网中车辆数量非常庞大，并且经常以自组织网络方式存在，因此这些因素容易产生网络拥塞，导致拒绝服务攻击。此外，传统的网络安全架构是以人的角度进行思考、设计和管理的，并不适用于车联网通信环境。③业务中的安全问题。通常网络系统是先物理部署后网络连接，而车联网中的节点监控难度很大，特别是移动的车辆，因此对车联网中的车辆等通信单元进行远程认证和安全检测就成为了难题。

另外，一个强大而统一的安全管理平台是必不可少的，否则相互独立的平台会被多种多样的车联网应用所取代。因此，如何管理节点的密钥和日志等其他信息就成为新的问题，并且这种多元素也会影响网络与平台之间的信任关系，导致新问题的产生。VANET 车联网中的数据传输和消息交换还没有特定的标准，因此缺乏统一的安全保护体系。车联网中的感知节点部署在行驶车辆等设施中，如果遭到攻击者破坏，就很容易造成生命危险、道路设施破坏等。因此，VANET 车联网中的信息安全是至关重要的，影响着 VANET 车联网的未来发展和实施力度。

2．车联网中的网络安全技术应用

车联网安全技术体系应该覆盖车联网系统的云、管、端环节，如图 7-3 所示。

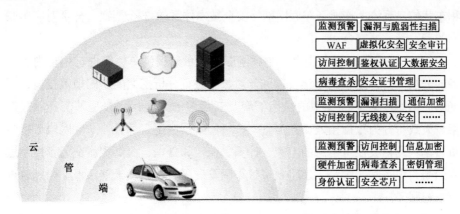

图 7-3　车联网安全技术体系

车联网安全技术体系应参考的原则如下。

（1）架构完整性：采用云、管、端的网络安全架构体系，需要考虑整个车联网生态的安全需求。

（2）体系综合性：车联网安全层次化、多样性的特点更为突出，应根据风险分析合理实施以监测预警为基础的安全防护方案，部署适合的安全防护产品。

（3）技术前沿性：随着汽车智能化、网联化与电动化的进一步发展，会暴露更多新的攻击剖面，需要超越原有理念，吸收新的安全防护技术成果。

（4）技术经济性：车联网的组成实体，即汽车、厂商、用户、供应商、维修保养商等对成本非常敏感，设计车联网的技术、产品和解决方案等不得不高度重视经济合理性和成本可承受性。

（5）使用便捷性：车联网安全防护技术的载体（即硬件和软件），将直接或间接部署于车联网的感知层、网络层和应用层模块、设备或系统中。因此，实际应用阶段要考虑驾驶员、维修人员及前装/后装厂商的使用方便。

车联网特有的汽车司乘人员、维修商、制造商、零部件供应商和交通管理部门之间的生态，使得以监测预警为基础，安全威胁态势感知驱动的车联网网络安全防护技术体系，能够被各方所接受，更符合应用实际要求。车联网网络安全技术的落地应用，必须充分考虑现有汽车行业存在的大量存量车长期使用、前装阶段车商强力推动和后装阶段用户需求自主性较强的车联网网络安全实际情况，由驾驶员或汽车消费者进行充分的自主判断。

车联网服务平台安全、通信安全及智能汽车安全（主要包含汽车总线系统和车载信息系统）构成了车联网网络安全技术体系的 3 个层次，分别对应车联网的云、管、端安全。

① 车联网服务平台安全。车联网服务平台是提供车辆管理与信息内容服务的云端平台，是数据收集、存储及对数据进行分析挖掘的基础规范接口，要能够有效地实现不同类型的应用汇聚及新需求的开展，一般是基于开放式框架，大致可分为数据接入、数据管理分析和数据应用三部分。车联网服务平台负责车辆及相关设备信息的汇聚、计算、监控和管理，提供智能交通管控、远程诊断、电子呼叫中心、道路救援等车辆管理服务，以及天气预报、信息咨询等内容服务。

车联网服务平台支持移动 App，语音控制甚至虚拟现实作为应用程序与汽车控制系统或车载综合信息系统（IVI）的连接接口。为了进行数据交互，这些应用程序与云端进行连接，因此向攻击者暴露了更多的攻击界面。

车联网服务平台是车联网数据汇聚与远程管控的核心，其安全防护的需求主要是对云平台、通信接口、Web 访问、账户管理及数据的保护，攻击者可以通过监视移动 App 发往云端网站的 URL 请求，发现智能汽车的车辆识别码（VIN），进而恶意插入移动 App 与车联网服务平台之间的通信会话，实施攻击破坏。此外，车联网云平台提供的固件远程升级（Firmware Over-The-Air，FOTA）和软件远程升级（Software Over-The-Air，SOTA）能力向攻击者暴露了通过远程控制车联网固件升级过程进行攻击的缺陷。因此，车联网服务平台涉及的物联网安全技术主要有监测预警、漏洞与脆弱性扫描、网站应用级入侵防御系统（WAF）、虚拟化安全、安全审计、访问控制、鉴权认证、大数据安全、病毒查杀和安全证书管理等。

②　通信安全。车联网的基本目标是实现车内、车与人、车与车、车与路、车与服务平台之间的信息交互，包括车内网络、车际网络和车载移动互联网络。车与服务平台的通信主要是指智能汽车通过蜂窝网络、卫星通信等与车联网服务平台通信，传输车辆数据，接收服务平台下达指令；车与车通信是指汽车通过 LTE-V2X、802.11p 与邻近车辆进行信息传递；车与路通信是指汽车通过 LTE-V2X、802.11p、射频通信（RFID）等技术与路基设施进行通信；车与人通信主要是指汽车通过 Wi-Fi、蓝牙或蜂窝移动通信技术与用户的移动智能终端进行信息传递。车内网络包括 Wi-Fi、RFID、蓝牙、红外线、NFC 等无线通信技术体制。车际网络实现智能汽车之间、智能汽车与道路基础设施的通信，目前直连模式的车际网络主要涉及 LTE-V2X 和 IEEE 802.11p 这两种通信方式。车载移动互联网络包括 2G/3G/4G/5G、卫星通信等无线通信方式。2013 年发生的丰田普锐斯破解事件及 2015 年发生的宝马汽车攻击事件等车联网典型网络安全事件，表明车联网通信安全面临诸多挑战：通过伪基站等途径进行的车联网服务平台通信协议破解和中间人攻击；车联网频繁的接入、退出与网络安全控制不充分场景中的恶意节点入侵攻击；Wi-Fi、蓝牙、802.11p、LTE-V2X等短距离通信中的协议破解及认证机制破解。

车联网通信安全主要保护车内网络、车际网络和车载移动互联网的安全性。可以应用的物联网安全技术主要有监测预警、漏洞扫描、通信加密、访问控制和无线接入网安全等。

③　智能汽车安全。智能汽车安全主要涉及汽车总线系统、车载信息系统的网络安全防护。其中，汽车总线系统包括各类汽车控制总线协议（如 CAN 总线、LIN 总线和 FlexRay 总线等）、各电子控制单元（Electronic Control Unit，ECU）、车载诊断（On-Board Diagnostic，OBD）接口等。汽车车内网络一般是基于总线的通信，ECU 相当于汽车发动机、变速箱、轮胎等各个功能部件系统的大脑，通过与车内总线相连，各 ECU 之间进行信息传递。OBD 接口是外接设备与车内总线进行通信的接口。通过 OBD 接口，外接设备可以通过该接口向 ECU 发送读写指令。车载信息系统包括汽车信息显示系统和信息通信系统，如远程信息处理器（T-BOX）及车载综合信息系统（In-Vehicle Infotainment，IVI）等。T-BOX 作为车内与外界进行信息交换的网关，实现汽车与车联网服务云平台之间的通信，IVI 可以提供实时路况、导航、信息娱乐、故障检测和辅助驾驶等功能。

智能汽车安全需要解决包括芯片、汽车控制总线协议、汽车控制总线网

络、外围接口、传感器、车钥匙、车载操作系统、车载中间件、车载应用软件等的安全问题。其中，芯片安全涉及 ECU、车载芯片安全；汽车控制总线协议、汽车控制总线网络安全涉及 CAN 总线、LIN 总线和 FlexRay 总线协议及网络的安全；外围接口安全包括 T-BOX、OBD 等的安全；传感器安全包括雷达、各种汽车物理量传感器的安全。

智能汽车安全所涉及的物联网安全技术体制，包括监测预警、访问控制、信息加密、硬件加密、病毒查杀、密钥管理、身份认证、安全芯片等。

车载 CAN 总线是目前汽车应用最广的车载总线网络，然而提出 CAN 总线技术时并未考虑到未来汽车网络不再局限于车内网，以及车内网和车外网的互通性。因此，对于来自外界的攻击防护能力非常差，这就给黑客以可乘之机，通过窃听、重放等攻击手段可以窃取汽车信息、威胁汽车与人身安全，如何针对汽车的特性制定适合的防御手段成了非常迫切且棘手的问题。

目前人们已经针对 CAN 总线有了一些信息安全的防护手段，如消息认证、加密手段等，然而车载网络不同于传统互联网，它有其自身的局限性，如硬件方面计算能力与内存的限制、汽车实时性的需求等。这些技术的应用场景和模式需要重新考虑。异常检测或监测预警技术可以检测车载 CAN 网络中的异常行为，并对异常行为进行报警，这种技术可以弥补加密认证方式的应用不足，具有广阔的商业前景，是车联网安全的重要发展方向。

车联网安全技术的安全防御需要考虑从内到外的系统性防御能力：从车内部到整个外部生态链安全；从小到大，从芯片安全到云安全，对应各环节提供防护；从始到终，从产品设计到安全运营。随着车联网市场和应用的不断发展，建立以车联网网络安全态势感知和监测预警为基础的车联网全链条（包括车联网服务平台、车载综合信息系统、汽车总线控制系统等）的综合立体防御体系，将是车联网安全发展的必然趋势。

7.2.2 物联网安全技术在智能家居中的应用

1. 智能家居总体系统架构

智能家居是以住宅为平台，利用综合布线技术、网络通信技术、安全防范技术、自动控制技术、音视频技术将家居生活有关的设施集成，构建高效的住宅设施与家庭日常事务的管理系统，提升家居安全性、便利性、舒适性、艺术性，并实现在居住环境中环保节能的目的。将自动化控制系统、网络通信技术和计算机网络系统融于一体之后，智能家居产品能将各种家庭设备（如音视频设备、窗帘控制、照明系统、安防系统、空调控制、网络家电、数字影院系统等)通过智能家庭网络实现联网,再通过 3G 无线网络和中国电信的宽带、固话网络等可以远程管理和操控家庭设备。与普通家居相比,智能家居不仅创建了舒适且高品位的家庭生活环境,还实现了家庭安防系统的智能化。此外,还将原来的被动静止结构的家居环境变为具有能动智慧的工具,实现全方位的信息交互。

从网络架构上看,一方面,所有的智能家电或设备,包括电视机、冰箱、空调等,都通过家用的路由器或机顶盒连接通信,并通过手机 App 进行控制;另一方面,由于终端侧的计算能力有限,因此推荐信息、语音识别系统等计算量较大的均需要通过与云服务器进行交互,在云端来完成。智能家居总体系统架构如图 7-4 所示。

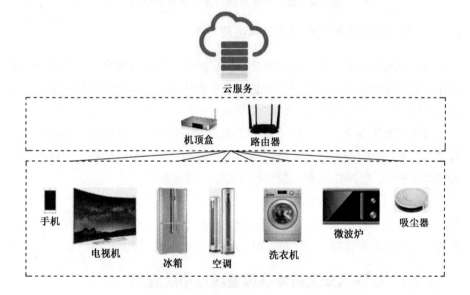

图 7-4　智能家居总体系统架构

对目前通常的"云—管—端"的智能家居应用模式而言,感知层需要收集信息,执行各类功能和用户交互,因此需要构建可信的执行环境,同时系统需要严格执行访问控制策略,并及时在终端侧进行安全更新。对于网络层,需要检测并且阻止各类网络攻击,保护通信和传输数据安全。对于应用层,需要更加全面的安全态势感知能力和人工智能安全服务的能力。图 7-5 所示为智能家居系统安全总体功能架构。

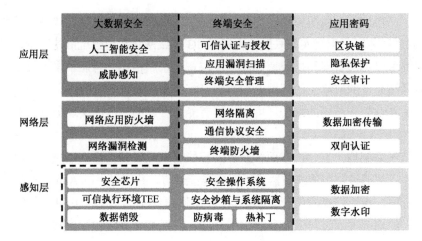

图 7-5　智能家居系统安全总体功能架构

2．智能家居中的网络安全技术应用

（1）感知层安全。智能家居系统感知层涉及的物联网安全技术主要有安全芯片、可信执行环境 TEE、数据销毁、安全操作系统、安全沙箱与系统隔离、防病毒与热补丁、数据加密、数字水印等。

（2）网络层安全。由于智能家居系统的网络层与上层应用直接进行交互，因此涉及的物联网安全技术包括网络应用防火墙、网络漏洞检测、网络隔离、通信协议安全、终端防火墙、数据加密传输、双向认证等。

（3）应用层安全。智能家居系统的应用层一般具有人机交互环节，因此涉及的物联网安全技术包含人工智能安全、威胁感知、可信认证与授权、应用漏洞扫描、终端安全管理、区块链、隐私保护、安全审计等。

7.2.3　物联网安全技术在智慧城市中的应用

1．智慧城市总体系统架构

新型智慧城市建设通过打牢共用基础设施建设，促进感知、通信和计算资源集约，通过功能整合促进城市信息资源开放利用，通过开放应用服务建设充满创新活力的开源城市。智慧城市总体架构如图 7-6 所示。

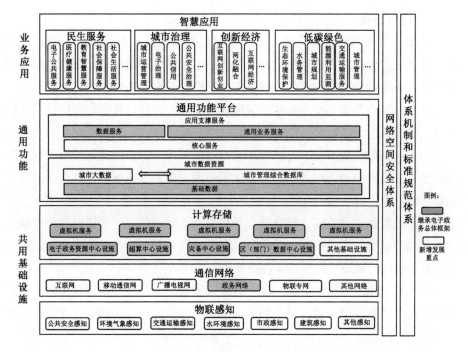

图 7-6 智慧城市总体架构

1）共用基础设施

以打通信息壁垒，构建全国信息资源共享体系为目标，加强物联感知、通信网络、计算存储等共用、共享的基础设施的统筹建设，实现即插即用、无缝互联，为无处不在、全程全时的服务提供支撑。

（1）物联感知：基于网格化理念采用全球地理剖分技术，将技术网格和管理网格相统一，实现网格层面的多元信息汇聚，构建城市信息栅格。物联感知层包括公共安全感知、环境气象感知、交通运输感知、水环境感知、市政感知和建筑感知等在内的感知设备和手段，实现对城市各类信息的数据采集。

（2）通信网络：重点结合国家"十三五"天地一体化网络发展规划，布局互联网、移动通信网、广播电视网、政务网络、物联专网等，实现空、天、地网络的一体化，通过 SDN 技术应用实现城市通信网络能力的提升。

（3）计算存储：计算存储依托深圳市电子政务资源中心、国家超算深圳中心、各区（部门）数据中心等计算存储资源，基于同一技术平台构建"逻辑统一、物理分散"的统一云平台，提供面向各部门、各区、企业和市民的信息基础设施服务。

2）通用功能

以加强城市管理数字化平台建设和功能整合，建设综合性城市管理数据库，发展民生服务智慧应用为指导，构建新型智慧城市通用功能平台。以数据的开放共享和融合利用为核心，对各类信息资源调度管理和服务化封装，实现功能整合，打造开放、安全的城市信息环境，为各行业、各部门提供通用功能服务，建设集约、高效的新型智慧城市。

（1）在基础功能方面，有效管理城市基础信息资源，依托开放物联网、数据共享、云服务、运营服务、地理信息等通用平台，支撑城市管理与公共服务的智慧化。

（2）在数据资源方面，建立一个开放共享的数据体系，通过对数据的规范整编和融合共用，形成数据"总和"，有效提高数据支持决策的生产与运用效率，进一步提升城市治理的科学性决策和智能化水平。

（3）在通用业务功能方面，整合政务、能源、交通、安防等城市各行业通用业务服务功能，通过融合技术推动标准化、通用化产品的形成，促进便民服务的规模化拓展。

3）业务应用

充分发挥市场的决定性作用，调动各领域、各行业和企业的积极性，营造大众参与的局面，推进大众创业、万众创新，形成各具特色的领域智慧应用。在政务服务方面，以信息惠民工程试点建设为基础，通过提高信息服务的智能化水平，构建智慧医疗、智慧教育、智慧社保、智慧社区等融合模式，为市民提供全程全时、全城通办的服务，让百姓少跑腿、信息多跑路，解决办事难、办事慢、办事繁的问题。在城市治理方面，以构建现代化治理体系，提高社会治理能力为出发点，加强大数据应用，加快数据开放，推进"互联网+"条件下的政府扁平化管理，实现政府应用大数据支持城市多规合一、多元主体参与社会治理，促进政府开放透明、管理、服务和决策能力全面提升，治理水平全面提升。在创新经济发展方面，着力建设有国际竞争力的高科技产业与互联网应用创新中心，利用政府和社会数据资源，打造智慧化的产业孵化体系，构建全程全域的创新创业环境，着力打造更有活力、更具实力的产业体系，促进企业与产品提升转型，增加产品和服务的供给，促进信息消费，拉动信息产业发展，实现数字经济快速有序发展。在绿色低碳宜居方面，强化信息技术在城市资源管理和节约利用等方面的利用，提升城市获取、控制和转化资源的能力。针对城市发展面临的急切、重大难题，重点推进环保、水务、土地、能源、交通、城市管理等领域智慧化建设，夯实城市发展基础，实现城市低碳绿色发展。

2. 智慧城市网络安全技术应用

智慧城市网络安全体系以"网络空间安全防护"和"网络空间综合治理"为核心，通过构建安全防护体系，为新型智慧城市提供从基础设施到通用平台再到智慧应用的多层次、全方位安全保障，支撑城市安全运行；通过构建网络空间综合治理体系，提升城市治理能力，为新型智慧城市健康持续发展、造福民生提供保障，打造安全清朗网络空间。

智慧城市网络空间安全防护保障体系，通过建设基础密码保障和信任服务设施，为智慧城市共用基础设施和通用功能平台提供安全基础支撑；通过提供通用功能平台的多样化安全服务，为新型智慧城市民生服务、城市治理、创新经济、低碳绿色等领域的智慧应用提供安全防护保障；通过建设城市网络空间安全治理平台和网络空间安全运营平台，提升城市治理能力。

典型的智慧城市网络空间安全由安全基础支撑、共用基础设施、通用功能平台、安全智慧应用（网络空间综合治理）、安全运维管理、信息安全等级保护等标准及法律法规组成。智慧城市网络空间安全总体架构如图 7-7 所示。

安全基础支撑：为整个新型智慧城市网络空间各层面提供安全基础技术及管理服务，包括安全基础密码保障（通用密码、云密码等安全保障）、信任服务设施（异构身份、统一认证、审计、授权等信任服务）等。

共用基础设施安全：为新型智慧城市共用基础设施层提供安全服务，包括以下几类。①物联感知层的数据接入、采集、处理等安全；②通信网络层的接入控制、网间互联、传输等安全；③计算环境的主机安全、云计算安全；④集中式、分布式结构的数据存储安全，以及数据库安全。

通用功能平台安全：对各类信息资源调度管理和服务化封装提供安全服务，包含大数据安全、通用功能安全服务、应用安全服务。其中，大数据安全实现数据汇集、共享交换、数据应用等全过程安全服务；通用功能安全服务对内为通用功能平台层提供安全服务，应用安全服务对外为安全智慧应用提供行业应用安全服务，通用功能安全服务和应用安全服务实现技术均为认证、审计、授权和密码管理等通用安全技术。

应用层安全：包含两部分，一是为民生服务、城市治理、创新经济、低碳绿色等智慧应用提供安全保障；二是网络空间综合治理，作为一种安全应用，

包括城市网络空间的综合态势分析、安全策略管控、网络监测预警、应急协同调度、安全效能评估、网络安全治理、电磁环境安全防护等功能。

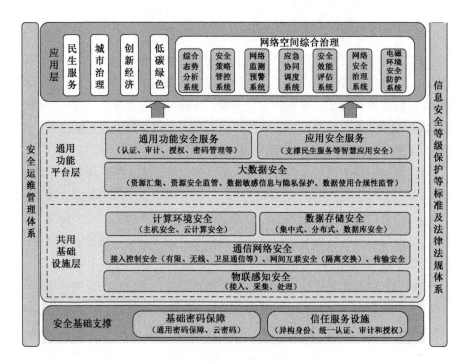

图 7-7 智慧城市网络空间安全总体架构

安全运维管理体系：建立和完善安全运维管理体系，对新型智慧城市的共用基础设施、通用功能平台及业务应用等各层面进行运维监管，保障整个智慧城市体系的正常运营。

标准及法律法规体系：依据信息安全等级保护等已有标准，参与制定新型智慧城市的网络空间安全系列标准，同时协助政府健全城市网络空间安全法律法规体系，实现新型智慧城市网络空间健康、可持续地发展。

智慧城市网络安全涉及的物联网安全技术主要内容如下。

1）安全态势感知与威胁监测预警

从网络舆情、网络威胁监测、工控威胁监测及电磁辐射监测等方面，通过智慧城市安全态势综合呈现平台将各种威胁进行统一的汇聚和呈现，展现网络空间各个层次的运行状态、安全态势、告警事件、统计数据等，实现智慧城市网络空间的安全威胁可视化。网络空间安全综合治理平台包括安全态势综合呈现平台、网络舆情监测预警、高级威胁监测分析、联网工控威胁感知、电磁辐射监测分析、统一安全管理等多项技术。

2）敏感信息保密

视频专网传输和存储大量敏感信息，需配置相应的安全措施，确保视频专网信息的保密性、完整性、可用性、可查性和可控性。视频专网以公安局的专网传输网作为网络承载平台，并且与公安信息网图像中心等有着应用交换，鉴于对公安信息网信息安全的敏感性，必须从技术和管理两个层面上保障视频专网和公安信息网的安全。一是对于涉及国家秘密的信息不能在网上处理、存储与传输；二是采取相应的物理安全隔离手段，保证视频专网和公安信息网之间的安全可控的视频图像信息交换。

3）安全认证和权限控制

视频专网涉及的人员众多、层次复杂，包括市局、分局各级领导、系统管理人员、系统操作人员、分局和派出所警务人员及其他政府部门的用户等。人员的工作范围、工作职责不同，必须建立一种信任及信任验证机制，保证用户身份的唯一性，保证认证的权威性，这就需要建立一套 CA 安全认证体系来实现。为了保证视频专网及公安信息网的安全，对其他政府部门的用户要有网络接入控制、用户入网控制、基于角色的用户访问权限控制等措施。通过对各种访问进行控制，可以有效保证视频专网的运行安全。

4）病毒防治和漏洞扫描

由于视频专网具有操作系统和数据库软件等产品，对存在的系统安全问题实施被动防御的同时，还需要采取主动防御手段（如安全漏洞扫描程序、主机防护和加固系统、数据库防护系统）来查找和防止系统的安全隐患，遏制安全问题的发生。建立跨平台全网分布式防病毒系统对视频专网进行统一的病毒防范控制和管理，及时对操作系统漏洞及病毒库提供更新及分发，能对可能出现的紧急情况做出及时反应并恢复。

5）接入安全

视频专网依托公安信息网，并与之直接相连。同时，政府其他部门（如城管、行政执法、环保、工商、司法、国安、水利、省政府等）将接入视频专网，共享视频资源。为实现社会治安动态监控，通过运营商视频专网，采集商场、学校、工厂、医院等社会图像资源来扩大监控面。在这些外部网络与视频专网相互连接、共享视频图像资源的同时，确保视频专网，尤其是公安信息网的安全显得非常重要。因此在边界接入中，需要考虑接入终端、接入链路、网络传输及接入用户的身份认证和访问控制。

6）安全审计

应对视频专网的全网安全进行集中监控与审计，实现对视频专网的安全监控、管理与审计功能。

7）数据容灾备份

视频专网运行后重要的视频数据将存储在各级存储系统中，保证存储系统数据和数据库不因各种情况和灾难的发生而造成数据的损坏和丢失，是数据安全需要考虑的问题。平安城市结合云计算的数据存储技术和数据管理技术，同时采用集中式存储和分布式存储相结合的方式，从物理上和逻辑上对数据进行备份和灾难恢复。

8）视频数据安全

将水印嵌入到原始视频码流中，形成含有水印信息的原始视频码流，然后对原始码流进行压缩编码，形成带有水印信息的原始压缩码流。含水印信息的视频码流经过网络传输至监控中心进行后台解码还原处理，对压缩码流进行解码后提取原始视频图像。视频水印技术可以有效防止视频图像在采集传输过程中被恶意篡改或盗取，确保视频数据的真实有效。

📖 本章小结

本章对物联网安全的典型应用进行了介绍，车联网、智能家居和智慧城市是物联网中比较典型的几个行业，物联网技术在这些行业中的应用具有一定的代表性。

📖 问题思考

物联网应用还处于起步阶段，从目前的各种物联网应用来看，主要是解决有无问题，在很多应用中，基本没有考虑安全措施。请读者思考，为什么目前大量物联网应用没有考虑安全措施，是因为本身没有安全需求，还是安全、成本和危害之间不成比例？在什么情况下这种状况会发生改变？请读者举例说明目前物联网安全的行业应用。

第 8 章

物联网安全新技术

内容摘要

本章对物联网安全技术未来发展趋势进行简单介绍。目前来看，物联网技术本身还处于起步阶段，对于其应用和发展前景，人们能够描绘蓝图，但是并不能确切地把握其发展脉络。对于物联网安全技术来说，更是如此，人们只能直观地觉得物联网安全十分重要，但是并不能清楚地规划出其发展路线。安全技术的跨学科研究进展、安全技术的智能化发展及安全技术的融合化发展等新兴安全技术思路将在物联网安全技术发展和应用中发挥出一定的作用。本章不仅探讨物联网安全技术的发展趋势，同时还提出从非技术视点描述物联网安全的另一种思路。

8.1　物联网安全发展概述

近年来，尽管我国的物联网行业得到了十分迅速的发展和进步，但是，不可否认的是在整个的发展历程中依然存在诸多的挑战，并且这些挑战极具复杂性和破坏力，解决难度较大，而物联网的安全发展问题是其中最为重要的挑战因素。

8.1.1　物联网安全发展现状

物联网安全发展问题所带来的网络冲击性、网络攻击事件和网络安全事故，均可以在极大程度上破坏物联网发展的稳定性和持久性，并造成相关物联网企业陷入发展困境中，它所面临的挑战十分巨大。因此，下面有必要积极地

根据物联网安全发展问题进行详细的剖析。

1. 技术供给不充分

物联网安全发展需要依赖该行业的技术发展程度，技术的革新与突破能够在极大程度上保障物联网实现安全运行的重要趋势，然而，在现阶段的物联网安全发展过程中，却存在着技术能力供应严重不足的缺点。一般来说，即使一台网络设备在实际运行的过程中始终可以保持安全、稳定的状态，也不可以由此盲目地推断当这台网络设备与其他设备进行组合使用时，仍然可以继续保持一贯的稳定性，因为在多台设备进行合作工作时，会形成一个较为复杂的系统，而这个系统可能会提供多样的攻击性窗口，所以这个窗口的安全性问题及其价值便在此时凸显出来了。根据短板效应可知，在整个物联网系统运行的过程中，通常是最薄弱的环节能够最终影响整个系统的安全性。物联网各个环节的安全技术创新与应用，是物联网发展过程中必须给予足够重视的问题。

2. 标准和规范缺乏

在物联网安全发展的实际过程中，依然缺乏严格的标准和科学的制度规范，因此，使得整个物联网的安全发展过程受到了阻碍，从而阻碍物联网实现长期、稳定发展的趋势。实事求是地说，当前我国的物联网发展依然因未能制定科学标准而产生了多样化的技术形式之间的矛盾问题，使各种技术之间无法形成良性互动。一般来说，相对成熟的商业体都会针对这一问题提出应对措施，然而，想要找到各种技术之间的一致性需要花费大量的时间和精力。因此，当前最需要做的就是制定一个标准化、科学化、专业化的制度标准模式，从而为整个物联网的安全发展提供科学的途径。

3. 安全投入的产出效益问题

当前，诸多物联网企业都只追求一时的利益增长，却忽略了行业发展的持续性问题，因此对当前所发生的物联网安全问题只是予以表面性的解决，并没有对安全问题的实质提供科学的应对方案。由于投入的比重小，极易引发更加严重的安全风险，因此阻碍物联网的安全、稳定发展。客户和终端用户仍将物联网安全视为一种商品，这使得用户不愿意为安全付出更高的成本，导致物联网安全产业的规模受到了限制。

8.1.2　物联网安全的发展趋势

信息安全技术一直在不断的发展与创新之中，随着物联网技术的不断成熟、物联网应用领域的不断扩大和渗透，为了适应其发展，物联网安全技术必将在传统技术和手段及理论的基础上有所突破。目前，由于能够满足物联网安全新挑战及体现物联网安全特点的物联网安全技术还不够成熟，因此物联网安全技术还将经过一段时间的发展才能完备，并且在其发展过程中，将呈现跨学科、智能化、融合化及其标准日趋成熟的发展趋势。

1．物联网安全技术的跨学科研究

近年来，行为学、心理学、经济学等学科在信息安全领域的应用研究日益被重视。例如，信息（或网络）安全行为学、信息安全经济学、网络心理学等均处于探索阶段。

1）信息安全行为学

行为科学是采用自然科学的实验和观察的方法，研究自然和社会环境中人和低级动物行为的科学。行为科学理论的研究对象是人和动物的行为，研究在特定的环境中的行为特征和行为规律，从不同的层次上分析产生行为的原因、影响行为的因素和行为规律。行为科学理论的研究目的是解释、预测和控制人们的行为。

信息（或网络）安全行为学的研究对象主要是网络安全领域中的人和网络系统的行为。网络或信息安全是攻击者和防卫者之间的较量，这种较量主要是通过攻防过程中的软件行为体现出来的。也就是说，在网络中，人类的行为是通过软件的行为来实现的。因此，也有专家称之为"软件行为学"。信息（或网络）安全行为学的研究内容是这些特征和模式，分析行为的产生原因、行为的影响及影响行为的因素，总结行为的规律，从而遏止恶意行为对网络安全的危害与破坏。

目前，我国在信息安全行为科学领域的研究已取得突破，已有一些重要的研究成果面世，这些成果被有关专家称为中国信息安全研究领域的"突围"之举。

2）信息安全经济学

信息安全经济学研究和解决的是信息安全活动的经济问题，因此它首先是一门经济学；信息安全经济学的应用领域又特指信息安全活动，因此它又不是一般意义上的经济学。信息安全经济学可以说是一门经济科学、安全科学与信

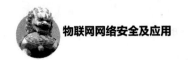

息科学相交叉的综合性科学。信息安全经济学以经济科学理论为基础，从经济活动的视角考察信息安全，以信息安全活动的经济规律为研究对象，为有效地实现信息安全活动的经济效益提供理论指导和实践依据。

从学科性质和任务的角度来看，信息安全经济学可定义为：信息安全经济学是研究信息安全活动的经济规律，通过对信息安全活动的合理组织、控制和调整，实现信息安全活动的最佳安全效益的科学。

信息安全经济学的研究对象是信息安全活动的经济规律。目前，信息安全经济学应当研究如下信息安全活动的经济规律：① 信息安全事故的损失规律；② 信息安全活动的效果规律；③ 信息安全活动的效益规律；④ 信息安全活动的管理规律。

3）网络心理学

狭义的网络心理学是研究以信息交流观点为核心的心理学，而广义的网络心理学是研究一切与网络有关的人的心理现象的科学。它包括网络空间的个人心理学研究、网络人际关系心理学、网络群体活动心理学。网络心理学的这几个研究领域各自构成一套独立的研究体系，但它们之间又相互依存，共同构成了网络心理学的研究对象。作为一个新的边缘学科，它的研究目标就是用心理学这一传统学科的独特视角和观点分析网络这一新生事物，从而指导网络用户正确使用网络，正确利用网上资源和进行有效的网络管理。

目前网络心理学的研究才刚刚起步，国内这方面的论著还很少。

上述信息安全领域的跨学科研究，其中很多概念、术语还有待于去定义和明确，很多规律还有待于去研究和探讨，很多理论还有待于去创立和发展，很多技术方法还有待于去探索和实践。但是，随着越来越多的专家、学者、工程技术人员和管理人员投入其中，相信在不久的将来会有较大的发展，并逐步应用于物联网安全领域。

2. 物联网安全技术的智能化发展

人工智能技术是一种模仿高级智能的推理和运算技术，研究的就是如何利用机器模仿人脑从事推理规划、设计、思考、学习等思维活动，解决迄今为止认为需要由专家才能处理好的复杂问题。由于物联网是人与物、物与物之间的交互，人工智能技术应该特别适合物联网的应用环境，人工智能技术所具有的许多特殊能力可以使其成为物联网安全管理最强有力的支持工具，如果能把人工智能科学中的一些算法与思想应用到物联网的安全管理，将会大大提高物联网的安全性能。

　　未来人工智能技术在物联网安全管理中的应用，从用户的角度看，人工智能技术可以支持物联网监视和控制两方面的能力。网络监视功能是为了掌握网络的当前状态，而网络控制功能是采取措施影响网络的运行状态。在物联网这样一个庞大的网络中，网络状态监视需要同时处理大量的网络数据，而这些数据是不完善的、不连续的或无规则的，神经元网络的并行处理能力正好适应这种工作。由于神经元网络不需要事先知道输入与输出数据间的逻辑或数字关系，这些知识可从实例学习中自动获得。因此，神经元网络更加适用于处理那些难以定义的问题、不好理解的现象及杂乱无章的输入数据。由于网络控制的目的是通过合理地选择路由和控制业务量以减轻由网络异常造成的性能下降。经验知识（启发式）结合程序性算法、带有实时计算能力的专家系统比常规程序更适用于这种应用。因此，可以设计基于规则的人工智能专家系统来执行网络管理的功能，也可以设计专门的神经网络来承担这一工作。

　　根据目前的研究，未来人工智能技术在物联网安全管理中的主要应用有智能防火墙、入侵检测系统等。智能防火墙从技术特征上，是利用统计、记忆、概率和决策的智能方法来对数据进行识别，并达到访问控制的目的。新的数学方法消除了匹配检查所需要的海量计算，高效地发现网络行为特征值，直接进行访问控制。由于这些方法多是人工智能学科采用的方法，因此，又称为智能防火墙。智能防火墙可以识别进入网络的恶意数据流量，并有效地阻断恶意数据攻击及病毒的恶意传播；可以有效监控和管理网络内部局域网，并提供强大的身份认证授权和审计管理。在入侵检测系统中应用的主要人工智能技术有：规则产生式专家系统；人工神经网络；数据挖掘技术；人工免疫技术；自治代理技术；数据融合技术。

3．物联网安全技术的融合化趋势

　　未来，物联网安全技术将呈现融合化趋势，安全技术的融合，简单来说主要包括两个方面的内容，即不同安全技术的融合及安全技术与物联网设备的融合。

1）不同安全技术走向融合

　　从物联网信息系统整体安全的需求来看，不同安全技术的融合能够为用户提供较为完善的安全解决方案，而不同安全技术融合的源动力是来自网络攻击手段的融合，融合的方向是以不同安全技术的融合对抗不同攻击手段的融合。

因此，也可以说物联网安全技术的融合是愈演愈烈的网络攻击的产物。

安全技术的融合并不是不同技术之间的简单堆砌，一个网络的信息安全不但依赖单一安全技术自身的性能，也同样依赖各种安全技术之间的协作所发挥的功效。通过相互之间的协作，充分发挥不同安全技术的协作优势，从而达到1+1＞2的效果。将不同安全防范领域的安全技术融合成一个无缝的安全体系，这样才能满足预期的安全设想和目标。

未来的物联网信息安全融合趋势不仅涉及安全技术，也将会涉及整个的安全体系和架构。同时，物联网安全产品也将成为安全技术的支撑和依托。

2）安全技术与物联网设备的融合

安全技术与物联网设备的融合是把安全技术的因素融合到路由器、交换机、终端等网络设备中，并采用集成化管理软件。从终端方面的网络访问控制到交换机上的防火墙、入侵检测、流量分析与监控、内容过滤，形成全面的网络安全体系，这种网络设备从简单的连接产品向整体安全系统进行转变，不仅可以减少传统的安全设备与网络设备的不协调，还能降低设备应用的成本。这种融合意味着网络技术与安全技术乃至应用的融合，是今后物联网安全技术发展的一个重要方向。

4．物联网安全技术标准

未来，物联网的安全保障很大程度上取决于标准体系的逐渐成熟。标准是对技术的统一规范，如果没有这个统一的标准，就会使整个产业、市场混乱，还会让用户不知如何去选择应用。物联网在我国的发展还处于初级阶段，即使在全世界范围，也没有统一的标准体系出台。标准的缺失将大大制约技术的发展和产品的规模化应用。标准化体系的建立将成为发展物联网产业的首要先决条件。

物联网安全技术标准的制定首先应坚持"自主"的原则，这具有重大的现实意义。在标准的制定过程中，"国家信息安全高于一切"是必须牢牢把握的核心。同时，标准的自主建立是突破长期以来国外对我国形成的技术壁垒的需要，也是相关产业长远发展的需要。尽管当前可能面临众多的困境，但是，我国必须最大可能地坚持自主知识产权，通过向国际标准借鉴、与国际标准兼容的方式，建立我国的物联网安全技术标准体系。

近几年来，物联网产业取得了突飞猛进的发展，推动了物联网安全技术标准的研发进程。2016 年 11 月，美国国土安全部公布了《物联网安全指导原则》，对设备的安全认证、数据加密和完整性保护等提出了指导建议。2017 年 8 月 1 日，美国民主党参议员马克·华纳、罗恩·维登和共和党参议员史蒂夫·戴恩斯、科里·加德纳携手向美国国会提交了一项关于物联网安全的法案《2017 年物联网网络安全改进法案》，希望通过设定联邦政府采购物联网设备安全标准，来改善美国政府所面临的物联网安全问题。该法案提出，联邦政府的物联网设备供应商要保证其设备采用政府认可的标准协议，不能包含硬编码密码及已知的安全漏洞，并且是可以打补丁的。如果供应商发现新的安全漏洞，必须向有关部门披露，并解释为什么设备存在这样的漏洞仍被认为是安全的，以及他们针对漏洞采取了哪些措施。据此信息，联邦政府采购部门的首席信息官可以决定是否放弃采购这些设备。对于某些不能满足上述要求的设备，如果能证明可有效控制安全风险，采购部门就可向美国政府管理预算局（OMB）申请，获准购买这样的设备。法案授权 OMB 和 NIST 与相关行业协调，确认政府机构可采取的特定安全防范措施，如网络分段、使用网关等是否有效。法案还提出，如果联邦政府机构有自己更严格的安全标准，或者相关行业有更严格的第三方设备认证标准，可提供等效或更严格的安全保证（具体由 NIST 来认定），则可以不采纳该法案的建议。法案还要求国土安全部计划司（NPPD）与相关行业合作开发物联网设备安全漏洞披露指南，免除《计算机欺诈与滥用法》和《数字千年版权法》规定的网络安全研究人员责任。同时，这些设备的安全漏洞一经发现，则应第一时间进行修补或更换设备。此外，法案还要求联邦政府机构要保留物联网设备使用清单。OMB 要在 5 年后向国会提交指南有效性和更新建议的报告。这一法案受到包括哈佛大学伯克曼克莱因网络与社会中心、民主与科技中心（CDT）等团体及赛门铁克、威睿（Vmware）等公司的支持。尽管该法案只是着眼于联邦政府设备采购方面，且距离成为真正的法律还需时日，但意义重大。威睿公司副总裁兼首席技术官雷·奥法雷尔称，该法案安全建议合理，是两党推进物联网生态系统安全的重要一步。美国软件公司 Sonatype 则认为，这一法案有助于推动整个物联网安全标准的发展，会受到所有物联网企业的重视。国内有关物联网安全的一些基础性标准也在积极研制过程中。

我国发布了《物联网标准化白皮书》（2016 年版），研究国内外物联网标准化进展，包括国际标准组织 IEEE、ISO、ETSI、ITU-T、3GPP、3GPP2 等。ISO 主要针对物联网、传感网的体系结构及安全等进行研究；ITU-T 与 ETSI 专注于泛在网总体技术研究，但二者的侧重角度不同，ITU-T 从泛在网的角度出

发，而 ETSI 则是从 M2M 的角度对总体架构开展研究；3GPP 和 3GPP2 针对通信网络技术方面进行研究，IEEE 针对设备底层通信协议开展研究。我国针对物联网标准化组织包括国家物联网基础标准工作组、电子标签标准工作组、传感器网络标准工作组、生物特征识别分技术委员会、多媒体语音视频编码，以及公安、交通、医疗、农业、林业和环保各行业应用标准工作组，这些工作组各自侧重点不同。

8.2　物联网安全的新技术

信息安全是物联网技术大规模应用必须面对的问题，物联网安全综合具有普适性、特殊性的特征和需求，广阔的市场应用前景和丰厚的商业投资回报，使得各种新兴技术较为活跃地应用于物联网安全。例如，创新设计的密码体制、人工智能、区块链及供应链安全等。

8.2.1　物联网资源和应用适配的密码技术

物联网中部分设备的计算资源、存储资源等具有受限性。而传统密码算法无法很好地适用这种环境，这就使得资源受限环境中密码算法的研究成为一个迫切需要解决的热点问题。研究的方向包括：关注设计适配标准密码算法的低功耗处理器芯片；针对资源受限的特点设计轻量级别的密码算法；低功耗的高熵随机数的发生。

1．适配标准密码算法的处理器芯片

斯坦福大学牵头的 Secure Internet of Things 是一个综合性的物联网安全项目。自 2015 年 4 月起为期 5 年，其中参与人员包含嵌入式操作系统专家 Philip Levis 等、密码学专家 Dan Boneh 等、软件专家 Prabal Dutta 等涉及物联网安全各个方面的学者和工业界人士。该项目旨在研究定义新的密码学模型和安全机制，保证物联网设备在未来几十年的安全使用；研究实现安全、开源的硬件/软件框架，并且开发可以正确使用这些机制的物联网应用。他们从适配密码算法的硬件处理器、操作系统、协议架构对物联网的安全性进行全方位的研究和推进。

2．轻量级密码算法

在适合低功耗性能物联网的轻量级密码方面，比利时鲁汶大学的 COSIC

实验室、法国国立计算机及自动化研究院 INRIA、瑞士皇家科技学院 EPFL 中心等国际上著名的密码学实验室，相继展开了轻量级密码的研究。欧洲的 ECRYPT Ⅱ 项目专门设置了轻量级密码研究专题，轻量级密码逐步走向实用阶段。轻量级密码算法设计的关键问题是处理安全性、实现代价和性能之间的权衡。部分学者针对已有的标准分组密码算法如 AES 和 IDEA 等，进行高度优化并面向硬件平台尝试简洁实现，期待将实现资源降低到 RFID 所允许范围之内，但是效果并不理想。

其中，影响比较大的是美国国家标准化组织 NIST 在 2013 年就开始征集轻量级密码。目前 NIST 认可的算法可以被设计适用于资源有限的受限环境（物联网）中，然而它们的性能却让人难以接受。由于这些原因，NIST 开展了一个轻量级密码的征集项目，该项目致力于研究更多相关问题及制定轻量级密码算法的标准化战略。

8.2.2　物联网身份认证与密钥管理等信任服务

由于无线传感网络与互联网的处理能力和资源限制等不同特点，目前大部分安全认证方案采用单向 Hash 函数的方法对公钥进行分发和管理。当前在无线传感器网络上的身份认证协议主要有 TinyPk 认证协议、强用户认证协议和基于密钥共享的认证协议等。但是基于新的密码学要素进行物联网终端身份认证的新技术研究一直是热点方向之一。

2013 年，加拿大和新加坡等国外研究人员提出基于标识密码的传感网设备身份认证，并提出相应的集中式、分布式等密钥管理方法。2013 年 11 月，美国莱斯大学和 RSA 实验室研究人员提出基于心跳数据的统计特征实现植入式物联网设备的访问认证。2014 年，意大利都灵理工大学研究人员采用随机密钥分发和临时主密钥家族的群密钥管理机制，便于快速生成网络新增节点的密钥。2016 年，美国斯坦福大学研究人员提出支持隐私保护的物联网设备与服务之间的双向认证方案，在认证过程中加密保护身份信息。2016 年 11 月，美国国土安全部公布了《物联网安全指导原则》，对设备的安全认证、数据加密和完整性保护等提出了指导建议。2017 年 2 月，加拿大 UNB 研究人员提出了基于代理重加密的物联网设备会话密钥生成方法，以解决移动中继场景下密钥协商和传输过程的安全挑战。

此外，据媒体报道，美国国土安全部指出，大量物联网设备存在安全隐患，物联网安全漏洞关系重大，必须设法解决。为此，美国国土安全部将寻求保护

物联网安全的新思路、新技术、新措施，这样有助于提高国土安全部行动能力，以及获得全面的、持续的、对其行动和资产至关重要的物联网组件和系统的相关知识。在物联网安全方面，美国国土安全部关注侦测、认证和更新 3 个领域。

（1）在侦测领域，美国国土安全部正寻求可解决安全挑战的技术，为已部署的物联网系统提供有效的态势感知。美国国土安全部需要可靠的侦测方法，便于物联网系统安全管理人员发现威胁，及时、动态、有效、全面获取所有影响其基础设施组件的相关信息。鉴于许多设备可以连接到物联网系统中，可能使该系统面临未经授权或恶意连接等现实威胁。因此，相关技术必须能侦测并收集所有设备、组件和连接的信息。美国国土安全部将该设备定义为主动式传感器或已连接至物联网系统的自主硬件。虽然美国国土安全部正致力于对物联网系统组件进行有效的侦测和提供态势感知能力，但仍面临诸多挑战，包括以下内容。

① 物联网设备可通过虚拟、网络化方式从任何位置接入物联网系统。

② 物联网设备可能不会发出特定的签名，并只在"收听模式"下进行。

③ 物联网设备可以采取短暂或间歇性连接，因此需要进行动态侦测。

④ 物联网设备可以随时移动。

⑤ 一些物联网设备可能包括老旧型号，可能无法兼容现有识别工具。

⑥ 物联网设备可能在远距离、无人值守环境部署，将导致访问困难，对物理检查和（或）连接造成不便。

（2）在认证领域，物联网系统管理人员需要验证物联网组件的出处，并确定组件是否受到欺骗或非法控制。美国国土安全部将这种能力定义为物联网组件验证能力。物联网系统涉及多个制造商的组件、各种安全保护手段、加密协议、通信链接和子组件。美国国土安全部关注的物联网安全技术应能实现以下目标。

① 能够准确确定来自多个物联网制造商组件的出处。

② 为物联网组件操作人员提供具有高可信度的、明显的篡改证据。

③ 可侦测广泛分布的物联网组件是否受到欺骗。

④ 可在低功耗、低功率的环境运行。

⑤ 在认证时尽量缩短物联网系统停机时间。

⑥ 为动态、快速变化的系统提供有效的身份验证。

（3）在更新领域，物联网系统会随时间不断发展，用户可以添加新设备、组件、传感器、信息流，对其进行更新并增加安全特性和能力。此外，许多物联网设备并没有加密数据的能力。为广泛分布的各种物联网系统提供更新相当困难，尤其是安全和加密方面。因此，物联网系统更新面临诸多挑战，包括以下内容。

① 多个制造商生产的各种设备。

② 各种通信和安全协议。

③ 远程物理访问必须通过网络完成。

④ 老化设备不具备更新能力或连接能力过时。

⑤ 许多低成本设备可能没有更新能力。

⑥ 更新可能导致代价高昂的系统停机或功能受限。

⑦ 低功率和（或）低带宽可能会限制更新能力。

美国国土安全部正寻求相应技术，使物联网组件可频繁和及时更新。该解决方案可能是一个"易安装的"嵌入设备或新方法，使物联网操作人员可以：为物联网组件及时提供所需的更新和补丁；与远程、广泛分布的物联网系统组件配合运行；在极低的功率和带宽环境下运行；减少更新过程中系统重启或停机时间；对多种类型的组件、设备、连接形式（包括老化系统）进行更新；为不具备发送加密数据能力的设备引入相关能力；为物联网系统管理人员提供有关功能、运行和更新情况的详细信息；创建设备更新记录和更新版本。

美国国土安全部还表示，广泛分布的物联网设备具有动态信息流动性和跨环境性的横向连通性。在提供便捷性能力的同时，也给美国国土安全实体（HSE）带来新的威胁。美国国土安全实体包括共同负责国土安全的联邦机构、州和地方政府、关键基础设施运营商、企业和社区。跨设备的互操作性和无缝通信是物联网实现社会价值最大化的关键，也是物联网设备面临风险成倍增加的主要原因。

近年来，物联网身份认证与密钥管理研究引起了国内研究人员的密切关注。国内一些研究单位对物联网设备的身份认证问题开展了研究，提出了基于eID 的物联网身份标识体系，通过安全芯片和密码算法实现身份的信任和信息的加密，以及基于聚合证据的物联网设备层次化认证方案，实现批量节点数据交换过程中的认证。

8.2.3　基于人工智能的物联网安全技术

目前，全球人工智能产业进入快速增长期，谷歌、微软、腾讯、百度等国

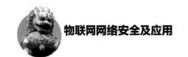

内外企业巨头都在积极抢滩布局人工智能产业链。据 BBC 预计，2020 年全球人工智能市场规模将达到 183 亿美元。人工智能技术在商用领域的快速发展必将推动其在军事领域的应用传播。网络空间作为陆、海、空、天传统军事作战领域外的第五维作战空间，也期望借助人工智能技术开发新一代的网络安全技术，主动识别物联网漏洞，并采取措施预防或减轻未知的网络攻击。

1. 人工智能技术发展概述

近几年，全球人工智能产业进入快速增长期，为了能够抢占人工智能技术的制高点，包括美国、日本、英国、中国在内的几大科技强国均加强了对人工智能技术的关注，努力将其上升为国家战略。

美国 2015 年发布了《国防 2045：为国防政策制定者评估未来的安全环境及影响》报告，指出人工智能是影响未来安全环境的重要因素；2016 年 9 月，在空、天、网会议上，美国国防部明确了把人工智能和自主化作战作为两大技术支柱，并积极研发和部署智能型军事系统，使美军重新获得作战优势并强化常规威慑；2016 年 10 月，美国政府相继发布了《为人工智能的未来做好准备》和《国家人工智能研究与发展战略规划》两份文件，推进人工智能产业在内的新兴技术产业发展；2017 年 12 月，美国白宫发布了《国家安全战略》，其中特别提到人工智能将正式成为美国关注的重点工程之一，足见五角大楼已将人工智能置于其主导全球军事大国地位的战略核心；2018 年 3 月，美国众议院军事委员会新兴威胁与能力应对小组委员会提出了一项关于人工智能的议案，旨在承认美国对人工智能的依赖，使战争发生革命性的变化，同时也让美国准备好应对这些技术可能带来的任何威胁。

英国 2013 年就把人工智能及机器人技术列为国家重点发展的八大技术之一；2016 年 11 月，英国政府科学办公室发布了《人工智能对未来决策的机会和影响》报告，描绘出了一个清晰明确而有针对性的人工智能发展战略；2017 年 1 月，英国政府宣布了"现代工业战略"，加大对人工智能的投资和支持；2017 年 3 月，英国新的财政预算案确定政府将拨出 2.7 亿英镑用于支持本国大学和商业机构开展研究和创新，尤其是人工智能技术。人工智能、5G、智能能源技术，以及机器人技术，都已被英国政府列为"脱欧"之后的工业战略核心。

德国 2012 年发布了 10 项未来高科技战略计划，以"智能工厂"为重心的工业 4.0 是其中的重要计划之一，包括人工智能、工业机器人、物联网、云计算等在内的技术得到大力支持；德国经济部 2015 年启动了"智慧数据项目"，以千万欧元的资金资助了 13 个项目，人工智能也是其中的重点；2016 年 10 月，由德国政府设立的德国研究与创新专家委员会推出了年度研究报告，建议政府制定机器人战略。

日本依托在智能机器人领域的全球领先地位，积极推动人工智能的快速发展。2015 年 1 月，日本发布了"机器人新战略"，先期投入 10 亿日元在东京成立"人工智能研究中心"，集中开发人工智能相关技术；2016 年，日本政府制定了高级综合智能平台计划（AIP），并发布了《2016 年人工智能战略研发目标》，确立日本人工智能的战略目标和未来发展方向；2017 年，日本政府制定了人工智能产业化路线图，加紧推进人工智能和机器人等尖端技术成果转化。

2017 年 7 月，我国国务院印发了《新一代人工智能发展规划》，将人工智能提升到一个新的高度，其中提出面向 2030 年我国新一代人工智能发展的指导思想、战略目标、重点任务和保障措施，部署构筑我国人工智能发展的先发优势，加快建设创新型国家和世界科技强国。

2．人工智能在物联网安全领域的应用前景广阔

人工智能在物联网安全领域中将发挥越来越重要的作用，在针对网络空间安全领域的恶意软件攻击、威胁攻击检测、防御体系建设等方面，人工智能领域的新兴技术将会构成基础的通用体系。

（1）人工智能技术在物联网网络入侵检测中的应用。网络攻击入侵检测是指利用各种手段方式对异常网络流量等数据进行收集、筛选、处理，自动生成安全报告提供给用户，如 DDoS 检测、僵尸网络检测等。基于人工智能的网络入侵检测技术可以有效提升恶意代码检测效率和精度。目前，神经网络、分布式 Agent 系统、专家系统等都是重要的人工智能入侵检测技术。

2016 年 4 月，麻省理工学院计算机科学与人工智能实验室（CSAIL）及人工智能初创企业 PatternEx 联合开发了名为 AI2 的基于人工智能的网络安全平台，通过分析挖掘 360 亿条安全相关数据，能够高精度地预测、检测和阻止 85% 的网络攻击，比之前检测成功率提高了近 3 倍，且误报率也有所降低。研究人员表示，AI2 系统检测的攻击行为越多，系统接收分析人员反馈的结果就越多，系统预测未来发生的网络攻击行为的准确率就会越高。

2016 年 5 月，IBM 发布了一项新计划：Watson for Cyber Security。该技术的理念在于：利用 IBM 的 Watson 认知计算技术，帮助分析师创建并保持更强的网络安全性能。Watson 的目标是吸收并理解所有这些非结构化数据，来处理

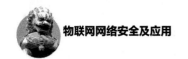

并响应非结构化的查询请求。最终，网络专家将能够直接查询"如何应对 XX 零日漏洞攻击"，甚至是"当前的零日漏洞威胁都是什么"、Watson 将使用之前从研究论文、博客上收集并处理的信息来进行回答。

2016 年 5 月，美国国防信息系统局（DISA）发布了《大数据平台和网络分析态势感知能力》文件，介绍了其利用人工智能技术的大数据平台在增强网络空间态势感知能力上的应用情况，试图通过人工智能技术，加强海量数据的融合分析，挖掘恶意行为的特征，实现网络攻击的智能检测。

2017 年 7 月，美国空军成立了"Maven 无人机项目"，该项目使用了谷歌的 Google 人工智能技术，并采用谷歌的 TensorFlow AI 技术，结合机器学习 API 来分析美国无人机拍摄的大量图片，从而更好地提高无人机监视水平。

2018 年 3 月，美国 DARPA 启动了"通过规划活动态势场景收集和监测"（COMPASS）项目，旨在开发能够评估敌方对刺激反应的软件，然后辨别敌方意图并向指挥官提供如何进行智能反应。该项目的最终目标是为战区级运营和规划人员提供强大的分析和决策支持工具，以减少敌对行动者及其目标的不确定性。

（2）人工智能技术在物联网规模化、自动化漏洞挖掘方面的应用。近几年，随着物联网的广泛应用，黑客利用物联网存在的漏洞和安全缺陷对网络系统硬件、软件及其系统中的数据进行攻击的活动越来越频繁。研究人员通过人工智能自主寻找网络漏洞的方式或将逐步取代人工漏洞挖掘方式，使网络作战部队的行动更加高效，针对特定网络的攻击手段更加隐蔽和智能，在未来网络作战中掌握主动权的能力进一步提升。

2017 年 10 月，美国斯坦福大学和美国 Infinite 初创公司联合研发了一种基于人工智能处理芯片的自主网络攻击系统。该系统能够自主学习网络环境并自行生成特定恶意代码，实现对指定网络的攻击、信息窃取等操作。该系统的自主学习能力、应对病毒防御系统的能力得到 DARPA 的高度重视，并计划予以优先资助。此次研发的新型网络攻击系统，基于 ARM 处理器和深度神经网络处理器的通用硬件架构，仅内置基本的自主学习系统程序。它在特定网络中运行后，能够自主学习网络的架构、规模、设备类型等信息，并通过对网络流数据进行分析，自主编写适用于该网络环境的攻击程序。该系统每24小时即可生成一套攻击代码，并能够根据网络实时环境对攻击程序进行动态调整，由于攻击代码完全是全新生成的，因此现有依托的病毒库和行为识别的防病毒系统难以识别，并且隐蔽性和破坏性极强。DARPA 认为该系统具有极高的应用潜力，能够在未来的网络作战中帮助美军取得技术优势。除人工智能自主网络攻击系统之外，DARPA 早在 2015 年就新增了"大脑皮质处理器""高可靠性网络军事系统"等研发项目。"大脑皮质处理器"项目旨在通过模拟人类大脑皮质结构，开发出数据处理更优的新型类脑芯片；"高可靠性网络军事系统"（HACMS）项目则应用了一些所谓"形式化方法"的数学方法来识别并关闭网络漏洞，该项目的首个目标是为无人机研发网络安全解决方案，并将该解决方案运用于其他的网络军事平台。

人工智能在密码破译领域的探索也已经开始。谷歌已经开发出能够自创加密算法的机器学习系统，这是人工智能在网络安全领域取得的最新成果。谷歌位于加利福尼亚州的人工智能子公司 GoogleBrain 通过神经网络之间的互相攻击，他们设计出两套神经网络系统，即 Bob 和 Alice，它们的任务就是确保通信信息不被第三套神经网络系统 Eve 破解。这些机器都使用了不同寻常的算法，这些算法通常在人类开发的加密系统中十分罕见。

（3）人工智能技术在物联网恶意软件防御方面的应用。物联网恶意软件及僵尸网络病毒防御技术通过使用机器学习和统计模型，寻找恶意代码家族特征，预测进化方向，提前进行防御。2007 年以来，美国 DARPA 接连启动了多个人工智能项目，用以提高网络空间安全防御能力。2007 年，DARPA 启动了"深绿"（Deep Green）计划，目的是将仿真嵌入指挥控制系统，利用计算机生成一个智能化辅助系统，从而提高指挥员临机决策的速度和质量，并随着作战进程不断调整和改进，使作战效能大幅提高。

2010 年，DARPA 启动了"自适应电子战行为学习"（BLADE）项目，该项目着重发展新的人工智能算法和技术，使电子战系统能够在战场上自主学习干扰新的通信威胁，实施对抗敌方的无线设备和网络指挥、控制和通信威胁。

2011 年，DARPA 启动了"感知开发与执行中的数学"（MSEE）项目，该项目开发了一种可升级的自主系统，它拥有共享感知、理解、学习、规划和执行复杂任务的算法。MSEE 项目将发展一种类似人类语言的算法，该算法可应用于情报、监视和侦察（ISR）系统和视觉导航机器人。

2012 年，DARPA 启动了"X 计划"项目，该项目包含了在网络作战过程中对大规模动态网络环境的理解和规划，其中应用了人工智能技术的统计分析方法。

除了 DARPA，美国的军政部门及其他国家的政府机构也都在积极研发人工智能技术，并力图将其应用于现有的军政系统中，帮助军队及政府工作人员

有效抵御外来威胁的入侵。

2015 年，美国国土安全部提出的"爱因斯坦 3"计划，增加了自动响应、阻止恶意攻击的功能，进一步加强网络防御的主动性和可行性，其核心支持技术使用了基于人工智能的相关技术，用于识别和检测恶意行为。

2017 年 2 月，美国国土安全部在 RSA 安全大会上展示了 12 项基于人工智能技术的网络安全系统。其中，"REDUCE"系统能快速识别恶意软件样本间的关联关系，提取已知和未知的威胁特征；"无声警报"系统可在缺乏威胁特征的前提下，检测 0day 攻击和多态恶意软件；"类星体"系统可为网络防御规划人员提供可视化和定量分析工具，以评估网络防御效果。

2018 年 1 月，日本防卫省已经确定要将人工智能引入日本自卫队信息通信网络的防御系统中。此举的主要目的是依靠人工智能的"深度学习"能力，对网络攻击的特点和规律进行分析，以期为未来的网络攻击做好准备。

8.2.4　区块链与物联网安全技术

1．区块链在物联网中的应用

区块链（Blockchain）是指通过去中心化和去信任的方式集体维护一个可靠数据库的技术方案。该技术方案让参与系统的任意多个节点，把一段时间内系统全部信息交流的数据，通过密码学算法计算和记录到一个数据块（Block），并且生成该数据块的指纹用于链接（Chain）下一个数据块和校验，系统所有参与的节点共同认定记录是否为真。

结合区块链的定义，区块链的主要特征有去中心化（Decentralized）、去信任（Trustless）、集体维护（Collectively Maintain）、可靠数据库（Reliable Database）。去中心化是指整个网络没有中心化的实体，任意节点之间的权利和义务都是均等的，且任一节点的损坏都不影响整个系统的运行。去信任是指参与整个系统中的每个节点之间进行数据交换是无须互相信任的，整个系统的运作规则是公开透明的，所有的数据内容也是公开的，因此在系统指定的规则范围和时间内，节点之间不能也无法欺骗其他节点。集体维护是指系统中的数据块由整个系统中所有的具有维护功能的节点来共同维护，而且这些具有维护功能的节点是任何人都可以参与的。可靠数据库是指整个系统将通过分布式数据库的形式，让每个节点都能获得一份完整数据库的复制。除非能同时控制整个系统中超过 51%的节点，否则单个节点上对数据库的修改是无效的，也无法影响其他节点上的数据内容。

　　许多国内外标准组织包括 ISO、ITU-T、IETF、IEEE 等均已开展区块链及其与物联网融合的标准化工作。其中，ITU-T 启动了分布式账本的总体需求、安全及物联网应用研究。2017 年 3 月，中国联通联合众多公司和研究机构在 ITU-T SG20 成立了全球首个物联网区块链标准项目，定义去中心化的可信物联网服务平台框架。ISO TC 307 区块链和分布式账本技术委员会开展区块链标准制定，目前已经有 8 项标准项目正在开展中。IETF 讨论区块链的互联互通标准，IEEE 建立了区块链应用在物联网下的框架标准。国内 CCSATC10 启动物联网区块链子项目组，负责区块链技术在物联网及其涵盖的智慧城市、车联网等行业的应用，在 TC1 下启动区块链行业标准制定。数据中心联盟于 2016 年 12 月 1 日成立了可信区块链工作组，包括中国联通、中国电信、腾讯、华为、中兴通讯等 30 多家单位。2019 年以来，区块链更是呈现出蓬勃发展的态势。

　　腾讯、京东和华为针对区块链技术分别发布了《腾讯区块链方案白皮书》《京东区块链技术实践白皮书（2018）》《华为区块链白皮书》，这些白皮书中均将物联网作为区块链的应用场景，根据企业总体优势阐述其在区块链的布局，腾讯的目标是打造企业级区块链基础平台；京东阐述以服务平台为目标，利用区块链实践进行跨主体协作的业务；华为推出云区块链服务 BCS，打造典型的“应用+区块链平台+硬件”三位一体软硬结合的解决方案。物联网和区块链底层融合技术引起国内外企业的关注。2014 年在德国诞生的数字虚拟货币 IOTA（埃欧塔）是面向物联网应用的区块链技术，通过一种创新的分布式 Tangle 账本、DAG 结构满足物联网之间的互操作性和资源共享需求。国内物联网和区块链融合技术也开始蓬勃发展，2017 年提出的“六域链”（Six Domain Chain）针对物联网应用生态的复杂需求等，在 P2P 通信、加密算法、共识算法、市场化共识激励、去中心化等底层技术方面进行了充分的优化设计，建立了适用于物联网应用生态的公有链，推进区块链服务实体经济的探索实践。2017 年 9 月，中国电子技术标准化研究院发布了《中国区块链与物联网融合创新应用蓝皮书》，提出了物联网与区块链的融合架构及应用场景。2018 年 5 月，中国、加拿大来自物联网、区块链、金融等不同领域的专家联合发起创立了“中加物联网与区块链产业发展研究院”，从而推进相关的研究和应用。

　　据相关材料报道，在渔业、食品溯源、金融、能源等领域，表明区块链作为物联网应用的基础技术已经广受认可。例如，在渔业领域，庆渔堂公司采用物联网和区块链技术帮助农民进行水质监控，降低养殖过程中的风险，提高生产效率，实现农业科技授信贷款、农业科技保险、供应链溯源、农产品溯源及品牌营销等。在食品安全溯源领域，食品安全区块链实验室 Akte 致力于打造基于物联网和区块链技术的食品防伪溯源生态，通过打通物联网智能终端的信息采集与区块链的数据链路，保障食品可溯源和信息真实可信。在金融方面，感知集团通过物联网与区块链融合技术，致力于实现客观可信的基于企业不动产货品的信用评级、贷款、融资、保险服务等。在能源领域，澳大利亚 Origin Energy、英国 BP、日本东京电力公司、荷兰壳牌和德国 Innogy 公司均宣布建设能源区块链项目，并提供分布式能源点对点交易、碳证交易、融资服务。

2. 以区块链为基础的物联网安全技术

网络安全问题一直是影响物联网技术广泛应用的重要因素。物联网节点分布广、数据多样导构、应用环境复杂、计算和存储能力有限，这使得物联网的安全性相对脆弱。当前物联网中应用的仍然是在互联网或通信网络中常规的安全防护技术和手段，这些安全防护方式对物联网本身在安全和数据隐私保护方面的特定要求考虑并不充分，也难以应对物联网设备数量大幅增加带来的安全问题。首先，中心控制安全与存储和压力问题，物联网数据汇总到单一的中心控制系统，如果中心控制系统受到攻击，则导致整个网络瘫痪，同时随着未来物联网终端设备呈几何级数增长，中心控制压力难以承受；其次，物联网隐私保护难度随着物联网规模的扩大而变大，对于统一的物联网平台面临着未经许可的方式下存储和转发涉及用户隐私的物联网数据，存在数据隐私泄露的风险；最后，物联网个体设备入网后更容易受到攻击，物联网设备接入网络后，容易成为系统性网络攻击的"弹药"。另一方面，物联网设备的超大规模、跨领域应用，将暴露更多的攻击面，恶意攻击者的破坏行为更灵活。例如，美国 Mirai 僵尸网络就曾感染数百万台摄像机等物联网设备。典型物联网设备的另一个重要特征是移动性，移动物联网的安全问题包括移动通信安全和物联网网络安全，由此面临的安全威胁会更加严峻。

利用区块链技术可以很好地应对上述物联网安全问题。区块链作为去中心化和去信任方式维护数据的可靠性技术，能为物联网安全提供新颖的解决方案。第一，区块链去中心化的架构颠覆了物联网旧有的中心架构，防止控制中心遭到恶意攻击后整个网络瘫痪，也大大减轻了物联网中心计算的压力；第二，区块链记录的准确性和不可篡改性让物联网安全变得有据可循，在用户身份认证与数据保护方面更易于防御和处理；第三，区块链的验证和共识机制有助于识别合法的物联网节点与终端设备的追踪控制，避免非法或恶意的物联网节点或设备的接入；第四，区块链技术带来的分布式、无中心化结构，在处理事务时无须第三方参与，同时将数据信息存储在区块链上，保护了隐私信息的安全。因此，区块链能够加强物联网的安全性，区块链去中心化能够提供安全环境，去信任化增强物联网中的互信机制，区块链的数据加密保障物联网中的数据安全。物联网增强了物与物之间的联系，区块链给这种联系提供了安全保障。

在基于区块链的物联网数据安全和隐私保护方面。区块链智能合约平台在太坊架构中提出了将区块链技术和链外数据库结合，分离数据和数据权限，实现去中心化的个人数据管理机制，进行数据和权限的管理。区块链技术可以帮助用户追踪数据，获知数据在何时被何种应用通过何种方式获取，确保数据的安全性。国外相关研究机构提出了基于区块链的物联网签名认证体系，利用区块链不可篡改和去中心化的性质，取代了传统中心化认证机构，构造了基于分布式的区块链文件签名体系，以确保数据信息的完整性。

德国博世公司在利用区块链技术实现物联网设备管理方面进行了尝试，博世公司提出了基于区块链技术的物联网设备管理体系。区块链上记录设备间的通信或控制指令及权限情况，以确保物联网设备运行记录真实有效、完整可靠，而且可追溯。Ali Dorri 在 *Blockchain in Internet of Things: Challenges and Solutions* 一文中，提出了物联网设备利用本地区块链机制实现安全接入的方法，设置了智能家居环境，利用家居网关节点建立物联网设备的区块链机制，将所有物联网设备的数据信息、控制信息利用共识机制接入区块链中，防止篡改，实现物联网设备的认证和接入控制。

在基于区块链的用户身份认证与访问控制方面，国外研究相对较少，主要利用基于角色的访问控制及扩展模型，保证访问控制过程中的信息安全及资源的合法访问，但是有中心控制的访问机制仍然带来安全问题，如果中心访问控制被攻击，整个系统的访问控制机制就形同虚设了。因此，利用区块链去中心化、不可篡改的特点，可以实现更有效的身份认证与访问控制。

目前，国外很多企业和机构投入到区块链在物联网中的应用探索与开发中。例如，英特尔、西门子、博世、SAP、IBM 等知名公司，已经初步实现了区块链在物联网多个领域中的应用。针对物联网设备计算能力弱、功耗低的特点，IOTA 联盟提出了一种基于 DAG 的创新区块链技术：IOTA。IOTA 专注于解决机器与机器（M2M）之间的交易问题。通过实现机器与机器之间无交易费

的支付来构建未来机器经济（Machine Economy）的蓝图。2016 年 4 月，英特尔推出"锯齿湖"分布式账本平台，并利用平台跟踪海鲜供应链，以确保海鲜食品存储条件。2016 年 11 月，西门子与纽约新创事业 LO3 合作，将区块链技术应用于微电网电力交易市场。2017 年 4 月，博世创建了 API 支持超级账本技术，完成了将里程表读数与区块链系统相关联的试验。2017 年 5 月，SAP 提出了 Leonardo 系统，融合物联网、大数据、区块链等技术，实现物联网数据全面洞察及安全可控。2017 年 6 月，IBM 推出了区块链货车跟踪解决方案，物联网与区块链的融合实现货物运输透明。国外将区块链在物联网领域的应用主要集中在物联网平台、设备管理等方向，具体包括智能制造、车联网、农业、供应链管理、能源管理等领域。

8.2.5　物联网软件供应链网络安全技术

1. 物联网软件供应链相关概念

传统的供应链概念是指商品到达消费者手中之前各相关参与者的连接或业务的衔接，从采购原材料开始，到制成中间产品及最终产品，最后由销售网络把产品送到消费者手中的一个整体的供应链结构。传统商品的供应链概念也完全适用于计算机软硬件，则可以衍生出软件供应链这一概念。目前很多物联网产品的开发模式，与传统供应链具有高度相似性，物联网产品开发者通常广泛使用第三方软件模块、开源代码库等，通过物联网平台的集成整合快速迭代开发出新产品，一款物联网产品往往包含很多不同厂家的模块及部件。物联网软件供应链包括以下几个环节：①开发环节，软件开发涉及的软硬件开发环境、开发工具、第三方库、软件开发实施等，并且软件开发实施的具体过程还包括需求分析、设计、实现和测试等，软件产品在这一环节中形成最终用户可用的形态；②交付环节，用户通过在线商店、免费网络下载、购买软件安装光盘等存储介质、资源共享等方式获取到所需软件产品的过程；③使用环节，用户使用软件产品的整个生命周期，包括软件升级、维护等过程；④灰色供应链，在国内，众多的未授权的第三方下载站点、云服务、共享资源、破解盗版软件等共同组成了灰色软件供应链，这些环节的安全性问题其实也属于软件供应链攻击的范畴。

2. 物联网软件供应链安全威胁

软件供应链存在的几大环节向黑客暴露了更多的攻击剖面，攻击者针对上述各个环节进行攻击，都有可能影响到最终的软件产品和整个使用场景的信息安全。目前频繁爆发的物联网攻击案例，表明第三方库、开发工具、开发软硬件环境、到达用户的渠道、使用软硬件产品的过程等供应链相关的安全风险，已经达到或超过针对软件应用本身、相应操作系统的安全漏洞导致的安全风险。

多起物联网灰色供应链的攻击案例，如针对 Xshell 源代码污染的攻击机制是攻击者直接修改了产品源代码并植入特洛伊木马；针对苹果公司的集成开发工具 Xcode 的攻击，则是通过影响编译环境间接攻击了产出的软件产品等。涉及软件交付环节中的"捆绑下载"、各类破解、汉化软件被植入木马后门，最终影响了数十万甚至上亿的软件产品用户，并可以造成如盗取用户隐私、植入木马、盗取数字资产等危害。

卡巴斯基安全实验室在 2015 年 2 月 16 日发布系列报告披露了一个可能是目前世界上存在的最复杂的网络攻击组织："方程式"组织（Equation Group）。该组织拥有一套用于植入恶意代码的超级信息武器库（在卡巴斯基安全实验室的报告中披露了其中 6 个），其中包括两个可以对数十种常见品牌的硬盘固件重编程的恶意模块，这可能是该组织掌握的最具特色的攻击武器，同时也是首个已知的能够感染硬盘固件的恶意代码。据相关安全公司分析报道，在此次硬盘固件程序攻击事件中可以做到如此有针对性（特定目标、行业），部分攻击方式极有可能属于物联网的物流链劫持，即在特定目标采购、返修主机或硬盘的过程中修改了硬盘固件，在软硬件产品送达消费者之前的整个物流环节中已经实施了攻击。

3. 物联网软件供应链安全防护

物联网软件供应链的安全防护涉及物联网产品设计、开发、流通、存储、管理、使用、维修等诸多环节，属于复杂的系统工程，而且目前属于起步研究阶段，有效的技术和产品还需要企业及研究机构进行一段时间的研发才能成熟。但是，可以预见在物联网软件供应链安全防护技术方面将存在以下方向。

（1）物联网软件链漏洞的批量挖掘和管理技术。提升发现物联网软硬件产品安全问题的能力，不仅限于通常意义上的安全漏洞，需要拓展到后门及默认内置账号类的隐藏访问机制的发现，而且需要研制智慧化的物联网漏洞挖掘技术以应对物联网终端产品海量异构多样化的形态，并及时输出相应的威胁情报协助厂商和最终用户消除威胁。

（2）物联网软件链全生命周期的安全态势感知技术。为用户实现全面细致的物联网产品全链条安全态势感知，提供有效的资产管理和持续监控工具，并提供威胁情报能力帮助用户完成安全事件的快速检测和响应。精确而完整地揭示物联网企业 IT 环境中安全相关的异常情况，给组织内安全团队提供值得调查分析的精准事件线索，发现可能的未知攻击。

（3）基于密码学的产品标识与流通过程管控技术。基于密码学方法，专门设计针对物联网产品第三方库、开源免费共享模块、开发工具、开发环境、组装拼接、物流存储、交付管控及维修售后等过程的认证协议、鉴别机制和审计机制等，确保物联网软件链全环节可追溯、可鉴别和可管控，最大限度地保证物联网软件链的各个环节免于遭受入侵。

（4）物联网工艺与流程级的行业应用异常行为监测技术。针对物联网在医疗、能源、汽车、农业、家居、智慧城市等不同行业的差异化部署应用现状，研发面向不同行业的工艺和流程的异常工况、异常操作、异常流程监测技术，从行业应用的具体运转过程监控中发现入侵和攻击行为。

8.3　物联网安全新观念

纵观全书，基本是从纯技术的观点来阐述物联网的安全。但是，物联网与互联网相同，它不是一个纯技术的系统，仅靠技术来解决物联网安全问题是不可能的。当前，信息安全正处在调整和转折期，世界各国都在认真反思前一阶段信息安全发展中遇到的问题和考虑下一步的发展方向，并寻求积极的应对之策，由此形成了信息安全新一轮的反思热。物联网概念的提出和发展，将从更广泛、更复杂的层面影响到信息网络环境，面对非传统安全日益常态化的情况，应认真思考信息安全的本质到底发生了哪些变化，呈现出什么样的特点，力求从信息安全认识论和方法论方面进行总结和突破。为此，需要转换角度，认真思考以下物联网安全认识观。

（1）从复杂巨系统的角度来认识物联网安全。

（2）着眼于物联网整体的鲁棒性和可生存能力来解决物联网安全问题。

（3）转变安全应对方式，力求建立一个有韧性的物联网安全系统。

8.3.1　从复杂巨系统的角度来认识物联网安全

物联网与互联网不同，它不是一个纯技术的系统，也不是技术系统和社会系统互为外在环境的简单结合，它本身就包括了技术子系统和社会子系统，是一个开放的、与社会系统紧密耦合的、人机结合环境的复杂巨系统，一个一体化的社会技术系统。它的非指数型的拓扑结构具有高度非线性、强耦合、多变量等特点。它的开放体系完全符合复杂巨系统的主要特征。复杂性导致物联网因果关系残缺，呈现极具变化的非对称性。这样，对物联网信息安全的认识，就不能仅从技术层面考虑，也不能仅停留在技术加管理的层次上去分析，而是要从社会发展、技术进步、经济状况，包括人与物本身等诸多方面综合考虑。观察和思考物联网上的网络安全行为，不能单纯靠还原论的方法把组件分解，分别分析，也不能用简单的方法来调控，必须用结合集成的方法把专家智慧、国内外安全经验与我国已具备的高性能计算机、海量存储器、宽带网络和数据融合、挖掘、过滤等处理技术结合起来，逐步探索形成物联网安全治理的新范式。

8.3.2　着眼于物联网整体的鲁棒性和可生存能力

信息安全的重中之重是基础信息网络本身的安全。它的安全性（脆弱性）来源于基础信息网络的开放性和复杂性，特别是软件的复杂性。由于软件的复杂性，要求全世界上亿用户都能及时打补丁是不现实的，因此网络的脆弱性将长期存在，并且会随着物联网应用的快速发展与日俱增。既然网络被攻击乃至被入侵是不可避免的，那么，与其站在系统之内，还不如站在系统之外观察网络安全问题——着眼于网络整体的鲁棒性和可生存能力。需要说明的是：基础网络安全问题在某种程度上还与结构完善有关。因此要进行信息安全的结构调整（包括对网络协议结构、系统单元结构、网站流程结构和系统防御结构的调整），使网络可以被入侵，以及部分组件受损，乃至某些部件并不完全可靠，但只要系统能在结构上合理配置资源，以及在攻击下资源重组，具有自优化、自维护、自身调节和功能语义冗余等自我保护能力，就仍可完成关键任务。

8.3.3　转变安全应对方式

影响网络自身安全的另一个因素是人们对信息安全威胁的感知还不太强。信息资源不同于物质、能量，网络有其虚拟性，看不见、感觉不到，虽然它的扩散性、可复制性很强，但容易被人们忽视。因此，信息安全保障体系的防范之道，就是要力求建立一个有韧性的系统，在与攻击的博弈过程中，建立一个有韧性的并可自行修复的信息系统。也就是说，必须转变安全应对的方式，超越传统的安全防范模式，改变传统的出现某种威胁时的应对方式，即寻找一种

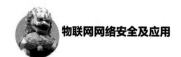

应对策略——"挑战+应对"模式。要树立起风险管理的观念，威胁不可能完全消除，但风险必须要得到有效控制，而建立一个有韧性的系统，正是有效控制信息化发展风险的有效手段。

 **本章小结**

随着物联网的迅速发展，各种安全问题层出不穷，仅凭传统的安全手段和技术已经远远不能满足现实的需要。回顾网络安全简短的发展历程，不难发现，每一次新技术的涌动总会带动网络安全的创新和进步，网络安全发展与新的技术应用之间水乳相融的景象，诠释着信息化发展与信息安全相生相济的辩证关系。今天，面对新一轮的物联网技术应用，必须要在传统技术的基础上进行创新和变革，拓展思路、开阔视野，发展更多、更新、更具灵活性的安全技术，通过创新实现产业升级和产品换代，通过创新适应技术发展和网络治理，通过创新推进科技进步和社会和谐，这样才能适应未来物联网的发展，才能逐步提高物联网的安全程度，真正实现"物联网时代"的美好生活。

问题思考

物联网技术本身正处于起步阶段，目前其概念非常宏大，但是技术方面都是基于现有技术的。请读者思考，随着物联网应用的日新月异，新的技术肯定会出现，物联网安全将面临全新的挑战，可能目前的安全机制在将来都肯定会失效，物联网安全技术将朝什么方向发展？

参考文献

[1] 黄月江，祝世雄. 信息安全与保密[M]. 2版. 北京：国防工业出版社，2008.

[2] Information Assurance Technical Framework(IATF) Document 3.0. IATF Forum Webmaster，2000.

[3] 南湘浩. CPK 标志认证[M]. 北京：国防工业出版社，2006.

[4] 吴功宜. 智慧的物联网[M]. 北京：机械工业出版社，2010.

[5] 张晖. 物联网技术框架与标准体系[N]. 中国计算机报，2010（9）.

[6] Tanveer Ahmad Zia. A Security Framework For Wireless Sensor Networks[D]. The University of Sydney，2008.

[7] Ted Philiphs, Tom Karygiannis, Rick Kuhn. Security Standards for the RFID Market[J]. IEEE Security and Privacy Magazine，2005，3(6):85-89.

[8] Axel Poschmann，Gregor Leander，Kai Schramm，et al. New Light-Weight Crypto Algorithms for RFID[J]. IEEE，1-4244-0921-7/07.

[9] 小丽. Mifare One 算法破解引发的思考[N]. 中国智能卡网，2009.

[10] 马建庆. 无线传感器网络安全的关键技术研究[D]. 上海：复旦大学，2007.

[11] 宋飞. 无线传感器网络安全路由机制的研究[D]. 合肥：中国科学技术大学，2009.

[12] 孙利民，李建中. 无线传感器网络[M]. 北京：清华大学出版社，2005.

[13] 沈玉龙，裴庆祺. 无线传感器网络安全技术概论[M]. 北京：人民邮电出版社，2010.

[14] 郎为民，杨宗凯，吴世忠，等. 无线传感器网络安全研究[J]. 计算机科学，2005，32(5):54-58.

[15] 沈玉龙. 无线传感器网络数据传输及安全技术研究[D]. 西安：西安电子科技大学，2007.

[16] 张聚伟. 无线传感器网络安全体系研究[D]. 上海：复旦大学，2008.

[17] 殷菲. 无线传感器网络安全 S-MAC 协议研究[D]. 武汉：武汉理工大学，2008.

[18] 宋飞. 无线传感器网络安全路由机制的研究[D]. 合肥：中国科学技术大学，2009.

[19] 冯凯. 基于信任管理的无线传感器网络可信模型研究[D]. 武汉：武汉理工大学，2009.

[20] Benenson Z，Gartner F C，Kesdogan D. User authentication in sensor network (extended abstract)[R]. Informatik 2004，Workshop on Sensor Networks，2004.

[21] Benenson Z，Gedieke N, Raivio O. Realizing Robust User Authentication in Sensor Networks[R]. Workshop on Real-World Wireless Sensor Networks (REALWSN)，Stoekholm，Sweden，2005.

[22] Zinaida Benenson，Felix CFreiling，EmestHammersehmidt，et al. Authenticated Query Flooding in Sensor Networks[C]. 21st IFIP International Information Security Conference SEC 2006，Karlstad University，Karlstad，Sweden，2006.

[23] Blundo C，Santis AD，Herzberg A，et al. Perfectly-secure key Distribution for dynamic[C]. conferences in Advances in Cryptology CRYPTO92: LNCS740，1993. 471-486.

[24] Satyajit Banerjee，et al. Symmetric Key Based Authenticated Querying in Sensor Networks[C]. Intersense'06.Proeeedings of the First International Conference on Integrated Internet Ad hoc and Sensor Networks，Nice，France，2006. 127-130.

[25] Wenshang Zhang，et al. Least Privilege and Privilege DePrivarion:Towards Tolerating Mobile Sink Compromises in Wireless Sensor Networks[C]. Proc.IEEE Symposium on Security and Privacy Illinois，2005. 378-389.

[26] 温蜜. 无线传感器网络安全的关键技术研究[D]. 上海：复旦大学，2007.

[27] 胡萍. NGN 组网的安全性与可靠性研究[D]. 北京:北京邮电大学，2009.

[28] 杨义先，钮心忻. 无线通信安全技术[M]. 北京：北京邮电大学出版社，2005.

[29] 虞忠辉. GSM 蜂窝移动通信系统安全保密技术[J]. 通信技术，2003.

[30] Koponen T, Chawla M, Chun B G, et al. A Data-Oriented (and Beyond) Network Architecture[C]. In Proc. of ACM SIGCOMM'07，Kyoto，Japan. 2007.

[31] 毕军，吴建平，程祥斌. 下一代互联网真实地址寻址技术实现及试验情况[J]. 电信科学，2008，1:11-18.

[32] 解冲锋，孙颖，高歆雅. 物联网与电信网融合策略探讨[J]. 电信科学，2009（12）.

[33] 沈嘉，索士强，全海洋，等. 3GPP 长期演进（LTE）技术原理与系统设计[M]. 北京：人民邮电出版社，2008.

[34] 张克平. LTE-B3G/4G 移动通信系统无线技术[M]. 北京：电子工业出版社，2008.

[35] 薛雨杨. 无线局域网安全标准的安全性分析与检测[D]. 合肥：中国科学技术大学，2009.

[36] 张蜀雄. 无线局域网安全性研究及安全实现[D]. 武汉：华中科技大学，2007.

[37] 秦兴桥. WAPI 鉴别机制研究与实现[D]. 长沙：国防科学技术大学，2007.

[38] 孙璇. WAPI 协议的分析及在 WLAN 集成认证平台中的实现[D]. 西安：西安电子科技大学，2006.

[39] 张涵钰. 802.16 协议安全子层实现及其安全性分析[D]. 北京：北京邮电大学，2007.

[40] 卢晶. IEEE 802.16 安全系统的研究与实现[D]. 南京：南京信息工程大学，2007.

[41] 张烨. RFID 中间件安全解决方案研究与开发[D]. 上海：上海交通大学. 2007.

[42] 杨孝锋. RFID 中间件平台关键技术研究[D]. 吉林：吉林大学，2009.

[43] 肖曦. 可信中间件体系结构及其关键机制研究[D]. 郑州：解放军信息工程大学，2007.

[44] 张云. SOA 安全技术应用研究[D]. 大连：大连海事大学. 2009.

[45] 张翼. 基于内网安全管理系统的设备控制研究与实现[D]. 四川：电子科技大学，2008.

[46] 陶洋，孙彭敏. IMS 中的网络域安全管理模型[J]. 电信工程技术与标准化，2009（05）.

[47] 王瑾. 基于 SOA 架构的应用研究[D]. 贵州：贵州大学，2008.

[48] 沈苏彬，范曲立，宗平，等. 物联网的体系结构与相关技术研究[J]. 南京邮电大学学报（自然科学版），2009（06）.

[49] 宁焕生，张瑜，刘芳丽，等. 中国物联网信息服务系统研究[J]. 电子学报，2006（S1）.

[50] 朱亮. 网络安全态势可视化及其实现技术研究[D]. 哈尔滨：哈尔滨工程大学，2007.

[51] 赖积保. 网络安全态势感知系统关键技术研究[D]. 哈尔滨：哈尔滨工程大学，2007.

[52] OpenID Wiki. OpenID Protocol[DB/OL]. http://www.openidenabled.com/openid/openid-protocol.

[53] OpenID Wiki. What is OpenID?[DB/OL]. http://openid.net/what/.

[54] OpenID Wiki. Delegation[DB/OL]. http://wiki.openid.net/Delegation.

[55] OpenID Wiki. Libraries[DB/OL]. http://wiki.openid.net/Libraries.

[56] 何德全. 清醒、冷静地应对信息安全挑战[J]. 中国信息安全，2010（02）.

[57] 中国信息通信研究院. 车联网网络安全白皮书（2017年）[R]. 北京：中国信息通信研究院，2017：2-20.

[58] 张文博，包振山，李健. 基于可信计算的车联网云安全模型[J]. 武汉大学学报（理学版），2013（5）.

[59] 陈雷. 物联网中认证技术与密钥管理的研究[D]. 长沙：中南大学，2013.

[60] 朱雅琴. 物联网技术在智能家居中的应用[J]. 电脑知识与技术，2017，13(19):152-153.

[61] 苏丰. 基于 TEE 的安全手机功能及管理平台架构研究[J]. 通信世界，2017(7):79-79.

[62] 张鹏，秦飞舟. 数据销毁技术综述[J]. 电脑知识与技术，2015，11(28):61-62.

[63] 冯登国，张敏，李昊. 大数据安全与隐私保护[J]. 计算机学报，2014，37(1):246-258.

[64] 朱倩，李雪燕. 数字水印技术在大数据安全保护中的应用[J]. 软件导刊，2016，15(1):153-155.

[65] 陈金鑫，解福. 基于云计算环境的平台可信度认证问题研究[J]. 计算机应用与软件，2016，33(5):321-324.

[66] 张俊松. 物联网环境下的安全与隐私保护关键问题研究[D]. 北京：北京邮电大学，2014.

[67] 李洪涛. 数字社区的安全体系结构及隐私保护技术研究[D]. 西安：西安电子科技大学，2015.

[68] 绿盟科技. 绿盟科技物联网安全白皮书[EB/OL]，2016.

[69] 梆梆安全研究院. 2016物联网安全白皮书[EB/OL]，2016.

[70] 李海霞. 物联网感知数据传输的安全多方计算关键技术研究[D]. 武汉：中国地质大学，2017.

[71] OPC Foundation. OPC Unified Architecture, Part 2: Security Model Release 1.04 Specification.[EB/OL]，2017.

[72] 刘宁宁. 云计算安全：架构、机制与模型评价的研究[J]. 数字通信世界，2017(12):240.

[73] 中国信息通信研究院. 物联网安全白皮书（2018）[EB/OL]，2018.

[74] 罗明宇，凌捷. 一种基于密文策略属性加密技术的云安全存储方案[J]. 广东工业大学学报，2014，31(04):36-40.

[75] 张天一. 云计算环境下认证方案的研究[D]. 济南：济南大学，2017.

[76] 王晗. 云计算环境下访问控制研究[D]. 石家庄：河北科技大学，2018.

[77] 王青峰. 云计算环境下的数据安全保护关键技术研究[J]. 网络安全技术与应用，2018(11):60-61.